LAMP +LNMP
网站架构与运维实战

张春晓 编著

清华大学出版社
北京

内容简介

由于 LAMP（Linux+Apache Web+MySQL+PHP）都是开源软件，而且 Linux 发行版中提供这些软件的安装包以及默认的配置，因此 LAMP 称为搭建网站的一个整体解决方案，同样，LNMP（用 Nginx 替代 Apache Web）方案也很流行。目前这两个方案是互联网上非常流行的电子商务基础框架系统。

本书共 12 章，内容包括 LAMP 环境搭建、使用 WordPress 搭建博客站点、深入 Linux、深入 MySQL 数据库、深入 PHP 编程、SSL 让网站更安全、LAMP 安全管理、计划任务和作业调度、Nginx 入门、深入 Nginx、LAMP 和 LNMP 性能监控、Zabbix 全方位监控服务。

本书结构清晰、易教易学、实例丰富、可操作性强，对易混淆和实用性强的内容进行了重点提示和讲解。

本书适合 Linux 系统管理人员、MySQL+PHP 开发人员阅读，可以作为高等院校、中职学校和培训机构计算机相关专业的师生教学参考。

本书封面贴有清华大学出版社防伪标签，无标签者不得销售。
版权所有，侵权必究。举报：010-62782989，beiqinquan@tup.tsinghua.edu.cn。

图书在版编目（CIP）数据

LAMP+LNMP 网站架构与运维实战/张春晓编著.–北京：清华大学出版社，2021.5
ISBN 978-7-302-57989-2

Ⅰ．①L… Ⅱ．①张… Ⅲ．①Linux 操作系统 Ⅳ．①TP316.85

中国版本图书馆 CIP 数据核字（2021）第 069015 号

责任编辑：夏毓彦
封面设计：王　翔
责任校对：闫秀华
责任印制：沈　露

出版发行：清华大学出版社
　　　网　　址：http://www.tup.com.cn，http://www.wqbook.com
　　　地　　址：北京清华大学学研大厦 A 座　　邮　编：100084
　　　社　总　机：010-62770175　　　　　　　邮　购：010-62786544
　　　投稿与读者服务：010-62776969，c-service@tup.tsinghua.edu.cn
　　　质量反馈：010-62772015，zhiliang@tup.tsinghua.edu.cn

印 装 者：北京国马印刷厂
经　　销：全国新华书店
开　　本：190mm×260mm　　　印　张：29.75　　　字　数：762 千字
版　　次：2021 年 6 月第 1 版　　印　次：2021 年 6 月第 1 次印刷
定　　价：109.00 元

产品编号：082468-01

前　　言

本书的缘起

随着互联网技术的发展以及电子商务的兴起，Linux 已经成为互联网上流行的网络操作系统，可以说，Linux 系统成为支撑互联网发展的重要基石之一。Apache 作为一个非常成熟的 Web 服务器系统，目前仍然统治着 Web 服务器市场。Nginx 作为后起之秀，无论是在 Web 服务器方面，还是在反向代理以及负载均衡方面都有极其优秀的性能。MySQL 自从诞生起，就定位为互联网数据库，目前仍然是绝大部分网站后台数据库管理系统的首选。PHP 已经逐步成为电子商务网站开发的主流技术。本书旨在系统介绍 Linux、Apache、Nginx、MySQL 以及 PHP 编程的相关知识和技巧。

在互联网发展的几十年中，出现了许多介绍 Linux、Apache、Nginx、MySQL 以及 PHP 编程的图书。但是，绝大部分相关图书都单独介绍以上几种技术，并没有将它们作为一个网站的整体解决方案来介绍。此外，大部分图书的内容比较陈旧，并没有随着技术的发展而得到应有的补充。另外，许多图书要么偏重理论，缺乏实践性，要么泛泛而论，缺乏深入的阐述。本书由有着十几年实践经验的一线技术人员编写，以实用性为主旨。本书从基本的入门知识开始介绍，一直到比较深入的系统管理、性能优化以及面向对象程序设计，由浅入深，系统地介绍 LAMP 整体方案各个方面的知识点。

本书的特色

1. 内容全面，系统性强

本书非常全面地讨论支持互联网发展的几种技术，包括 Linux、Apache、Nginx、MySQL 以及 PHP 编程的各个方面，基本上涵盖了与以上几种技术有关的所有重要的知识点。

2. 深入浅出，循序渐进

对于绝大部分初学者来说，熟练运用 Linux、Apache、Nginx、MySQL 以及 PHP 是一件非常困难的事情。为了能够适应初学者的学习习惯，本书从基本的基础知识开始讲起，一直到最后的性能优化和监控技术。在介绍某个知识点的时候，本书也尽量从简单的内容开始，逐步深入，避免让初学者产生畏惧的心理。

3．由一线技术人员编写，重实践，实用性强

本书以当前流行的 CentOS、Apache、Nginx、MySQL 以及 PHP 等技术为基础，针对以上整体方案使用过程中容易遇到的各种问题依次展开论述。无论是初学者，还是具有一定经验的开发和维护人员，都可以从中获得有用的知识。

4．重点突出，脉络清晰

对于比较重要的知识点，本书都进行了非常深入的探讨，使得读者不仅可以知其然，更可以知其所以然，只有这样，才能达到融会贯通的境界。

5．项目案例典型，实战性强，有较高的应用价值

本书以目前经典的 WordPress 个人博客系统为综合案例。这个案例编码规范，使用广泛，具有很高的应用价值和参考性。而且这个案例综合运用了本书所介绍的 Linux、Apache、MySQL 以及 PHP 等技术，便于读者对本书中所介绍的技术融会贯通。此外，在介绍具体技术的过程中，本书提供了大量具有实用参考价值的代码，这些代码稍加修改，便可用于实际项目开发中。

本书的内容体系

第 1、2 章　LAMP 入门

这两章介绍 Linux、Apache 以及 MySQL 的入门基础和 PHP 编程环境的搭建，主要包括 Linux、Apache、MySQL 的安装和基本使用方法以及 PHP 的开发环境配置，还包括 WordPress 系统的安装和基本使用方法等。

第 3~8 章　LAMP 高级应用

这 6 章比较深入地介绍 LAMP 各个子系统的知识点，主要包括 Linux 和 MySQL 的高级管理和维护、PHP 中的流程控制语句、函数以及面向对象程序设计、SSL、LAMP 安全管理以及计划任务和作业调度等。

第 9、10 章　搭建 LNMP 网站架构

这两章介绍 Nginx 的安装方法、性能优化以及与 PHP 的集成等，此外还深入介绍 Nginx 作为反向代理以及负载均衡服务器的配置方法。

第 11、12 章　网站系统监控

这两章介绍 LAMP 以及 Nginx 的各种监控方法，主要包括各种监控命令的使用方法以及 Zabbix 监控系统的安装、配置以及图表的显示等。

源码下载

扫描下方的二维码下载,也可按扫描后的页面提示,把下载链接转到自己的邮箱中下载。如果学习过程中发现问题,请联系 booksaga@163.com,邮件主题为"LAMP+LNMP 网站架构与运维实战"。

本书的读者

在笔者写作本书时,已经想好了要写给哪些读者看,本书适合以下读者:

- 如果你是网站管理员,需要掌握 Linux 系统维护、MySQL 系统维护等技术,那么本书非常适合你。
- 如果你是网站开发人员,需要掌握 PHP 开发技术,需要了解 Nginx 服务器,那么本书非常适合你。
- 如果你是个人开发者,想搭建 WordPress 网站,或搭建自己风格的 LAMP(LNMP)网站,那么本书非常适合你。
- 如果你正在学习网站搭建或网页开发相关的初级技术,那么本书一定会给你指点迷津。

作 者
2021 年 1 月

目 录

第1章 互联网"打工人"的LAMP 1
1.1 Linux 的安装使用 1
1.1.1 获取安装介质 2
1.1.2 标准安装 4
1.1.3 网络安装 12
1.1.4 通过 Kickstart 和 PXE 自动安装 Linux 14
1.1.5 登录 Linux 24
1.1.6 远程登录 Linux 27
1.1.7 几个简单操作 36
1.2 Apache 的安装使用 40
1.2.1 安装 Apache 40
1.2.2 Apache 的启动和运行 43
1.2.3 Apache 的几个重要模块介绍 45
1.2.4 httpd.conf 文件 49
1.2.5 Apache 虚拟主机 58
1.2.6 认证、授权 67
1.2.7 访问控制 75
1.3 MySQL 的安装和使用 78
1.3.1 安装 MySQL 79
1.3.2 管理 MySQL 服务 85
1.3.3 配置 MySQL 89
1.3.4 数据库管理常用操作 90
1.3.5 数据表管理常用操作 92
1.3.6 数据管理常用操作 97
1.4 PHP 的安装和使用 103
1.4.1 安装 PHP 103
1.4.2 配置 PHP-FPM 105
1.4.3 PHP 开发工具 107
1.4.4 PHP 语法速览 108
1.5 mysqli 118
1.5.1 安装 mysqli 118
1.5.2 连接及断开数据库 122
1.5.3 查询数据 123
1.5.4 插入数据 129
1.5.5 更新数据 134

1.5.6 删除数据 ··· 135
1.6 PDO ··· 135
 1.6.1 PDO 及常用方法 ··· 135
 1.6.2 查询数据 ·· 137
 1.6.3 插入数据 ·· 141
 1.6.4 更新数据 ·· 143
 1.6.5 删除数据 ·· 143

第 2 章 使用 WordPress 搭建自己的博客站点 ··· 145
2.1 准备环境 ·· 145
 2.1.1 系统环境 ·· 145
 2.1.2 准备 Apache 服务器 ··· 146
 2.1.3 准备 MySQL 服务器 ·· 147
2.2 系统安装 ·· 147
 2.2.1 下载 WordPress 软件 ·· 148
 2.2.2 创建 WordPress 数据库 ··· 148
 2.2.3 安装 WordPress ··· 148
 2.2.4 发布新文章 ··· 153

第 3 章 深入 Linux ··· 155
3.1 认识与学习 Shell ·· 155
 3.1.1 Shell 及其类型 ·· 155
 3.1.2 命令别名与历史命令 ·· 157
 3.1.3 重定向 ·· 158
 3.1.4 管道 ·· 161
 3.1.5 Shell 脚本 ··· 162
3.2 文件与目录管理 ··· 164
 3.2.1 文件及类型 ··· 164
 3.2.2 文件和目录管理 ··· 167
 3.2.3 文件搜索 ·· 169
3.3 磁盘与文件系统管理 ··· 170
 3.3.1 磁盘分区 ·· 170
 3.3.2 创建文件系统 ··· 173
 3.3.3 挂载文件系统 ··· 174
 3.3.4 自动挂载 ·· 175
 3.3.5 检查文件系统 ··· 175

第 4 章 深入 MySQL 数据库 ·· 176
4.1 常用内置函数 ··· 176
 4.1.1 字符串函数 ··· 177
 4.1.2 日期和时间函数 ··· 178
 4.1.3 数学函数 ·· 181
 4.1.4 JSON 函数 ·· 181
4.2 存储引擎 ·· 191

4.2.1　存储引擎 191
　　　4.2.2　MyISAM 192
　　　4.2.3　InnoDB 193
　　　4.2.4　MEMORY 194
　　　4.2.5　MERGE 194
　4.3　字符集 196
　　　4.3.1　MySQL 支持的字符集 196
　　　4.3.2　服务器字符集和排序规则 199
　　　4.3.3　数据库字符集和排序规则 200
　　　4.3.4　表字符集和排序规则 201
　　　4.3.5　列字符集和排序规则 202
　　　4.3.6　字符串的字符集和排序规则 202
　　　4.3.7　连接字符集和排序规则 203
　　　4.3.8　字符集和排序规则的优先级 204
　4.4　索引 204
　　　4.4.1　普通索引 204
　　　4.4.2　唯一索引 207
　　　4.4.3　全文索引 207
　　　4.4.4　不可见索引 211
　　　4.4.5　倒序索引 213
　4.5　视图 213
　　　4.5.1　创建视图 214
　　　4.5.2　查看视图 215
　　　4.5.3　修改视图 217
　　　4.5.4　删除视图 218
　4.6　锁和事务 218
　　　4.6.1　MySQL 的锁 218
　　　4.6.2　MyISAM 的锁 219
　　　4.6.3　InnoDB 的锁 220
　　　4.6.4　事务 223
　4.7　MySQL 权限管理 224
　　　4.7.1　用户和角色 224
　　　4.7.2　创建用户 227
　　　4.7.3　修改用户 229
　　　4.7.4　删除用户 230
　　　4.7.5　查看用户权限 230
　　　4.7.6　授予用户权限 231
　　　4.7.7　收回用户权限 234

第 5 章　深入 PHP 编程 235
　5.1　条件语句 235
　　　5.1.1　if 语句 235
　　　5.1.2　if...else 语句 236
　　　5.1.3　if...elseif....else 语句 237

        5.1.4　switch 语句 238
　5.2　循环语句 239
        5.2.1　while 循环语句 239
        5.2.2　do…while 循环语句 240
        5.2.3　for 循环语句 241
        5.2.4　foreach 循环语句 242
　5.3　跳转语句 242
        5.3.1　break 语句 242
        5.3.2　continue 语句 243
　5.4　PHP 数组 244
        5.4.1　定义数组 244
        5.4.2　索引数组 245
        5.4.3　关联数组 247
        5.4.4　多维数组 249
　5.5　PHP 函数 250
        5.5.1　定义和调用函数 250
        5.5.2　传递参数 251
        5.5.3　返回值 253
        5.5.4　变量函数 254
　5.6　面向对象程序设计 255
        5.6.1　类的定义 255
        5.6.2　创建对象 257
        5.6.3　构造函数 258
        5.6.4　析构函数 259
        5.6.5　继承 260
        5.6.6　覆盖 261
        5.6.7　访问控制 263

第 6 章　SSL 让网站更安全 265

　6.1　什么是 SSL 265
        6.1.1　对称加密和非对称加密 265
        6.1.2　SSL 与 TLS 267
        6.1.3　数字证书 268
        6.1.4　HTTP 与 HTTPS 272
　6.2　SSL 证书申请 273
        6.2.1　商业 SSL 证书申请 274
        6.2.2　免费证书申请 278
        6.2.3　自签名证书 278
　6.3　Apache 服务器配置 SSL 证书 280
        6.3.1　准备证书 281
        6.3.2　mod_ssl 模块 281
        6.3.3　安装证书 281
        6.3.4　运行测试 284
　6.4　Nginx 服务器配置 SSL 证书 285

	6.4.1 准备证书	285
	6.4.2 配置证书	285

第 7 章 LAMP 安全管理 ... 287

- 7.1 Linux 安全管理 ... 287
  - 7.1.1 安全登录 ... 288
  - 7.1.2 用户安全 ... 296
  - 7.1.3 日志管理 ... 297
  - 7.1.4 安全审计 ... 302
  - 7.1.5 文件系统的安全 ... 305
  - 7.1.6 系统资源控制 ... 308
  - 7.1.7 防火墙 ... 309
- 7.2 Apache 安全管理 ... 310
  - 7.2.1 指定 Apache 运行用户 ... 310
  - 7.2.2 目录权限设置 ... 311
  - 7.2.3 隐藏服务器的相关信息 ... 314
  - 7.2.4 日志管理 ... 316
- 7.3 MySQL 安全管理 ... 318
  - 7.3.1 mysql_secure_installation ... 319
  - 7.3.2 权限安全 ... 320
  - 7.3.3 启用 SSL ... 321
- 7.4 PHP 安全管理 ... 326
  - 7.4.1 禁用不必要的模块 ... 326
  - 7.4.2 限制 PHP 信息泄漏 ... 327
  - 7.4.3 将 PHP 错误记入日志 ... 329
  - 7.4.4 禁用危险的 PHP 函数 ... 329

第 8 章 计划任务和作业调度 ... 331

- 8.1 计划任务 ... 331
  - 8.1.1 at 命令 ... 331
  - 8.1.2 batch 命令 ... 335
  - 8.1.3 Cron ... 335
  - 8.1.4 Anacron ... 339
  - 8.1.5 使用 Cron 实现网站备份 ... 340
  - 8.1.6 日志切割 ... 344
- 8.2 作业调度 ... 350
  - 8.2.1 准备测试程序 ... 350
  - 8.2.2 将作业暂停后放入后台 ... 351
  - 8.2.3 查看后台作业 ... 351
  - 8.2.4 继续执行后台作业 ... 352
  - 8.2.5 将作业放在后台执行 ... 352
  - 8.2.6 将作业移到前台 ... 352
  - 8.2.7 终止前台作业 ... 353
  - 8.2.8 终止后台作业 ... 353

第 9 章 Nginx 入门 ··· 355

9.1 安装 Nginx ··· 355
9.1.1 准备安装环境 ··· 355
9.1.2 编译和安装 Nginx ··· 357
9.1.3 通过软件包管理工具安装 Nginx ··· 360

9.2 Nginx 目录与配置文件 ··· 361
9.2.1 Nginx 目录结构及其说明 ··· 362
9.2.2 Nginx 的配置文件简介 ··· 363

9.3 配置虚拟主机 ··· 371
9.3.1 配置基于域名的虚拟主机 ··· 371
9.3.2 配置基于 IP 的虚拟主机 ··· 375
9.3.3 配置基于端口的虚拟主机 ··· 377

9.4 Nginx 性能优化 ··· 377
9.4.1 隐藏 Nginx 版本 ··· 377
9.4.2 优化 CPU 支持 ··· 379
9.4.3 事件处理模型 ··· 379
9.4.4 开启高效传输模式 ··· 380
9.4.5 连接超时时间 ··· 380
9.4.6 配置 GZIP 压缩 ··· 381
9.4.7 优化缓存配置 ··· 383

9.5 集成 PHP ··· 385
9.5.1 安装 PHP-FPM ··· 385
9.5.2 集成 Nginx 和 PHP ··· 386
9.5.3 集成测试 ··· 388

第 10 章 深入 Nginx ··· 390

10.1 Nginx 负载均衡 ··· 390
10.1.1 Nginx 负载均衡简介 ··· 390
10.1.2 轮询模式负载均衡 ··· 392
10.1.3 权重模式负载均衡 ··· 394
10.1.4 IP 地址哈希模式负载均衡 ··· 395
10.1.5 least_conn 模式负载均衡 ··· 396

10.2 Nginx 反向代理 ··· 396
10.2.1 反向代理的原理 ··· 396
10.2.2 反向代理模块 ··· 398
10.2.3 常规反向代理 ··· 400
10.2.4 基于虚拟目录的反向代理 ··· 401
10.2.5 基于媒体类型的反向代理 ··· 406
10.2.6 基于 upstream 的反向代理 ··· 407
10.2.7 基于 stream 的反向代理 ··· 407

第 11 章 LAMP 和 LNMP 性能监控 ··· 408

11.1 Linux 常用监控命令 ··· 408
11.1.1 top 命令 ··· 409

11.1.2　vmstat 命令 ··· 412
11.1.3　tcpdump 命令 ··· 414
11.1.4　netstat 命令 ··· 417
11.1.5　htop 命令 ··· 419
11.1.6　iotop 命令 ·· 420
11.1.7　iptraf 命令 ··· 421
11.1.8　iftop 命令 ·· 422
11.1.9　lsof 命令 ··· 423
11.2　Apache 常用监控方法 ·· 426
11.2.1　mod_status 模块 ··· 426
11.2.2　apachetop ·· 428
11.3　MySQL 常用监控方法 ··· 429
11.3.1　mytop 命令 ·· 429
11.3.2　innotop 命令 ·· 430
11.3.3　通过 information_schema 数据库查询 MySQL 的状态 ·· 431
11.3.4　通过 SHOW 命令查询 MySQL 的状态 ·· 435
11.4　Nginx 常用监控方法 ·· 436
11.4.1　stub_status_module 模块 ··· 437
11.4.2　netstat 命令 ··· 437
11.5　PHP-FPM 常用监控方法 ··· 438
11.5.1　PHP-FPM 状态页 ··· 438
11.5.2　netstat 命令监控 PHP-FPM ·· 442

第 12 章　Zabbix 全方位监控服务 ·· 443
12.1　Zabbix 简介 ··· 443
12.1.1　什么是 Zabbix ··· 443
12.1.2　Zabbix 的组件 ··· 444
12.2　安装 Zabbix ··· 445
12.2.1　准备环境 ··· 445
12.2.2　安装 Zabbix ·· 445
12.3　配置 Zabbix 监控服务 ··· 450
12.3.1　监控 Linux 系统 ··· 450
12.3.2　监控 Apache 服务器 ··· 456
12.3.3　监控 MySQL 服务器 ··· 460
12.3.4　监控 Nginx 服务器 ··· 461

第 1 章

互联网"打工人"的 LAMP

随着互联网的飞速发展和普及,与之相关的技术也越来越受到重视,以至于形成了三大流派,分别为 LAMP、J2EE 和.Net。这三大流派形成了三足鼎立之势,几乎占领了整个互联网的技术市场。据统计,从网站的流量来说,70%以上的访问流量是由 LAMP 来提供的,因此 LAMP 是目前最强大的动态网站解决方案。

LAMP 是一组通常一起使用的、用来运行动态网站或者服务器的自由软件的名称的首字母。其中字母 L 是指 Linux,为操作系统,是提供所有服务的基础,其他 3 个组成部分都运行在 Linux 上面。字母 A 是指 Apache HTTP Server,为 Web 服务器软件。但是在业界人士口中,通常用 Apache 来代替 Apache HTTP Server,尽管不是非常准确,但是这似乎已经成为一个共识。M 代表数据库管理系统,是指 MySQL 或者 MariaDB,其中 MariaDB 是由 MySQL 派生出来的版本。字母 P 代表 PHP、Python 或者 Perl 等脚本语言。但是,大部分人还是认为字母 P 代表的是 PHP。

本章主要涉及的知识点有:

- Linux 的安装使用:介绍 Linux 的安装、登录方法以及简单的操作。
- Apache 的安装使用:介绍 Apache 的安装方法、基本管理以及配置方法。
- MySQL 的安装使用:介绍 MySQL 的安装方法、常见配置选项以及日常的管理操作。
- PHP 的安装使用:介绍 PHP 的安装方法、常用的 PHP 开发工具以及 PHP 的基本语法。

1.1 Linux 的安装使用

我们通常所说的 Linux 是指一类免费的、可以自由传播的操作系统。Linux 的基本内核由林纳斯·托瓦兹于 1991 年开发完成。后来,全世界越来越多的程序员参与到 Linux 的开发工作中,由此开发出了几百个可以与 Linux 内核配合使用的功能模块,构成了一套完整的操作系统。在 Linux 的发展过程中,形成了非常多的不同的发行版,常见的有 RHEL、CentOS、Ubuntu、Debian 以及 openSUSE 等,可以说是百花齐放、各具特色。作为服务器操作系统来说,目前在国内使用最多的还是 CentOS。因此,本节将主要以 CentOS 为例来介绍 Linux 的安装和使用。

1.1.1 获取安装介质

在安装 Linux 之前，用户需要先获取到安装介质。由于 Linux 是免费的、可以自由传播的软件系统，因此绝大部分发行版的安装介质都可以随意在网络上获取到。并且，为了能够提供更快的下载速度，世界上很多地方都提供了镜像服务器。

01 CentOS 的官方网址为：

https://www.centos.org/

其首页如图 1-1 所示。

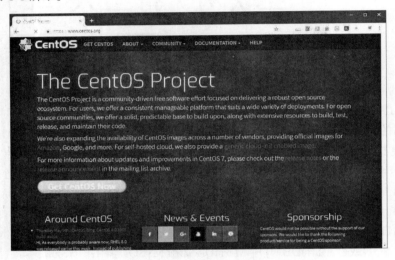

图 1-1　CentOS 官方网站首页

02 单击其中的 Get CentOS Now 链接，打开 CentOS 的下载页面，如图 1-2 所示。

图 1-2　CentOS 的下载页面

03 单击其中的 DVD ISO 链接，可以打开 CentOS 提供的标准版的 DVD 镜像文件的下载页面。而单击 Minimal ISO 链接，打开精简版的 CentOS ISO 镜像文件的下载页面。除了这两种直接下载镜像文件的方式之外，CentOS 还提供了 Torrent 的下载方式。用户单击其中的 via Torrent 链接，即可打开 CentOS 的镜像服务器列表页面。然后选择一个速度相对较快的服务器，出现如图 1-3 所示的文件列表。

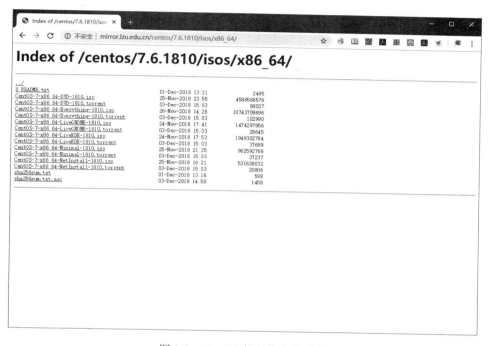

图 1-3　CentOS 提供的文件列表

从图 1-3 可知，目前 CentOS 的新版本为 7.6.1810。由于 CentOS 提供了多个文件，对于初学者来说，可能会感到困惑，不知道应该下载哪个文件，因此在此有必要对图 1-3 中的文件列表进一步说明。实际上，图 1-3 所示的文件主要分为两类，其中一类为 .iso 文件，包含 CentOS 的软件包；另一类为 .torrent 文件，该文件为同名 ISO 文件的 Torrent 文件，通过该文件就能以 Torrent 的方式下载同名的 ISO 文件。

- CentOS-7-x86_64-DVD-1810.iso：标准版的 CentOS 安装介质包含 CentOS 所有的必需和可选组件。如果用户想要在离线状态下安装 CentOS，建议用户下载该文件。
- CentOS-7-x86_64-Everything-1810.iso：完整版的 CentOS 安装介质除了 CentOS 自身的组件之外，还包含大量的第三方组件。如果用户只是安装 CentOS，不建议下载该文件。
- CentOS-7-x86_64-LiveGNOME-1810.iso：预装了 GNOME 桌面环境的急救镜像文件主要用来在某些特殊情况下启动计算机，也可以在启动计算机之后进行安装。
- CentOS-7-x86_64-LiveKDE-1810.iso：预装了 KDE 桌面环境的急救镜像文件。
- CentOS-7-x86_64-Minimal-1810.iso 包含基本的 CentOS 功能模块，可以烧录到一张 CD 上面。

- CentOS-7-x86_64-NetInstall-1810.iso：提供通过网络安装 CentOS 的基本功能模块。用户通过该镜像文件启动计算机之后，可通过网络的方式安装 CentOS。

1.1.2 标准安装

当下载安装介质的镜像文件之后，用户就可以开始安装操作了。总的来说，Linux 系统的安装方法非常多，用户可以根据自己的实际情况来选择。例如，如果用户的服务器或者个人计算机配备有传统的 DVD 或者 CD 光驱，并且想通过光盘的方式来安装 Linux 操作系统，就可以将下载后的 ISO 镜像文件通过刻录软件刻录到 DVD-R 或者 CD-R 上面，将光盘放到光驱里面，通过光驱启动计算机，然后执行安装过程。而现在许多新的计算机已经不再提供传统的光驱了，在这种情况下，用户可以将 ISO 文件通过软件工具制作成可引导的 U 盘，通过 USB 设备引导计算机，再执行安装操作。甚至在某些情况下，用户还能以 PXE 的方式引导计算机，然后通过网络安装操作系统。为了能够使读者熟练掌握 Linux 的安装方法，下面以 CentOS 7 为例介绍几种常见的安装方法。

对于初学者来说，一种简单的学习 Linux 安装方法的途径就是通过虚拟机。目前，比较流行的虚拟机软件有 VMware 的 VMware Workstation、Oracle 的 VirtualBox 以及微软的 Hyper-V 等。其中 VMware Workstation 为商业软件，VirtualBox 为开源软件，而 Hyper-V 为 Windows 中的组件。本节主要用 VMware Workstation 14 作为虚拟机软件来介绍 Linux 的安装方法，其主界面如图 1-4 所示。

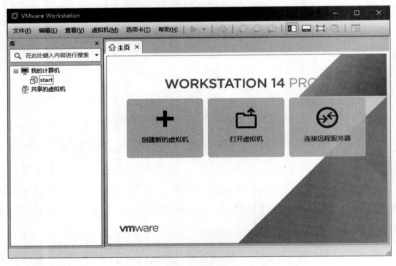

图 1-4　VMware Workstation 14 主界面

所谓标准安装方式，就是以 CentOS-7-x86_64-DVD-1810.iso 作为安装介质，其步骤如下：

01 单击 VMware Workstation 面板右侧的"创建新的虚拟机"按钮，打开新建虚拟机向导，如图 1-5 所示。

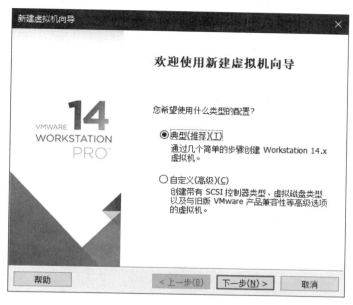

图 1-5　新建虚拟机向导

如图 1-5 所示，该向导提供了两种安装方法，第一种为典型安装方法，第二种为自定义安装方法。对于绝大部分情况而言，通过典型安装方法就可以满足需要。除非虚拟机配置了特殊的硬件或者与旧版的 VMware 产品兼容才选择自定义安装。在本例中，选择"典型（推荐）"选项，单击"下一步"按钮，进行下一步的安装。

02 选择安装来源，如图 1-6 所示。第 1 个选项为通过物理光盘驱动器安装 CentOS，第 2 个选项为通过标准 DVD ISO 镜像文件来安装 CentOS，第 3 个选项为暂时不安装 CentOS。

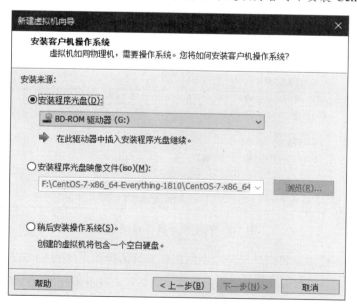

图 1-6　选择安装来源

在本例中，选择第 2 个选项，然后单击右侧的"浏览"按钮，打开"浏览 ISO 映像"对话框，如图 1-7 所示。找到已下载的 ISO 镜像文件，单击"打开"按钮，关闭对话框。

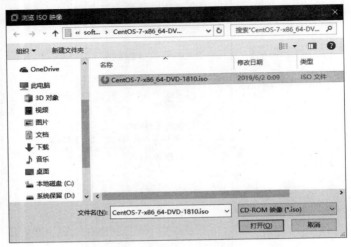

图 1-7　打开 ISO 镜像文件

此时，VMware 新建虚拟机向导会根据用户指定的 ISO 镜像文件自动判断操作系统的类型，如图 1-8 所示。

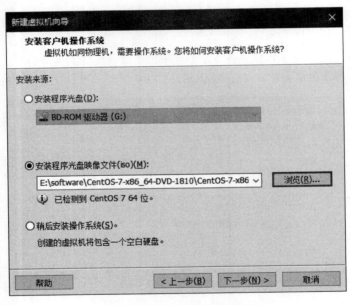

图 1-8　自动判断操作系统类型

从图 1-8 可知，新建虚拟机向导已经检测出正在安装的操作系统为 64 位的 CentOS。

03 设置虚拟机名称和保存位置。在"虚拟机名称"文本框中输入虚拟机的名称，例如 centos。在"位置"文本框中输入虚拟机保存的位置。也可以单击右侧的"浏览"按钮，选择虚拟机保存的位置，如图 1-9 所示。

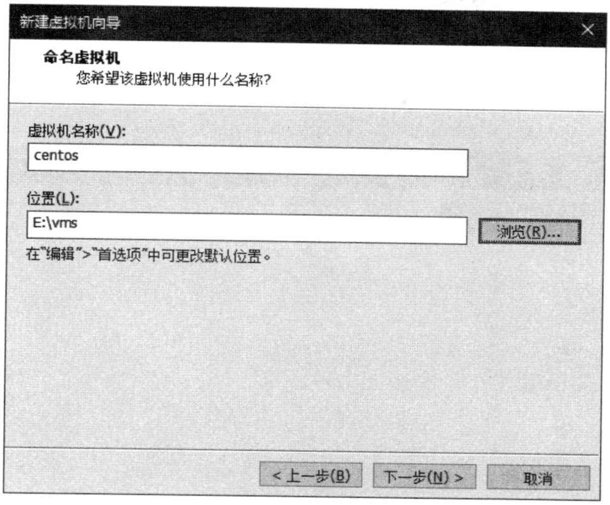

图 1-9　设置虚拟机名称和保存位置

04 指定虚拟磁盘容量以及是否拆分虚拟磁盘文件。用户可以指定虚拟磁盘的最大容量，单位为 GB。虚拟机的虚拟磁盘是以文件的形式存在于宿主机的磁盘上的。最初的时候，虚拟磁盘文件通常比较小，随着虚拟磁盘里面文件的增多，其虚拟磁盘文件也逐渐变大，一直增长到用户指定的最大容量为止。为了避免单个大文件难以迁移和备份，VMware 支持将虚拟磁盘拆分成多个文件。拆分之后，用户备份或者迁移虚拟机就相对容易了。但是，拆分虚拟磁盘的副作用是降低虚拟磁盘的读写性能。所以，在实际生产环境中，用户可以根据自己的实际情况来选择是否拆分虚拟磁盘。如果用户的虚拟机不需要大容量的虚拟磁盘来存储数据，就可以采用单个文件的形式以提高性能。在这种情况下，由于虚拟磁盘文件较小，因此进行数据备份或者虚拟机迁移也不会成为大的问题。反之，如果虚拟机需要大容量的虚拟磁盘，就需要对虚拟磁盘进行拆分，以便于迁移或者备份。在本例中，选择"将虚拟磁盘存储为单个文件"单选按钮，如图 1-10 所示。

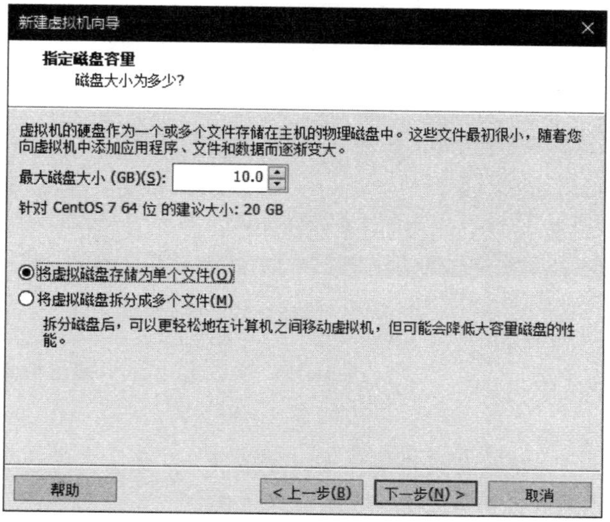

图 1-10　指定虚拟磁盘最大容量以及是否拆分

05 完成虚拟机的创建。在对话框的上面列出了所要创建的虚拟机的基本设置，如图 1-11 所示。如果用户还需要自定义该虚拟机的其他硬件，就可以单击"自定义硬件"按钮，进行进一步的硬件自定义。

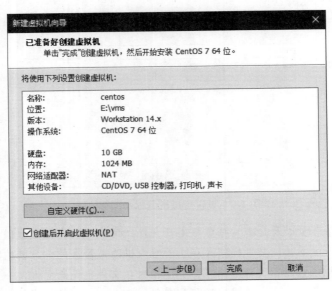

图 1-11　完成虚拟机创建

06 选择 CentOS 安装方式。接下来进入 CentOS 的安装界面，如图 1-12 所示。该对话框有 3 个选项，其中第 1 个 Install CentOS 7 为直接安装 CentOS 7，第 2 个选项 Test this media & install CentOS 7 用来测试当前的安装介质是否完整，然后进行安装，第 3 个选项 Troubleshooting 用来进行故障排除，主要用于某些特殊情况，例如以急救方式启动计算机、进行内存测试以及以基本的图形界面安装 CentOS 等。

图 1-12　选择安装方式

在本例中，选择第 1 个选项，直接安装 CentOS。通过上下箭头键选中该选项之后，按回车键开始安装。

07 选择安装时的语言。用户可以根据自己的实际情况来选择安装过程所使用的语言，例如，若用户对英语不太熟悉，则可以选择简体中文等。在本例中，选择美国英语，如图 1-13 所示。

第 1 章　互联网"打工人"的 LAMP ｜ 9

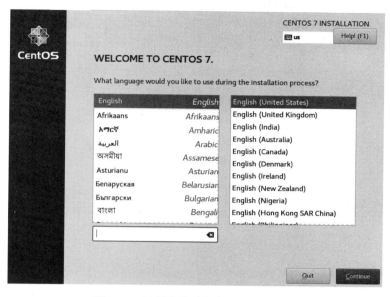

图 1-13　选择安装过程中所使用的语言

08 安装概览。在安装概览界面，用户可以设置本地化选项、软件包以及系统等，如图 1-14 所示。

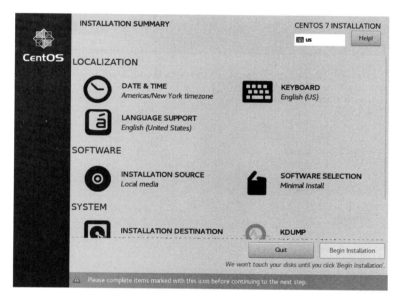

图 1-14　安装概览

09 设置时区。默认时区为美国纽约，单击 LOCALIZATION 中的 DATE&TIME 按钮，在弹出的对话框中，在 Region 组合框中输入或者选择 Asia 选项，在 City 组合框中输入或者选择 Shanghai。当然，也可以在中间的地图中直接单击中国，即可自动输入以上值，如图 1-15 所示。

图 1-15　设置时区

⑩ 设置安装目标位置。在安装概览界面，单击 SYSTEM 中的 INSTALLATION DESTINATION 按钮，打开存储设备对话框，如图 1-16 所示。

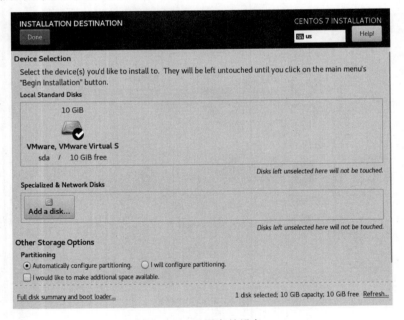

图 1-16　设置存储设备

安装向导会把当前计算机的本地磁盘列出来，由于当前计算机只有 1 个磁盘，因此在上面的列表中只出现了 1 个 10GB 的磁盘。若用户需要附加其他的存储设备或者网络磁盘，则可以单击 Add a disk 按钮进行操作。除此之外，用户还可以设置磁盘分区，一共有两个选项，分别为自动分区和手工分区。通常情况下，用户可以选择第 1 个选项 Automatically configure partitioning 进行自动分区。

11 进行安装。当所有的选项都设置完成之后，图 1-14 右下角的 Begin Installation 按钮由灰色变成可以单击的状态。此时，用户单击 Begin Installation 按钮开始安装，如图 1-17 所示。在安装的过程中，需要用户为 root 用户设置密码和创建其他的用户。

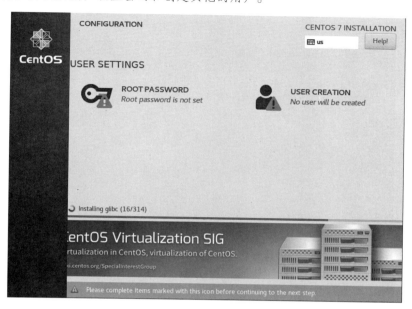

图 1-17　安装进度对话框

用户可以单击 ROOT PASSWORD 按钮，打开 ROOT PASSWORD 对话框，如图 1-18 所示，在 Root Password 和 Confirm 文本框中输入新的密码，单击 Done 按钮，返回安装进度界面。

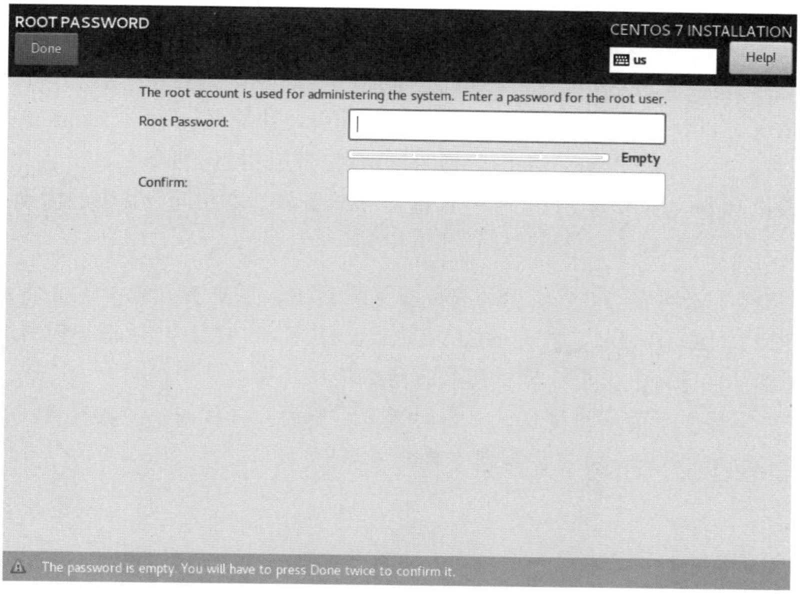

图 1-18　设置 root 用户密码

Linux 用户账号的创建在安装期间不是必需的，管理员可以在安装完成之后再创建其他的用户账户。

12 重启计算机。当安装完成之后，在对话框的右下角会出现 Reboot 按钮，如图 1-19 所示。单击 Reboot 按钮重新启动计算机。

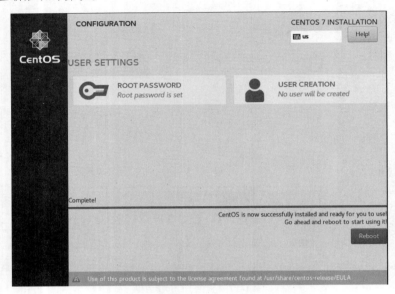

图 1-19　重新启动计算机

1.1.3　网络安装

CentOS 7 支持多种网络安装方式。这在目标计算机没有光驱或者没有 U 盘等安装介质的情况下非常有用。为了能够安装 CentOS，目标计算机必须能够启动并且被引导到某个能够支持基本网络环境的状态。通常情况下，用户可以通过两种方法来启动并引导计算机：一种是 CentOS 提供的 NetInstall 网络安装镜像文件，另一种是 PXE。下面分别对这两种方法进行详细介绍。

通过 NetInstall 镜像文件安装 CentOS 的过程与标准安装基本相同。其中的区别主要在以下几个步骤：

01 启用网络接口。在图 1-14 所示的安装概览界面中，用户首先需要单击 SYTEM 分组中的 NETWORK & HOST NAME 按钮，打开 NETWORK & HOST NAME 对话框，如图 1-20 所示。在左边的列表中，安装向导会列出当前计算机所有的网络接口，在本例中，只有一个名为 ens33 的以太网网络接口。选中需要使用的网络接口，单击对话框右侧的开关按钮，使其变为 ON 状态，表示启用该网络接口。然后单击 Done 按钮，返回安装概览界面。

第 1 章 互联网"打工人"的 LAMP | 13

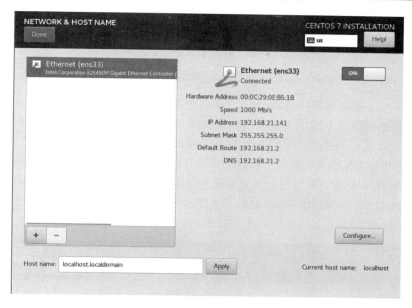

图 1-20 启用网络接口

02 设置安装源。单击安装概览对话框的 SOFTWARE 分组中的 INSTALLATION SOURCE 按钮，打开 INSTALLATION SOURCE 对话框，如图 1-21 所示。

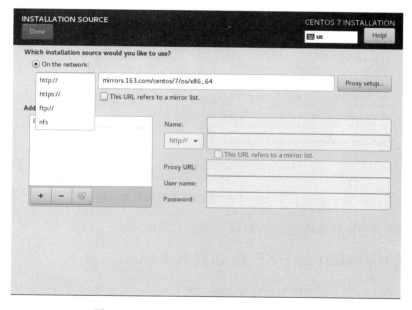

图 1-21 INSTALLATION SOURCE 对话框

从图 1-21 可知，安装向导可以通过 HTTP、HTTPS 以及 FTP 等网络协议进行安装。此外，若用户有 NFS 服务器，则可以通过 NFS 进行 CentOS 的安装。一般情况下，若用户的计算机可以访问外部网络，并且网络速度相对较快，则可以通过 HTTP 方式进行安装。CentOS 拥有非常多的镜像服务器，这些服务器分布在世界各地。用户在选择安装源的时候，需要根据自己的网络情况选择访问速度较快的镜像服务器。在本例中，选择网易提供的 CentOS 镜像服务器，其网址为：

`http://mirrors.163.com/centos/7/os/x86_64/`

设置完成之后，单击 Done 按钮，返回安装概览界面。

03 设置软件包。单击 SOFTWARE 分组中的 SOFTWARE SELECTION 按钮，打开 SOFTWARE SELECTION 对话框，如图 1-22 所示。安装向导为用户准备了一部分基础环境。实际上就是根据不同的应用场景预定义了一些软件包分组。例如，Minimal Install 仅仅包含基本功能所需要的软件包；Basic Web Server 则包含提供网页服务所需要的软件包；若用户想要使用服务器虚拟化功能，则可以选择 Virtualization Host 选项，前面这几个选项都不包含图形界面，若用户想要使用图形界面，则可以选择 Server with GUI、GNOME Desktop 或者 KDE Plasma Workspaces 等选项。在本例中，为了缩短安装时间，选择 Minimal Install 选项。单击 Done 按钮，返回安装概览界面。

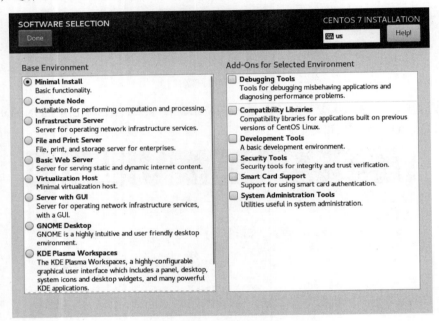

图 1-22　SOFTWARE SELECTION 对话框

其他的安装步骤与标准安装完全相同，不再重复介绍。

1.1.4　通过 Kickstart 和 PXE 自动安装 Linux

虽然前面介绍的标准安装和网络安装方式都非常方便，但是如果用户管理的是规模较大的机房，那么通过前面介绍的方式进行操作系统的安装就不太方便了。接下来介绍无人值守的 Linux 安装方法。

1. Kickstart

在前面介绍的安装过程中，用户需要回答很多问题，例如系统中使用的时区、如何对驱动器进行分区或者应该安装哪些软件包。实际上，这些问题完全可以通过 Kickstart 来自动应答。Kickstart

是一个定义了 Linux 安装过程的配置文件,配置文件中预定义了 Linux 安装过程中所有选项的答案。在 Linux 安装过程中,如果出现需要用户进行选择的情况,安装程序首先会自动去 Kickstart 配置文件中寻找答案,如果配置文件中提供了该选项的答案,安装程序就会采用该答案,并继续安装过程。当然,如果在配置文件中并没有某个选项的答案,就需要人工做出选择。所以,用户在编写 Kickstart 配置文件时,应该尽可能地考虑周全,以缩短安装时间。当安装过程结束之后,安装程序会根据 Kickstart 配置文件中的设置重启系统,并结束安装。

2. PXE

所谓 PXE,是指预启动执行环境,该技术由 Intel 公司开发。PXE 的根本作用是对计算机进行引导,并且启动安装程序。PXE 是一个典型的客户机/服务器架构,如图 1-23 所示。PXE 客户端位于计算机网卡的 ROM 中。在引导计算机的过程中,BIOS 把 PXE 客户端从网卡的 ROM 调入内存中并执行,显示出一个命令菜单。用户选择之后,PXE 客户端便向本地网络中发送 UDP 数据包广播,以请求 IP 地址。本地网络中的 DHCP 服务器收到请求之后,便为客户机分配一个 IP 地址,并且返回 bootstrap,即网络引导文件的名称。对于不同的 Linux 发行版,这个网络引导文件的文件名有所不同,对于 CentOS 来说,这个文件的名称为 pxelinux.0。DHCP 服务器并不提供 bootstrap 文件,bootstrap 文件通常由本地网络中的 TFTP 服务器提供。

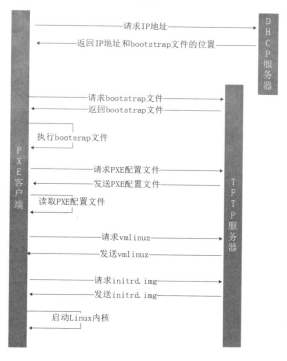

图 1-23　PXE 的工作原理

客户机继续向本地网络中的 TFTP 服务器请求 pxelinux.0 文件。在获取到 pxelinux.0 文件之后,执行该文件。然后继续向 TFTP 服务器请求 PXE 配置文件,该文件包含用户预定义的安装选项。再向 TFTP 服务器请求 Linux 内核文件 vmlinuz,以及初始化镜像文件 initrd.img,然后启动 Linux 内核,初始化文件系统等。

当所有的初始化操作完成之后,安装程序便被启动,进入安装界面。此时,安装程序需要读取各种软件包,用户可以通过 FTP、HTTP 或者 NFS 的方式提供。

从上面的介绍可知,要通过 PXE 安装 Linux,必须满足以下 3 个条件:

(1)用户计算机的网卡支持 PXE 客户端功能,并且用户需要选择从网络启动计算机。

(2)本地网络中需要存在 DHCP 服务器和 TFTP 服务器,其中 DHCP 服务器除了可以分配 IP 地址之外,还要提供 bootstrap 文件的位置。TFTP 服务器提供 Linux 内核以及初始化镜像文件。

(3)需要以 HTTP、FTP 或者 NFS 方式提供安装源。

接下来,我们将详细介绍如何通过 Kickstart 和 PXE 实现自动安装 CentOS。

安装 PXE 服务器

从前面的介绍可知,PXE 服务器包括几个部分,分别为 DHCP 服务器、TFTP 服务器和 HTTP 服务器,当然其中的 HTTP 服务器可以由 FTP 或者 NFS 服务器代替。

在本例中,我们使用一台 CentOS 7.0 充当 PXE 服务器,DHCP、TFTP 和 HTTP 服务器都安装在这台 CentOS 服务器上面。

01 禁用 SELinux,命令如下:

```
[root@localhost ~]# sed -i 's/SELINUX=enforcing/SELINUX=disabled/g' /etc/selinux/config
```

然后查看 /etc/selinux/config 文件,确认修改成功,如下所示:

```
[root@localhost ~]# cat /etc/selinux/config

# This file controls the state of SELinux on the system.
# SELINUX= can take one of these three values:
#     enforcing - SELinux security policy is enforced.
#     permissive - SELinux prints warnings instead of enforcing.
#     disabled - No SELinux policy is loaded.
SELINUX=disabled
# SELINUXTYPE= can take one of three values:
#     targeted - Targeted processes are protected,
#     minimum - Modification of targeted policy. Only selected processes are protected.
#     mls - Multi Level Security protection.
SELINUXTYPE=targeted
```

当然,用户也可以直接修改 /etc/selinux/config 文件,将其中的 SELINUX 选项修改为 disabled。修改完成之后,需要重新启动服务器,使得以上修改生效。

> **注 意**
>
> 如果用户不想重新启动计算机,可以使用以下命令暂时禁用 SELinux:
>
> ```
> [root@localhost ~]# setenforce 0
> ```

但是 setenforce 命令只是暂时禁用 SELinux，在重新启动计算机之后，该改动便会失效。所以，为了永久生效，用户必须修改/etc/selinux/config 配置文件。

02 关闭防火墙及清空策略，命令如下：

```
[root@localhost ~]# systemctl stop firewalld
[root@localhost ~]# systemctl disable firewalld
Removed symlink /etc/systemd/system/multi-user.target.wants/firewalld.service.
Removed symlink /etc/systemd/system/dbus-org.fedoraproject.FirewallD1.service.
[root@localhost ~]# iptables -F
[root@localhost ~]# iptables -L -n
Chain INPUT (policy ACCEPT)
target     prot opt source               destination

Chain FORWARD (policy ACCEPT)
target     prot opt source               destination

Chain OUTPUT (policy ACCEPT)
target     prot opt source               destination
```

03 安装软件包，命令如下：

```
[root@localhost ~]# yum install -y httpd dhcp tftp-server tftp syslinux
```

04 DHCP 服务器配置。DHCP 服务器的配置文件位于/etc/dhcp/dhcpd.conf。为了快速创建配置文件，用户可以将 DHCP 提供的样例配置文件复制到/etc/dhcp/dhcpd.conf，命令如下：

```
[root@localhost ~]# cp /usr/share/doc/dhcp-4.2.5/dhcpd.conf.example
/etc/dhcp/dhcpd.conf
```

然后修改/etc/dhcp/dhcpd.conf 文件，增加以下子网配置：

```
01  subnet 192.168.1.0 netmask 255.255.255.0 {
02    option routers 192.168.1.1;
03    option subnet-mask 255.255.255.0;
04    option domain-name-servers 192.168.1.1;
05    range dynamic-bootp 192.168.1.100 192.168.1.120;
06    default-lease-time 21600;
07    max-lease-time 43200;
08    next-server 192.168.1.140;
09    filename "pxelinux.0";
10  }
```

在上面的代码中，第 01 行指定 DHCP 服务器所在的网段以及子网掩码。第 02 行指定本网络的网关，第 03 行指定本网络的子网掩码。第 04 行指定域名服务器。第 05 行指定 DHCP 服务器分发的 IP 地址范围。第 08 行指定 TFTP 服务器的 IP 地址。第 09 行指定 bootstrap 文件的文件名。

配置完成之后，使用以下命令启动并启用 DHCP 服务器：

```
[root@localhost ~]# systemctl start dhcpd
```

```
[root@localhost ~]# systemctl enable dhcpd
Created symlink from /etc/systemd/system/multi-user.target.wants/dhcpd.service to
/usr/lib/systemd/system/dhcpd.service.
```

然后查看 DHCP 服务的状态，如下所示：

```
[root@localhost ~]# systemctl status dhcpd
● dhcpd.service - DHCPv4 Server Daemon
   Loaded: loaded (/usr/lib/systemd/system/dhcpd.service; enabled; vendor preset:
disabled)
   Active: active (running) since Sun 2019-06-23 18:34:17 CST; 2min 0s ago
     Docs: man:dhcpd(8)
           man:dhcpd.conf(5)
 Main PID: 9040 (dhcpd)
   Status: "Dispatching packets..."
   CGroup: /system.slice/dhcpd.service
           └─9040 /usr/sbin/dhcpd -f -cf /etc/dhcp/dhcpd.conf -user dhcpd -group
dhcpd --no-pid

Jun 23 18:34:17 localhost.localdomain dhcpd[9040]: All rights reserved.
Jun 23 18:34:17 localhost.localdomain dhcpd[9040]: For info, please visit
https://www.isc.org/software/dhcp/
Jun 23 18:34:17 localhost.localdomain dhcpd[9040]: Wrote 0 class decls to leases
file.
Jun 23 18:34:17 localhost.localdomain dhcpd[9040]: Wrote 0 deleted host decls to
leases file.
Jun 23 18:34:17 localhost.localdomain dhcpd[9040]: Wrote 0 new dynamic host decls
to leases file.
Jun 23 18:34:17 localhost.localdomain dhcpd[9040]: Wrote 0 leases to leases file.
Jun 23 18:34:17 localhost.localdomain dhcpd[9040]: Listening on
LPF/ens33/00:0c:29:94:d4:84/192.168.1.0/24
Jun 23 18:34:17 localhost.localdomain dhcpd[9040]: Sending on
LPF/ens33/00:0c:29:94:d4:84/192.168.1.0/24
Jun 23 18:34:17 localhost.localdomain dhcpd[9040]: Sending on
Socket/fallback/fallback-net
Jun 23 18:34:17 localhost.localdomain systemd[1]: Started DHCPv4 Server Daemon.
```

从以上命令的输出可知 DHCP 服务已经处于运行（running）状态。

当 DHCP 服务运行成功之后，用户可以通过以下命令查看服务监听的端口，如下所示：

```
[root@localhost ~]# ss -nulp | grep dhcpd
UNCONN     0      0         *:67                  *:*
     users:(("dhcpd",pid=9040,fd=7))
```

从以上输出可知，DHCP 服务的端口为 UDP 的 67 端口。

05 HTTP 服务配置。前面已经介绍过，在安装 Linux 的时候，安装源可以通过 HTTP、FTP 或者 NFS 提供，在本例中，我们使用 Apache HTTP 服务器来提供 CentOS 的安装包服务。在前面的步骤中，我们已经安装了 Apache HTTP 服务器，现在只需要启用并启动该服务就可以了，并不需要进行更多的配置，一切采用其默认的配置选项即可。

```
[root@localhost ~]# systemctl enable httpd
Created symlink from /etc/systemd/system/multi-user.target.wants/httpd.service to
/usr/lib/systemd/system/httpd.service.
[root@localhost ~]# systemctl start httpd
```

查看 Apache 的服务端口 80 是否处于监听状态，确保服务正常运行。

```
[root@localhost ~]# ss -lnp | grep httpd
tcp    LISTEN    0    128    :::80                      :::*
users:(("httpd",pid=9794,fd=4),("httpd",pid=9793,fd=4),("httpd",pid=9792,fd=4),
("httpd",pid=9791,fd=4),("httpd",pid=9790,fd=4),("httpd",pid=9789,fd=4))
```

在 Apache 的默认目录/var/www/html 中创建一个名为 centos7 的目录，作为挂载点，用来挂载 CentOS 的 ISO 文件。然后从 CentOS 的官方网站或者镜像站点上面下载其 ISO 镜像文件。在本例中，我们使用 CentOS 的标准 DVD 镜像文件 CentOS-7-x86_64-DVD-1810.iso。

将准备好的 CentOS-7-x86_64-DVD-1810.iso 文件挂载到/var/www/html/centos7，命令如下：

```
[root@localhost ~]# mount -o loop /opt/CentOS-7-x86_64-DVD-1810.iso
/var/www/html/centos7/
mount: /dev/loop0 is write-protected, mounting read-only
```

挂载成功之后，用户就可以通过浏览器访问该镜像文件了，如图 1-24 所示。

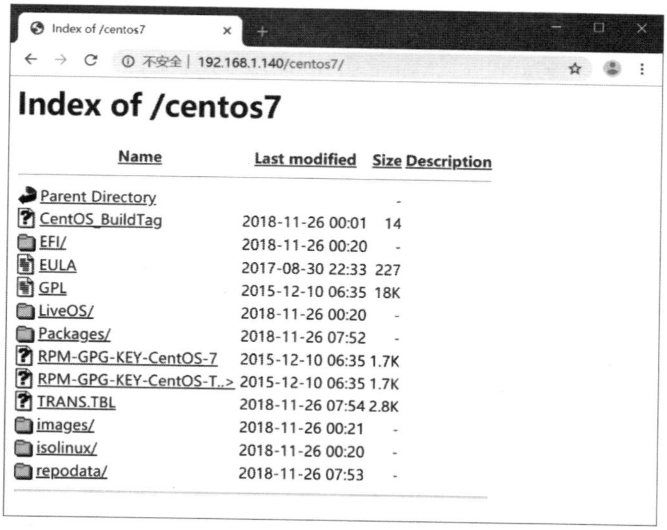

图 1-24　通过 HTTP 提供 CentOS 安装源

其中，访问地址为 PXE 服务器的 IP 地址，加上前面创建的目录名。

06 配置 TFTP 服务。TFTP 服务通常用来传输小文件。首先，用户需要根据自己的实际情况修改 TFTP 的配置文件/etc/xinetd.d/tftp，其代码如下：

```
01  service tftp
02  {
03          socket_type              = dgram
04          protocol                 = udp
05          wait                     = yes
06          user                     = root
07          server                   = /usr/sbin/in.tftpd
08          server_args              = -s /var/lib/tftpboot
09          disable                  = no
10          per_source               = 11
11          cps                      = 100 2
12          flags                    = IPv4
13  }
```

其中，用户需要修改的主要是第 08 行，即 TFTP 服务器所指向的根目录，默认为/var/lib/tftproot。第 09 行表明是否启用 TFTP 服务，将其修改为 no。然后启动 tftp.socket 服务：

```
[root@localhost ~]# systemctl start tftp.socket
[root@localhost ~]# systemctl enable tftp.socket
Created symlink from /etc/systemd/system/sockets.target.wants/tftp.socket to /usr/lib/systemd/system/tftp.socket.
```

查看 tftp.socket 服务的状态，确保正常运行：

```
[root@localhost ~]# systemctl status tftp.socket
● tftp.socket - Tftp Server Activation Socket
   Loaded: loaded (/usr/lib/systemd/system/tftp.socket; enabled; vendor preset: disabled)
   Active: active (listening) since Sun 2019-06-23 19:20:14 CST; 1min 10s ago
   Listen: [::]:69 (Datagram)

Jun 23 19:20:14 localhost.localdomain systemd[1]: Listening on Tftp Server Activation Socket.
```

启动 TFTP 服务，命令如下：

```
[root@localhost ~]# systemctl start tftp
[root@localhost ~]# systemctl enable tftp
[root@localhost ~]# systemctl status tftp
● tftp.service - Tftp Server
   Loaded: loaded (/usr/lib/systemd/system/tftp.service; indirect; vendor preset: disabled)
   Active: active (running) since Sun 2019-06-23 19:22:32 CST; 19s ago
     Docs: man:in.tftpd
 Main PID: 9887 (in.tftpd)
   CGroup: /system.slice/tftp.service
           └─9887 /usr/sbin/in.tftpd -s /var/lib/tftpboot
```

```
Jun 23 19:22:32 localhost.localdomain systemd[1]: Started Tftp Server.
```

查看 TFTP 服务端口，命令如下：

```
[root@localhost ~]# ss -nulp | grep tftp
UNCONN      0      0      :::69       :::*
    users:(("in.tftpd",pid=9887,fd=0),("systemd",pid=1,fd=53))
```

从上面的输出可知，TFTP 的服务端口为 UDP 的 69。

接下来，用户需要将 CentOS 网络引导和初始化所需要的文件复制到 TFTP 的根目录中，主要包括 pxelinux.0、vmlinuz、initrd.img 以及 isolinux.cfg 四个文件。其中，pxelinux.0 为 CentOS 的网络引导文件，vmlinuz 为压缩后的内核文件，initrd.img 为初始化镜像文件，isolinux.cfg 为开机时选择启动项的菜单文件。

首先复制 pxelinux.0 文件，命令如下：

```
[root@localhost ~]# cp /usr/share/syslinux/pxelinux.0 /var/lib/tftpboot/
```

然后复制 vmlinuz 和 initrd.img 等文件，命令如下：

```
[root@localhost ~]# cp /var/www/html/centos7/images/pxeboot/vmlinuz /var/lib/tftpboot/
[root@localhost ~]# cp /var/www/html/centos7/images/pxeboot/initrd.img /var/lib/tftpboot/
[root@localhost ~]# cp /var/www/html/centos7/isolinux/vesamenu.c32 /var/lib/tftpboot/
[root@localhost ~]# cp /var/www/html/centos7/isolinux/boot.msg /var/lib/tftpboot/
[root@localhost ~]# cp /var/www/html/centos7/isolinux/splash.png /var/lib/tftpboot/
[root@localhost ~]# cp /usr/share/syslinux/{chain.c32,mboot.c32,menu.c32,memdisk} /var/lib/tftpboot/
```

在 /var/lib/tftproot 目录中创建一个名为 pxelinux.cfg 的目录，命令如下：

```
[root@localhost ~]# mkdir /var/lib/tftpboot/pxelinux.cfg
```

此时，/var/lib/tftproot 目录的内容如下：

```
[root@localhost ~]# ll /var/lib/tftpboot/
total 58176
-rw-r--r--. 1 root root       84 Jun 23 20:12 boot.msg
-rw-r--r--. 1 root root    20832 Jun 23 20:13 chain.c32
-rw-r--r--. 1 root root 52584760 Jun 23 20:11 initrd.img
-rw-r--r--. 1 root root    33628 Jun 23 20:13 mboot.c32
-rw-r--r--. 1 root root    26140 Jun 23 20:13 memdisk
-rw-r--r--. 1 root root    55140 Jun 23 20:13 menu.c32
-rw-r--r--. 1 root root    26759 Jun 23 19:27 pxelinux.0
drwxr-xr-x. 2 root root       21 Jun 23 20:20 pxelinux.cfg
-rw-r--r--. 1 root root      186 Jun 23 20:12 splash.png
-rw-r--r--. 1 root root   153104 Jun 23 20:12 vesamenu.c32
```

```
-rwxr-xr-x. 1 root root   6639904 Jun 23 22:02 vmlinuz
```

将 CentOS 7 默认的菜单文件复制到/var/lib/tftproot/pxelinux.cfg 目录中，并且命名为 default，命令如下：

```
[root@localhost ~]# cp /var/www/html/centos7/isolinux/isolinux.cfg
/var/lib/tftpboot/pxelinux.cfg/default
```

然后编辑该文件，找到定义菜单的位置，即 label 标签所在的位置，插入以下代码：

```
01  label linuxks
02    menu label ^Install CentOS 7 by Kickstart
03    kernel vmlinuz
04    append initrd=initrd.img inst.repo=http://192.168.1.140/centos7
inst.ks=http://192.168.1.140/ks.cfg
```

以上代码的作用是增加一个菜单项，菜单项显示的内容由第 02 行定义。第 03 行定义了需要加载的 Linux 内核。第 04 行比较重要，指定了初始化镜像文件、安装源以及 Kickstart 文件所在的位置。

07 创建 Kickstart 配置文件。Kickstart 配置文件有固定的语法。关于其详细的语法说明，在此不进行介绍。在/var/www/html 目录中创建名为 ks.cfg 的文件，这个文件的位置与第**06**步中介绍的引导菜单中 inst.ks 选项指定的位置一致，其内容如下：

```
01  install
02  # Use graphical install
03  graphical
04
05  url --url="http://192.168.1.140/centos7"
06
07  # Keyboard layouts
08  keyboard --vckeymap=us --xlayouts='us'
09  # System language
10  lang en_US.UTF-8
11  firewall --disabled
12  firstboot --disable
13  selinux --disabled
14  # Network information
15  network --bootproto=dhcp --device=ens33 --onboot=off --ipv6=auto --activate
16  network --hostname=localhost.localdomain
17  reboot
18  timezone Asia/Shanghai --isUtc --nontp
19  user --groups=wheel --name=chunxiao --gecos="chunxiao"
20  # System bootloader configuration
21  # System bootloader configuration
22  bootloader --location=mbr --boot-drive=sda --driveorder=sda
23  # Clear the Master Boot Record
24  zerombr
25  # Partition clearing information
26  clearpart --all --initlabel
27  # Disk partitioning information
```

```
28  part /boot --fstype="xfs" --size=200
29  part / --fstype="xfs" --size=10480
30  part swap --fstype="swap" --size=1048
31  part /usr --fstype="xfs" --size=5480
32  part /tmp --fstype="xfs" --grow --size=1
33
34  %packages
35  @^minimal
36  @core
37
38  %end
```

第 01 行的 install 指定操作类型为安装，而不是其他的操作，例如升级（upgrade）。第 03 行指定使用图形界面进行安装，而不是使用文本界面进行安装。第 05 行指定安装使用的安装源。第 08 行指定键盘布局。第 10 行指定系统语言。第 11 行默认禁用防火墙。第 13 行设置禁用 SELinux。第 15 行和第 16 行指定网络参数。第 17 行指定安装结束后自动重新启动。第 18 行指定时区。第 19 行指定需要自动创建的管理员用户及其组。第 22 行指定引导程序安装的位置、引导设备等。第 26~32 行为磁盘分区的情况。第 34 行开始指定安装的软件包，其中第 35 行指定采用最小安装方式。

从上面的配置文件可知，Kickstart 配置文件可以指定安装过程中所有的选项，如果用户需要了解其他选项的配置方法，例如卷的创建方法等，可以参考其他的技术文档。

08 安装 CentOS。打开计算机电源，并且指定从网卡启动。然后 PXE 客户端开始向 DHCP 服务器请求 IP 地址，如图 1-25 所示。

图 1-25　通过网卡启动计算机

当获取到 IP 地址以及 TFTP 服务器的地址之后，PXE 客户端便显示出引导菜单，如图 1-26 所示。

图 1-26　引导菜单

从图 1-26 可知，我们在第 **06** 步中增加的菜单项已经出现了。选中该选项，然后按回车键，PXE 客户端便开始引导计算机。接下来便出现安装界面，如图 1-27 所示。

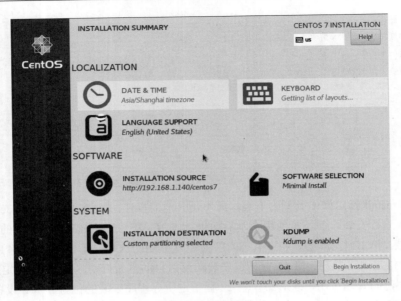

图 1-27　安装界面

后面所有的步骤都不需要人工参与。当安装完成之后，安装程序会自动重启计算机，进入登录界面，如图 1-28 所示。

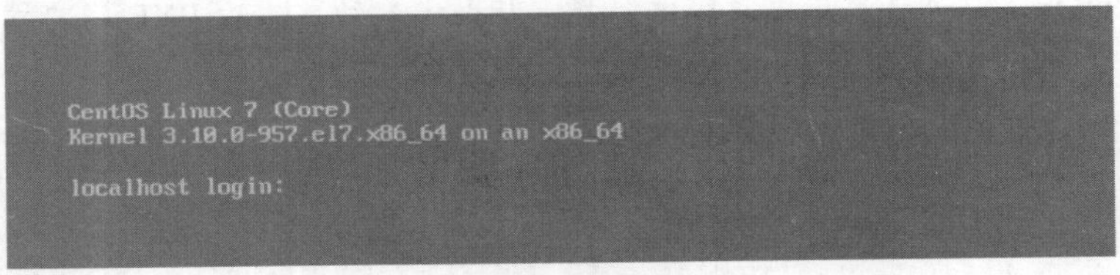

图 1-28　Linux 登录界面

1.1.5　登录 Linux

当安装完操作系统之后，用户就可以登录到 Linux 系统中进行相应的操作了。在登录 Linux 的时候，需要提供用户名和密码。在前面的安装过程中，安装程序一般会要求安装者创建一个普通用户，用来进行日常维护。除了这些自定义用户之外，在 Linux 系统中还有一些系统用户。这些系统用户的功能可以分为多种。例如，在所有版本的 Linux 系统中都会有一个名为 root 的超级用户，该用户拥有最高的管理权限。此外，还有部分用户的功能是提供系统服务，本身不可以登录 Linux。例如，Apache 服务器通常需要通过一个名为 www 的系统用户来运行。

根据 Linux 是否拥有桌面环境可以分为图形界面登录和文本界面登录。若在安装 Linux 的时候，用户选择了 GNOME 或者 KDE 等桌面环境，则在安装完成之后会自动出现图形欢迎界面，如图 1-29 所示。

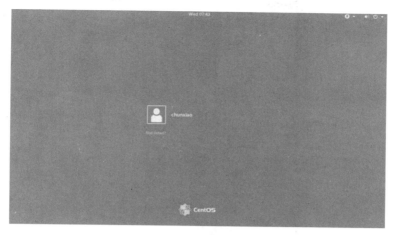

图 1-29　CentOS 7 图形欢迎界面

在屏幕中间，CentOS 会列出用户自己创建的普通用户列表。如果读者的用户名出现在列表中，则单击自己的用户名即可出现登录界面，如图 1-30 所示。

图 1-30　用户登录

用户在 Password 密码框中输入密码之后，单击 Sign In 按钮，或者直接按回车键，即可登录。

如果用户名没有出现在列表中，例如 root 用户，则可以单击 Not listed？按钮，打开用户名输入界面，如图 1-31 所示。

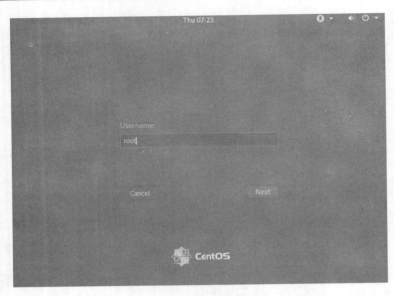

图 1-31 用户名输入界面

在 Username 文本框中输入用户名,然后单击 Next 按钮,或者直接按回车键,切换到密码输入界面,如图 1-32 所示。

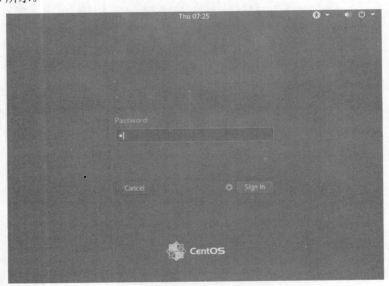

图 1-32 密码输入界面

在 Password 文本框中输入密码,单击 Sign In 按钮或者直接按回车键,即可登录进入 CentOS 的桌面环境,如图 1-33 所示。

图 1-33　GNOME 桌面环境

但是，实际上在很多情况下，CentOS 并没有安装图形桌面环境。在这种情况下，成功启动计算机之后，便进入文本登录界面，如图 1-34 所示。

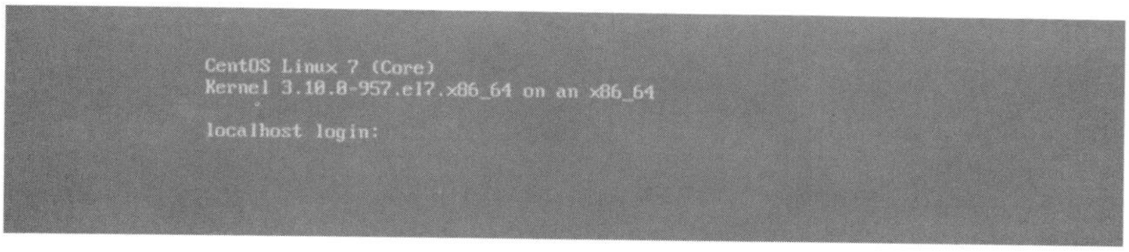

图 1-34　文本登录界面

用户只需要在光标处输入用户名，然后按回车键，继续输入密码，即可登录系统。为了安全起见，用户在输入密码的时候，屏幕上不会显示任何内容。登录成功之后，系统会显示上次成功登录的时间和 IP 地址，如图 1-35 所示。

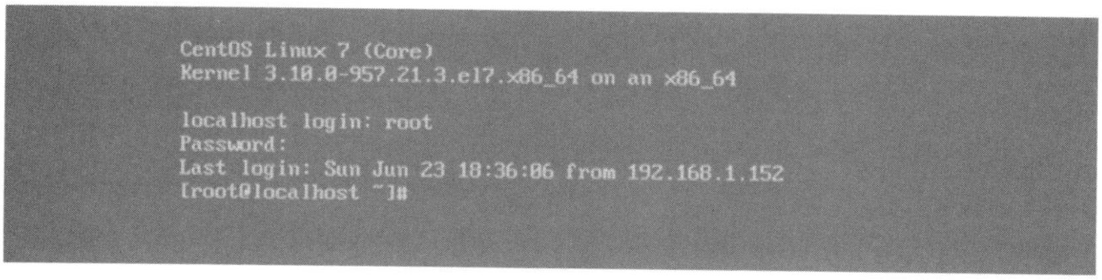

图 1-35　成功登录文本界面后的屏幕显示

1.1.6　远程登录 Linux

对于作为服务器操作系统的 Linux 来说，其实更多的是远程维护，而非本地操作，除非操作系统故障，无法远程登录。通常情况下，用户可以通过两种方式来远程登录 Linux，其中一种为 SSH，另一种为 VNC。下面分别介绍这两种远程登录方法。

1. SSH

所谓 SSH，即 Secure Shell，是一种应用层的网络安全协议。管理员通过 SSH 客户端可以安全地连接到远程的 Linux 系统，进行维护操作。

SSH 是一种典型的客户端/服务器协议，服务器运行在 Linux 系统上，客户端工具位于用户的个人计算机上。通常情况下，SSH 服务器软件包是默认的 Linux 组件，用户不需要单独安装。SSH 服务器默认的监听端口为 22。

在 CentOS 上，用户可以通过 systemctl 命令查看 SSH 服务的状态，命令如下：

```
[root@localhost ~]# systemctl status sshd
● sshd.service - OpenSSH server daemon
  Loaded: loaded (/usr/lib/systemd/system/sshd.service; enabled; vendor preset: enabled)
  Active: active (running) since Sat 2019-06-29 06:01:00 CST; 1min 51s ago
    Docs: man:sshd(8)
          man:sshd_config(5)
 Main PID: 9069 (sshd)
  CGroup: /system.slice/sshd.service
          └─9069 /usr/sbin/sshd -D

Jun 29 06:01:00 localhost.localdomain systemd[1]: Starting OpenSSH server daemon...
Jun 29 06:01:00 localhost.localdomain sshd[9069]: Server listening on 0.0.0.0 port 22.
Jun 29 06:01:00 localhost.localdomain systemd[1]: Started OpenSSH server daemon.
Jun 29 06:01:00 localhost.localdomain sshd[9069]: Server listening on :: port 22.
Jun 29 06:02:43 localhost.localdomain sshd[9639]: Accepted password for root from 192.168.1.152 port 52074 ssh2
Jun 29 06:02:43 localhost.localdomain sshd[9643]: Accepted password for root from 192.168.1.152 port 52078 ssh2
```

从上面的输出可知，SSH 服务处于运行状态。

SSH 客户端非常多，常见的有免费的 PuTTY、Bitvise SSH Client、DameWare SSH 以及 SSH Secure Shell Client 等。商业版的 SSH 客户端主要有 SecureCRT、XShell 以及 FinalShell 等。下面主要介绍 PuTTY。

PuTTY 是目前最为流行的 SSH 客户端，它是一款开源的软件，用户可以从其官方网站下载并安装。安装完成之后，启动 PuTTY，则会出现配置界面，如图 1-36 所示。

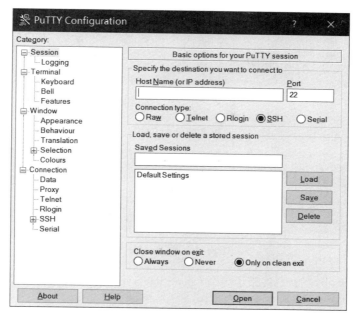

图 1-36　PuTTY 配置界面

在 Host Name（or IP address）文本框中输入要连接的服务器的 IP 地址或者主机名，然后单击 Open 按钮。如果用户当前连接的是一台从未连接过的服务器，就会弹出 PuTTY Security Alert 对话框，如图 1-37 所示。单击"是"按钮，把服务器的密钥保存到本地计算机中。

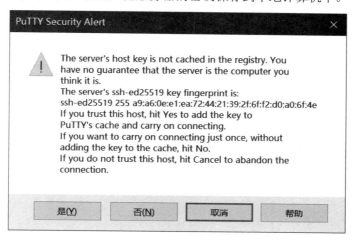

图 1-37　PuTTY Security Alert 对话框

接下来出现用户名输入界面，如图 1-38 所示。首先输入需要使用的用户名，例如 root，按回车键，然后继续输入密码。

图 1-38　输入用户名和密码

如果登录成功，就会显示最近一次登录成功的时间以及 IP 地址等信息，如图 1-39 所示。

图 1-39　登录成功

实际上，Windows 10 默认已经带了一个 OpenSSH 的客户端工具，其名称为 ssh。例如，用户在 Windows PowerShell 输入以下命令连接 Linux：

```
PS C:\Users\chunxiao> ssh root@192.168.1.140
```

其中 root 为用户名，@符号后面为需要连接的 Linux 服务器的 IP 地址。同样，输入用户名和密码之后，如果登录成功，就会出现 1-40 所示的界面。

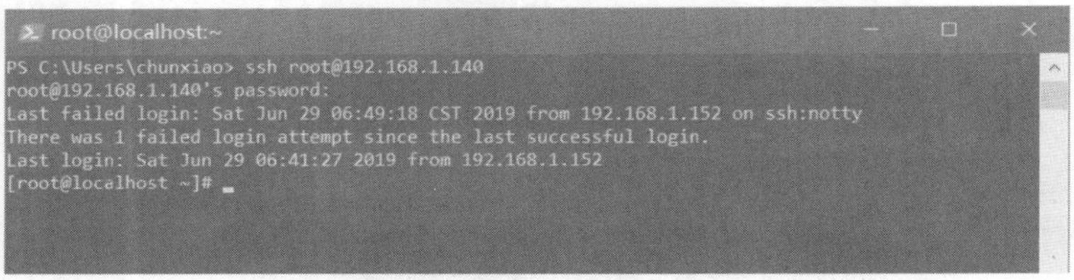

图 1-40　通过 Windows OpenSSH 客户端连接 Linux

除了通过用户名和密码登录远程 Linux 之外，SSH 还支持密钥认证，即用户可以通过密钥实现免密码登录，或者实现密钥和密码双重认证。

通过密钥登录 Linux 主要分为三步：

01 生成密钥，包括公钥和私钥。在 Linux 上使用 ssh-keygen 命令生成密钥对，密钥类型为 RSA，也可以通过其他软件生成密钥对，命令如下：

```
[root@localhost ~]# ssh-keygen -t RSA
Generating public/private RSA key pair.
Enter file in which to save the key (/root/.ssh/id_rsa):
Created directory '/root/.ssh'.
Enter passphrase (empty for no passphrase):
Enter same passphrase again:
Your identification has been saved in /root/.ssh/id_rsa.
Your public key has been saved in /root/.ssh/id_rsa.pub.
```

```
The key fingerprint is:
SHA256:yWRmIjeSJnzRc3j8Agx7ZpgNQQsV6mYJMK/LDQA8Suw root@localhost.localdomain
The key's randomart image is:
+---[RSA 2048]----+
|* .oO* o         |
|oO o X* +        |
|* * @ O==.       |
|oE = B O...      |
|..=    S.        |
|.+o              |
|..  .            |
|                 |
|                 |
+----[SHA256]-----+
```

在生成密钥的过程中，需要用户输入密钥保存的文件，默认为用户主目录中的.ssh/id_rsa 文件。例如，对于 root 用户来说，其密钥保存在/root/.ssh/id_rsa 文件中。如果没有其他的要求，用户可以直接按回车键跳过该步骤。

其次，用户还需要提供密钥的保护密码，生成密钥的作用是保护本地私有密钥的密码，也就是说，即使有人盗用了我们的计算机或私钥文件，没有这个密码依然不能使用我们的私钥，在使用密钥登录时也会要求我们输入密码。在本例中，不需要设置密码，所以直接按回车键使其为空即可。

在上面的过程中，生成的私钥文件为/root/.ssh/id_rsa，公钥文件为/root/.ssh/id_rsa_pub。

02 将公钥加入用户主目录的.ssh/authorized_keys 文件中。如果用户是在服务器上生成的密钥，就可以直接使用该命令将公钥加入用户主目录的.ssh/authorized_keys 文件中：

```
[root@localhost ~]# cat /root/.ssh/id_rsa.pub >> /root/.ssh/authorized_keys
```

以上命令是针对 root 用户来说的，若是为其他的用户设置密钥登录，则需要将公钥加入对应用户的主目录的/.ssh/authorized_keys 文件中。

此外，如果用户是在其他的计算机上生成的密钥对，那么还需要将公钥文件传输到服务器上，再进行以上操作。

然后在服务器上为 SSH 服务启用密钥认证，修改 /etc/ssh/sshd_config 文件，将 PubkeyAuthentication 前面的注释符号去掉，并把 AuthorizedKeysFile 选项的值修改为.ssh/authorized_keys，命令如下：

```
PubkeyAuthentication yes
AuthorizedKeysFile      .ssh/authorized_keys
```

为了使配置生效，需要重启 SSH 服务，命令如下：

```
[root@localhost ~]# systemctl restart sshd
```

03 客户端配置密钥登录。每个 SSH 配置密钥登录的方法都有所区别，下面以 PuTTY 为例来说明客户端密钥登录的方法。首先需要将前面生成的密钥对中的私钥保存到客户机中。为了能够让 PuTTY 使用刚才生成的私钥，用户还需要进行格式转换。这个转换过程可以使用 PuTTY 中的

PuTTYGen 工具完成，如图 1-41 所示。

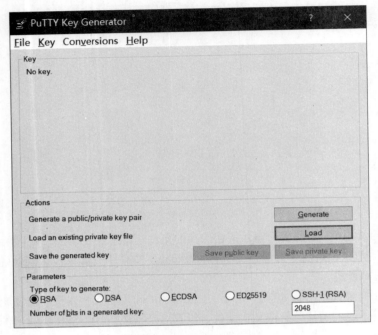

图 1-41　PuTTYGen 工具

启动 PuTTYGen 工具，单击 Load 按钮，然后选择 All Files（*.*），找到刚刚生成的私钥文件 id_rsa，单击"打开"按钮导入私钥文件，如图 1-42 所示。

图 1-42　导入私钥文件

导入成功之后，单击 Save private key 按钮，将其保存为 PuTTY Private Key 文件，如图 1-43 所示。

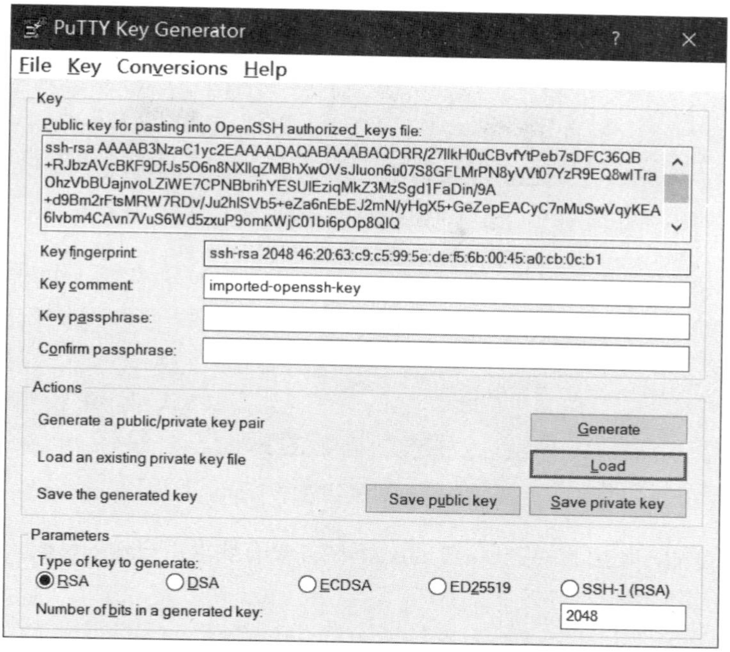

图 1-43 把私钥保存为 PuTTY Private Key 文件

最后启动 PuTTY，输入要连接的 Linux 系统的 IP 地址。在左侧的树状菜单中找到 Connection→SSH→Auth，单击右侧面板中的 Browse 按钮，选择刚才保存的 PuTTY Private Key 文件，如图 1-44 所示。

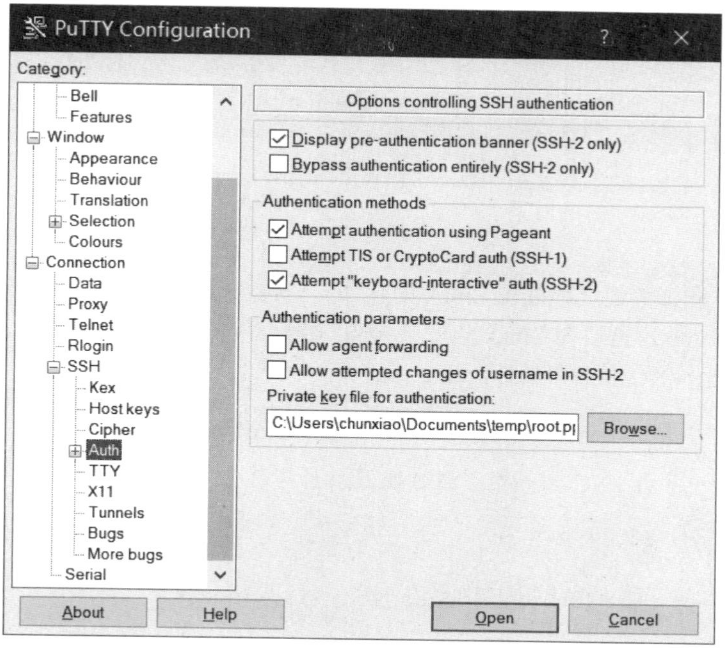

图 1-44 配置 PuTTY 客户端密钥

单击 Open 按钮，开始连接 Linux 系统，如图 1-45 所示。

图 1-45　连接 Linux 系统

在光标后面输入要登录的用户名，按回车键，即可登录 Linux，如图 1-46 所示。

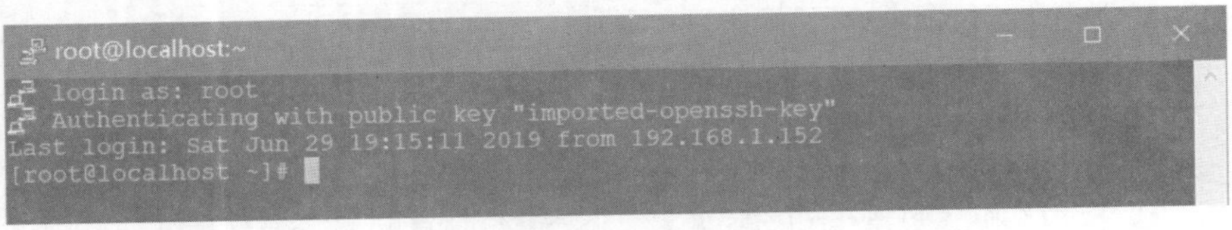

图 1-46　通过密钥登录 Linux

从上面的过程可知，使用密钥之后，Linux 系统并没有要求用户输入密码。并且，连接成功之后，Linux 也给出了相应的提示，如下所示：

```
Authenticating with public key "imported-openssh-key"
```

也许有些用户会觉得仅仅通过密钥来登录 Linux 会不太安全。此时，用户也可以选择密钥配合密码的方式来登录 Linux。与前面的步骤不同的是，在生成密钥对的时候会设置密钥保护密码，此时，如果用户通过密钥登录 Linux 系统，Linux 系统会要求用户输入密钥保护密码，如图 1-47 所示。输入前面设置的密码之后，便可以登录 Linux 系统了。

图 1-47　通过密钥和密码登录 Linux 系统

2. VNC

VNC 是另一种图形界面远程登录 Linux 的软件。VNC 也是基于客户机/服务器架构的。要想通过 VNC 远程登录 Linux，需要在 Linux 上安装 VNC 服务器软件。在 CentOS 上，可以使用 Yum 软件包管理工具来安装 VNC 服务器软件，命令如下：

```
[root@localhost ~]# yum install tigervnc-server -y
```

安装完成之后，启动 VNC 服务器，命令如下：

```
[root@localhost ~]# vncserver

You will require a password to access your desktops.

Password:
Verify:
```

```
Would you like to enter a view-only password (y/n)? n
A view-only password is not used

New 'localhost.localdomain:1 (root)' desktop is localhost.localdomain:1

Creating default startup script /root/.vnc/xstartup
Creating default config /root/.vnc/config
Starting applications specified in /root/.vnc/xstartup
Log file is /root/.vnc/localhost.localdomain:1.log
```

在此过程中，VNC 服务器会要求用户输入远程连接的密码，以及设置一个只可以查看、不可以操作的密码。在本例中，我们不需要这种只可以查看的密码，所以只设置第一个密码即可。

通过以下命令查看 VNC 服务器是否启动成功：

```
[root@localhost ~]# ps -ef | grep vnc
root     11687     1  0 00:06 pts/1    00:00:00 /usr/bin/Xvnc :1 -auth 
/root/.Xauthority -desktop localhost.localdomain:1 (root) -fp 
catalogue:/etc/X11/fontpath.d -geometry 1024x768 -pn -rfbauth /root/.vnc/passwd 
-rfbport 5901 -rfbwait 30000
root     11700     1  0 00:06 pts/1    00:00:00 /bin/sh /root/.vnc/xstartup
root     12520 11387  0 00:14 pts/1    00:00:00 grep --color=auto vnc
```

从上面的输出可知，VNC 服务器已经成功启动，并且监听的端口为 5901。

> **注　意**
>
> 在默认情况下，VNC 服务器的监听端口从 5900 开始。在物理服务器上，需要关闭防火墙，禁用 SELinux。

VNC 的客户端非常多，常见的有 RealVNC 和 TightVNC，这些客户端大部分都为开源软件。图 1-48 所示为 TightVNC 的连接界面。在 Remote Host 文本框中输入 Linux 系统的 IP 地址，以及 VNC 服务器的监听端口，两者之间用冒号隔开。

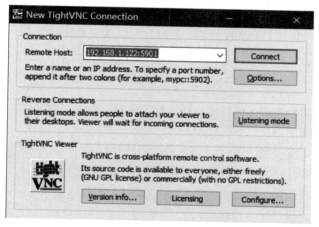

图 1-48　TightVNC 的连接界面

单击 Connect 按钮，弹出密码输入框，如图 1-49 所示。

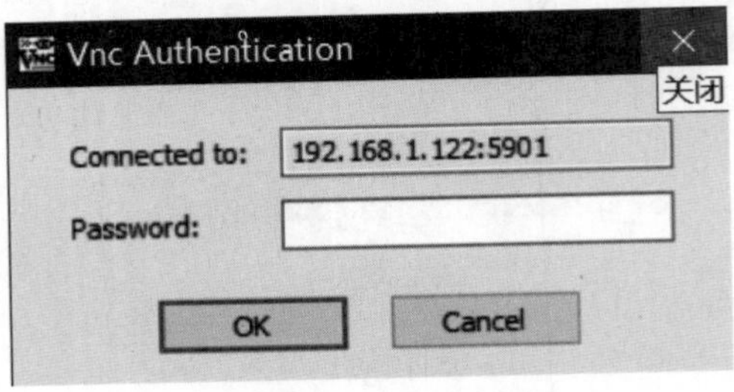

图 1-49　密码输入框

输入密码之后，即可连接到目标服务器，如图 1-50 所示。

图 1-50　通过 VNC 连接 Linux

1.1.7　几个简单操作

Linux 系统常见的操作主要有文件管理、用户管理以及磁盘管理等。下面分别对其基本操作进行介绍。

1. 文件管理

文件管理主要包括切换当前工作目录、列出目录内容、创建文本文件、编辑文件、复制文件以及删除文件等。

切换当前工作目录需要使用 cd 命令，该命令的语法比较简单，直接将目录名作为参数传递给它就可以了。其中目录名可以使用绝对路径，也可以使用相对路径。

例如，下面的命令将当前工作目录切换到/var/log：

```
[root@localhost ~]# cd /var/log
[root@localhost log]# pwd
```

```
/var/log
```

其中 pwd 命令用来输出当前工作目录。

> **注 意**
>
> 如果不提供任何参数给 cd 命令，就表示切换到当前用户的主目录。

列出目录内容可以使用 ls 命令或者 dir 命令。例如下面的命令将当前目录中的文件罗列出来：

```
[root@localhost log]# ls -l
total 1768
drwxr-xr-x.  2  root     root     176     Jun   26  06:56   anaconda
drwx------.  2  root     root     23      Jun   26  07:06   audit
-rw-------.  1  root     root     82974   Jun   29  23:44   boot.log
-rw-------.  1  root     utmp     1152    Jun   29  23:46   btmp
drwxr-xr-x.  2  chrony   chrony   6       Apr   13  2018    chrony
…
```

在上面的命令中，-l 选项表示以详细格式显示文件列表。每个文件显示一行，其中第 1 列为文件的类型及访问权限，以 d 开头的为目录，以-开头的为普通文件，后面的几个字符每 3 个为一组，表示一个权限，分别为文件所有者、所属组以及其他用户对该文件的访问权限，r 表示读取，w 表示写入，x 表示执行；第 2 列为当前文件的链接数；第 3 列为文件所有者；第 4 列为文件所属组；第 5 列为文件大小，单位为字节；第 6 列为文件的创建日期；第 7 列为文件名。

在 Linux 系统中，创建文本文件的方式非常多，其中 touch 命令可以直接创建一个文本文件，命令如下：

```
[root@localhost ~]# ls -l test.txt
-rw-r--r--.         1    root         root         0    Jun 30 00:39         test.txt
```

编辑文件使用较多的是 vi 或者 vim 文本编辑工具（或文本编辑器），这是系统管理员使用频繁的文本编辑工具，在修改配置文件的时候，该文本编辑工具是系统管理员的首选工具。vim 文本编辑工具是 vi 文本编辑工具的改进版，两者的用法基本相同。

例如，用户需要修改 SSH 服务器的配置文件/etc/ssh/sshd_config，可以使用以下命令：

```
[root@localhost ~]# vi /etc/ssh/sshd_config
```

按回车键之后，vi 文本编辑工具会以全屏的方式打开指定的文件，如图 1-51 所示。此时，用户可以通过 vi 来编辑文件。表 1-1 列出了 vi 文本编辑工具的命令。

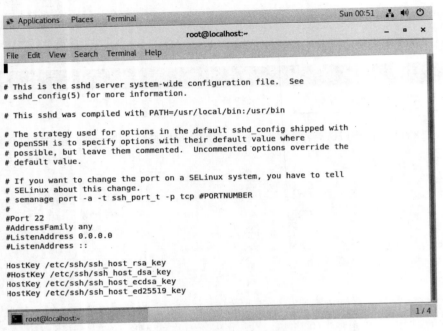

图 1-51　vi 文本编辑工具的常用命令

表 1-1　vi 文本编辑工具的常用命令

命　令	说　明
向左箭头键（←）	向左移动光标
向下箭头键（↓）	向下移动光标
向上箭头键（↑）	向上移动光标
向右箭头键（→）	向右移动光标
/word	在命令模式下搜索 word 指定的字符串
x 或者 X	在一行字中，x 为向后删除一个字符，X 为向前删除一个字符
dd	删除光标所在的行
u	还原前一个操作
i	从命令模式进入插入模式，输入位置为光标所在位置
a	从命令模式进入插入模式，输入位置为光标所在行的行尾
:w	在命令模式下将文件内容写入磁盘
:w!	在命令模式将文件修改强制写入磁盘
:q	退出 vi
:q!	强制退出 vi
:wq	保存文件后退出 vi

vi 文本编辑工具分为插入模式和命令模式两种工作模式，在表 1-1 中，除了开头的 4 个命令之外，其他的命令都用在命令模式下。从插入模式切换为命令模式，需要按 Esc 键；从命令模式进入插入模式，可以通过 i 或者 a 等键。

复制文件的命令为 cp，例如下面的命令将当前目录中的 test.txt 文件复制到 /tmp 目录中：

```
[root@localhost ~]# cp test.txt /tmp
```

Linux 没有专门的重命名文件的命令，通过 mv 命令可以间接地实现文件的重命名。例如，下面的命令将名为 test.txt 的文件重命名为 intro.txt：

```
[root@localhost ~]# mv test.txt intro.txt
```

删除文件的命令为 rm，例如下面的命令将名为 intro.txt 的文件从磁盘中删除：

```
[root@localhost ~]# rm intro.txt
rm: remove regular empty file 'intro.txt'? y
```

在删除的过程中，rm 命令会要求用户确认是否删除文件。

2. 用户管理

Linux 的用户管理主要包括添加、删除以及修改等操作。Linux 支持用户和用户组的概念，其中用户组存储在/etc/group 文件中，用户可以通过查看该文件了解当前系统中的用户组情况，命令如下：

```
[root@localhost ~]# cat /etc/group
root:x:0:
bin:x:1:
daemon:x:2:
sys:x:3:
adm:x:4:
tty:x:5:
disk:x:6:
lp:x:7:
…
```

Linux 的用户存储在/etc/passwd 文件中，下面的命令列出了当前系统的部分用户：

```
[root@localhost ~]# cat /etc/passwd
root:x:0:0:root:/root:/bin/bash
bin:x:1:1:bin:/bin:/sbin/nologin
daemon:x:2:2:daemon:/sbin:/sbin/nologin
adm:x:3:4:adm:/var/adm:/sbin/nologin
lp:x:4:7:lp:/var/spool/lpd:/sbin/nologin
sync:x:5:0:sync:/sbin:/bin/sync
…
```

添加用户使用 useradd 命令，例如，下面的命令创建一个名为 hawk 的用户：

```
[root@localhost ~]# useradd hawk -g wheel -G wheel -m
```

在上面的命令中，-g 选项表示用户所属的基本用户组，每个用户只能属于一个基本用户组。-G 选项表示用户所属的次要用户组，管理员可以为新建的用户指定多个次要用户组。-m 选项表示自动创建用户主目录。

用户创建完成之后，还不能马上登录 Linux 系统，需要管理员为其设置初始密码。下面的命令为刚才创建的 hawk 用户指定密码：

```
[root@localhost ~]# passwd hawk
Changing password for user hawk.
```

```
New password:
Retype new password:
passwd: all authentication tokens updated successfully.
```

修改用户的命令为 usermod,其基本语法与 useradd 相同,例如下面的命令将 hawk 用户的基本用户组修改为 ftp:

```
[root@localhost ~]# usermod hawk -g ftp
```

删除用户使用 userdel 命令,例如下面的命令将用户 hawk 从当前系统删除:

```
[root@localhost ~]# userdel hawk -r
```

其中-r 选项表示删除用户的主目录和电子邮件。

3. 磁盘管理

在磁盘管理中,主要有两个比较常用的命令,分别为 du 和 df。du 命令用来统计文件的磁盘占用情况,例如下面的命令用于查看/var/log 目录占用的磁盘空间:

```
[root@localhost ~]# du -sh /var/log
6.4M    /var/log
```

其中-h 选项表示以 KB、MB 或者 GB 为单位显示磁盘占用情况,-s 选项表示显示总体情况。

df 命令显示各个文件系统的空间利用情况,命令如下:

```
[root@localhost ~]# df -h
Filesystem               Size    Used    Avail   Use%  Mounted on
/dev/mapper/centos-root  17G     3.9G    14G     23%   /
devtmpfs                 1.9G    0       1.9G    0%    /dev
tmpfs                    1.9G    0       1.9G    0%    /dev/shm
tmpfs                    1.9G    14M     1.9G    1%    /run
tmpfs                    1.9G    0       1.9G    0%    /sys/fs/cgroup
/dev/sda1                1014M   179M    836M    18%   /boot
tmpfs                    378M    48K     378M    1%    /run/user/0
…
```

1.2 Apache 的安装使用

Apache HTTP Server 是 Apache 软件基金会的一个开放源代码的网页服务器。Apache 服务器几乎可以在所有的操作系统以及硬件平台上运行。由于其具有的跨平台性和安全性,被广泛使用,是很流行的 Web 服务器端软件。本节将详细介绍 Apache 的安装和配置方法。

1.2.1 安装 Apache

通常情况下,用户可以通过两种方式来安装 Apache,其中一种是通过 Linux 本身的软件包管理工具,另一种是通过源代码安装。

1. 通过软件包管理工具安装 Apache

软件包管理工具为用户安装各种软件提供了方便。例如，下面的命令在 CentOS 上安装 Apache 服务器：

```
[root@localhost ~]# yum install -y httpd
```

在安装的过程中，yum 命令会自动安装 Apache 依赖的其他软件包，不需要人工干预。这种安装方式对于初学者来说非常方便。

2. 通过源代码安装 Apache

对于某些高级用户来说，他们很有可能需要对 Apache 的源代码进行改动，然后重新编译成二进制文件。还有部分用户，Apache 官方并没有为他们所使用的软硬件平台提供二进制软件包。在这些情况下，都需要用户自己下载 Apache 的源代码进行安装。

Apache 的官方网站提供了 Apache HTTP 服务器的源代码，如图 1-52 所示。

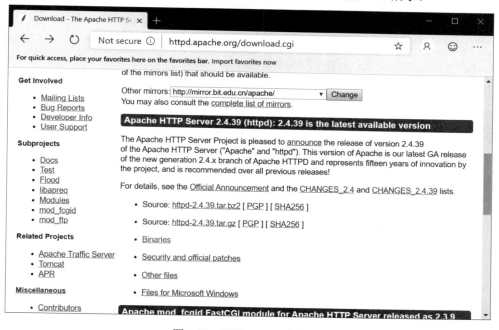

图 1-52 下载 Apache 源代码

从图 1-52 可知，Apache 提供了两种格式的源代码，分别为 tar.bz2 和 tar.gz，用户任意下载其中的一种即可。在本例中，我们下载了 httpd-2.4.39.tar.gz 文件。下面介绍通过源代码安装 Apache 的步骤。

01 准备编译环境。编译 Apache 源代码需要 GNU 的编译器，用户可以使用以下命令进行安装：

```
[root@localhost opt]# yum -y install gcc
```

02 安装依赖软件包，命令如下：

```
[root@localhost ~]# yum -y install apr-devel pecre-devel apr-util
```

03 解压 httpd-2.4.39.tar.gz 压缩包，命令如下：

```
[root@localhost opt]# tar -zxvf httpd-2.4.39.tar.gz
```

通过以上命令解压之后，Apache 源代码会被释放到名为 httpd-2.4.39 的目录中。

04 配置运行环境。切换到解压生成的 httpd-2.4.39 目录中，执行以下命令检查和配置编译环境：

```
[root@localhost httpd-2.4.39]# ./configure --prefix=/opt/apache2
```

上面的 configure 命令的作用是检查和配置当前系统环境是否满足 Apache 的编译和运行，并且生成一个 Makefile 文件。这个命令的选项非常多，涉及 Apache 的各个方面。尤其是用户需要，定制 Apache 的模块时，例如启用 SSL 支持，就需要通过该命令进行配置。例如，下面的命令表示启用 Apache 的 SSL 模块：

```
[root@localhost httpd-2.4.39]# ./configure --prefix=/opt/apache2 --enable-ssl
```

在执行以上命令之前，需要保证当前系统中已经安装了 openssl 以及 openssl-devel。

用户可以使用 --help 选项来查看该命令提供的所有选项，命令如下：

```
[root@localhost httpd-2.4.39]# ./configure --help
`configure' configures this package to adapt to many kinds of systems.

Usage: ./configure [OPTION]... [VAR=VALUE]...

To assign environment variables (e.g., CC, CFLAGS...), specify them as
VAR=VALUE.  See below for descriptions of some of the useful variables.

Defaults for the options are specified in brackets.

Configuration:
  -h, --help              display this help and exit
      --help=short        display options specific to this package
      --help=recursive    display the short help of all the included packages
  -V, --version           display version information and exit
  -q, --quiet, --silent   do not print `checking ...' messages
      --cache-file=FILE   cache test results in FILE [disabled]
  -C, --config-cache      alias for `--cache-file=config.cache'
  -n, --no-create         do not create output files
      --srcdir=DIR        find the sources in DIR [configure dir or `..']
...
```

在上面的命令中，--prefix 表示安装的目标路径。对于 Apache 而言，这个默认路径为 /usr/local/apache2。也就是说，如果省略 --prefix 选项，Apache 将被安装到 /usr/local/apache2 目录中。

05 编译和安装，命令如下：

```
[root@localhost httpd-2.4.39]# make && make install
```

以上命令实际上由两个命令组成，其中 make 表示编译源代码为二进制文件，make install 用于安装程序，中间的&&为 Shell 的运算符，表示前面的命令执行成功之后，继续执行后面的命令。

编译、安装成功之后，用户就可以切换到/opt/apache2 目录中，查看是否生成 Apache 的相关文件，如下所示：

```
[root@localhost httpd-2.4.39]# cd /opt/apache2/
[root@localhost apache2]# ls -l
total 36
drwxr-xr-x.   2   root   root    262   Jun   30   19:08   bin
drwxr-xr-x.   2   root   root    167   Jun   30   19:08   build
drwxr-xr-x.   2   root   root     78   Jun   30   19:08   cgi-bin
drwxr-xr-x.   4   root   root     84   Jun   30   19:08   conf
drwxr-xr-x.   3   root   root   4096   Jun   30   19:08   error
drwxr-sr-x.   2   root   root     24   Mar   27   23:05   htdocs
drwxr-xr-x.   3   root   root   8192   Jun   30   19:08   icons
drwxr-xr-x.   2   root   root   4096   Jun   30   19:08   include
drwxr-xr-x.   2   root   root      6   Jun   30   19:08   logs
drwxr-xr-x.   4   root   root     30   Jun   30   19:08   man
drwxr-sr-x.  14   root   root   8192   Mar   27   23:05   manual
drwxr-xr-x.   2   root   root   4096   Jun   30   19:08   modules
```

在上面的文件列表中，bin 目录包含 Apache 的可执行文件；conf 目录为 Apache 的配置文件目录；htdocs 为 Apache 默认的 HTML 文档目录；logs 目录包含 Apache 的各种日志文件；modules 目录包含 Apache 的各种模块，例如 mod_rewrite.so 和 mod_session.so 等。

1.2.2 Apache 的启动和运行

根据不同的安装方式，Apache 的启动方式也有所不同。若通过软件包管理工具安装 Apache，则通常 Apache 会以系统服务的形式进行管理。

1. 以系统服务的形式管理 Apache

在 CentOS 7 中，用户可以使用 systemctl 命令启动 Apache 服务器，命令如下：

```
[root@localhost ~]# systemctl start httpd
```

启动完成之后，可以使用以下命令查看服务状态：

```
[root@localhost ~]# systemctl status httpd
● httpd.service - The Apache HTTP Server
   Loaded: loaded (/usr/lib/systemd/system/httpd.service; disabled; vendor preset: disabled)
   Active: active (running) since Sun 2019-06-30 19:35:47 CST; 8min ago
     Docs: man:httpd(8)
           man:apachectl(8)
 Main PID: 78927 (httpd)
   Status: "Total requests: 9; Current requests/sec: 0; Current traffic:   0 B/sec"
    Tasks: 11
   CGroup: /system.slice/httpd.service
```

```
        ├─78927 /usr/sbin/httpd -DFOREGROUND
        ├─78928 /usr/sbin/httpd -DFOREGROUND
        ├─78929 /usr/sbin/httpd -DFOREGROUND
        ├─78930 /usr/sbin/httpd -DFOREGROUND
        ├─78931 /usr/sbin/httpd -DFOREGROUND
        ├─78934 /usr/sbin/httpd -DFOREGROUND
        ├─78935 /usr/sbin/httpd -DFOREGROUND
        ├─78936 /usr/sbin/httpd -DFOREGROUND
        ├─78937 /usr/sbin/httpd -DFOREGROUND
        ├─78938 /usr/sbin/httpd -DFOREGROUND
        └─78939 /usr/sbin/httpd -DFOREGROUND

Jun 30 19:35:47 localhost.localdomain systemd[1]: Starting The Apache HTTP Server...
Jun 30 19:35:47 localhost.localdomain httpd[78927]: AH00558: httpd: Could not
reliably determine the server's fully qualified domain...essage
Jun 30 19:35:47 localhost.localdomain systemd[1]: Started The Apache HTTP Server.
Hint: Some lines were ellipsized, use -l to show in full.
```

以上输出表示 Apache 正处于运行状态。

通过 netstat 命令可以查看到 Apache 正在监听 80 端口，命令如下：

```
[root@localhost ~]# netstat -tlnp
Active Internet connections (servers and established)
Proto Recv-Q Send-Q Local Address     Foreign Address State      PID/Program name

tcp6       0      0 :::80             :::*            LISTEN     78927/httpd
…
```

用户可以通过浏览器来访问 Linux 服务器的 80 端口，出现 Apache 默认的首页，如图 1-53 所示。

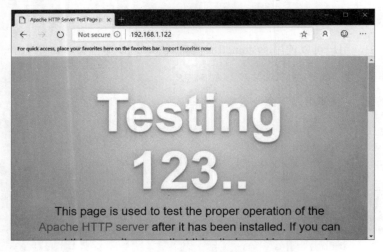

图 1-53　Apache 默认的首页

> **注 意**
>
> 在 Linux 系统中，Apache 默认的服务名为 httpd。如果用户不能通过浏览器访问到 Apache 的默认首页，就需要检查 Linux 系统的防火墙是否开放了 80 端口，SELinux 是否已经禁用了。

如果想要停止 Apache 服务的运行，用户可以执行以下命令：

```
[root@localhost ~]# systemctl stop httpd
```

在修改了某些配置文件之后，用户需要新启动 Apache 服务，以下命令提供了一个非常便捷的方法：

```
[root@localhost ~]# systemctl restart httpd
```

2. 通过 apachectl 工具管理 Apache

对于通过源代码安装的 Apache 来说，Linux 本身无法直接控制它的运行。但是，Apache 提供了一个控制服务的命令行工具，该工具位于安装目录的 bin 目录中，其名称为 apachectl。实际上这是一个 Shell 脚本文件，可以用来启动、停止或者重新启动 Apache 的服务进程。

启动 Apache 服务的命令如下：

```
[root@localhost apache2]# bin/apachectl start
```

通过 ps 命令查看服务进程的情况，可以发现有多个 httpd 的进程在运行：

```
[root@localhost apache2]# ps -ef|grep httpd
root      83022     1   0 20:18 ?        00:00:00 /opt/apache2/bin/httpd -k start
daemon    83023 83022   0 20:18 ?        00:00:00 /opt/apache2/bin/httpd -k start
daemon    83024 83022   0 20:18 ?        00:00:00 /opt/apache2/bin/httpd -k start
daemon    83025 83022   0 20:18 ?        00:00:00 /opt/apache2/bin/httpd -k start
root      83116 79025   0 20:19 pts/2    00:00:00 grep --color=auto httpd
```

停止 Apache 服务的命令如下：

```
[root@localhost apache2]# bin/apachectl stop
```

重新启动 Apache 服务的命令如下：

```
[root@localhost apache2]# bin/apachectl restart
```

1.2.3 Apache 的几个重要模块介绍

Apache 拥有非常好的软件架构，除了基本的功能之外，大部分扩展功能都以模块的形式提供。这样的话，用户就可以根据自己的需求来选择加载哪些模块。根据不同的运行环境，Apache 的扩展模块会安装在不同的位置。例如，在 CentOS 7 中，若以软件包的方式来安装，则 modules 目录位于

/usr/lib64/httpd 目录中，并在/etc/httpd 目录中建立名为 modules 的符号链接。若用户通过源代码自己编译安装 Apache，则 modules 目录通常位于安装目录中。

下面的命令列出了一个 Apache 默认安装的扩展模块：

```
[root@localhost httpd]# ls -l /etc/httpd/modules/
total 2456
-rwxr-xr-x.   1   root    root    11304   Apr 24 21:46   mod_access_compat.so
-rwxr-xr-x.   1   root    root    11256   Apr 24 21:46   mod_actions.so
-rwxr-xr-x.   1   root    root    15464   Apr 24 21:46   mod_alias.so
-rwxr-xr-x.   1   root    root    11232   Apr 24 21:46   mod_allowmethods.so
-rwxr-xr-x.   1   root    root    11184   Apr 24 21:46   mod_asis.so
-rwxr-xr-x.   1   root    root    15416   Apr 24 21:46   mod_auth_basic.so
-rwxr-xr-x.   1   root    root    36168   Apr 24 21:46   mod_auth_digest.so
...
```

尽管 Apache 提供了非常多的扩展模块，但是在运行的时候并不是所有的模块都会被加载使用。用户可以通过以下命令来查看哪些具体的扩展模块被加载：

```
[root@localhost httpd]# apachectl -t -D DUMP_MODULES
Passing arguments to httpd using apachectl is no longer supported.
You can only start/stop/restart httpd using this script.
If you want to pass extra arguments to httpd, edit the
/etc/sysconfig/httpd config file.
Loaded Modules:
 core_module (static)
 so_module (static)
 http_module (static)
 access_compat_module (shared)
 actions_module (shared)
 alias_module (shared)
 allowmethods_module (shared)
 auth_basic_module (shared)
 auth_digest_module (shared)
 authn_anon_module (shared)
 authn_core_module (shared)
 authn_dbd_module (shared)
 authn_dbm_module (shared)
 authn_file_module (shared)
 authn_socache_module (shared)
 authz_core_module (shared)
 authz_dbd_module (shared)
...
```

这些扩展模块分别实现不同的功能，下面对其中常用的几个扩展模块进行简单的介绍。

1. mod_ssl

通常情况下，Apache 服务都是以 HTTP 协议的形式提供的。目前，互联网上绝大部分网站都是以 HTTPS 协议提供服务的。传统的 HTTP 协议是以明文传输的，这样意味着只要有人抓取了数据包，就可以得知用户传输的内容，包括用户名和密码等重要的、敏感的信息。而 HTTPS 在 HTTP 协议的基础上增加了 SSL 协议，SSL 依靠证书来验证服务器的身份，并为浏览器和服务器之间的通信加密。

mod_ssl 是一个非常重要的安全方面的扩展模块，它可以用来实现 Apache 的基于 HTTPS 协议的服务。目前，mod_ssl 扩展模块已经被预编译和打包成了各种二进制软件包，因此用户可以直接安装使用。例如，在 CentOS 上，用户可以直接使用 yum 命令安装 mod_ssl：

```
[root@localhost ~]# yum -y install mod_ssl
```

如果通过源代码安装 Apache，就需要启用--enable-ssl 选项，并且安装 openssl 和 openssl-devel 软件包。

安装 mod_ssl 之后，用户还需要在 Apache 的配置文件 httpd.conf 中通过 LoadModule 指令进行加载：

```
LoadModule ssl_module modules/mod_ssl.so
```

然后重新启动 Apache 服务，就可以发现 Apache 已经开始监听 443 端口了，这个端口是 HTTPS 默认的端口：

```
[root@localhost httpd-2.4.39]# netstat -tlnp
Active Internet connections (only servers)
Proto Recv-Q Send-Q Local Address         Foreign Address       State       PID/Program name
tcp6   0      0     :::80                 :::*                  LISTEN      84816/httpd
…
tcp6   0      0     :::443                :::*                  LISTEN      84816/httpd
…
```

当然，HTTPS 的使用还要有 SSL 数字证书才可以，关于详细的使用方法将在后面介绍。

2. mod_security

该模块是一个非常重要的扩展模块，它拥有很多网络安全方面的功能，例如阻止 SQL 注入、阻止跨域脚本攻击、阻止利用本地文件包含漏洞进行攻击、阻止利用远程文件包含漏洞进行攻击、阻止利用远程命令执行漏洞进行攻击、阻止 PHP 代码注入以及根据来源 IP 地址进行阻断等。

与 mod_ssl 一样，用户可以通过软件包来安装 mod_security，也可以通过源代码方式自己编译 mod_security。

mod_security 的源代码位于 GitHub 上，其网址为：

```
https://github.com/SpiderLabs/ModSecurity
```

用户需要使用 git 命令将源代码下载下来，再进行编译：

```
[root@localhost opt]# git clone https://github.com/SpiderLabs/ModSecurity
[root@localhost opt]# cd ModSecurity
```

```
[root@localhost opt]# ./build.sh
[root@localhost opt]# git submodule init
[root@localhost opt]# git submodule update
[root@localhost opt]#./configure
[root@localhost opt]# make
[root@localhost opt]# make install
```

mod_security 模块是基于规则的，用户可以通过其官方网站下载示例规则配置文件，网址如下：

https://github.com/SpiderLabs/owasp-modsecurity-crs

解压该压缩包之后，会得到一个名为 modsecurity_crs_10_setup.conf.example 的文件，该文件就是 mod_security 的规则示例文件。用户可以在该文件的基础上进行修改，用来创建自己的规则文件。

然后在 Apache 的 httpd.conf 文件中引入该文件，如下所示：

```
<IfModule security2_module>
    Include crs/owasp-modsecurity-crs/modsecurity_crs_10_setup.conf
    Include crs/owasp-modsecurity-crs/base_rules/*.conf
</IfModule>
```

在上面的代码中，Include 指令用来包含其他的配置文件，后面的文件即为 mod_security 的配置文件。

注　意

如果没有安装 git 命令，就需要提前安装。

3. mod_ldap

该模块实现了 Apache 的基于 LDAP 的安全认证。该模块可以单独安装。如果通过源代码安装 Apache，就需要在执行 configure 命令的时候使用--with-ldap 选项。在使用 LDAP 认证的时候，需要指定 LDAP 服务器地址以及账户对应的权限。

4. mod_rewrite

该模块为 Apache 的 URL 重写模块，为 Apache 提供了伪静态 URL 的功能。伪静态 URL 对于搜索引擎是友好的。随着网站功能的增强，目前非常多的网页内容都是实时生成的。因此，在 URL 中不免会包含各种参数。而对于搜索引擎来说，这些含有动态参数的 URL 是不固定的，随时会有可能发生变化，所以搜索引擎一般很少会收录这样的 URL。通过 URL 的重写可以将 URL 中的动态参数转换为静态路径的形式。

要使用 mod_rewrite，需要在 Apache 的 httpd.conf 配置文件中加载该模块，代码如下：

```
LoadModule rewrite_module modules/mod_rewrite.so
```

与其他的 Apache 模块一样，mod_rewrite 的功能也是通过 Apache 指令以及重写规则来实现的。其中 Apache 关于 URL 重写的指令主要有 RewriteEngine、RewriteBase、RewriteCond 以及 RewriteRule 等。关于这些指令的具体功能参见表 1-2。

表 1-2 Apache URL重写指令

指令	说明
RewriteEngine	开启或者关闭 URL 重写引擎，该指令可以取 on 或者 off 两个值，可以用在 Apache 的全局配置、虚拟机、目录以及.htaccess 文件等位置
RewriteBase	设置目录级重写的基准 URL。该指令可以用在目录或者.htaccess 文件中
RewriteCond	定义重写规则执行的条件。该指令配合 RewriteRule 指令使用，当满足 RewriteCond 指令指定的条件时，才执行紧跟在后面的 RewriteRule 指定的规则。该指令可以用在全局配置、虚拟机、目录以及.htaccess 文件中
RewriteRule	一条 RewriteRule 指令定义一条重写规则，规则间的顺序非常重要。对 Apache 1.2 及以后的版本，模板（Pattern）是一个 POSIX 正则式，用以匹配当前的 URL。当前的 URL 不一定是用户最初提交的 URL，因为可能有一些其他的规则在此规则前已经对 URL 进行了处理

例如，下面的重写规则的作用是将类似于/test1.html 的请求转换为请求/test.php?userid=1：

```
RewriteEngine on
RewriteRule ^/test([0-9]*)\.html$ /test.php?userid=$1
```

5. mod_proxy

mod_proxy 是一个功能非常强大的代理模块。用户可以通过该模块实现 Apache 的转发代理和反向代理服务。mod_proxy 的指令主要有 ProxyPass 和 ProxyPassReverse。通常情况下，这两个指令是成对出现的。例如，下面的指令将一台内部服务器的 80 端口提供的 Web 服务通过 Apache 服务器的虚拟目录/site1 发布出去：

```
ProxyPass /site1 http://192.168.1.122
ProxyPassReverse /site1 http://192.168.1.122
```

当用户访问 Apache 服务器的/site1 路径时，就被反向代理到 http://192.168.1.122。

1.2.4 httpd.conf 文件

httpd.conf 文件是 Apache 主要的配置文件。在早期的 Apache 中，由于配置项较少，基本上所有的选项都包含在一个 httpd.conf 文件中。随着 Apache 功能的增强，其配置选项也越来越多。因此，通常情况下，用户会将 httpd.conf 文件按照功能模块拆分成多个文件，然后通过 include 指令包含进来。

实际上，httpd.conf 文件主要由 Apache 的各种指令组成，如下所示：

```
# Do not add a slash at the end of the directory path.  If you point
# ServerRoot at a non-local disk, be sure to specify a local disk on the
# Mutex directive, if file-based mutexes are used.  If you wish to share the
# same ServerRoot for multiple httpd daemons, you will need to change at
# least PidFile.
#
ServerRoot "/etc/httpd"
```

```
#
# Listen: Allows you to bind Apache to specific IP addresses and/or
# ports, instead of the default. See also the <VirtualHost>
# directive.
#
# Change this to Listen on specific IP addresses as shown below to
# prevent Apache from glomming onto all bound IP addresses.
#
#Listen 12.34.56.78:80
Listen 80
...
```

下面对 Apache 的重要指令进行详细介绍。从总体上讲，httpd.conf 文件主要包含 3 部分内容，分别为全局环境配置、主服务器配置以及虚拟主机配置。其中，全局环境配置的作用范围为整个 Apache 服务器。主服务器为 Apache 的默认站点，如果用户的 Apache 只有一个站点，那么直接用主服务器就可以了。对于管理员来说，主服务器配置的作用范围需要特别引起注意。如果用户使用了主服务器提供服务，并没有配置虚拟主机，主服务器的配置选项就仅仅针对主服务器。如果用户配置了虚拟主机，主服务器的配置选项就不仅仅针对主服务器本身了。除此之外，它还为虚拟主机的配置选项提供了默认值。如果用户的 Apache 中需要配置多个站点，就需要使用虚拟主机功能。虚拟主机配置的作用范围为当前的虚拟主机。

1. 全局环境配置

（1）ServerRoot

指定 Apache 的配置文件以及日志文件等重要文件的顶层目录，Apache 的 conf、conf.d、logs 以及 modules 等目录都位于该目录下。

> **注 意**
>
> 实际上在很多 Linux 发行版中，logs 目录通常集中放在/var/log 目录中，而 modules 目录则位于/usr/lib64 目录中，然后在 ServerRoot 指定的目录中进行符号链接，既保持了整个 Linux 系统中所有应用系统的一致性，又兼顾了 Apache 本身的配置需要。当然，如果用户是通过源代码自己编译的 Apache，那么所有的文件很可能都集中在一个目录中。

在非常多的 Linux 发行版中，默认情况下，ServerRoot 都指向了/etc/httpd，如下所示：

```
ServerRoot "/etc/httpd"
```

> **注 意**
>
> 在配置 ServerRoot 指令时，路径的最后不要以/结尾。

（2）Listen

该指令用来指定 Apache 服务监听的端口和 IP 地址。Apache 默认的服务端口为 80，这也是 HTTP 协议默认的端口。通常情况下，在 httpd.conf 文件中，Listen 指令的默认形式如下：

```
Listen 80
```

若当前服务器有多个网络接口，并且配置了多个 IP 地址，则默认情况下，Apache 会监听所有的网络接口的 80 端口。也就是说，用户可以通过任何一个本机的 IP 地址访问 Apache 服务，这在绝大部分场景下都是无意义的。为了解决这个问题，Apache 提供对于监听特定 IP 地址的支持。例如，如果当前服务器有多个 IP 地址，而用户只需要 12.34.56.78 这个 IP 地址的 80 端口提供 Apache 服务，就可以通过以下指令指定：

```
Listen 12.34.56.78:80
```

在上面的代码中，Listen 指令后面跟着 IP 地址和端口，其中 IP 地址和端口之间通过冒号隔开。

如果用户想要 Apache 监听其他的端口，而不是 80，那么可以通过以下指令修改：

```
Listen 12.34.56.78:8080
```

以上指令表示 Apache 服务监听的 IP 地址为 12.34.56.78，服务端口为 8080。

（3）Include

该指令的作用是将其他的配置文件包含进来。也就是说，Apache 会将 Include 指令后面的配置文件的内容插入当前的位置。

```
Include conf.modules.d/*.conf
```

上面的指令表示将 conf.modules.d 目录中所有以.conf 为扩展名的文件包含进来。细心的用户可以发现，上面的代码使用了相对路径，这个相对路径正是以 ServerRoot 指令指定的路径为起始位置计算的。

> **注　意**
>
> Include 指令支持通配符，其中*表示任意的字符。

（4）User 和 Group

该组指令指定运行 Apache 服务的用户名及其组。作为管理员，应该养成良好的习惯，为系统中的每个服务指定一个专门的用户。对于 Apache 而言，默认的用户名和用户组都是 apache。如果用户想要使用其他的用户和用户组运行 Apache 服务，那么可以通过该指令指定。

2. 主服务器配置指令

针对主服务器的配置指令主要有 ServerAdmin、Directory、DocumentRoot、IfModule、HostnameLookups、ErrorLog、LogLevel、LogFormat、CustomLog、Alias、AddDefaultCharset 以及 AddType 等。针对主服务器的配置指令通常位于 httpd.conf 主配置文件中，跟在全局环境配置指令后面。

（1）ServerAdmin

指定当前站点系统管理员的邮件地址，当站点出现故障时，Apache 会自动发送邮件给该邮箱地址。该指令的默认值为 root@localhost，如下所示：

```
ServerAdmin root@localhost
```

（2）Directory

该指令用来配置 Apache 中目录的访问规则。Directory 指令的语法如下：

```
<Directory directory-path> ... </Directory>
```

其中，directory-path 可以是一个目录的完整路径，或者包含通配符的字符串。在通配符字符串中，"?"匹配任何单个字符，"*"匹配任何字符序列。也可以使用方括号"[]"来确定字符范围。在"~"字符之后也可以使用正则表达式。

与其他的指令不同，Directory 指令是由一个开始标记和一个结束标记组成的。开始标记和结束标记之间包含一组指令，这组指令具体定义了用户对该目录的访问权限，其作用范围为当前 Directory 指令中指定的目录。

可以用在 Directory 指令中的指令主要有 Options、AllowOverride、Require、Allow、Deny 以及 Order 等。下面对这些指令进行介绍。

通常情况下，Apache 会定义一个根目录，如下所示：

```
<Directory />
    AllowOverride None
</Directory>
```

定义以上根目录的主要目的是为所有的目录设置一个默认的访问权限，如果某个目录没有包含 AllowOverride 指令，就自动继承以上根目录的 AllowOverride None。这一点需要特别引起用户注意。

（3）Options

该指令用在 Directory 指令中，用来控制某个特定目录的服务器特性。Options 指令的基本语法如下：

```
Options [+|-]option [[+|-]option] ...
```

其中，option 为选项值，可以为 None，表示不启用任何额外的特性，或者选取下面的一个或者多个：

- All：除 MultiViews 之外的所有特性，这是默认值。
- ExecCGI：允许通过 mod_cgi 扩展模块执行 CGI 脚本。
- FollowSymLinks：允许在该目录中使用符号链接。
- Includes：允许使用 mod_include 扩展模块提供服务器端的包含。
- Indexes：当用户请求某个目录时，如果该目录没有默认的首页文件 index.html，并且没有通过 DirectoryIndex 指令定义首页，Apache 就会返回由 mode_autoindex 生成的一个格式化后的目录列表，如图 1-54 所示。
- MultiViews：内容协商，该模块会自动根据用户请求的上下文选择合适的响应内容。例如，如果用户请求的 URL 为 index，但是当前目录中存在着 index.html 和 index.php 等文件，Apache 就会根据用户请求的具体环境来决定是返回 index.html 还是 index.php。

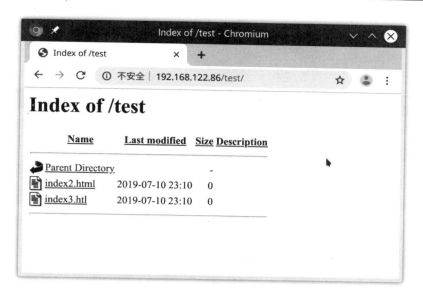

图 1-54 返回文件列表

（4）AllowOverride

该选项控制 Apache 是否读取.htaccess 文件，可以取 All 和 None 两个值。如果将该选项的值设置为 All，就表示 Apache 会读取.htaccess 文件中的配置信息；如果该选项取值为 None，就表示忽略.htaccess 文件。

通常情况下，利用 Apache 的 mod_rewrite 模块对 URL 进行重写的时候，重写规则会写在相应目录.htaccess 文件中。但要使 Apache 能够正常地读取.htaccess 文件的内容，就必须对.htaccess 文件所在的目录进行配置。从安全性考虑，根目录的 AllowOverride 属性一般都配置成 None，即不允许任何配置文件覆盖。

例如，下面的代码为某个目录的配置：

```
<Directory />
   AllowOverride None
</Directory>
```

（5）Require

该指令是 Apache 2.4 新增的指令，用来控制用户对于目录的访问控制。在 Apache 2.2 中，访问控制是基于客户端的主机名、IP 地址以及客户端请求中的其他特征，使用 Order、Allow 和 Deny 指令来实现的。其中，Order 指令用来指定 Allow 和 Deny 顺序，Allow 指令表示允许访问，Deny 指令表示拒绝访问。关于 Apache 访问控制的详细配置方法将在后面详细介绍。

（6）Allow

该指令允许符合指定规则的客户端来访问某个目录。其中的规则可以是 IP 地址、主机名或者网络，如果允许所有的客户端访问，就可以取值为 All 或者 all。例如，下面的规则只允许 IP 地址为 192.168.139.1 的客户端访问/var/www/html/test 目录，当其他客户端访问时，Apache 会返回 403 错误：

```
<Directory "/var/www/html/test">
```

```
Order Deny,Allow
Deny from all
Allow from 192.168.139.1
</Directory>
```

> **注 意**
>
> Deny 和 Allow 指令的先后顺序并不重要,它们被执行的顺序由 Order 指令决定。

（7）Deny

该指令的作用是禁止匹配指定规则的客户端访问某个目录。Deny 指令的语法与 Allow 指令完全相同。例如，下面的代码禁止 IP 地址为 192.168.139.1 的客户端访问/var/www/html/test 目录，而允许其他 IP 地址访问：

```
<Directory "/var/www/html/test">
  Order Allow,Deny
  Allow from all
  Deny from 192.168.139.1
</Directory>
```

（8）Order

该指令用来指定紧跟在后面的 Allow 和 Deny 指令的执行顺序。通常情况下，该指令有以下两种形式：

```
Order Allow,Deny
```

和

```
Order Deny,Allow
```

前者的含义是先检查 Allow 指令设置的允许规则，后检查 Deny 指令设置的禁止规则。对于不匹配 Deny 规则的按照 Allow 规则来进行，对于匹配 Deny 规则的访问则禁止。

后者的含义是先检查 Deny 指令设置的禁止规则，后检查 Allow 指令设置的允许规则。对于不匹配 Allow 规则的访问根据 Deny 规则进行，对于匹配 Allow 规则的访问则放行。

（9）DocumentRoot

该指令用来指定 Apache 的文档根目录。默认情况下，用户请求的所有文档都位于该目录及其子目录中。DocumentRoot 的默认值如下：

```
DocumentRoot "/var/www/html"
```

但是，用户可以通过 ScriptAlias 和 Alias 指令定义位于 DocumentRoot 之外的目录，例如，在绝大部分情况下，Apache 的 cgi-bin 指向了/var/www/cgi-bin/，这个目录并不在/var/www/html 目录中，如下所示：

```
ScriptAlias /cgi-bin/ "/var/www/cgi-bin/"
```

此外，用户还可以使用符号链接来定义 DocumentRoot 之外的目录。

（10）IfModule

该指令用来判断某个扩展模块是否被加载。与 Directory 指令一样，本指令也是由一对开始标记和结束标记组成的，两者之间为其他的指令，这些指令在指定的扩展模块被加载时生效。这个指令非常符合 Apache 的设计思路，因为某些指令本来就是为某些扩展模块设计的，当该模块没有被加载时，这些指令没有任何意义。此时，用户就应该将这些指令放在 IfModule 指令内部。例如，下面的代码为加载了 dir_module 扩展模块之后，定义目录的默认文档：

```
<IfModule dir_module>
    DirectoryIndex index.html
</IfModule>
```

（11）HostnameLookups

该指令表示是否启用域名反向解析，其值可以设置为 On 或者 Off。如果将该指令的值设置为 On，当客户端访问 Apache 服务时，Apache 会对客户端的 IP 地址进行反向解析，查找其主机名，因此 Apache 可以将客户端的主机名记录下来。但是，通常情况下，这项功能的意义并不太重要，且进行域名的反向解析会耗费一定的时间。所以，除非非常有必要，一般建议用户将该指令设置为 Off。

（12）ErrorLog、LogLevel、LogFormat 和 CustomLog

这几个指令都与 Apache 的日志有关。其中，ErrorLog 指令指定错误日志的位置，如下所示：

```
ErrorLog "logs/error_log"
```

在上面的指令中，指定 Apache 错误日志的位置为 logs/error_log，注意这是一个相对路径。我们在前面已经介绍过，Apache 的配置文件以及日志文件等的顶级目录由 ServerRoot 指令指定，因此，错误日志的绝对路径为 /etc/httpd/logs/error_log。用户只要一检查，就会发现这是一个指向 /var/log/httpd/error_log 的符号链接。

LogLevel 指令指定 Apache 的日志级别。Apache 提供了 10 多个日志级别，其中常用的有 error、warn、info、debug 以及 notice 等。

LogFormat 指令用来设置 Apache 日志格式。其中，日志格式由格式字符串组成。例如，下面的代码定义了一个名为 combined 的日志格式：

```
LogFormat "%h %l %u %t \"%r\" %>s %b \"%{Referer}i\" \"%{User-Agent}i\"" combined
```

该指令创建了一种名为 combined 的日志格式，日志的格式在双引号包围的内容中指定。格式字符串中的每一个变量代表着一项特定的信息，这些信息按照格式串规定的次序写入日志文件中。最后的 combined 为当前日志格式的别名，用户可以在配置文件的其他位置通过别名引用该格式。

Apache 的日志格式字符串非常多，表 1-3 列出了常用的一些格式字符串。

表 1-3 Apache 日志格式字符串

格式字符串	说明
%a	客户端 IP 地址和请求的端口
%A	本机 IP 地址
%h	远程主机

(续表)

格式字符串	说　明
%H	请求使用的协议
%m	请求的方法
%l	远程登录名
%t	收到用户请求的时间，英文标准格式
%r	请求的第一行
%{format}t	以指定格式表示的时间
%T	处理请求耗费的时间，单位为秒
%U	客户端请求的 URL 路径，不包含参数
%{header}i	客户端请求中的头信息

例如，如果用户想要把客户端请求的 refer 信息记录到日志中，就可以使用格式字符串%{Referer}i，如果想要把 X-Forwarded-For 头的信息记录到日志中，就可以使用%{X-Forwarded-For}i字符串。

CustomLog 指令用来定义用户自定义的日志，其语法如下：

```
CustomLog logfile nickname
```

其中，logfile 为日志文件的名称，nickname 为日志格式的别名，例如：

```
CustomLog "logs/access_log" combined
```

（13）Alias

Alias 即别名，其作用是为一个位于 DocumentRoot 之外的目录定义一个别名目录。这个指令非常有用，例如，Apache 默认的主服务器就用该指令定义了以下别名：

```
Alias /icons/ "/usr/share/httpd/icons/"
```

以上代码的作用是定义了一个路径为/icons/的目录别名，客户端可以通过该路径访问/usr/share/httpd/icons/目录下的文档。

> **注　意**
>
> 与 Alias 指令类似的还有一个 ScriptAlias，该指令用来定义含有可执行脚本的目录别名，例如/cgi-bin。

（14）AddDefaultCharset

该指令用来指定 Apache 对于 HTTP 响应的默认的字符集。通过该指令可以解决一些乱码问题。例如，下面的指令设置默认的字符集为 UTF-8：

```
AddDefaultCharset utf-8
```

（15）AddType

该指令用来将某些扩展名的文件映射为特定的媒体类型，以便于 Apache 能够正确处理该类型的文件，例如：

```
AddType application/x-compress .Z
```

以上代码将扩展名为.Z 的文件类型映射为 application/x-compress 这种媒体类型，这样 Apache 就能够正确识别并处理这种扩展名的文件。

3. 虚拟主机配置指令

Apache 支持多个虚拟主机，每个虚拟主机可以有自己独立的配置选项。虚拟主机通过 VirtualHost 指令来配置。该指令由开始标记和结束标记组成，两者之间为与该虚拟主机有关的指令。通常情况下，适用于主服务器的指令也同样适用于虚拟主机。

VirtualHost 指令的基本语法如下：

```
<VirtualHost addr[:port] [addr[:port]] ...> ... </VirtualHost>
```

其中，addr 表示虚拟主机绑定的 IP 地址，用户可以使用星号"*"代表本机所有的 IP 地址；port 表示虚拟主机监听的端口。例如，下面的代码定义了一个虚拟主机：

```
01  <VirtualHost *:80>
02    ServerAdmin webmaster@www1.example.com
03    DocumentRoot "/var/www/server1"
04    ServerName www1.example.com
05    ErrorLog "logs/server1_error_log"
06    CustomLog "logs/server1_ccess_log" combined
07  </VirtualHost>
```

在上面的代码中，第 01 行定义虚拟主机绑定的 IP 地址为所有的本机 IP 地址，监听的端口为 80。第 02 行指定虚拟主机管理员的电子邮件地址为 webmaster@www1.example.com。第 03 行设定虚拟主机的 DocumentRoot，即文档的根目录为/var/www/server1。第 04 行指定虚拟主机对应的域名为 www1.example.com。当不同的虚拟主机绑定了相同的 IP 地址和端口时，可以通过域名来区分。第 05 行指定本主机的错误日志的位置为 logs/server1_error_log，该目录同样以主服务器的 ServerRoot 设置的目录为顶级目录。第 06 行通过 CustomLog 指令定义虚拟主机的访问日志位置。

从上面的例子可知，前面介绍的主服务器中的指令都可以用在虚拟主机中，只不过用在虚拟主机中指令的作用域为当前虚拟主机。对于虚拟主机中没有定义的指令，而主服务器中有相应的定义，则该指令的值继承自主服务器。

在早期的 Apache 中，由于提供的配置选项较少，因此将所有的配置选项放在一个配置文件中就可以了。但是，随着 Apache 扩展模块不断增多，配置指令的数量也越来越多，将所有的选项放在一个配置文件中就会使得 httpd.conf 文件非常臃肿，且难以管理。新版本的 Apache 在设计的时候，支持将配置文件拆分成多个，然后通过 include 指令将这些配置文件包含到主配置文件 httpd.conf 中。

例如在 CentOS 中，Apache 2.4 的配置文件就分别存储在/etc/httpd/conf、/etc/httpd/conf.d 和/etc/httpd/conf.modules.d 这 3 个目录中，如下所示：

```
01  [root@localhost ~]# ll /etc/httpd/
02  总用量 0
03  drwxr-xr-x. 2  root         root        37  7月  20 18:27    conf
04  drwxr-xr-x. 2  root         root        82  7月  20 18:27    conf.d
05  drwxr-xr-x. 2  root         root       146  7月  20 18:27
    conf.modules.d
```

...

其中，/etc/httpd/conf 目录中保存了 Apache 的主配置文件 httpd.conf。/etc/httpd/conf.d 目录中保存了 autoindex.conf、userdir.conf 和 welcome.conf 这 3 个配置文件。/etc/httpd/conf.modules.d 目录中则保存了与扩展模块有关的配置文件。

> **注 意**
>
> 除了默认的配置文件之外，用户还可以自己创建配置文件，然后通过 include 指令在 httpd.conf 文件中引用。

1.2.5　Apache 虚拟主机

在介绍 httpd.conf 配置文件的时候，我们简单地介绍了虚拟主机的配置方法。由于虚拟主机是 Apache 中非常重要的概念，因此接下来进行详细介绍。

一直以来，Apache 都是互联网上流行的 Web 服务器软件。通常情况下，一个网站独享一个 Apache 服务是非常不经济的。因为现在服务器的硬件发展非常迅速，无论是 CPU、内存以及外部存储设备都支持大规模的网站集群。

Apache 中的虚拟主机为多个网站共享一个 Apache 服务提供了非常便利的实现方法。用户通过 VirtualHost 指令配置虚拟主机，多个虚拟主机之间相互独立，拥有自己独立的配置选项，虚拟主机之间通过 IP 地址、端口或者主机名来区分。从大的方面上分，Apache 的虚拟主机可以分为基于 IP 地址的虚拟主机和基于主机名的虚拟主机。

1. 监听多个端口

Apache 通过 Listen 指令指定 Apache 服务监听的 IP 地址和端口。该指令的基本语法如下：

```
Listen [ip-address:]portnumber [protocol]
```

其中 ip-address 为特定的合法的本机 IP 地址，可以是 IPv4 或者 IPv6。如果想要监听所有的本机 IP 地址，可以使用星号"*"代替，或者直接省略。portnumber 为需要监听的端口，端口和 IP 地址之间通过冒号隔开。protocol 为通信协议，该选项为可选选项，可以是 HTTP 或者 HTTPS。例如，下面的指令监听本机所有的 IP 地址的 80 端口：

```
Listen 80
```

以上指令与下面指令的功能完全相同：

```
Listen *:80
```

下面的指令监听特定 IP 地址的 80 端口：

```
Listen 172.16.172.129:80
Listen 172.16.172.130:80
```

对于 IPv6 的情况，可以使用以下指令监听：

```
Listen [2001:db8::a00:20ff:fea7:ccea]:80
```

从上面的指令可知，IPv6 的 IP 地址需要使用方括号将其括起来。

在 Apache 中，Listen 指令可以重复，也就是说，如果想要监听多个 IP 地址或者端口，直接追加 Listen 指令即可。

2. 基于 IP 地址的虚拟主机

在没有主机名的情况下，用户可以使用基于 IP 地址的虚拟主机。所谓基于 IP 地址的虚拟主机，实际上就是通过 IP 地址和端口来区分不同的虚拟主机。因此，在配置基于 IP 地址的虚拟主机时，为了能够区分不同的虚拟主机，不同的虚拟主机不可以拥有完全相同的 IP 地址和端口组合。

在配置虚拟主机之前，需要使用 Listen 指令设定 Apache 服务监听的 IP 地址和端口，如下所示：

```
Listen 172.16.172.129:80
Listen 172.16.172.130:80
```

以上指令监听 172.16.172.129 和 172.16.172.130 这两个 IP 地址的 80 端口。然后使用 VirtualHost 指令配置两个虚拟主机，如下所示：

```
01  <VirtualHost 172.16.172.129:80>
02      ServerAdmin webmaster@www1.example.com
03      DocumentRoot "/var/www/vhosts/www1"
04      ErrorLog "/var/www/logs/www1/error_log"
05      CustomLog "/var/www/logs/www1/access_log" combined
06  </VirtualHost>
07
08  <VirtualHost 172.16.172.130:80>
09      ServerAdmin webmaster@www2.example.org
10      DocumentRoot "/var/www/vhosts/www2"
11      ErrorLog "/var/www/logs/www2/error_log"
12      CustomLog "/var/www/logs/www2/access_log" combined
13  </VirtualHost>
```

从上面的代码可知，虚拟主机拥有自己单独的配置指令，例如通过 DocumentRoot 定义服务器文档根目录，这样每个虚拟主机就可以单独进行管理。

> **注 意**
>
> Apache 配置的虚拟主机的 IP 地址必须是本机拥有的 IP 地址，否则会出现无法启动 Apache 服务的情况。

当用户需要访问第 1 个虚拟主机时，可以使用以下网址：

```
http://172.16.172.129/
```

而要访问第 2 个虚拟主机，则可以使用以下网址：

```
http://172.16.172.130/
```

如果想要某个虚拟主机监听本机所有网络接口的 80 端口，那么可以使用以下代码：

```
01  <VirtualHost *:80>
02    ServerAdmin webmaster@www1.example.com
03    DocumentRoot "/var/www/vhosts/www1"
04    ErrorLog "/var/www/logs/www1/error_log"
05    CustomLog "/var/www/logs/www1/access_log" combined
06  </VirtualHost>
```

总之，在使用基于 IP 地址的虚拟主机时，首先必须确保已经使用 Listen 指令配置 Apache 服务监听的 IP 地址和端口，然后在 VirtualHost 指令中指定虚拟主机的 IP 地址和端口。如果还不能正常访问虚拟主机，就需要检查 VirtualHost 指令中各虚拟主机的配置是否正确。

3. 基于主机名的虚拟主机

如果本地服务器拥有多个 IP 地址，或者可以使用非 80 端口来提供服务，就可以使用基于 IP 地址的虚拟主机。然而，在互联网上，绝大部分网站都是通过域名访问的，并且其服务端口为 80。这样对于使用者来说是非常方便的。此外，对于本地服务器只有一个 IP 地址且不打算使用非 80 端口来提供服务的情况，也可以使用基于主机名的虚拟主机。

同样，在配置基于主机名的虚拟主机时，必须首先通过 Listen 指令配置 Apache 服务监听的端口。而对于 IP 地址的指定通常会省略，不用专门指定。

```
Listen 80
```

然后使用 VirtualHost 指令配置虚拟主机，代码如下：

```
01  <VirtualHost *:80>
02      ServerAdmin webmaster@www1.example.com
03      DocumentRoot "/var/www/html"
04      ServerName www1.example.com
05      ErrorLog "/var/www/logs/www1/error_log"
06      CustomLog "/var/www/logs/www1/access_log" combined
07  </VirtualHost>
08
09  <VirtualHost *:80>
10      ServerAdmin webmaster@www2.example.org
11      ServerName www2.example.com
12      DocumentRoot "/var/www2/html"
13      ErrorLog "/var/www/logs/www2/error_log"
14      CustomLog "/var/www/logs/www2/access_log" combined
15  </VirtualHost>
```

第 01 行和第 09 行分别定义了 1 个虚拟主机，使用通配符星号 "*" 代替监听的 IP 地址，表示响应客户端对于本机所有的 IP 地址的请求，监听的端口为 80。第 04 行和第 11 行通过 ServerName 指令指定各自的主机名。当客户端通过 www1.example.com 和 www2.example.com 这两个域名请求本机的 80 端口的 Apache 服务时，域名会通过 HTTP 请求中的 Referrer 变量传递给 Apache 服务器。由于这两个虚拟主机监听的 IP 地址和端口完全相同，因此 Apache 会逐个检查虚拟主机的 ServerName 指令，找到最匹配的那个虚拟主机，然后通过该虚拟主机响应用户请求。

尽管我们按照基于 IP 地址和基于主机名这两种类型来介绍虚拟主机，实际上 Apache 并没有严格区分这两种类型，甚至可以混合使用。下面我们以一个具体的例子来说明 Apache 在响应客户端请求时的基本匹配原理。

01 配置客户端主机名解析。配置客户端本地主机名解析的目的是让客户端主机解析我们自定义的主机名，指向 Apache 服务器。

在 Windows 上，用户需要修改 C:\windows\system32\drivers\etc\hosts 文件，在 Linux 上，用户需要修改/etc/hosts 文件。增加以下代码：

```
172.16.172.129    www1.example.com www2.example.com
```

其中，前面的 IP 地址为 Apache 服务器的 IP 地址，后面的两个主机名为提供网站服务的主机名。配置完成之后，通过 ping 命令测试是否能够正确解析主机名，如下所示：

```
chunxiao@chunxiao-Vostro-3800:~$ ping www1.example.com
PING www1.example.com (172.16.172.129) 56(84) bytes of data.
64 bytes from www1.example.com (172.16.172.129): icmp_seq=1 ttl=64 time=0.586 ms
64 bytes from www1.example.com (172.16.172.129): icmp_seq=2 ttl=64 time=0.673 ms
...
chunxiao@chunxiao-Vostro-3800:~$ ping www2.example.com
PING www1.example.com (172.16.172.129) 56(84) bytes of data.
64 bytes from www1.example.com (172.16.172.129): icmp_seq=1 ttl=64 time=0.325 ms
64 bytes from www1.example.com (172.16.172.129): icmp_seq=2 ttl=64 time=0.519 ms
...
```

如果在返回的信息中出现了 Apache 服务器的 IP 地址，就表示设置成功。

02 配置服务器 IP 地址。在 Apache 所在的服务器上配置两个 IP 地址，分别为 172.16.172.129 和 172.16.172.30。在 CentOS 7 上，用户可以修改/etc/sysconfig/network-scripts/ifcfg-ens33 文件，来增加 IP 地址，代码如下：

```
01  TYPE=Ethernet
02  PROXY_METHOD=none
03  BROWSER_ONLY=no
04  BOOTPROTO=static
05  IPADDR=172.16.172.129
06  PREFIX=24
07  IPADDR1=172.16.172.130
08  PREFIX1=24
09  DEFROUTE=yes
10  IPV4_FAILURE_FATAL=no
11  IPV6INIT=yes
12  IPV6_AUTOCONF=yes
13  IPV6_DEFROUTE=yes
14  IPV6_FAILURE_FATAL=no
15  IPV6_ADDR_GEN_MODE=stable-privacy
16  NAME=ens33
```

```
17    UUID=f2a7b266-fd0e-462c-b8d9-bab3ec411a9f
18    DEVICE=ens33
19    ONBOOT=yes
20    ZONE=public
```

> **注 意**
>
> 不同的 Linux 发行版网络接口配置文件会有所不同，在 CentOS 中，ifcfg-ens33 为网络接口配置文件的名称，ifcfg 为前缀，短横线后面的为网络接口名，每台主机的网络接口名有可能不同，读者应该根据实际情况来修改。

其中，第 05 行和第 07 行为设置的两个 IP 地址。

03 配置监听 IP 地址和端口。监听所有的本机网络接口的 80 端口，如下所示：

```
Listen 80
```

04 配置两个虚拟主机，响应本机所有网络接口的 80 端口，没有通过 ServerName 指令配置响应的主机名，代码如下：

```
01  <VirtualHost *:80>
02      ServerAdmin webmaster@www1.example.com
03      DocumentRoot "/var/www1/html"
04      ErrorLog "/var/log/httpd/error1_log"
05      CustomLog "/var/log/httpd/access1_log" combined
06      <Directory /var/www2/html>
07          AllowOverride all
08          Require all granted
09      </Directory>
10
11  </VirtualHost>
12
13  <VirtualHost *:80>
14      ServerAdmin webmaster@www2.example.org
15      DocumentRoot "/var/www2/html"
16      ErrorLog "/var/log/httpd/error2_log"
17      CustomLog "/var/log/httpd/access2_log" combined
18      <Directory /var/www2/html>
19          AllowOverride all
20          Require all granted
21      </Directory>
22  </VirtualHost>
```

然后通过主机名 www1.example.com 和 www2.example.com 以及两个 IP 地址分别访问 Apache 服务，其结果如图 1-55～图 1-58 所示。

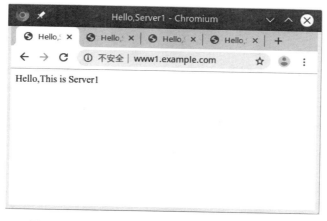

图 1-55　通过 www1.example.com 访问 Apache 服务

图 1-56　通过 www2.example.com 访问 Apache 服务

图 1-57　通过 IP 地址 172.16.172.129 访问 Apache 服务

图 1-58 通过 IP 地址 172.16.172.130 访问 Apache 服务

可以发现,无论是通过主机名还是 IP 地址,出现的都是第 1 个虚拟主机的页面。这意味着,以上 4 个请求都是由第 1 个虚拟主机响应的。这是因为第 **04** 步中配置的两个虚拟主机都没有设置 ServerName 指令,且都指定响应所有的网络接口的 80 端口,所以 Apache 在匹配虚拟主机的时候,就匹配到了第 1 个虚拟主机。

05 修改虚拟主机配置,在第 01 行和第 12 行分别增加 IP 地址,如下所示:

```
01 <VirtualHost 172.16.172.129:80>
02     ServerAdmin webmaster@www1.example.com
03     DocumentRoot "/var/www1/html"
04     ErrorLog "/var/log/httpd/error1_log"
05     CustomLog "/var/log/httpd/access1_log" combined
06     <Directory /var/www1/html>
07         AllowOverride all
08         Require all granted
09     </Directory>
10 </VirtualHost>
11
12 <VirtualHost 172.16.172.130:80>
13     ServerAdmin webmaster@www2.example.org
14     DocumentRoot "/var/www2/html"
15     ErrorLog "/var/log/httpd/error2_log"
16     CustomLog "/var/log/httpd/access2_log" combined
17     <Directory /var/www2/html>
18         AllowOverride all
19         Require all granted
20     </Directory>
21 </VirtualHost>
```

重启 Apache 服务之后,再次分别通过两个主机名和两个 IP 地址访问 Apache 服务。此时,只有通过 172.16.172.130 这个 IP 地址访问时,由第 2 个虚拟主机响应,如图 1-59 所示。

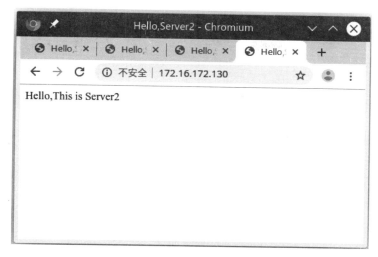

图 1-59　通过 172.16.172.130 访问 Apache 服务

而通过主机名和 172.16.172.129 访问时，仍然由第 1 个虚拟主机响应。这是因为通过第**05**步的修改，实际上已经变成了基于 IP 地址的虚拟主机了。由于在客户端将两个主机名都指向了 172.16.172.129，因此在访问时都会被转换为请求 IP 地址 172.16.172.129，这与直接请求 IP 地址 172.16.172.129 的效果是一样的。而直接请求 172.16.172.130 则会匹配到第 2 个虚拟主机。

> **注　意**
>
> 如果在客户端将主机名 www2.example.com 指向 172.16.172.130，那么请求 www2.example.com 时由第 2 个虚拟主机响应。

06 继续修改虚拟主机配置，分别增加 ServerName 指令配置主机名，如下所示：

```
01  <VirtualHost 172.16.172.129:80>
02      ServerAdmin webmaster@www1.example.com
03      DocumentRoot "/var/www1/html"
04      ServerName www1.example.com
05      ErrorLog "/var/log/httpd/error1_log"
06      CustomLog "/var/log/httpd/access1_log" combined
07      <Directory /var/www1/html>
08          AllowOverride all
09          Require all granted
10      </Directory>
11
12  </VirtualHost>
13
14  <VirtualHost 172.16.172.130:80>
15      ServerAdmin webmaster@www2.example.org
16      DocumentRoot "/var/www2/html"
17      ServerName www2.example.com
18      ErrorLog "/var/log/httpd/error2_log"
```

```
19     CustomLog "/var/log/httpd/access2_log" combined
20     <Directory /var/www2/html>
21        AllowOverride all
22        Require all granted
23     </Directory>
24 </VirtualHost>
```

然后分别通过主机名和 IP 地址访问 Apache 服务，此时用户就会发现仍然只有通过 172.16.172.130 请求才由第 2 个虚拟主机响应。这说明 Apache 在匹配虚拟主机时，会优先匹配 IP 地址，在 IP 地址都匹配的情况下才去比较主机名。

07 继续修改虚拟主机的配置，去掉 IP 地址的绑定，如下所示：

```
01 <VirtualHost *:80>
02     ServerAdmin webmaster@www1.example.com
03     DocumentRoot "/var/www1/html"
04     ServerName www1.example.com
05     ErrorLog "/var/log/httpd/error1_log"
06     CustomLog "/var/log/httpd/access1_log" combined
07     <Directory /var/www1/html>
08        AllowOverride all
09        Require all granted
10     </Directory>
11
12 </VirtualHost>
13
14 <VirtualHost *:80>
15     ServerAdmin webmaster@www2.example.org
16     DocumentRoot "/var/www2/html"
17     ServerName www2.example.com
18     ErrorLog "/var/log/httpd/error2_log"
19     CustomLog "/var/log/httpd/access2_log" combined
20     <Directory /var/www2/html>
21        AllowOverride all
22        Require all granted
23     </Directory>
24 </VirtualHost>
```

此时，再次尝试访问 Apache 服务，用户就会发现当使用两个主机名访问 Apache 服务时，www1.example.com 由第 1 个虚拟主机响应，www2.example.com 由第 2 个虚拟主机响应。这是因为两个虚拟主机的 IP 地址和端口相同，此时 Apache 会对比主机名。

> **注　意**
>
> 如果继续修改虚拟主机的配置，使得这两个虚拟主机都不匹配，此时 Apache 会选择由默认的主服务器响应，读者可以自行测试。

1.2.6 认证、授权

作为一个 Web 服务器软件，Apache 提供了完善的安全机制。认证是指确定用户身份的真实性。授权是指确定用户是否有权限访问所请求的资源。认证负责的是整体，授权负责的是局部。

Apache 提供浏览器认证功能，也就是用户在浏览器输入想进入的网址后，浏览器弹出一个要求用户输入用户名及密码的认证框，当用户输入正确的用户名及密码后，即可进入网站内获取资源。此功能可以脱离应用逻辑达到认证的功能，无须应用层编写专门的认证程序。如果用户不想编写专门的认证代码，又想实现认证功能的话，可以利用此项功能来快速达到目的。

Apache 提供的授权功能可以在认证的基础上继续对服务器资源加以保护，它能根据 IP、子网、指定用户或环境变量来判断用户是否对某一目录具有读取权限。当然，授权与认证没有必然的联系，即使不用认证，也可以单独设置授权。下面我们一起来看看 Apache 的认证与授权是如何进行配置的。

Apache 的认证有明文认证与摘要认证两种。明文认证是以明文的方式将用户名与密码发送至服务器，服务器接收到用户名及密码后在认证文件或数据库中进行比对，以此判断是否成功。由于使用明文发送，因此在非 SSL 链接的情况下具有一定的风险。摘要认证是将用户输入的密码经过哈希算法后发送给服务器，一定程度上提高了用户密码的安全性，但是摘要认证不是每个浏览器都支持，所以在使用摘要算法时需要在多个浏览器下测试。

对于具体的认证过程，Apache 提供了多种方式，认证方式由 AuthBasicProvider 指令来设置。AuthBasicProvider 具体指定用什么方式实现用户认证、存储用户账户信息，可以取 file、dbm、dbd、ldap 以及 socache 等值。下面分别对这些值进行介绍。

（1）file

该认证提供者由扩展模块 mod_authn_file 实现。file 是 Apache 默认的认证提供者，所有的账号信息存储在文本文件中，用户密码可以选择是否加密。

（2）dbm

该认证提供者将用户信息存储在 DBM 数据库中。DBM 数据库是 UNIX 和 Linux 系统中自带的一种功能较为简单的、基于文本文件的"键-值对"（Key-Value Pair）数据库，主要用来存储读取频繁而很少写入的数据。这种类型的数据库读取性能很高，而写入性能很低。DBM 数据库又分为 SDBM、GDBM 以及 NDBM 等几种类型。

（3）dbd

该认证提供者将用户信息存储在后端关系型数据库中，例如 PostgreSQL、MySQL 或者 SQLite 等。在使用的时候，用户需要提供关系型数据库的驱动程序、访问地址以及查询用户信息的 SQL 语句等。

（4）ldap

该认证提供者将用户信息存储在 LDAP 服务器上，通过轻量级目录访问协议来查询用户信息。在使用的时候，需要指定 LDAP 服务器的地址以及账户等信息。

（5）socache

该认证提供者为用户认证提供了一种缓存机制。

下面对 Apache 的几种认证实现方法进行介绍，读者可以根据自己的实际情况进行选择。

1. 明文与文本文件实现认证

所谓明文与文本认证，是指账号和密码以明文的形式发送，而账户信息则存储在文本文件中。这种文本文件与/etc/passwd 文件非常类似，是一个普通的"键-值对"文件。

Apache 专门提供了一个工具来管理用户数据文件，其名称为 htpasswd。htpasswd 命令的基本语法如下：

```
htpasswd [option] passwdfile username password
```

其中，option 为命令选项，主要包括以下几个：

- -b：不提示用户输入密码，直接从命令行获取。
- -c：创建一个新的用户账号文件。如果指定的用户账号文件已经存在，那么已有的文件将被覆盖。
- -m：使用密码 MD5 算法加密用户密码，该选项为默认值。
- -B：使用 bcrypt 算法加密用户密码，该加密算法被认为是非常安全的。
- -s：使用 SHA 加密算法加密用户密码。
- -p：保存明文密码，不加密。
- -D：删除用户。

passwdfile 为保存用户账号信息的文件的文件名。username 为用户账号，password 为相应用户的密码。

例如，使用下面的命令创建一个名为 hawk 的用户：

```
[root@localhost ~]# htpasswd -c /etc/httpd/users hawk
New password:
Re-type new password:
Adding password for user hawk
```

创建完成之后，可以通过以下命令查看用户账号文件的内容：

```
[root@localhost ~]# cat /etc/httpd/users
hawk:$apr1$rFCMREIa$jhkF58f.KoRr9YH9mpXdR1
```

从上面的输出可知，htpasswd 命令创建的用户账号文件是一个文本文件。

下面用一个具体的例子来说明如何通过明文结合文本文件实现用户认证。例如，我们需要将 /var/www/html/test 目录保护起来，可以在 httpd.conf 文件中增加以下代码：

```
01  <Directory "/var/www/html/test">
02      AuthName domain
03      AuthType  Basic
04      AuthBasicProvider file
05      AuthUserFile /etc/httpd/users
06      Require valid-user
07  </Directory>
```

从上面的代码可知，涉及基本认证的指令主要有 AuthName、AuthType、AuthBasicProvider、AuthUserFile 以及 Require 等。

其中第 02 行的 AuthName 指定授权域的名为 domain，该指令可以用在 Directory 指令或者.htaccess 文件中，其值可以是一个任意的字符串，大部分浏览器会将 AuthName 指定的授权域名显示在密码输入框中。第 03 行指定使用的认证类型为 HTTP 基本认证。第 04 行通过 AuthBasicProvider 指令指定当前目录用户认证的功能提供者为 file，即文本文件。第 05 行通过 AuthUserFile 指令指定账户文件的位置，账户文件可以使用绝对路径或者相对路径来指定，如果使用相对路径，那么顶级目录为 ServerRoot 指令指定的目录。

配置完成之后，重新启动 Apache 服务，然后访问 test 目录，就会出现登录对话框，如图 1-60 所示。

图 1-60　Apache 基本认证登录

输入前面创建的用户名 hawk 及其密码，就可以访问 test 目录了。如果单击"取消"按钮，Apache 就会返回代码为 401 的未授权信息，如图 1-61 所示。

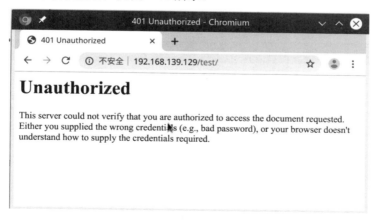

图 1-61　返回表示未授权信息的代码 401

2. 明文与 DBM 数据库实现认证

用户通过前面介绍的明文与文本文件可以非常便捷地实现用户认证，但是基于文本文件的用户信息存储仅仅适用于用户数量很少的情况。当管理员需要管理比较多的用户的时候，文本文件就力不从心了。

DBM 是 Linux 提供的一种文件型数据库，如果当前网站有较多的用户需要认证，又不想使用 MySQL 或者 PostgreSQL 等大型数据库管理系统，就可以使用 DBM 数据库来存储用户信息。

Apache 提供了一个工具来管理 DBM 数据库，其名称为 htdbm，该工具的基本语法如下：

```
htdbm [option] database username password
```

其中比较常用的选项有：

- -b：从命令行获取所创建的用户的密码，不给出提示信息。
- -c：创建一个新的 DBM 数据库。
- -m：将用户密码使用 MD5 算法加密，该选项为加密算法的默认值。
- -B：将用户密码使用 BCRYPT 算法加密。
- -s：将用户密码使用 SHA 算法加密。
- -p：不加密用户密码，以明文存储。
- -T：指定 DBM 数据库的类型，可以为 SDBM、GDBM、DB 或者 default 等值。
- -x：删除指定的用户。

database 选项为 DBM 数据库的文件名，username 选项为新创建的用户的用户名，password 为其密码。

从上面的介绍可知，htdbm 命令与 htpasswd 命令的使用方法基本相同。

下面使用 htdbm 命令创建一个用户数据库，并且新增加一个名为 hawk 的用户，如下所示：

```
[root@localhost ~]# htdbm -c -b -T SDBM /etc/httpd/userdb hawk 123456
Database /etc/httpd/userdb created.
```

上面的命令指定数据库类型为 SDBM，存储位置为/etc/httpd/userdb，用户名为 hawk，密码为 123456。

> **注　意**
>
> 如果存储用户账号的数据库文件不存在，就需要使用-c 选项来创建目标数据库文件。对于-c 选项而言，若目标数据库文件不存在，则创建，若目标数据库文件已存在，则追加。

系统管理员可以使用-l 选项列出指定数据库文件中的用户，如下所示：

```
[root@localhost httpd]# htdbm -l /etc/httpd/userdb
Dumping records from database -- /etc/httpd/userdb
    Username                Comment
    hakw
    hawk
Total #records : 2
```

如果要使用 DBM 来实现用户认证，则需要把 AuthBasicProvider 指令的值修改为 dbm，然后通过 AuthDBMUserFile 指令来指定用户数据库文件，如下所示：

```
01  <Directory "/var/www/html/test">
02      AuthName domain
03      AuthType  Basic
04      AuthBasicProvider dbm
05      AuthDBMUserFile /etc/httpd/userdb
06      Require valid-user
07  </Directory>
```

> **注　意**
>
> 若要使用 DBM 数据库存储用户信息，则需要加载 mod_authn_dbm 扩展模块。

3. 明文与 MySQL 数据库实现认证

MySQL 是一个功能非常强大的关系型数据库管理系统。采用 MySQL 作为用户存储方案，可以支持任意数量的用户记录。首先，用户需要拥有 MySQL 服务器。关于 MySQL 服务器的安装和配置，将在随后介绍。现在假设用户已经拥有一个安装好的 MySQL 服务器。

01 创建数据库。使用 MySQL 命令行客户端或者其他的图形工具连接到 MySQL 服务器，创建存储 Apache 用户的数据库，命令如下：

```
mysql> create database apache;
Query OK, 1 row affected (0.00 sec)
```

02 创建用户表，命令如下：

```
mysql> use apache
Database changed
mysql> create table mysql_auth (username varchar(255) not null,
    -> passwd varchar(255),
    -> groups varchar(255),
    -> primary key (username)
    -> );
Query OK, 0 rows affected (0.02 sec)
```

在上面的代码中，创建一个名为 mysql_auth 的表，包含 username、passwd 和 groups 共 3 个字段。

03 插入用户记录。在 MySQL 数据库中存储的用户密码需要经过加密，加密算法可以选择 MD5、bcrypt 或者 SHA 等，对密码加密可以使用 htpasswd 命令，如下所示：

```
[root@localhost ~]# htpasswd -bnm hawk 123456
hawk:$apr1$FhnLu0gS$tJIBG5cZxyCFhvXtH6gFp1
```

上面的命令使用 MD5 加密算法得到对用户 hawk 密码加密后的密码，密码串即 hawk:后面的字符串，我们需要将其存储到 MySQL 数据库中。

如果想用 SHA 算法加密密码，可以使用以下命令：

```
[root@localhost ~]# htpasswd -bns hawk 123456
hawk:{SHA}fEqNCco3Yq9h5ZUglD3CZJT4lBs=
```

这样加密后的密码同样为 hawk:后面的字符串。

无论使用哪种加密算法，都可以正常认证。

得到加密后的密码之后，就可以将其插入数据库中了，SQL 语句如下：

```
mysql> insert into mysql_auth (username,passwd,groups) values
('hawk','$apr1$rFCMREIa$jhkF58f.KoRr9YH9mpXdR1','testgroup');
Query OK, 1 row affected (0.01 sec)
```

04 配置 Apache。在 httpd.conf 配置文件中增加以下代码：

```
01  DBDriver mysql
02  DBDParams "host=192.168.139.1 port=3306 dbname=apache user=apache pass=123456"
03  DBDMin 1
04  DBDKeep 2
05  DBDMax 10
06  DBDexptime 60
07  <Directory "/var/www/html/test">
08      AuthName domain
09      AuthType  Basic
10      AuthBasicProvider dbd
11      AuthDBDUserPWQuery "select passwd from mysql_auth where username = %s"
12      Require valid-user
13  </Directory>
```

在上面的代码中，第 01 行指定数据库连接所用的驱动程序为 mysql。第 02 行指定与数据库连接相关的参数，主要包括 MySQL 服务器的 IP 地址、端口、数据库名、用户名以及密码等。第 03~06 行定义与连接池有关的参数，DBDMin 和 DBDMax 分别指定每个进程的最小连接数和最大连接数，DBDKeep 指定每个进程最多维持的连接数。DBDexptime 指定空闲连接存活的时长。第 10 行指定认证提供者为 dbd。第 11 行定义查询用户所用的 SQL 语句。

当客户端访问受保护的目录时，Apache 会要求客户端用户输入账号和密码，然后在指定的 MySQL 数据表中使用 AuthDBDUserPWQuery 指令指定的 SQL 语句根据用户名查询用户密码，得到密码之后，再与用户输入的密码进行对比。如果对比成功，就允许用户访问，否则继续提示用户输入账户信息。

> **注　意**
>
> 数据库认证提供者由 mod_authn_dbd 扩展模块来实现，使用时需要加载该模块。

4. 摘要与文本文件实现认证

从配置方面来讲，摘要认证与基本认证没有太大区别。主要区别体现在两个方面：其一，摘要认证需要使用 htdigest 命令创建用户文件，其二，摘要认证需要提供一个认证域。

htdigest 命令的基本语法如下：

```
htdigest [-c] passwordfile realm username
```

其中-c 选项用来创建用户密码文件，如果目标文件不存在，就创建，如果目标文件已存在，就会先将其删除，然后重新创建新的文件；passwordfile 为保存用户信息的密码文件；realm 为用户所属的认证域的名称；username 为新增加的用户的用户名。

例如，创建一个新的密码文件，并且增加一个名为 hawk 的用户：

```
[root@localhost ~]# htdigest -c /etc/httpd/digests demorealm hawk
Adding password for hawk in realm demorealm.
New password:
Re-type new password:
```

与前面介绍的密码文件一样，摘要认证的密码文件也是一个文本文件，用户可以通过相关命令查看其内容，如下所示：

```
[root@localhost ~]# cat /etc/httpd/digests
hawk:demorealm:517d6850ab0ea4936281f130c298341c
```

接下来在 httpd.conf 配置文件中配置目录 test 的认证，代码如下：

```
01  <Directory "/var/www/html/test">
02      AuthName demorealm
03      AuthType Digest
04      AuthDigestDomain /test
05      AuthDigestProvider file
06      AuthUserFile /etc/httpd/digests
07      Require valid-user
08  </Directory>
```

其中第 02 行指定当前目录的授权域为 demorealm，这与前面创建 hawk 用户时指定的认证域必须一致。第 03 行指定认证类型为摘要认证。第 04 行通过 AuthDigestDomain 指令列出需要使用摘要认证保护的目录列表，如果需要保护多个目录，那么目录之间用空格隔开。第 05 行通过 AuthDigestProvider 指令指定认证提供者为文本文件。第 06 行的 AuthUserFile 指令用来指定密码文件的位置。与基本认证一样，摘要认证也支持多种认证提供者，包括 file、dbm、dbd 以及 socache 等。

5. 摘要与 MySQL 数据库实现认证

摘要认证同样可以使用 MySQL 等关系型数据库作为用户信息的存储方案。对于管理员来说，可能最难处理的就是用户密码的存储。通常情况下，数据库中不应该直接存储用户密码的明文，而应该采用某种加密算法将其加密后存储。实际上，通过 htdigest 命令生成的用户密码是通过将以下字符串进行 MD5 加密后得到的：

```
username:realm:password
```

其中，username 为用户账号，realm 为授权域，password 为明文密码。例如，前面创建的 hawk 用户的密码就可以通过以下方式得到：

```
[root@localhost opt]# echo -n 'hawk:demorealm:123456' | md5sum
517d6850ab0ea4936281f130c298341c  -
```

可以发现，这个密码与 htdigest 命令创建的文件中的密码完全相同。

管理员将这个字符串存储到数据库中就可以实现认证了。

接下来我们在前面创建的 apache 数据库中创建另一个名为 mysql_digest_auth 的表，用来实现摘要认证，命令如下：

```
mysql> create table mysql_digest_auth (username varchar(255),passwd
varchar(255),realm varchar(255));
Query OK, 0 rows affected (0.00 sec)
```

然后在 mysql_digest_auth 表中插入一个新的用户 hawk，其明文密码为 123456，通过前面的方法进行加密，SQL 语句如下：

```
mysql> insert into mysql_digest_auth (username,passwd,realm) values
('hawk','517d6850ab0ea4936281f130c298341c','demorealm');
Query OK, 1 row affected (0.01 sec)
```

最后修改 Apache 的配置文件 httpd.conf，代码如下：

```
01  DBDriver mysql
02  DBDParams "host=192.168.139.1 port=3306 dbname=apache user=apache pass=123456"
03  DBDMin 1
04  DBDKeep 2
05  DBDMax 10
06  DBDexptime 60
07  <Directory "/var/www/html/test">
08      AuthName demorealm
09      AuthType  Digest
10      AuthDigestDomain /test
11      AuthDigestProvider dbd
12      AuthDBDUserRealmQuery "SELECT passwd FROM mysql_digest_auth WHERE username = %s AND realm = %s"
13      Require valid-user
14  </Directory>
```

在上面的代码中，第 11 行指定摘要认证提供者为 dbd。第 12 行没有使用 AuthDBDUserPWQuery 指令，而是使用 AuthDBDUserRealmQuery，这是因为前者是针对基本认证的。同时，在 SQL 语句中，除了查询用户名之外，还查询授权域。

配置完成之后，重启 Apache 服务就可以正常认证了。

> **注 意**
>
> 如果数据库中已经存储了明文密码，就可以使用以下 SQL 语句实现摘要认证：
>
> `AuthDBDUserRealmQuery "select md5(username || ':realm:' || passwd) from users where username = %s and realm = %s"`
>
> 其中，username 为用户名的字段名，realm 为授权域，passwd 为用户明文密码字段名。

Apache 的授权主要与 mod_authnz_ldap、mod_authz_dbd、mod_authz_dbm、mod_authz_groupfile、mod_authz_host、mod_authz_owner 以及 mod_authz_user 等扩展模块有关。与认证一样，Apache 也支持多种授权方式。由于授权主要由 Require 指令实现，因此将在访问控制中详细介绍。

6. 用户组认证

Apache 的认证支持用户组批量许可。为了使用用户组认证，首先需要准备一个用户组文件，该文件为文本文件，可以使用 vi 等文本编辑工具来创建，其格式如下：

```
GroupName: rbowen dpitts sungo rshersey
```

其中 GroupName 为组名，冒号后面的为该用户组成员，成员之间用空格隔开。

使用以下命令创建一个名为 groups 的文件：

```
[root@localhost ~]# vi /etc/httpd/groups
```

其内容如下：

```
dba:hawk iron
```

即创建一个名为 dba 的用户组，成员有两个，分别为 hawk 和 iron。

然后创建一个用户密码文件，命令如下：

```
[root@localhost ~]# htpasswd -c -b /etc/httpd/userfile hawk 123456
```

再配置 Apache 的 test 目录，代码如下：

```
01  <Directory "/var/www/html/test">
02      AuthName demorealm
03      AuthType Basic
04      AuthDigestProvider file
05      AuthUserFile /etc/httpd/userfile
06      AuthGroupFile /etc/httpd/groups
07      Require group dba
08  </Directory>
```

第 05 行指定用户密码文件路径。第 06 行通过 AuthGroupFile 指令指定用户组文件。第 07 行通过 Require 指令指定允许访问的用户组为 dba。

设置完成之后，用户可以通过浏览器访问 test 目录，会发现 hawk 用户是可以正常访问的，而 iron 用户则不能，这是因为前面创建的密码文件中只有 hawk 用户。

> **注 意**
>
> 批量允许用户访问还有一个方法就是在 Require 指令中指定为 valid-user，即合法用户。但是这样就不能精确地控制某个用户组的访问权限。

1.2.7 访问控制

除了使用认证和授权访问控制具体决定哪些资源可以被请求者使用之外，Apache 还提供了非常强大的访问控制功能。访问控制的实现主要与 mod_authz_core 和 mod_authz_host 等扩展模块有关。除此之外,还与 mod_rewrite 有着部分关系。

在早期的 Apache 版本中,访问控制是由 Allow 和 Deny 等指令实现的。而在新版本的 Apache 中,这些指令将逐渐被废弃,由 Require 指令代替。Require 指令的使用方法非常灵活,下面对其使用方法进行详细介绍。另外,还有 RequireAll 和 RequireAny 等指令可以配合使用。

1. 禁止所有请求访问资源

如果想要禁止所有的客户端访问某个目录,可以使用以下指令:

```
Require all denied
```

例如,Apache 的 httpd.conf 配置文件中有以下代码:

```
<Directory />
    AllowOverride none
    Require all denied
</Directory>
```

其功能是为所有的目录提供了一个默认的访问控制选项,即禁止所有的客户端访问根目录。Apache 的目录是分层次的,所有的其他目录都位于根目录之下。Apache 的访问控制是具有继承性的,即如果某个子目录没有配置访问权限,就自动继承其上级目录的访问权限。正是由于这个原因,所有其他的子目录都需要使用 Require 指令显式地声明其访问权限,否则会返回 403 代码。

2. 允许所有请求访问资源

反之,如果想使得某个目录可以被所有的客户端访问,可以使用以下指令:

```
Require all granted
```

其中,all granted 表示授予所有的客户端及用户访问资源的权限。例如,在 Apache 的 httpd.conf 配置文件中,紧跟以上代码的后面,有以下代码:

```
<Directory "/var/www">
    AllowOverride None
    # Allow open access:
    Require all granted
</Directory>
```

以上代码的作用是允许所有的客户端访问/var/www 目录中的资源,这个指令覆盖了上面的代码对根目录的设置,使得所有的用户都可以访问/var/www 及其子目录。

3. 允许所有有效用户访问资源

有效用户是指经过认证的合法用户。Apache 支持通过简单的指令来允许所有输入正确的用户名和密码的用户访问特定的资源,如下所示:

```
01  <Directory "/var/www/html/test">
02      AuthName demorealm
03      AuthType Basic
```

```
04     AuthDigestProvider file
05     AuthUserFile /etc/httpd/userfile
06     Require valid-user
07 </Directory>
```

其中,第 06 行通过 valid-user 来代表所有的有效用户。

4. 控制特定用户访问资源

Apache 支持通过特定用户来控制资源的访问。例如,如果想要用户 hawk 访问 test 目录,禁止其他用户访问,那么可以使用以下代码:

```
01 <Directory "/var/www/html/test">
02     AuthName demorealm
03     AuthType  Digest
04     AuthDigestDomain /test
05     AuthDigestProvider dbd
06     AuthDBDUserRealmQuery "SELECT passwd FROM mysql_auth WHERE username = %s AND groups = %s"
07     Require user hawk
08 </Directory>
```

第 07 行通过 Require 指令指定只允许用户 hawk 访问当前目录。其语法为:

```
Require user username [username]…
```

其中 username 为用户账号,多个用户账号之间使用空格隔开。

5. 控制特定用户组访问资源

除了特定用户之外,前面还介绍过,管理员还可以提供用户组来限制用户访问资源,其语法如下:

```
Require group group-name [group-name] ...
```

其中 group-name 为组名,多个用户组之间使用空格隔开。

此外,Require 还有一个指令的功能是不允许特定组访问资源,其语法如下:

```
Require not group group-name
```

其中 group-name 为不允许访问资源的用户组。

6. 通过 IP 地址控制资源访问

Apache 支持通过 IP 地址来限定用户访问资源,其基本语法如下:

```
Require ip ipaddr [ipaddr]…
```

其中 ip 关键字表示随后的参数为 IP 地址,用户可以指定一个或者多个 IP 地址,多个 IP 地址之间通过空格隔开。例如,下面的代码只允许 IP 地址为 192.168.1.106 和 192.168.1.105 的主机访问 /var/www/html/test 目录,其余的主机全部拒绝。

```
01 <Directory "/var/www/html/test">
```

```
02      <RequireAll>
03          Require ip 192.168.1.106 192.168.1.105
04      </RequireAll>
05  </Directory>
```

此外，用户还可以通过 IP 地址段来进行限定。例如，下面的代码允许网络 192.168.1.0/24 内的主机访问 /var/www/html/test 目录：

```
01  <Directory "/var/www/html/test">
02      <RequireAll>
03          Require ip 192.168.1
04      </RequireAll>
05  </Directory>
```

在某些情况下，管理员可能会禁止某些具有威胁性的 IP 地址来访问资源，此时，可以使用 not 运算符。例如，下面的代码禁止 IP 地址为 192.168.1.105 的主机访问 /var/www/html/test 目录：

```
01  <Directory "/var/www/html/test">
02      <RequireAll>
03          Require all granted
04          Require not ip 192.168.1.105
05      </RequireAll>
06  </Directory>
```

7. 通过主机名控制资源访问

随着网络技术的发展以及系统访问量的激增，绝大部分应用系统都引进了负载均衡技术，以提高用户体验，例如百度等大型网站。在这种情况下，一个系统可能会拥有几个甚至几十个 IP 地址，并且这些 IP 地址可能会随时发生变化。此时，仅仅通过 IP 地址很难控制资源的访问。为了解决这个问题，Apache 提供了通过主机名来控制资源访问的机制，其基本语法如下：

```
Require host host [host]…
```

其中，host 表示主机名，多个主机名之间用空格隔开。如果多个主机名之间有相同的部分，为了同时屏蔽这些主机名，可以只填写相同的部分。例如，下面的代码允许主机 host phishers.example.com 和后缀为 moreidiots.example 的主机访问 /var/www/html/test 目录：

```
01  <Directory "/var/www/html/test">
02      <RequireAll>
03          Require host phishers.example.com moreidiots.example
04      </RequireAll>
05  </Directory>
```

1.3 MySQL 的安装和使用

MySQL 是目前互联网上最为流行的关系型数据库管理系统。与其他的关系型数据库管理系统相比，MySQL 开源、简单、易学。因此，在 Web 方面，MySQL 具有得天独厚的优势。一经推出，MySQL 便受到广大开发者的关注。本节将详细介绍 MySQL 的相关使用方法。

1.3.1 安装 MySQL

MySQL 是由瑞典的 MySQL AB 公司于 1996 年前后推出的关系型数据库管理系统。2008 年，MySQL AB 公司被美国的 Sun 公司收购，MySQL 便成为 Sun 公司旗下的产品。在此期间，Sun 公司对其进行了大量的推广、优化以及 Bug 修复等工作。2009 年，Sun 公司又被 Oracle 公司收购，MySQL 便又进入了 Oracle 时代。

MySQL 的发展经历了几个比较重要的版本：2003 年 12 月，MySQL 5.0 发布，提供了视图、存储过程等功能；2008 年 11 月，MySQL 5.1 发布，提供了分区、事件管理以及基于行的复制和基于磁盘的 NDB 集群系统，同时修复了大量的 Bug；2010 年 12 月，MySQL 5.5 发布，其主要新特性包括半同步的复制及对 SIGNAL/RESIGNAL 的异常处理功能的支持，最重要的是 InnoDB 存储引擎终于变为当前 MySQL 的默认存储引擎，MySQL 5.5 不是时隔两年后的一次简单的版本更新，而是加强了 MySQL 各个方面企业级的特性；2018 年 4 月份，MySQL 8.0 发布，成为目前的新版本。

MySQL 分为企业版和社区版两个发行版本，其中社区版采用 GPL（GNU General Public License，GNU 通用公共许可证）授权，因此任何公司和个人都可以在遵循该协议的前提下免费使用和修改。

> **注意**
> 在通常情况下，我们所讲的 MySQL 都是指社区版，本书也是以社区版为例来讲解 MySQL 的安装和使用方法。

MySQL 的官方网址为：

```
https://www.mysql.com
```

用户可以从以上网址获取 MySQL 的源代码、安装包以及相关文档。

除了源代码之外，为了便于用户安装和使用，MySQL 为许多常见的软硬件平台提供了预编译好的二进制文件，甚至为 Red Hat、Debian、Ubuntu 以及 SUSE 等非常流行的 Linux 发行版提供了软件源安装包，用户可以直接使用这些发行版的软件包管理工具来安装 MySQL。总的说来，几乎在每种软硬件平台上，用户都可以通过多种方式来安装 MySQL，这为用户提供了极大的便利性。

对于 CentOS 来说，MySQL 本身提供了多种安装方式。除了 Yum 软件源之外，还提供了 RPM 软件包和源代码等安装方式。对于高级用户来说，各种方式都可以使用。尤其是针对需要定制 MySQL 的用户来说，自己下载源代码重新编译是最为灵活的方式了。但是对于初学者来说，通过 Yum 软件源来安装 MySQL 则是一种非常便捷的方式。下面首先介绍通过 Yum 软件源安装 MySQL，然后简单介绍通过 RPM 二进制软件包和源代码安装 MySQL 的方法。

1. 通过软件源安装 MySQL 服务器

通常情况下，CentOS 的官方 Yum 软件源中会包含 MySQL 的新版本。用户在安装之前可以使用 yum 命令查找是否提供，如下所示：

```
[root@localhost ~]# yum search mysql
```

```
================== Name & Summary Matched: mysql ==========================
mysql.x86_64 : MySQL client programs and shared libraries
...
mysql-server.x86_64 : The MySQL server and related files
...
[root@localhost ~]#
```

如果 yum 命令的搜索结果如上所示,就表示当前系统的软件源已经提供了 MySQL 服务器软件包。

用户可以使用 yum info 命令查看软件包的详细信息,如下所示:

```
[root@localhost ~]# yum info mysql-server
Last metadata expiration check: 0:00:07 ago on Sat 08 Feb 2020 11:33:57 PM EST.
Installed Packages
Name            : mysql-server
Version         : 8.0.17
Release         : 3.module_el8.0.0+181+899d6349
Architecture    : x86_64
Size            : 138 M
Source          : mysql-8.0.17-3.module_el8.0.0+181+899d6349.src.rpm
Repository      : @System
From repo       : AppStream
Summary         : The MySQL server and related files
URL             : http://www.mysql.com
License         : GPLv2 with exceptions and LGPLv2 and BSD
Description     : MySQL is a multi-user, multi-threaded SQL database server. MySQL
is a
                : client/server implementation consisting of a server daemon (mysqld)
                : and many different client programs and libraries. This package contains
                : the MySQL server and some accompanying files and directories.
```

从上面的输出可知,当前软件源提供的 MySQL 服务器的版本为 8.0.17。

如果通过 yum search 命令没有查找到 mysql-server,就表示当前系统的软件源没有提供 MySQL 服务器软件包。在这种情况下,用户可以下载并安装 MySQL 官方网站提供的 Yum 软件源安装包,步骤如下:

01 在 MySQL 社区版的下载页面中找到 MySQL Yum Repository 链接,打开 Yum 软件源安装包下载界面,如图 1-62 所示。

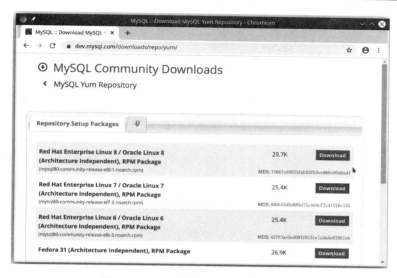

图 1-62　Yum 软件源安装包下载界面

用户需要根据自己的实际版本来选择相应的软件包。在本例中，CentOS 版本为 8.0，所以接下来单击第 1 项后面的 Download 链接，进入下载页面。

02 此处要求用户登录或者注册，如果没有账号或者不想注册，那么单击下面的 No thanks, just start my download.链接直接下载，如图 1-63 所示。

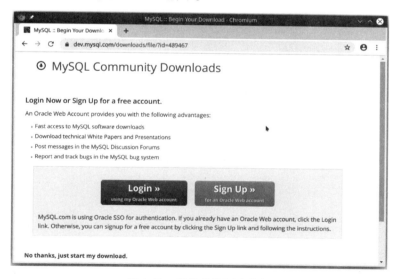

图 1-63　下载软件源安装包

如果用户是在 CentOS 服务器上通过图形界面在浏览器中打开上述页面，那么在下载完成之后会进入下一步进行安装。如果用户是在其他计算机上打开上述页面，就需要将下载后的安装包上传到 CentOS 服务器上。如果用户可以通过 SSH 客户端连接到 CentOS 服务器，就可以直接通过 wget 命令进行下载，省去了上传的步骤。在浏览器中右击下载链接，选择"复制链接地址"命令，然后在 SSH 客户端输入以下命令：

```
[root@localhost ~]# wget
https://dev.mysql.com/get/mysql80-community-release-el8-1.noarch.rpm
```

03 安装 Yum 源软件包。安装本地 RPM 软件包可以使用 yum 命令，如下所示：

```
[root@localhost ~]# yum localinstall mysql80-community-release-el8-1.noarch.rpm
```

在上面的命令中，localinstall 子命令表示将要安装的软件包位于本地磁盘。

安装完成之后，先使用 yum update 命令更新一下软件包索引，再使用 yum search 命令即可搜索到 MySQL 服务器软件包。

在软件源中搜索到 MySQL 服务器软件包之后，就可以进行安装了，命令如下：

```
[root@localhost ~]# yum install mysql-server mysql
```

当 yum 提示用户是否继续安装时，输入 y 或者 Y 即可。

2. 通过二进制软件包安装 MySQL 服务器

MySQL 为多种软硬件平台提供了预编译好的二进制软件包。在 MySQL 社区版的下载页面，单击 MySQL Community Server 链接，打开 MySQL 社区版下载页面，如图 1-64 所示。用户单击操作系统下拉菜单，就会发现 MySQL 二进制版本所支持的操作系统类型。

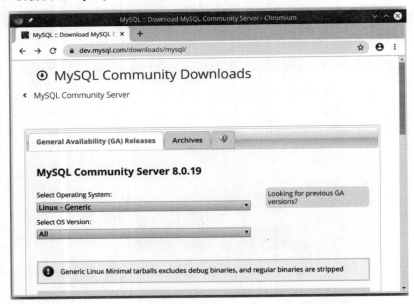

图 1-64　MySQL 社区版下载页面

由于 CentOS 为 Red Hat Enterprise Linux 的社区版，因此我们选择 Red Hat Enterprise Linux/Oracle Linux 选项，然后在操作系统版本中选择 Red Hat Enterprise Linux 8/Oracle Linux 8 (x86, 64-bit)。接下来，在页面下方会出现软件包列表，如图 1-65 所示。

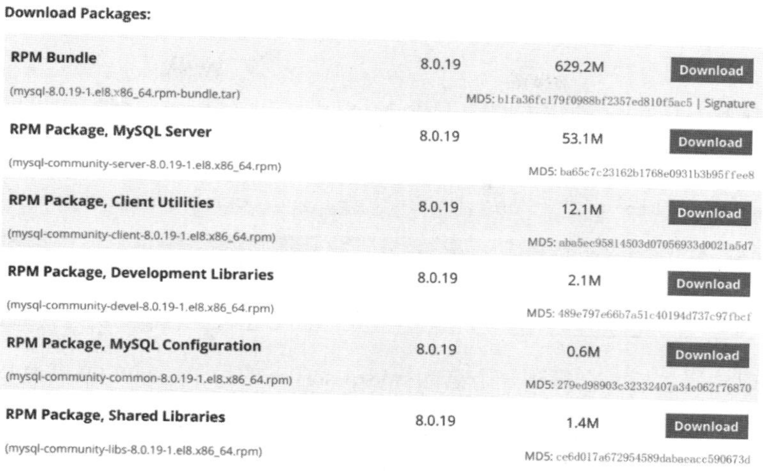

Download Packages:			
RPM Bundle (mysql-8.0.19-1.el8.x86_64.rpm-bundle.tar)	8.0.19	629.2M MD5: b1fa36fc179f0988bf2357ed810f5ac5 | Signature	Download
RPM Package, MySQL Server (mysql-community-server-8.0.19-1.el8.x86_64.rpm)	8.0.19	53.1M MD5: ba65c7c23162b1768e0931b3b95ffee8	Download
RPM Package, Client Utilities (mysql-community-client-8.0.19-1.el8.x86_64.rpm)	8.0.19	12.1M MD5: aba5ee95814503d07056933d0021a5d7	Download
RPM Package, Development Libraries (mysql-community-devel-8.0.19-1.el8.x86_64.rpm)	8.0.19	2.1M MD5: 489e797e66b7a51c40194d737c97fbcf	Download
RPM Package, MySQL Configuration (mysql-community-common-8.0.19-1.el8.x86_64.rpm)	8.0.19	0.6M MD5: 279ed98903c32332407a34e062f76870	Download
RPM Package, Shared Libraries (mysql-community-libs-8.0.19-1.el8.x86_64.rpm)	8.0.19	1.4M MD5: ce6d017a672954589dabaeacc590673d	Download

图 1-65　软件包列表

其中第一个 Bundle 软件包为 MySQL 所有组件的打包，里面包含 MySQL 服务器、客户端以及所需要的共享库软件包等。如果用户想要完整地安装 MySQL 所有的组件，可以将该软件包下载下来。通过 tar 命令释放该压缩包，会得到若干个 RPM 软件包。然后使用以下命令安装这些软件包：

```
[root@localhost ~]# yum localinstall *.rpm
```

也可以使用以下命令：

```
[root@localhost ~]# rpm -ivh *.rpm
```

> **注　意**
>
> 在上面的命令中，使用通配符*来代替所有的 RPM 软件包，可以不必考虑软件包的安装顺序。如果用户选择逐个安装，就需要严格按照先安装被依赖的软件包，再安装其他软件包的顺序，否则会安装失败。

当然，如果用户不需要安装所有的组件，可以只下载所需要的组件及其依赖的共享库软件包，然后使用 yum 或者 rpm 命令进行安装即可。

3. 通过源代码安装 MySQL 服务器

MySQL 提供了两种源代码安装方式，一种为标准源代码发行版，另一种为通用源代码。

对于前者而言，其文件名后缀通常为.src.rpm，用户下载之后，可以使用 rpmbuild 命令将其编译为二进制的 RPM 软件包，再使用 yum 或者 rpm 命令按照前面介绍的方法进行安装。在这种方式下，源代码发行版的文件名不包含具体的硬件架构，例如 x86_64 或者 aarch64 等，在使用 rpmbuild 命令编译的过程中会根据当前的硬件环境生成相应的二进制软件包。

> **注　意**
>
> 通过标准源代码发行版安装 MySQL 仍然属于 RPM 软件包的安装方式，用户需要处理好各种依赖关系，才可以正常安装。

使用通用源代码来安装 MySQL 是最为灵活的一种安装方式。在这种方式下，用户可以控制编译时的各项参数。

用户可以直接从 MySQL 的官方网站下载 MySQL 的源代码压缩包，也可以通过 git 命令将 MySQL 的源代码拉取到本地。MySQL 的源代码托管在 GitHub 上，通过 git 拉取源代码的命令如下：

```
[root@localhost mysql]# git clone https://github.com/mysql/mysql-server.git
```

> **注　意**
>
> Git 为当前最为流行的版本管理系统，用户可以通过 Git 非常方便地实现源代码的版本控制。

当源代码拉取完毕之后，会得到一个名为 mysql-server 的目录。MySQL 8.0 以后的源代码是提供 CMake 进行编译的，CMake 是一个跨平台的编译工具，其编译指令位于名为 CMakeLists.txt 的文本文件中。CMake 不会直接将源代码编译为可执行的二进制文件，而是产生标准的构建文件，如 Linux 上面的 Makefile 或者 Windows 上面 Visual C++的项目或者工作空间。然后用户按照一般的方式进行编译，得到最终的、可以执行的软件。如果当前 Linux 系统中没有安装 CMake，那么可以通过以下命令安装：

```
[root@localhost ~]# yum install cmake3
```

由于 Git 拉取速度非常慢，因此接下来以直接在 MySQL 官方网站下载源代码为例来介绍如何编译安装 MySQL。

由于 MySQL 的新版本为 8.0.19，因此下载得到的压缩包的文件名为 mysql-8.0.19.tar.gz。用户可以通过以下命令将其释放出来：

```
[root@localhost ~]# tar -zxvf mysql-8.0.19.tar.gz
```

释放以后，得到的目录名为 mysql-8.0.19。进入该目录之后，会看到 CMakeLists.txt，这个文件就是 CMake 的控制文件，CMake 是根据这个控制文件来编译 MySQL 的。

CMake 支持的编译选项比较多，用户可以参考相关的文档。对于 MySQL 而言，主要的选项如下：

- CMAKE_INSTALL_PREFIX：指定安装路径，类似于 configure 命令的--prefix 选项。
- DEFAULT_CHARSET：指定服务器默认的字符集。
- DEFAULT_COLLATION：指定服务器默认的排序规则。
- SYSCONFDIR：指定配置文件的路径。
- MYSQL_DATADIR：指定数据文件的路径。

除了以上选项之外，用户还可以定制 MySQL 支持的存储引擎，例如用户想要启用某种存储引擎，可以使用以下语法：

```
-DWITH_<ENGINE>_STORAGE_ENGINE =1
```

其中 ENGINE 为存储引擎的名称，例如 INNOBASE 或者 FEDERATED。反之，如果用户想禁用某种存储引擎，那么可以使用以下语法：

```
-DWITHOUT_<ENGINE>_STORAGE_ENGINE=1
```

同样，其中 ENGINE 为存储引擎名。

在 mysql-8.0.19 目录中创建一个名为 build 的目录，然后进入该目录，执行以下命令：

```
[root@localhost build]# cmake3 ../ \
-DCMAKE_INSTALL_PREFIX=/usr/local/mysql \
-DDEFAULT_CHARSET=utf8mb4 \
-DDEFAULT_COLLATION=utf8mb4_general_ci \
-DSYSCONFDIR=/etc \
-DWITH_EXTRA_CHARSETS=all \
-DMYSQL_DATADIR=/usr/local/mysql/data \
-DWITH_INNOBASE_STORAGE_ENGINE=1 \
-DWITH_FEDERATED_STORAGE_ENGINE=1 \
-DWITH_BLACKHOLE_STORAGE_ENGINE=1 \
-DWITH_ARCHIVE_STORAGE_ENGINE=1 \
-DWITHOUT_EXAMPLE_STORAGE_ENGINE=1 -DWITH_PERFSCHEMA_STORAGE_ENGINE=1 \
-DFORCE_INSOURCE_BUILD=1 \
-DCMAKE_CXX_COMPILER=/usr/local/bin/g++ \
-DWITH_BOOST=/usr/local/boost/boost_1_70_0
[root@localhost build]# make
[root@localhost build]# make install
```

当以上命令成功执行完成之后，MySQL 便被安装在/usr/local/mysql 目录中了。

1.3.2 管理 MySQL 服务

MySQL 服务的管理操作主要包括初始化、启动、关闭、查看服务状态等。

通过前面介绍的步骤安装 MySQL 之后，还不能立刻启动 MySQL 服务器进程，这是因为 MySQL 的数据文件目录还没有准备好。用户可以通过初始化操作来创建数据文件目录，并创建必要的系统文件。MySQL 支持两种初始化方式，一种为安全初始化，另一种为非安全初始化。这两种初始化方式的区别在于前者会为本地 root 用户随机生成一个密码，而后者则保持本地 root 用户的密码为空。

安全初始化使用以下命令：

```
[root@localhost ~]# mysqld --initialize --user=mysql
```

其中 mysqld 为 MySQL 的服务端程序，--initialize 表示进行初始化操作，--user 用来指定初始化操作所使用的用户名。

> **注 意**
>
> 如果不指定--user 选项，就表示使用当前系统用户初始化。如果当前用户为 root，就会返回错误消息。

初始化完成之后，MySQL 会创建 datadir 选项所指定的目录，并且在该目录中创建一些必要的系统文件。

安全初始化操作为本地 root 用户生成的密码位于 MySQL 的日志文件中，用户可以通过查看该文件获取密码：

```
[root@localhost ~]# cat /var/log/mysql/mysqld.log
2020-06-08T09:21:28.518250Z 0 [System] [MY-013169] [Server] /usr/libexec/mysqld
(mysqld 8.0.17) initializing of server in progress as process 775
2020-06-08T09:21:32.839138Z 5 [Note] [MY-010454] [Server] A temporary password is
generated for root@localhost: &ip5Rh3Ikgul
2020-06-08T09:21:35.148102Z 0 [System] [MY-013170] [Server] /usr/libexec/mysqld
(mysqld 8.0.17) initializing of server has completed
```

从上面的输出可知，本地 root 用户的临时密码为 &ip5Rh3Ikgul。

非安全初始化操作使用以下命令：

```
[root@localhost ~]# mysqld --initialize-insecure --user=mysql
```

非安全初始化完成之后，用户可以直接通过本地 root 用户登录 MySQL 服务器，不需要提供密码。

> **注 意**
>
> 如果 datadir 选项指定的目录已经存在，MySQL 就不会执行任何初始化操作。所以，在初始化不成功时，用户需要仔细检查指定的目录是否已经存在。

在初始化完成之后，用户就可以启动 MySQL 服务了。启动服务的命令如下：

```
[root@localhost ~]# systemctl start mysqld
```

如果命令没有返回错误消息，就表示启动成功。此时，用户可以通过以下命令查看服务状态：

```
[root@localhost ~]# systemctl status mysqld
01 ● mysqld.service - MySQL 8.0 database server
02  Loaded: loaded (/usr/lib/systemd/system/mysqld.service; disabled; vendor preset:
disabled)
03  Active: active (running) since Mon 2020-06-08 16:45:06 CST; 2min 45s ago
04  Process: 31964 ExecStartPost=/usr/libexec/mysql-check-upgrade (code=exited,
status=0/SUCCESS)
05  Process: 31828 ExecStartPre=/usr/libexec/mysql-prepare-db-dir mysqld.service
(code=exited, status=0/SUCCESS)
06  Process: 31804 ExecStartPre=/usr/libexec/mysql-check-socket (code=exited,
status=0/SUCCESS)
07  Main PID: 31921 (mysqld)
08  Status: "Server is operational"
09  Tasks: 38 (limit: 26213)
10  Memory: 535.2M
11  CGroup: /system.slice/mysqld.service
12          └─31921 /usr/libexec/mysqld --basedir=/usr
13
14 Jun 08 16:44:53 localhost.localdomain systemd[1]: Starting MySQL 8.0 database
server...
15 Jun 08 16:44:53 localhost.localdomain mysql-prepare-db-dir[31828]: Initializing
```

```
MySQL database
16 Jun 08 16:45:06 localhost.localdomain systemd[1]: Started MySQL 8.0 database
server.
```

在上面的输出信息中，第 01 行的行首为一个绿色的圆点，表示当前服务正处于运行状态。同时，在第 03 行的 Active 中，表示当前服务正处于运行（running）状态。

> **注　意**
>
> 如果用户没有进行初始化操作，而是直接使用 systemctl start mysqld 命令启动 MySQL 服务器进程，MySQL 就会在启动时自动进行非安全初始化。

为了便于管理，用户可以通过以下命令使得 MySQL 服务在 Linux 启动时自动启动：

```
[root@localhost ~]# systemctl enable mysqld
Created symlink /etc/systemd/system/multi-user.target.wants/mysqld.service →
/usr/lib/systemd/system/mysqld.service.
```

停止 MySQL 服务器使用以下命令：

```
[root@localhost ~]# systemctl stop mysqld
[root@localhost ~]# systemctl status mysqld
01 ● mysqld.service - MySQL 8.0 database server
02   Loaded: loaded (/usr/lib/systemd/system/mysqld.service; enabled; vendor preset:
disabled)
03   Active: inactive (dead) since Mon 2020-06-08 16:59:58 CST; 8s ago
04  Process: 32181 ExecStopPost=/usr/libexec/mysql-wait-stop (code=exited,
status=0/SUCCESS)
05  Process: 31921 ExecStart=/usr/libexec/mysqld --basedir=/usr (code=exited,
status=0/SUCCESS)
06 Main PID: 31921 (code=exited, status=0/SUCCESS)
07   Status: "Server shutdown complete"
08
09 Jun 08 16:44:53 localhost.localdomain systemd[1]: Starting MySQL 8.0 database
server...
10 Jun 08 16:44:53 localhost.localdomain mysql-prepare-db-dir[31828]: Initializing
MySQL database
11 Jun 08 16:45:06 localhost.localdomain systemd[1]: Started MySQL 8.0 database
server.
12 Jun 08 16:59:56 localhost.localdomain systemd[1]: Stopping MySQL 8.0 database
server...
13 Jun 08 16:59:58 localhost.localdomain systemd[1]: Stopped MySQL 8.0 database
server.
```

停止以后，可以看到服务状态第 01 行的绿色圆点变成了黑色圆点，同时，第 03 行中的 Active 状态已经变成了 inactive 和 dead。

如果用户想要重新启动 MySQL 服务，那么可以使用以下命令：

```
[root@localhost ~]# systemctl restart mysqld
```

当然，连续使用停止命令和启动命令也可以实现 MySQL 服务的重新启动。

当 MySQL 安装完成之后，会自动安装命令行客户端工具 mysql 命令。用户可以使用该工具连接 MySQL 服务器，命令如下：

```
[root@localhost ~]# mysql -uroot -p
Enter password:
Welcome to the MySQL monitor.  Commands end with ; or \g.
Your MySQL connection id is 9
Server version: 8.0.17

Copyright (c) 2000, 2019, Oracle and/or its affiliates. All rights reserved.

Oracle is a registered trademark of Oracle Corporation and/or its
affiliates. Other names may be trademarks of their respective
owners.

Type 'help;' or '\h' for help. Type '\c' to clear the current input statement.

mysql>
```

其中-u 选项指定连接 MySQL 服务器使用的用户名，-p 选项指定用户名对应的密码。如果用户使用非安全方式初始化，就无须提供-p 选项。登录成功之后，会出现 MySQL 命令行客户端的命令提示符>，用户可以在该提示符后面输入 SQL 语句执行数据库操作。

> **注　意**
>
> 在上面的命令中，并没有指定要连接的 MySQL 的地址。在这种情况下，MySQL 客户端会根据/etc/my.cnf 文件中的选项查找套接字文件，然后通过套接字文件连接本地 MySQL 服务。非本机连接 MySQL 服务器必须通过-h 选项指定要连接的服务器的地址。

用户在连接 MySQL 服务器的时候经常会遇到以下错误消息：

```
ERROR 2002 (HY000): Can't connect to local MySQL server through socket '/var/lib/mysql/mysql.sock' (2)
```

导致以上问题主要有两种常见的原因。首先，用户应该检查 MySQL 服务是否启动成功。套接字文件是在 MySQL 服务每次启动时自动创建的，如果服务没有启动成功，套接字文件就不会存在。其次，如果 MySQL 服务已经成功启动，用户可以检查套接字文件的位置是否正确，即检查/var/lib/mysql/mysql.sock 文件是否存在。如果套接字文件不存在，就可以在命令行中通过-h 选项指定要连接的服务器的 IP 地址，如下所示：

```
[root@localhost ~]# mysql -uroot -h127.0.0.1 -p
```

1.3.3 配置 MySQL

MySQL 的配置选项非常多，涉及数据库管理系统的各个方面。本书将对在日常维护和开发过程中经常使用到的选项进行讲解。

my.cnf 为一个文本文件，其文件结构与其他的 INI 文件基本相同，文件中所有的选项都是分组组织的，每个组的选项分别应用于相应的程序或者组。例如下面就是一个典型的 my.cnf 文件的部分内容：

```
01  [client]
02  port=3306
03  socket=/tmp/mysql.sock
04
05  [mysqld]
06  port=3306
07  socket=/tmp/mysql.sock
08  key_buffer_size=16M
09  max_allowed_packet=128M
10
11  [mysqldump]
12  quick
…
```

通常情况下，my.cnf 文件包括 client、mysql、mysqld 以及 mysqldump 等。其中 client 组的选项会应用于所有标准的、MySQL 提供的客户端工具，mysql 组的选项会应用于 MySQL 命令行客户端工具。mysqld 是一个非常重要的选项组，该组中的选项将被应用到 MySQL 的服务器程序 mysqld。客户端的选项相对比较少，下面主要介绍 mysqld 组中的选项。

- port: 指定 MySQL 服务端监听的端口，默认为 3306。
- basedir: 指定 MySQL 安装的根目录。
- datadir: 指定 MySQL 数据文件所在的目录。
- pid-file: 指定 MySQL 进程文件的路径。MySQL 服务进程在启动时创建该文件，并将进程 ID 写入其中。如果用户没有指定绝对路径，则 MySQL 会在数据文件所在的目录中创建该文件。如果用户没有配置该选项，则进程文件的文件名默认为 host_name.pid，其中 host_name 为主机名。
- socket: 指定 MySQL 的套接字文件的路径。套接字文件在 MySQL 服务启动时自动创建。该文件主要用于本机的客户端程序通过套接字连接 MySQL 服务。
- user: 指定运行 mysqld 服务进程的用户。该用户必须对 MySQL 的安装目录拥有完整的访问权限。
- bind-address: 指定 MySQL 服务器监听的 IP 地址。如果想监听本机所有的 IPv4 地址，那么可以将该选项指定为 0.0.0.0。
- character-set-server: 指定 MySQL 服务器默认的字符集。在 MySQL 8.0 以后，服务器的默认字符集为 utf8mb4。
- collation-server: 指定 MySQL 服务器默认的排序规则，该选项的值要与 character-set-server

相对应，默认为 utf8mb4_general_ci。
- max_connections：指定 MySQL 服务器提供的最大连接数。

> **注　意**
>
> 如果用户想在其他目录中存放进程文件，就必须在 pid-file 选项中使用绝对路径。如果 MySQL 服务器的套接字文件缺失，就会出现本地客户端无法连接 MySQL 服务器的情况，在这种情况下，用户可以通过 mysql 的 -h 选项来指定要连接的 MySQL 服务器。

1.3.4　数据库管理常用操作

数据库管理操作主要包括创建、查看、修改以及删除等。

1. 创建数据库

数据库的创建使用 CREATE DATABASE 语句，其基本语法如下：

```
CREATE DATABASE db_name [DEFAULT] CHARACTER SET [=] charset_name | [DEFAULT] COLLATE [=] collation_name
```

在上面的语句中，db_name 为要新建的数据库的名称，charset_name 为要新建的数据库的字符集，如果没有指定该选项，就自动使用 my.cnf 配置文件中 character-set-server 选项指定的默认字符集。collation_name 指定新建数据库默认的排序规则，如果省略该选项，那么新建数据库采用 my.cnf 配置文件的 collation-server 选项指定的排序规则。

在上面的语法中，所有方括号中的关键字都可以省略。

例如，下面的命令创建一个名为 company 的数据库，采用数据库默认的编码和排序规则：

```
mysql> CREATE DATABASE company;
Query OK, 1 row affected (0.01 sec)
```

下面的命令创建一个名为 school 的数据库，并且指定其字符集为 gb18030，排序规则为 gb18030_chinese_ci：

```
mysql> CREATE DATABASE school CHARACTER SET gb18030 COLLATE gb18030_chinese_ci;
Query OK, 1 row affected (0.02 sec)
```

2. 显示数据库属性

有的时候，对于一个陌生的数据库，我们并不知道其默认的字符集是什么。为了了解其相关属性，可以使用 show 命令。例如，下面的命令分别显示 company 和 school 数据库的属性：

```
mysql> SHOW CREATE DATABASE company;
+----------+--------------------------------------------------------------+
| Database | Create Database                                              |
+----------+--------------------------------------------------------------+
```

```
| company  | CREATE DATABASE `company` /*!40100 DEFAULT CHARACTER SET utf8mb4 COLLATE utf8mb4_general_ci */ /*!80016 DEFAULT ENCRYPTION='N' */ |
+----------+------------------------------------------------------------------------------------------------------------------+
1 row in set (0.00 sec)

mysql> show create database school;
+----------+------------------------------------------------------------------------------------------------------------------+
| Database | Create Database                                                                                                  |
+----------+------------------------------------------------------------------------------------------------------------------+
| school   | CREATE DATABASE `school` /*!40100 DEFAULT CHARACTER SET gb18030 */ /*!80016 DEFAULT ENCRYPTION='N' */ |
+----------+------------------------------------------------------------------------------------------------------------------+
1 row in set (0.00 sec)
```

从上面的命令可以得知，company 数据库的字符集为 utf8mb4，school 数据库的字符集为 gb18030。

3. 修改数据库

MySQL 提供了 ALTER DATABASE 语句，用来修改数据库的相关配置。该语句的基本语法与 CREATE DATABASE 语句基本相同，如下所示：

```
ALTER DATABASE [db_name] [DEFAULT] CHARACTER SET [=] charset_name | [DEFAULT] COLLATE [=] collation_name | [DEFAULT] ENCRYPTION [=] {'Y' | 'N'} | READ ONLY [=] {DEFAULT | 0 | 1}
```

上面的语法中与 CREATE DATABASE 语句相同的选项不再介绍。其中 READ ONLY 是一个新增的选项，当该选项的值为 0 时，表示当前数据库及其中的数据库对象可以修改；当该选项的值为 1 时，表示当前数据库处于只读状态。该选项的默认值为 0。

例如，下面的命令将数据库 school 的字符修改为 utf8mb4，排序规则为 utf8mb4_zh_0900_as_cs：

```
mysql> ALTER DATABASE school CHARACTER SET utf8mb4 COLLATE utf8mb4_zh_0900_as_cs;
Query OK, 1 row affected (0.06 sec)
```

4. 显示数据库列表

用户可以使用 show 语句来查看当前 MySQL 服务器中的数据库列表，如下所示：

```
mysql> show databases;
+--------------------+
| Database           |
+--------------------+
| company            |
| information_schema |
| mysql              |
```

```
| performance_schema   |
| sys                  |
+----------------------+
```

5. 切换数据库

在进行数据库查询之前，用户必须指定当前需要操作的数据库。切换数据库使用 use 语句。该语句的语法非常简单，直接指定要切换的数据库名称即可，如下所示：

```
mysql> use company;
Database changed
```

6. 删除数据库

删除数据库使用 DROP DATABASE 语句，该语句的语法非常简单，如下所示：

```
DROP DATABASE db_name
```

当数据库被删除之后，数据库中所有的对象都会被删除。

例如，下面的命令将 school 数据库删除：

```
mysql> DROP DATABASE school;
Query OK, 0 rows affected (0.01 sec)
```

1.3.5 数据表管理常用操作

数据表的日常管理主要包括创建、修改、查看、删除等。

1. 创建数据表

表的创建使用 CREATE TABLE 语句，该语句的语法非常复杂。用户可以从基本的语法入手，如下所示：

```
CREATE TABLE tbl_name (create_definition,...)
```

其中，tbl_name 为新建表的名称，create_definition 为一组列的定义，各个不同的列定义之间用逗号隔开，其基本语法如下：

```
col_name data_type
```

其中 col_name 为列名，data_type 为列的数据类型。MySQL 大概支持十几种数据类型，包括数值、字符串以及日期等。表 1-4~表 1-6 分别列出了常用的数据类型。

表 1-4 常用数值型数据类型

类 型	字 节	最 小 值	最 大 值
TINYINT	1	有符号 -128 无符号 0	有符号 127 无符号 255
SMALLINT	2	有符号 -32768 无符号 0	有符号 32767 无符号 65535

（续表）

类　型	字　节	最　小　值	最　大　值
MEDIUMINT	3	有符号-8388608 无符号 0	有符号 8388607 无符号 16777215
INT、INTEGER	4	有符号-2147483648 无符号 0	有符号 2147483647 无符号 4294967295
BIGINT	8	有符号-2^{63} 无符号 0	有符号 $2^{63}-1$ 无符号 $2^{64}-1$
FLOAT	4	有符号-3.402823466E+38 无符号-1.175494351E-38	有符号-1.175494351E-38 无符号-3.402823466E+38
DOUBLE	8	有符号-1.7976931348623157E+308 无符号-2.2250738585072014E-308	有符号-2.2250738585072014E-308 无符号-1.7976931348623157E+308
BIT	1~8		BIT（1）~BIT（64）

表 1-5　常用日期型数据类型

类　型	字　节	最　小　值	最　大　值
DATE	4	1000-01-01	9999-12-31
DATETIME	8	1000-01-01 00:00:00	9999-12-31 23:59:59
TIMESTAMP	4	1970-01-01 00:00:01.000000	2038-01-19 03:14:07.999999
TIME	3	-838:59:59.000000	838:59:59.000000
YEAR	1	1901	2155

表 1-6　字符串数据类型

类　型	字　节
CHAR(*n*)	0~255
VARCHAR(*n*)	0~65535
TINYBLOB	0~255
BLOB	0`65535
MEDIUMBLOB	0~16777215
LONGBLOB	0~4294967295
TINYTEXT	0~255
TEXT	0~65535
MEDIUMTEXT	0~16777215
LONGTEXT	0~ 4294967295

除了以上几种数据类型之外，MySQL 目前还支持 JSON、Spatial 等复杂数据类型。其中 JSON 是一种目前最为流行的数据交换格式。对于 JSON 的支持是目前 MySQL 的亮点之一。

例如，下面的语句创建一个名称为 department 的表：

```
mysql> CREATE TABLE department (id INT, name VARCHAR(255));
Query OK, 0 rows affected (0.03 sec)
```

在上面的语句中，我们没有对表中的列进行任何约束。但是，在正式的开发过程中，为了保证数据的完整性，用户经常需要对列进行必要的约束。例如，将某个列作为主键，可以唯一地标识某一行数据。可以对某个列添加非空约束，或者对某个列添加外键约束等。对于这些约束，用户可以在创建表的时候进行指定。

例如，下面的语句对上面的语句进行修改，增加主键约束：

```
mysql> CREATE TABLE department (id INT NOT NULL, name VARCHAR(255), PRIMARY KEY (id) USING BTREE);
Query OK, 0 rows affected (0.02 sec)
```

其中，NOT NULL 关键字表示当前列的值不为空。如果用户试图插入空值，就返回错误。PRIMARY KEY 关键字用来定义当前表的主键。该表的主键只包含一个列，即 id 列。USING BTREE 关键字表示主键索引的类型为 BTREE。

在某些情况下，用户可能需要 MySQL 为某些列提供默认值。这样的话，即使该列添加了非空约束，用户在插入数据时也可以不提供该列的值，而让其采用默认值。

```
mysql> CREATE TABLE employees (id INT, birth_date DATE, first_name VARCHAR(14), lastname VARCHAR(16), gender ENUM('M','F') NOT NULL DEFAULT 'M', hire_date DATE);
Query OK, 0 rows affected (0.02 sec)
```

在上面的语句中，gender 列的数据类型为枚举，包含两个值，分别为'M'和'F'，其中'M'为默认值。

当使用整型列作为主键时，通常需要使得该列能够自动增长，从而能够保持该列的值都是唯一的。

```
mysql> CREATE TABLE employees (id INT NOT NULL AUTO_INCREMENT, birth_date DATE, first_name VARCHAR(14), lastname VARCHAR(16), gender ENUM('M','F') NOT NULL DEFAULT 'M', hire_date DATE, PRIMARY KEY (id));
Query OK, 0 rows affected (0.02 sec)
```

在上面的语句中，AUTO_INCREMENT 关键字使得该列能够自动增长，从而不需要人工维护。

除了标准的 CREATE TABLE 语句之外，MySQL 8 还支持一些更加便捷的创建表语句，例如：

```
CREATE TABLE new_tbl LIKE orig_tbl
```

以上语句的功能是以 orig_tbl 表为源表，快速创建一个拥有同样数据结构的空表。

例如，下面的语句创建一个与 employees 拥有完全相同的结构的新表：

```
mysql> CREATE TABLE employees_new LIKE employees;
Query OK, 0 rows affected (0.02 sec)
```

与上面的语句类似，MySQL 还支持以下语句：

```
CREATE TABLE new_tbl [AS] SELECT * FROM orig_tbl
```

其功能是快速创建一个 orig_tbl 表的副本，除了结构之外，还包含数据。例如，下面的语句创建一个 employees 表的副本：

```
mysql> CREATE TABLE employees_bak AS SELECT * FROM employees;
Query OK, 3 rows affected (0.03 sec)
Records: 3  Duplicates: 0  Warnings: 0
```

细心的读者可能会发现，如果我们将后面的语句中的 SELECT 部分增加一个 LIMIT 0，用来限制查询结果的行数，也可以达到创建一个与源表拥有相同结构的空表。尽管如此，CREATE TABLE ... LIKE 语句与 CREATE TABLE ... SELECT 语句所创建的空表还是有区别的，后者仅仅是创建与源表相同的列结构，其他的数据库对象却不会创建，例如默认值和约束等。

2. 修改数据表

数据表的修改使用 ALTER TABLE 语句，其基本语法如下：

```
ALTER TABLE tbl_name [alter_option [, alter_option] ...]
```

其中 tbl_name 为要修改的表名，alter_option 为要修改的数据库对象的定义。其中，数据库对象主要包括列、索引、约束和检查等，主要操作包括添加（ADD）、删除（DROP）、修改（MODIFY）和重命名（RENAME）等。下面主要介绍数据列的修改操作，关于其他数据库对象的修改将在后面介绍。

增加新列的基本语法如下：

```
ADD [COLUMN] (col_name column_definition,...)
```

其中 col_name 为新增列的列名，column_definition 为列的定义，与前面 CREATE TABLE 语句中的用法一致。

下面的语句在 employees 表中增加一个名为 telephone 的字符型数据列：

```
mysql> ALTER TABLE employees ADD COLUMN telephone VARCHAR(32) NOT NULL;
Query OK, 0 rows affected (0.04 sec)
Records: 0  Duplicates: 0  Warnings: 0
```

删除列的基本语法如下：

```
DROP [COLUMN] col_name
```

例如，下面的语句将 telephone 列从 employees 表中删除：

```
mysql> ALTER TABLE employees DROP COLUMN telephone;
Query OK, 0 rows affected (0.04 sec)
Records: 0  Duplicates: 0  Warnings: 0
```

修改现有的数据列主要涉及 ALTER [COLUMN]、CHANGE [COLUMN]、MODIFY [COLUMN] 以及 RENAME COLUMN 等语句。其中 ALTER [COLUMN]主要用来修改列的默认值，其执行速度非常快；CHANGE [COLUMN]主要用来进行列的重命名、列类型的变更以及列位置的移动；MODIFY [COLUMN]与 CHANGE [COLUMN]基本一致，但是不能重命名列；RENAME COLUMN 主要用来重命名列。

下面以具体的例子来说明这些语句的使用方法。

例如，下面的语句将 employees 表的 gender 列的默认值修改为'F'：

```
mysql> ALTER TABLE employees ALTER COLUMN gender SET DEFAULT 'F';
Query OK, 0 rows affected (0.01 sec)
Records: 0  Duplicates: 0  Warnings: 0
```

下面的语句将 last_name 列的长度修改为 32：

```
MYSQL> ALTER TABLE employees MODIFY COLUMN last_name VARCHAR(32);
Query OK, 0 rows affected (0.02 sec)
Records: 0  Duplicates: 0  Warnings: 0
```

> **注 意**
>
> 修改数据列的定义并不影响数据表中原有的数据。但是当减少数据列的长度时，需要特别谨慎，当目标长度小于数据表中现有数据的长度时，会返回错误消息，如下所示：
>
> ```
> mysql> ALTER TABLE employees MODIFY COLUMN lastname VARCHAR(2);
> ERROR 1265 (01000): Data truncated for column 'lastname' at row 1
> ```

下面的语句将列 lastname 重命名为 last_name：

```
mysql> alter table employees rename column lastname to last_name;
Query OK, 0 rows affected (0.01 sec)
Records: 0  Duplicates: 0  Warnings: 0
```

3. 查看数据表的定义

查看数据表的定义有两种方式，第一种是使用 DESC 语句，第二种是使用 SHOW 语句。前者能够以表格的形式非常方便地把数据的列罗列出来，如下所示：

```
mysql> DESC employees;
+------------+---------------+------+-----+---------+----------------+
| Field      | Type          | Null | Key | Default | Extra          |
+------------+---------------+------+-----+---------+----------------+
| id         | int(11)       | NO   | PRI | NULL    | auto_increment |
| birth_date | date          | YES  |     | NULL    |                |
| first_name | varchar(14)   | YES  |     | NULL    |                |
| last_name  | varchar(32)   | YES  |     | NULL    |                |
| gender     | enum('M','F') | NO   |     | F       |                |
| hire_date  | date          | YES  |     | NULL    |                |
+------------+---------------+------+-----+---------+----------------+
6 rows in set (0.00 sec)
```

从上面的表格可知，表 employees 一共有 6 个列，其数据类型和相关约束都显示出来了。

SHOW 语句除了显示列定义之外，还显示了存储引擎、字符集等属性，如下所示：

```
mysql> SHOW CREATE TABLE employees;
+-----------+--------------+
| Table     | Create Table |
+-----------+--------------+
```

```
---------------------------------------------+
| employees | CREATE TABLE `employees` (
            `id` int(11) NOT NULL AUTO_INCREMENT,
            `birth_date` date DEFAULT NULL,
            `first_name` varchar(14) DEFAULT NULL,
            `last_name` varchar(32) DEFAULT NULL,
            `gender` enum('M','F') NOT NULL DEFAULT 'F',
            `hire_date` date DEFAULT NULL,
            PRIMARY KEY (`id`)
          ) ENGINE=InnoDB AUTO_INCREMENT=2 DEFAULT CHARSET=utf8mb4
COLLATE=utf8mb4_0900_ai_ci |
+-----------+----------------------------------------------------------
---------------------------------------------+
1 row in set (0.00 sec)
```

4．查看数据表列表

SHOW 语句除了可以查看表的定义之外，还可以显示当前数据库中表的清单，如下所示：

```
mysql> SHOW TABLES;
+-------------------+
| Tables_in_company |
+-------------------+
| department        |
| employees         |
+-------------------+
2 rows in set (0.00 sec)
```

从上面的输出可知，当前数据库中包含两个数据表。

5．删除数据表

当数据表中的数据不再需要时，为了回收存储空间，可以将其从数据库中删除。删除数据表使用 DROP TABLE 语句，其基本语法比较简单，如下所示：

```
DROP TABLE tbl_name [, tbl_name]
```

其中，tbl_name 为要删除的表的名称，多个表名之间用逗号隔开。例如，下面的语句将表 employees 从数据库中删除：

```
mysql> DROP TABLE employees;
Query OK, 0 rows affected (0.02 sec)
```

1.3.6 数据管理常用操作

对于数据库而言，常用的数据管理操作包括查询、插入、修改以及删除。下面我们以 MySQL 官方提供的 Sakila 数据库为例来介绍数据管理。用户可以从以下网址下载该数据库的脚本：

https://dev.mysql.com/doc/index-other.html

该数据库包含 23 个表，表与表之间的关系如图 1-66 所示。

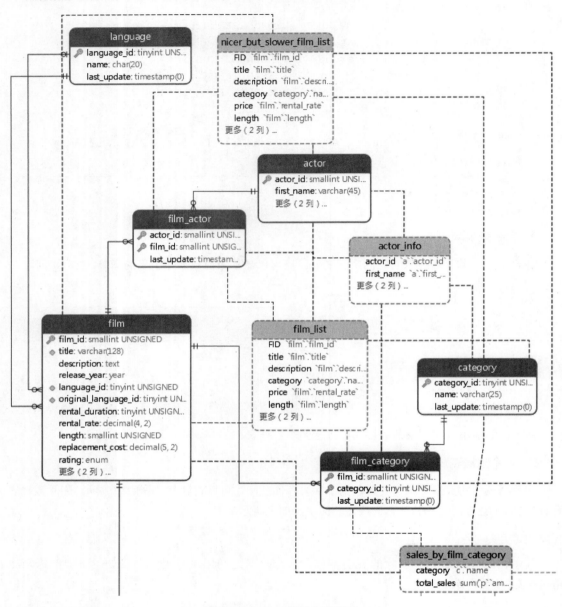

图 1-66　Sakila 数据库关系图

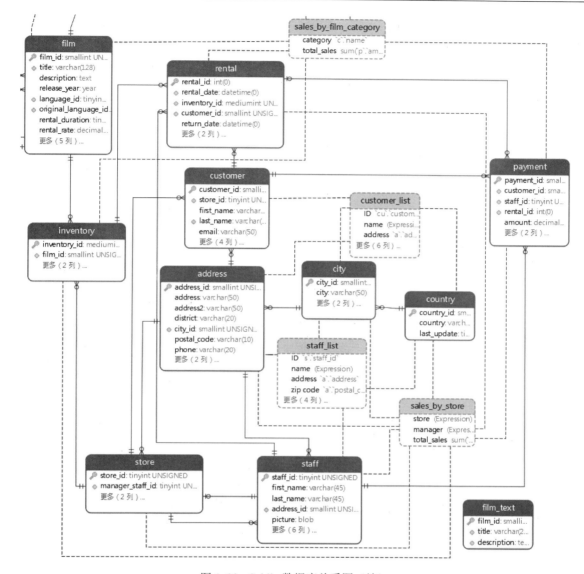

图 1-66 Sakila 数据库关系图(续)

数据查询使用 SELECT 语句,其基本语法如下:

```
SELECT [ ALL | DISTINCT ] select_expr [, select_expr] ... [FROM tbl_name [WHERE where_condition]
```

其中 ALL 表示查询所有的行,无论是否重复,DISTINCT 则表示排除重复的行。select_expr 为要查询的列,可以是列名或者表达式。tbl_name 为要查询的表的名称。where_condition 为要查询的条件表达式。

例如,下面的例子从 customer 表中查询部分列:

```
mysql> SELECT customer_id, first_name, last_name, email FROM customer;
+-------------------+--------------------+--------------------+------------------
```

```
+------------------------------------------+
| customer_id | first_name | last_name | email                                    |
+-------------+------------+-----------+------------------------------------------+
| 1           | MARY       | SMITH     | MARY.SMITH@sakilacustomer.org            |
| 2           | PATRICIA   | JOHNSON   | PATRICIA.JOHNSON@sakilacustomer.org      |
| 3           | LINDA      | WILLIAMS  | LINDA.WILLIAMS@sakilacustomer.org        |
| 4           | BARBARA    | JONES     | BARBARA.JONES@sakilacustomer.org         |
| 5           | ELIZABETH  | BROWN     | ELIZABETH.BROWN@sakilacustomer.org       |
| 6           | KAREN      | JACKSON   | KAREN.JACKSON@sakilacustomer.org         |
...
```

下面的例子查询 last_name 列以 M 开头的数据行：

```
mysql> SELECT customer_id, first_name, last_name, email FROM customer WHERE last_name LIKE 'M%';
+-------------+------------+-----------+------------------------------------------+
| customer_id | first_name | last_name | email                                    |
+-------------+------------+-----------+------------------------------------------+
| 372         | STEVE      | MACKENZIE | STEVE.MACKENZIE@sakilacustomer.org       |
| 360         | RALPH      | MADRIGAL  | RALPH.MADRIGAL@sakilacustomer.org        |
| 323         | MATTHEW    | MAHAN     | MATTHEW.MAHAN@sakilacustomer.org         |
| 313         | DONALD     | MAHON     | DONALD.MAHON@sakilacustomer.org          |
| 577         | CLIFTON    | MALCOLM   | CLIFTON.MALCOLM@sakilacustomer.org       |
| 336         | JOSHUA     | MARK      | JOSHUA.MARK@sakilacustomer.org           |
| 359         | WILLIE     | MARKHAM   | WILLIE.MARKHAM@sakilacustomer.org        |
...
```

当查询结果包含很多行时，用户可以通过 LIMIT 关键字来对查询结果的行数进行限制，如下所示：

```
mysql> SELECT customer_id, first_name, last_name, email FROM customer WHERE last_name LIKE 'M%' LIMIT 5;
+-------------+------------+-----------+------------------------------------------+
| customer_id | first_name | last_name | email                                    |
+-------------+------------+-----------+------------------------------------------+
| 372         | STEVE      | MACKENZIE | STEVE.MACKENZIE@sakilacustomer.org       |
| 360         | RALPH      | MADRIGAL  | RALPH.MADRIGAL@sakilacustomer.org        |
| 323         | MATTHEW    | MAHAN     | MATTHEW.MAHAN@sakilacustomer.org         |
| 313         | DONALD     | MAHON     | DONALD.MAHON@sakilacustomer.org          |
```

```
|       577        | CLIFTON          | MALCOLM          | CLIFTON.MALCOLM@sakilacustomer.org  |
+------------------+------------------+------------------+-------------------------------------+
5 rows in set (0.00 sec)
```

> **注 意**
>
> LIMIT 关键字在查询分页时非常有用。

下面的例子通过 customer_id 列进行排序：

```
mysql> SELECT customer_id, first_name, last_name, email FROM customer WHERE last_name
LIKE 'M%' ORDER BY customer_id LIMIT 5;
+------------------+------------------+------------------+-------------------------------------+
| customer_id      | first_name       | last_name        | email                               |
+------------------+------------------+------------------+-------------------------------------+
|        7         | MARIA            | MILLER           | MARIA.MILLER@sakilacustomer.org     |
|        9         | MARGARET         | MOORE            | MARGARET.MOORE@sakilacustomer.org   |
|       16         | SANDRA           | MARTIN           | SANDRA.MARTIN@sakilacustomer.org    |
|       19         | RUTH             | MARTINEZ         | RUTH.MARTINEZ@sakilacustomer.org    |
|       41         | STEPHANIE        | MITCHELL         | STEPHANIE.MITCHELL@sakilacustomer.org |
+------------------+------------------+------------------+-------------------------------------+
5 rows in set (0.00 sec)
```

数据插入使用 INSERT 语句，其基本语法如下：

```
INSERT [INTO] tbl_name [(col_name [, col_name] ...)] VALUES (value_list)
```

其中 tbl_name 为要操作的数据表的名称，col_name 为数据列列表，多个列之间用逗号隔开，在列值与列一一对应的情况下，可以省略数据列列表。value_list 为列值列表，多个值之间用逗号隔开，值与前面的列名一一对应。

例如，下面的语句在 staff 表中插入一行数据：

```
mysql> INSERT INTO staff (first_name, last_name, address_id, email, store_id, active,
username, password) VALUES ('Stanley
B','Lippman',5,'Lippman@email.com',1,1,'Lippman','1234567');
Query OK, 1 row affected (0.00 sec)
```

在列值数量与表中列的数量完全一致的情况下，可以省略数据列列表，如下所示：

```
mysql> INSERT INTO staff VALUES (3, 'Barbara E', 'Mono', 5,NULL, 'Mono@email.com',
1, 1, 'Mono', '1234567','2020-06-11 10:56');
Query OK, 1 row affected (0.00 sec)
```

如果列有默认值，可以在 INSERT 语句中省略该项，使其采用默认值，如下所示：

```
mysql> INSERT INTO staff (first_name, last_name, address_id, email, store_id,
username, password) VALUES ('Joshua', 'Bloch', 5, 'Bloch@email.com', 1, 'Bloch',
'1234567');
Query OK, 1 row affected (0.00 sec)
```

在上面的插入操作中，active 和 last_update 列自动取其默认值。

> **注意**
> 只有在值的数量和顺序与表中列的数量和顺序完全相同的情况下才可以省略数据列列表，否则必须提供数据列列表，并且数据列列表与值列表一一对应。

除了基本的 INSERT 语句之外，还有一些派生出来的 INSERT 语句，例如：

```
INSERT [INTO] tbl_name [(col_name [, col_name] ...)] {SELECT ... | TABLE table_name}
```

该语句由 INSERT 语句和 SELECT 语句组合而成，其功能是将 SELECT 语句查询结果插入 tbl_name 指定的表中，table_name 为源表。

> **注意**
> 在 INSERT ... SELECT 语句中，目标表必须存在；而在前面介绍的 CREATE TABLE ... SELECT 语句中，目标表必须不存在。

从 8.0.19 开始，以上 INSERT ... SELECT 语句可以简化为以下语句：

```
INSERT INTO ta TABLE tb;
```

ta 为目标表，tb 为源表。

数据的更新使用 UPDATE 语句，其基本语法如下：

```
UPDATE tbl_name SET col_name = value, [col_name = value,...] [WHERE where_condition]
```

其中，tbl_name 为要更新的目标表的名称，col_name = value 为一组由逗号隔开的列名与值的组合。

例如，下面的语句将 staff 表中 staff_id 为 1 的行中 active 列的值修改为 0：

```
mysql> UPDATE staff SET active = 0 WHERE staff_id = 1;
Query OK, 1 row affected (0.01 sec)
Rows matched: 1  Changed: 1  Warnings: 0
```

执行完成之后，可以通过查询语句来验证更新是否成功，如下所示：

```
mysql> SELECT staff_id, active FROM staff WHERE staff_id = 1;
+----------+--------+
| staff_id | active |
+----------+--------+
|     1    |    0   |
```

```
+----------+--------+
1 row in set (0.00 sec)
```

从上面的查询结果可知，active 列的值已经被修改为 0。

删除数据使用 DELETE 语句，其基本语法如下：

```
DELETE FROM tbl_name [WHERE where_condition]
```

其中 tbl_name 为要删除数据的目标表，where_condition 为查询条件。

例如，下面的语句从 staff 表中删除 staff_id 为 5 的行：

```
mysql> DELETE FROM staff WHERE staff_id = 5;
Query OK, 1 row affected (0.00 sec)
```

1.4 PHP 的安装和使用

PHP 是一种非常强大的、创建交互式动态站点的服务器端脚本语言。它是当今最热门的网站程序开发语言，具有成本低、速度快、可移植性好、内置丰富的函数库等优点，因此被越来越多的企业应用于网站开发中。本节将详细介绍 PHP 的安装、配置以及基本语法。

1.4.1 安装 PHP

PHP 是一种解释性程序设计语言，因此用户需要在服务器上安装 PHP 的运行环境。到目前为止，PHP 已经发布了 7.4.6 版本。用户可以在以下网址下载 PHP 的运行环境：

```
https://www.php.net/downloads
```

PHP 支持多种软硬件平台，包括 UNIX、Linux、Windows 以及 Mac OS X 等。通常情况下，用户可以通过两种方式来安装 PHP，分别为软件包和源代码。目前，PHP 已经为许多操作系统（包括 Linux 和 UNIX 等）提供了预编译好的二进制软件包，用户可以通过相应操作系统的软件包管理工具来进行安装。如果用户需要定制其中的功能模块，可以选择下载源代码后自行编译。下面以 CentOS 8 为例分别介绍这两种安装方式。

1. 通过软件包安装 PHP

目前，PHP 的新二进制版本位于 Remi 软件源中，因此在使用 yum 命令安装 PHP 之前，需要安装 Remi 软件源。在 CentOS 8 中，用户可以通过以下命令安装：

```
[root@localhost ~]# yum install
http://rpms.remirepo.net/enterprise/remi-release-8.rpm
```

安装完成之后，用户就可以使用 yum 命令安装 PHP 7.4 了。

```
[root@localhost ~]# yum install -y php74-php php74-php-fpm php74-php-pdo
```

其中，php74-php 为 PHP 7.4 的核心软件包，负责 PHP 代码的解释执行；php74-php-fpm 为 PHP

7.4 提供的 FastCGI 进程管理器，用来接收并处理 PHP 请求，然后返回处理结果；php74-php-pdo 为 PHP 的数据库访问对象软件包，可以用来连接各种数据库。

等以上命令执行完成之后，在命令行中输入以下命令：

```
[root@localhost ~]# php74 -v
PHP 7.4.7 (cli) (built: Jun  9 2020 10:57:17) ( NTS )
Copyright (c) The PHP Group
Zend Engine v3.4.0, Copyright (c) Zend Technologies
    with Zend OPcache v7.4.7, Copyright (c), by Zend Technologies
```

如果能够正常执行，并返回版本号，就表示 PHP 已经安装成功了。

启用 PHP-FPM，命令如下：

```
[root@localhost fpm]# systemctl enable php74-php-fpm
Created symlink
/etc/systemd/system/multi-user.target.wants/php74-php-fpm.service →
/usr/lib/systemd/system/php74-php-fpm.service.
[root@localhost fpm]# systemctl start php74-php-fpm
```

2. 通过源代码安装 PHP

通过源代码安装 PHP 会给用户带来更多的灵活性。用户首先需要下载 PHP 的源代码，命令如下：

```
[root@localhost src]# wget https://www.php.net/distributions/php-7.4.6.tar.gz
```

其中 php-7.4.6.tar.gz 为目前新版本的源代码，如果用户需要下载其他版本的源代码，可以自己从官方网站上寻找下载网址。

等下载完成后，执行以下命令将源代码解压：

```
[root@localhost src]# tar -xvf php-7.4.6.tar.gz
```

解压完成后会得到一个名为 php-7.4.6 的目录，进入该目录，进行编译环境检测和配置：

```
[root@localhost src]# cd php-7.4.6/
./configure --prefix=/usr/local/php74 \
--with-config-file-path=/etc/php74 \
--with-fpm-user=apache \
--with-fpm-group=www \
--enable-fpm \
-enable-mysqlnd \
--with-mysqli=mysqlnd \
--with-pdo-mysql=mysqlnd \
--enable-mysqlnd-compression-support
```

在上面的命令中，--prefix 用来指定 PHP 7.4 的安装目录，--with-config-file-path 指定 PHP 配置

文件的路径，--with-fpm-user 和--with-fpm-group 分别指定 PHP-FPM 运行时的用户和用户组，--enable-fpm 表示启用 PHP-FPM 支持，后面的几个选项是启用 MySQL 支持。实际上，PHP 的编译选项非常多，用户可以根据自己的需求选择需要的选项，在本例中，仅仅启用 PHP-FPM 和 MySQL 数据库的支持。

如果以上命令能够成功执行，用户就可以进行编译和安装操作了，命令如下：

```
[root@localhost php-7.4.6]# make && make install
```

当然，如果编译环境检测不通过，用户可以根据提示安装所需要的软件包，然后重新检测。

1.4.2 配置 PHP-FPM

PHP-FPM 是以系统服务的形式在 Linux 中运行的。它接收来自 Apache 的请求，执行 PHP 代码，并将执行结果返回给 Apache。为了使得 Apache 和 PHP-FPM 能够正常通信，必须对 PHP-FPM 和 Apache 进行相关配置。

PHP-FPM 的主配置文件的文件名为 php-fpm.conf，这个文件默认位于 PHP_FPM 安装目录的/etc 目录下。但是，如果用户采用软件包的方式安装 PHP-FPM，这个配置文件可能就会位于操作系统的/etc 目录下。如果这些位置都没有找到，用户可以通过搜索文件的方式来进行查找。

php-fpm.conf 文件的主要内容如下：

```
01  include=/etc/opt/remi/php74/php-fpm.d/*.conf
02  [global]
03  pid = /var/opt/remi/php74/run/php-fpm/php-fpm.pid
04  error_log = /var/opt/remi/php74/log/php-fpm/error.log
05  daemonize = yes
```

第 01 行为包含指令，通过该指令将/etc/opt/remi/php74/php-fpm.d 目录下所有以.conf 为后缀的文件都包含进来。第 03~05 行为全局配置，其中第 03 行指定 PHP-FPM 的进程文件路径，第 04 行指定 PHP-FPM 的错误日志路径，第 05 行指定 PHP-FPM 以后台服务的形式运行。

在默认情况下，php-fpm.d 目录中只有一个名为 www.conf 的配置文件，这个文件是针对 Apache 服务的，其主要内容如下：

```
01  [www]
02  user = apache
03  group = apache
04  listen = /var/opt/remi/php74/run/php-fpm/www.sock
05  listen.acl_users = apache
06  listen.allowed_clients = 127.0.0.1
07  pm = dynamic
08  pm.max_children = 50
09  pm.start_servers = 5
10  pm.min_spare_servers = 5
11  pm.max_spare_servers = 35
```

```
12  slowlog = /var/opt/remi/php74/log/php-fpm/www-slow.log
13  security.limit_extensions = .php .php3 .php4 .php5 .php7
14  php_admin_value[error_log] = /var/opt/remi/php74/log/php-fpm/www-error.log
15  php_admin_flag[log_errors] = on
16  php_value[session.save_handler] = files
17  php_value[session.save_path]    = /var/opt/remi/php74/lib/php/session
18  php_value[soap.wsdl_cache_dir]  = /var/opt/remi/php74/lib/php/wsdlcache
```

第 01 行和第 02 行分别指定 PHP-FPM 运行的用户和用户组，第 04 行的 listen 指令非常重要，它指定了 PHP-FPM 监听的方式，也就是接收 Apache 请求的地址。PHP-FPM 支持两种方式来监听，一种是根据 IPv4 或者 IPv6 地址和端口，另一种是通过套接字。在本例中，PHP-FPM 是通过套接字来监听的，其地址为/var/opt/remi/php74/run/php-fpm/www.sock。用户可以在 Apache 中配置相关选项，将请求地址指向/var/opt/remi/php74/run/php-fpm/www.sock，以实现 Apache 和 PHP-FPM 的通信。第 05 行为允许访问的用户，第 06 行为允许访问的客户端 IP 地址。

接下来配置 Apache。在/etc/httpd/conf.d 目录中创建一个名为 php74-php.conf 的文件，其内容如下：

```
01  AddType text/html .php
02  DirectoryIndex index.php
03  <IfModule mod_php7.c>
04      <FilesMatch \.(php|phar)$>
05          SetHandler application/x-httpd-php
06      </FilesMatch>
07      php_value session.save_handler "files"
08      php_value session.save_path     "/var/opt/remi/php74/lib/php/session"
09      php_value soap.wsdl_cache_dir   "/var/opt/remi/php74/lib/php/wsdlcache"
10  </IfModule>
11  <IfModule !mod_php5.c>
12    <IfModule !mod_php7.c>
13      SetEnvIfNoCase ^Authorization$ "(.+)" HTTP_AUTHORIZATION=$1
14      <FilesMatch \.(php|phar)$>
15          SetHandler "proxy:unix:/var/opt/remi/php74/run/php-fpm/www.sock|fcgi://localhost"
16      </FilesMatch>
17    </IfModule>
18  </IfModule>
```

第 01 行设置将.php 文件映射到 text/html 内容类型，使得 Apache 能够正确处理.php 文件。第 02 行设置默认的文件。第 03~10 行配置 mod_php 扩展模块，如果用户使用 mod_php 模块来处理 PHP 请求，就需要配置该选项。在本例中，是通过 PHP_FPM 处理 PHP 请求的，所以用户可以不配置这些选项。第 11~18 行是在没有提供 mod_php 模块的情况下，Apache 将 PHP 请求转发给 PHP-FPM。

其中第 14~16 行定义了需要转发的被请求的文件的扩展名以及处理这些请求的 PHP-FPM 的地址，这个地址必须与前面的 PHP-FPM 的 www.conf 文件中的监听地址一致。

配置完成之后，Apache 和 PHP-FPM 就可以正常通信了。当 Apache 接收到扩展名为.php 或者.phar 的请求时，会将该请求转发给 PHP-FPM，PHP-FPM 处理完成之后，再返回给 Apache，最后由 Apache 返回给客户端浏览器。

前面讲过，用户不一定将.php 作为 PHP 文件的扩展名，也可以将其指定为其他的后缀。例如，如果用户想要.html 作为 PHP 的扩展名，就需要修改 Apache 的 php74-php.conf 文件，将第 14 行修改为：

```
<FilesMatch \.(html|php|phar)$>
```

同时修改 PHP-FPM 的 www.conf 文件的第 13 行，增加.html：

```
security.limit_extensions = .php .php3 .php4 .php5 .php7 .html
```

1.4.3　PHP 开发工具

从本质上讲，PHP 源代码是一种文本文件，因此用户可以使用任何文本编辑器来编写 PHP 代码，例如记事本或者 Notepad++等。但是，这些文本编辑器的功能非常弱，完全满足不了目前快速开发的需求。因此，开发者需要功能更为强大的集成开发工具。对于 PHP 而言，常用的集成开发工具主要有 Eclipse for PHP、PhpStorm 以及 Visual Studio Code 等。这些集成开发工具都提供了非常完善的代码提示、自动补全以及调试功能。图 1-67 所示为 Eclipse 的主界面，图 1-68 所示为 PhpStorm 的主界面。

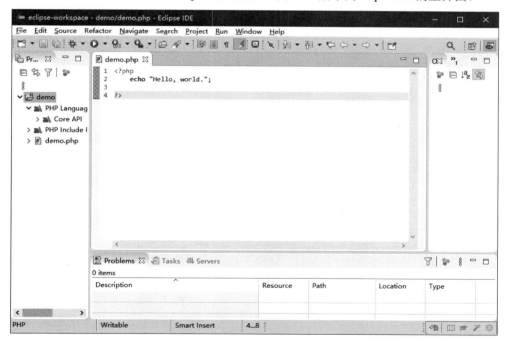

图 1-67　Eclipse 的主界面

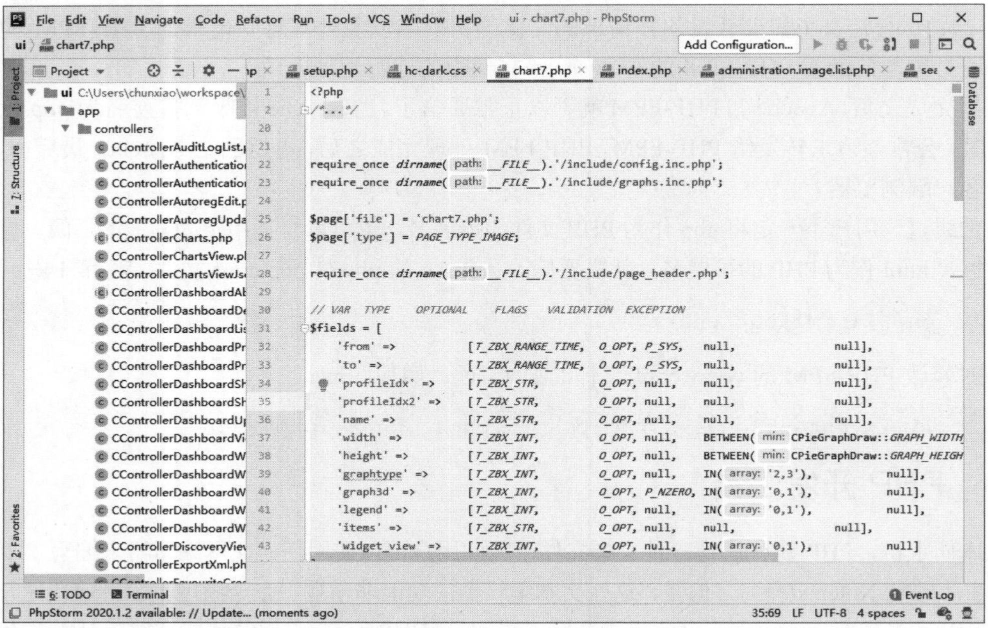

图 1-68　PhpStorm 的主界面

1.4.4　PHP 语法速览

PHP 是在服务器上执行的，将执行结果以 HTML 代码的形式发送给客户端浏览器。PHP 文件的基本形式如下：

```
<?php
// PHP 代码
?>
```

以"<?php"标记开始，以"?>"标记结束，中间为 PHP 的程序代码。PHP 文件的默认文件扩展名是.php，当然，用户也可以使用其他的扩展名，这需要在 Apache 的配置文件进行相应的配置，将新的扩展名的文件交由 PHP-FPM 来处理。这个已经在前面介绍过了。

下面是一个非常简单的 PHP 文件（参见代码 hello）：

```
01  <!DOCTYPE html>
02  <html>
03  <body>
04  <h1>这是我的第一个 PHP 页面</h1>
05  <?php
06  echo "Hello World!";
07  ?>
08  </body>
09  </html>
```

从上面的代码可知，PHP 文件通常包含 HTML 标签和一些 PHP 脚本代码。PHP 代码可以嵌入 PHP 文件的任何位置。有用的 PHP 代码实际上只有一行，即第 06 行，通过 echo 语句输出一行文本。

与其他大部分程序设计语言类似，当一段 PHP 脚本中包含多行语句时，语句之间通过分号隔开。

将以上代码保存为 hello.php，保存在/var/www/html 目录中，然后访问以下网址：

```
http://192.168.2.118/hello.php
```

其中 192.168.2.118 为 Apache 所在主机的 IP 地址。访问结果如图 1-69 所示。

图 1-69　第一个 PHP 页面

从图 1-69 可知，我们编写的 PHP 文件已经成功执行了，输出了我们想要的结果。与其他的程序设计语言一样，PHP 中也包括变量、常量、数据类型、运算符、控制结构等语法元素。下面分别进行详细介绍。

所谓变量，可以简单地理解为在程序中存储数据的"容器"，并且该容器中的内容是可以改变的。变量通过变量名来引用，在 PHP 中，变量命名必须满足一定的规则：

- 变量以$符号开始，后面跟着变量的名称。
- 变量名必须以字母或者下画线字符开始。
- 变量名只能包含字母、数字、字符以及下画线（A-z、0-9 和_ ）。
- 变量名不能包含空格。
- 变量名是区分字母大小写的，即 y 和 Y 是两个不同的变量。

PHP 没有声明变量的语句，变量在第一次为其赋值时被创建。PHP 是一种弱类型的程序设计语言，在定义变量时不需要指定数据类型。PHP 会根据变量的值自动为其指定正确的数据类型。

例如，下面的代码定义了两个变量：

```
01  $x = 32;
02  $message = "this is a string.";
```

在上面的代码中，x 和 message 都是合法的变量名，其中 x 被赋予一个整数，而 message 被赋予一个字符串。

在 PHP 中，常量使用 define 语句定义。

其基本语法如下：

```
bool define ( string $name , mixed $value [, bool $case_insensitive = false ] )
```

其中，name 为常量名，按照惯例，常量名使用大写字母表示，以便于与变量名区分开来：

```
01  <?php
02      define("MESSAGE","欢迎使用 LAMP。");
03      echo MESSAGE;
04  ?>
```

第 02 行定义了一个名称为 MESSAGE 的常量,并且为其赋值。

PHP 支持常见的运算符,包括算术运算符、赋值运算符、递增和递减运算符、比较运算符、逻辑运算符、数组运算符以及三元运算符等,如表 1-7~表 1-13 所示。

表 1-7　算术运算符

运算符	名称	说明	实例
+	加	求和	2 + 2= 4
−	减	求差	4 − 3 = 1
*	乘	求积	3 * 5 =15
/	除	求商	9 / 3 = 3
%	模	求余	10 % 8 = 2

表 1-8　赋值运算符

运算符	说明	实例
=	将右侧表达式的值赋给左边的变量	$x = 5
+=	先加再赋值	$x += 5 等同于 $x = $x +5
−=	先减再赋值	$x −= 5 等同于 $x = $x −5
*=	先乘再赋值	$x *= 5 等同于 $x = $x * 5
/=	先除再赋值	$x /= 5 等同于 $x = $x/5
%=	先求模再赋值	$x %= 5 等同于 $x = $x % 5
.=	连接两个字符串再赋值	$x .= 'world.' 等同于 $x = $x.'world.'

表 1-9　递增和递减运算符

运算符	名称	说明
++x	预递增	先将 x 加 1,再返回 x
x++	后递增	先返回 x 的值,再将 x 加 1
−−x	预递减	先将 x 减 1,再返回 x
x−−	后递减	先返回 x 的值,再将 x 减 1

表 1-10　比较运算符

运算符	名称	说明	实例
==	等于	若参与运算的两个表达式的值相同,则整个表达式的值为true,否则为false	9 == 9的值为true
===	绝对等于	若参与比较的两个表达式不仅值相同,数据类型也完全相同,则整个表达式的值为true,否则为false	6 === '6'的值为false
!=或者<>	不等于	若参与运算的两个表达式的值不同,则整个表达式的值为true,否则为false	12 != 8 的值为true

（续表）

运算符	名称	说明	实例
!==	绝对不等于	若参与运算的两个表达式的值不同或者数据类型不同，则整个表达式的值为true，否则为false	9 !== '9'的值为rue
>	大于	若左边表达式的值大于右边表达式的值，则整个表达式的值为true，否则为false	12 > 8的值为true
>=	大于或者等于	若左边表达式的值大于或者等于右边表达式的值，则整个表达式的值为true，否则为false	9 >= 6的值为true
<	小于	若左边表达式的值小于右边表达式的值，则整个表达式的值为true，否则为false	36 >4的值为true
<=	小于或者等于	若左边表达式的值小于或者等于右边表达式的值，则整个表达式的值为true，否则为false	45 <= 45的值为true

表 1-11 逻辑运算符

运算符	名称	说明	实例
and 或者&&	与	若参与运算的每个表达式的值都为true，则整个表达式的值为true，否则为false	5 >= 4 and 6 < 9 的值为true
or 或者||	或	若参与运算的表达式的值至少有一个为true，则整个表达式的值为true，否则为false	5 >= 4 or 6 < 3 的值为true
xor	异或	若参与运算的表达式的值有且仅有一个为true，则整个表达式的值为true，否则为false	1 > 2 xor 5 < 9 的值为true
!	非	若参与运算的表达式的值为true，则整个表达式的值为false，否则为true	若$x = true，则! $x 的值为false

表 1-12 数组运算符

运算符	名称	说明
+	集合	两个数组合并，去除重复元素，运算结果为两个数组的并集
==	相等	若两个数组拥有相同的"键值对"，则两个数组相等，其值为true
===	恒等	若两个数组不仅拥有相同的"键值对"，顺序和数据类型也完全相同，则两个数组恒等，其值为true
!=或者<>	不等	若两个数组不相等，则其值为true
!===	不恒等	若两个数组不满足恒等的任何一个条件，则其值为true

表 1-13 三元运算符

运算符	名称	说明
?:	条件运算符	(expr1) ? (expr2) : (expr3)，首先对表达式 expr1 求值，若其值为true，则整个表达式的值为expr2；否则整个表达式的值为expr3

PHP 支持流程控制语句，例如条件、分支、循环等。其中条件语句有 3 种类型，它的基本语法分别介绍如下：

首先是基本的条件语句，如下所示：

```
if (condition)
{
    statement;
```

```
    ...
}
```

其中 condition 为判断条件，实际上为一个逻辑表达式。当该条件的值为 true 时，执行花括号中的语句。

例如：

```
01  <?php
02      $user = "zhang";
03      if($user == "zhang")
04      {
05          echo "欢迎张先生。";
06      }
07  ?>
```

第 01 行定义了一个名称为 $user 的变量，并且为其赋值。第 03 行判断该变量的值是否为"zhang"。若条件成立，则输出一行文本。

以上语句只有一个分支。除此之外，PHP 还支持 if...else 语句，其语法如下：

```
if (condition)
{
    statement_group1;
    ...
}
else
{
    statement_group2;
    ...
}
```

当 condition 表达式的值为 true 时，执行 statement_group1 代表的语句；否则，执行 statement_group2 代表的语句。

例如：

```
01  <?php
02      $hour = date("H");
03      if($hour <= 12)
04      {
05          echo "早上好。";
06      }
07      else{
08          echo "下午好。";
09      }
10  ?>
```

在上面的语句中，第 02 行通过 date() 函数获取当前时间的小时，其中 H 表示采用 24 小时制。如果当前时间小于等于 12，就提示"早上好。"，否则提示"下午好。"。

最复杂的条件语句可以有无限个分支，如下所示：

```
if (condition)
{
    statement_group1;
}
elseif (condition2)
{
    statement_group2;
}
…
else
{
    statement_group;
}
```

当 condition 条件表达式成立时，执行 statement_group1 代表的语句；否则，判断 condition2 条件表达式是否成立，如果成立，就执行 statement_group2 代表的语句。在上面的结构中，elseif 可以有多个，每个对应一个具体的条件表达式，如果满足条件，就执行当前 elseif 中的语句。如果所有的 if 和 elseif 语句中的条件都不满足，就执行最后的 else 中的 statement_group3。

例如，下面的代码中包含 3 个分支（参见代码 Ex1-01）：

```
01  <?php
02      $hour = date("H");
03      if($hour <= 12)
04      {
05          echo "早上好。";
06      }
07      elseif ($hour < 18)
08      {
09          echo "下午好。";
10      }
11      else{
12          echo "晚上好。";
13      }
14  ?>
```

上面的代码会根据获取到的当前时间分别给出相应的提示。

> **注 意**
>
> 如果以上代码没有获取到正确的小时，例如获取到的小时比当前时间小 8 个小时，就需要在 php.in 配置文件中增加以下时区的配置选项：
>
> ```
> [Date]
> ; Defines the default timezone used by the date functions
> date.timezone = Asia/Shanghai
> ```

如果条件分支非常多，使用 if…elseif 语句会显得比较烦琐。PHP 还支持另一种专门的分支语句，即 switch 语句。该语句的基本语法如下：

```
switch(expression){
    case value1 :
```

```
    statement_group1;
    break;
  case value2 :
    statement_group2;
    break;
  ...
  default :
    statement_group;
}
```

该语句的工作原理为：首先 PHP 会计算表达式 expression 的值，然后分别与 case 语句中的 value*n* 进行比较，如果值相等，就执行该 case 语句中的语句组。代码执行后，使用 break 语句跳过后面所有的 case 语句。如果所有的 case 语句都不匹配 expression 的值，就执行 default 语句中的语句组。

例如，下面的代码演示了 switch 语句的使用方法（参见代码 Ex1-02）：

```
01  <?php
02      $season = "spring";
03      switch ($season) {
04          case "spring":
05              echo "你喜欢春天。";
06              break;
07          case "summer":
08              echo "你喜欢夏天";
09              break;
10          case "fall":
11              echo "你喜欢秋天。";
12              break;
13          case "winter":
14              echo "你喜欢冬天。";
15              break;
16          default:
17              echo "你喜欢所有的季节。";
18      }
19  ?>
```

在实际环境中，switch 语句中的变量表达式是由用户输入的。在本例中，为了演示方便，在第 02 行为其赋值为 "spring"。在程序执行的过程中，遇到第 1 个 case 语句时，PHP 将其对应的值与 $season 变量的值进行比较，发现相同，然后执行第 05 行的输出语句。接下来执行第 06 行的 break 语句，跳过后面所有的语句，退出 switch 结构。

> **注　意**
>
> 如果用户在 case 语句中遗漏了 break 语句，PHP 就会从当前匹配的 case 语句开始依次执行后面的 case 语句，包括 default 语句。例如，下面代码的执行结果如图 1-70 所示（参见代码 Ex1-03）。
>
> ```
> 01  <?php
> 02      $season = "fall";
> 03      switch ($season){
> 04          case "spring":
> 05              echo "你喜欢春天。";
> 06              break;
> 07          case "summer":
> 08              echo "你喜欢夏天";
> 09              break;
> 10          case "fall":
> 11              echo "你喜欢秋天。";
> 12          case "winter":
> 13              echo "你喜欢冬天。";
> 14              break;
> 15          default:
> 16              echo "你喜欢所有的季节。";
> 17      }
> 18  ?>
> ```
>
>
>
> 图 1-70　遗漏 break 语句的 switch 语句
>
> 从图中可知，由于第 10 行的 case 语句中遗漏了 break 语句，因此后面的 case 语句被执行。

PHP 中的循环结构主要有 4 种，分别为 while、do...while、for 和 foreach。这 4 种循环语句各有不同。对于 while 语句而言，只要指定的条件成立，就会不断执行所属的代码块。对于 do...while 而言，会首先执行一次所属的代码块，然后判断指定的条件表达式，如果条件成立，就继续循环执行。for 语句用来执行指定次数的循环。foreach 语句则用来遍历数组元素。下面分别介绍其语法。

while 语句的基本语法如下：

```
while (condition)
{
   statement;
   ...
}
```

首先，while 语句会计算 condition 条件表达式的值，如果其值为 true，就执行花括号中的语句组；如果其值为false，就直接跳过整个while结构。

例如，下面的代码演示了while循环语句的使用方法（参见代码Ex1-03）：

```
01  <?php
02      $i = 1;
03      while ($i <= 5) {
04          echo "The number is " . $i . "<br>";
05          $i++;
06      }
07  ?>
```

第02行定义变量$i，并且为其赋初始值1。第03~06行为while循环语句，其循环条件为$i <= 5。由于i的值为1，因此条件成立，进入循环体，输出一行文本。第05行将i的值加1。当执行了5次之后，i的值为6，此时不再满足循环条件，循环终止。以上程序的执行结果如图1-71所示。

图1-71　while循环语句

do…while循环语句的语法如下：

```
do
{
    statement;
    ...
}
while (condition);
```

与while语句不同，do…while语句会首先执行一次花括号中的语句，然后判断条件表达式的值是否为true。

例如，下面的代码演示了do…while语句的使用方法（参见代码Ex1-05）：

```
01  <?php
02      $i = 1;
03      do {
04          echo "The number is " . $i . "<br>";
05          $i++;
06      } while ($i <= 5)
07  ?>
```

以上代码的执行结果如图 1-72 所示。

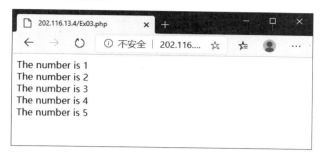

图 1-72 do...while 循环语句

从图 1-72 可以看出 do...while 和 while 的执行结果是一样的。

for 循环一般用来执行指定次数的循环操作。其基本语法如下：

```
for (initialization; condition; iteration) {
    statement;
    ...
}
```

其中 initialization 通常为循环变量的初始化，即为循环变量赋一个初始值。实际上，initialization 可以是任何在循环执行过程中只需要执行一次的代码。condition 为 for 循环执行的条件，通常为一个条件表达式，当该条件表达式的值为 true 时，执行花括号中的语句。iteration 通常为循环变量的递增或者递减操作。实际上，也可以是任何需要在 for 循环结束时只执行一次的代码。

> **注　意**
> 在 for 循环中循环变量的初始化和递增（递减）参数可以省略。

例如，上面的循环可以使用 for 来实现，代码如下（参见代码 Ex1-06）：

```
01  <?php
02      for ($i = 1; $i <= 5; $i++) {
03          echo "The number is " . $i . "<br>";
04      }
05  ?>
```

以上代码的执行结果与图 1-72 完全相同。从上面的代码可以看出，在循环次数已知的情况下，使用 for 循环会相对比较简洁。

foreach 循环主要用来遍历数组，其基本语法如下：

```
foreach ($array as $value)
{
    statement;
    ...
}
```

其中 array 为一个数组变量。在遍历的过程中,foreach 语句会把数组中的每个元素的值赋给变量 value。

例如(参见代码 Ex1-07):

```php
01  <?php
02      $array = array("white", "yellow", "red", "green");
03      foreach ($array as $color) {
04          echo $color . "<br>";
05      }
06  ?>
```

以上代码的执行结果如图 1-73 所示。

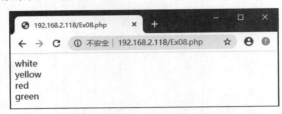

图 1-73　通过 foreach 语句遍历数组

1.5　mysqli

在 PHP 语言中,数据库的访问是非常重要的内容,为了能够使读者快速掌握 PHP 访问 MySQL 数据库的方法,本节将对 mysqli 进行详细介绍。

1.5.1　安装 mysqli

对于 PHP 7 以上的版本,MySQL 官方推荐两种访问数据库的 API,分别为 mysqli 和 PDO。这两种 API 目前默认都使用 MySQL 原生的驱动程序来访问 MySQL 数据库,只不过前者只是针对 MySQL,而后者则是 PHP 的数据库访问对象 API,通过它,用户不仅可以访问 MySQL,还可以访问 PostgreSQL、SQLLite 以及 SQL Server 等十几种类型的数据库管理系统。此外,这两种 API 的语法也有不同之处。

用户可以通过 phpinfo()函数来判断当前服务器环境是否已经安装了这两种数据库 API。如果 phpinfo()函数的输出结果中包括如图 1-74 和图 1-75 所示的内容,就表示当前环境已经支持 mysqli 和 PDO-MYSQL。

mysqli

Mysqli Support	enabled
Client API library version	mysqlnd 7.4.7
Active Persistent Links	0
Inactive Persistent Links	0
Active Links	0

Directive	Local Value	Master Value
mysqli.allow_local_infile	Off	Off
mysqli.allow_persistent	On	On
mysqli.default_host	no value	no value
mysqli.default_port	3306	3306
mysqli.default_pw	no value	no value
mysqli.default_socket	/var/lib/mysql/mysql.sock	/var/lib/mysql/mysql.sock
mysqli.default_user	no value	no value
mysqli.max_links	Unlimited	Unlimited
mysqli.max_persistent	Unlimited	Unlimited
mysqli.reconnect	Off	Off
mysqli.rollback_on_cached_plink	Off	Off

图 1-74　mysqli

PDO

PDO support	enabled
PDO drivers	mysql, sqlite

pdo_mysql

PDO Driver for MySQL	enabled
Client API version	mysqlnd 7.4.7

Directive	Local Value	Master Value
pdo_mysql.default_socket	/var/lib/mysql/mysql.sock	/var/lib/mysql/mysql.sock

图 1-75　PDO-MYSQL

如果 phpinfo() 函数的输出中不包括以上内容，就表示当前环境还不支持 mysqli 或者 PDO-MYSQL。用户可以使用软件包或者源代码来安装这两种 API。

在 CentOS 上安装 mysqli 或者 PDO，可以使用以下命令：

```
[root@localhost ~]# yum install php74-php-pecl-mysql
```

当上面的命令执行完成之后，mysqli 和 PDO-MYSQL 就安装完成了。如果用户的 PHP 运行环境是通过源代码安装的，那么可以在编译 PHP 时增加 --with-mysqli 或者 --with-pdo-mysql 以添加 mysqli 或者 PDO-MYSQL 支持。

mysqli 支持两种方式来访问 MySQL 数据库，分别为面向对象和面向过程。前者通过构造 PHP 对象实例和调用实例的方法来访问数据库，后者直接使用 API 函数来访问数据库。

下面首先介绍面向对象的方式来访问 MySQL。在面向对象的 mysqli API 中，有 3 个类需要用户进行深入了解，分别为 mysqli、mysqli_result 和 mysqli_stmt。其中，mysqli 类主要用来建立数据库连接、执行查询以及处理数据库事务；mysqli_result 代表一个数据库查询的结果集；mysqli_stmt 则代表一个预编译的 SQL 语句。

1. mysqli 类

mysqli 类拥有很多属性和方法。表 1-14 和表 1-15 分别列出了 mysqli 类常用的属性和方法，关于其他的属性和方法，读者可以参考 mysqli 的官方文档。

表 1-14 mysqli 类常用属性

属性	说明
connect_error	返回最近一次数据库连接的错误消息，如果没有错误，就返回 NULL
affected_rows	返回最近一次数据库操作影响的行数，主要是针对 UPDATE、INSERT、REPLACE 和 DELETE 等操作

表 1-15 mysqli 类常用方法

方法	说明
autocommit	打开或关闭本次数据库连接的自动命令提交事务模式
begin_transaction	开始一个事务
close	关闭数据库连接
commit	提交一个事务
connect	连接数据库
prepare	预处理含有参数占位符的 SQL 语句
query	执行 SQL 查询
select_db	选择当前默认的数据库
rollback	回滚当前事务

mysqli 类的构造函数 mysqli() 可以接收 5 个参数，如下所示：

```
mysqli($host = null, $username = null, $passwd = null, $dbname = null, $port = null, $socket = null)
```

其中 $host 为要连接的 MySQL 服务器的地址，可以是主机名或者 IP 地址；$username 为 MySQL 数据库用户名；passwd 为数据库用户对应的密码；dbname 为要连接的 MySQL 数据库名称；port 为 MySQL 服务器的端口；socket 为 MySQL 的套接字文件。以上参数都有默认值为 null。当 passwd 参数省略时，表示当前用户无密码；当 dbname 参数省略时，可以通过 mysqli_select_db() 方法选择数据库；当 port 参数省略时，表示使用 MySQL 默认的端口 3306。

当该函数执行成功之后，会返回一个代表数据库连接的对象实例，所有的数据库操作都需要通过该实例进行。如果执行失败，就返回 false。

2. mysqli_result 类

mysqli_result 类代表从一个数据库查询中获取的结果集。表 1-16 和表 1-17 列出了 mysqli_result 类的常用属性和方法。

表 1-16　mysqli_result类常用方法

属　性	说　明
field_count	返回当前查询结果包含的列的数量
lengths	以数组的形式返回查询结果集中当前行的各个列的长度
num_rows	返回当前查询结果集的行数

表 1-17　mysqli_result类常用方法

方　法	说　明
fetch_all	返回当前查询结果的所有行，其中每一行数据都是一个数组，可以是数值数组、关联数组或者同时包含两者。用户可以分别以 MYSQLI_NUM、MYSQLI_ASSOC 或者 MYSQLI_BOTH 为参数进行指定
fetch_array	以数值数组、关联数组或同时包含两者的形式返回当前行。用户可以分别以MYSQLI_NUM、MYSQLI_ASSOC 或者 MYSQLI_BOTH 为参数进行指定
fetch_assoc	以关联数组的形式返回当前行
free、close 或者 free_result	释放查询结果集所占用的内存

3. mysqli_stmt 类

mysqli_stmt 类代表一个预编译的 SQL 语句。该类拥有 num_rows 和 param_count 等重要属性，前者表示该查询返回的数据行数，后者表示该 SQL 语句包含的参数个数。

mysqli_stmt 类的主要方法有 bind_param、execute、prepare 以及 close 等。其中重要的是 bind_param 和 execute 方法。bind_param 方法用来将参数与占位符绑定，其语法如下：

```
bind_param ( string $types , mixed &$var1 [, mixed &$... ] ) : bool
```

其中 types 为格式化字符串，表示参数的数据类型，可以取 4 个值，分别为 i、d、s 和 b。i 表示参数的数据类型为整数，d 表示参数的数据类型为双精度数值，s 表示参数的数据类型为字符串，b 表示参数的数据类型为 blob。

execute 方法用来执行预编译的 SQL 语句，如果执行成功，该方法就返回 true，否则返回 false。

前面介绍了以面向对象的方式来使用 mysqli API 访问数据库。除此之外，mysqli API 还支持传统的面向过程的使用方式，这两种方式的区别在于，在使用面向过程的方式时，用户不需要通过 new 操作符创建 mysqli 对象，而是直接通过 mysqli API 提供的函数来进行数据库操作。表 1-18~表 1-20 分别列出了面向对象和面向过程的方法和函数的对应关系。

表 1-18　mysqli类的方法与mysqli函数的对应

函　数	与 mysqli 类对应的方法	示　例
mysqli_connect()	connect()	mysqli_connect("127.0.0.1","sakila","1234556")
mysqli_select_db()	select_db()	mysqli_select_db($mysql,"sakila")，其中$mysql 为 mysqli_connect()函数返回的数据库连接变量
mysqli_query()	query()	mysqli_query($mysql,"SELECT * FROM costomer LIMIT 10")，其中$mysql 为数据库连接变量

（续表）

函数	与mysqli类对应的方法	示例
mysqli_prepare()	prepare()	mysqli_prepare($mysql,"SELECT * FROM customer LIMIT 10")
mysqli_close()	close()	mysqli_close($mysql)，$mysql 为数据库连接变量

表 1-19　mysqli_result类的方法与函数的对应

函数	与mysqli_result类对应的方法	示例
mysqli_fetch_all()	fetch_all()	mysqli_fetch_all($result,MYSQLI_ASSOC)，其中$result 为 mysqli_query()函数的返回值
mysqli_fetch_array()	fetch_array()	mysqli_fetch_array($result, MYSQLI_BOTH)，$result 为 mysqli_query()函数的返回值
mysqli_fetch_assoc()	fetch_assoc()	mysqli_fetch_assoc($result)
mysqli_fetch_row()	fetch_row()	mysqli_fetch_row($result)
mysqli_free_result()	free()、close()或者 free_result()	mysqli_free_result($result)

表 1-20　mysqli_stmt类的方法与函数的对应

函数	与mysqli_stmt类对应的方法	示例
mysqli_stmt_execute()	execute()	mysqli_stmt_execute($stmt)
mysqli_stmt_fetch()	fetch()	mysqli_stmt_fetch($stmt)
mysqli_stmt_bind_result()	bind_result()	mysqli_stmt_bind_param($stmt,$last_name, $fist_name)
mysqli_stmt_bind_param()	bind_param()	mysqli_stmt_bind_param($stmt, 'sssd', $code, $language, $official, $percent)

1.5.2　连接及断开数据库

1. 以面向对象的方式建立数据库连接

以面向对象的方式使用 mysqli API 时，建立数据库连接的过程就是通过 mysqli 的构造函数创建一个 mysqli 类的实例的过程。

例如，下面的代码演示了如何通过 mysqli 类连接数据库（参见代码 Ex1-08）：

```
01  <?php
02  $server = "127.0.0.1";
03  $username = "sakila";
04  $password = "123456";
05
06  // 创建连接
07  $mysql = new mysqli($server, $username, $password);
08
09  // 测试连接是否成功
10  if ($mysql->connect_error) {
11      die("连接失败：" . $mysql->connect_error);
12  }
```

```
13      echo "连接成功";
14      $mysql->close();
15  ?>
```

第 02~04 行分别定义了建立数据库连接所需要的 MySQL 服务器的 IP 地址、用户名和密码。第 07 行通过 PHP 的 new 操作符调用 mysqli 的构造函数创建了一个 mysqli 对象的实例，并且将其赋给变量 mysql。第 10 行的 connect_error 属性可以返回上一次数据库连接的错误消息。第 11 行的 die() 函数输出一行消息，并退出当前程序。第 14 行关闭数据库连接，以节省 MySQL 数据库服务器资源。

> **注 意**
>
> 在面向对象的风格中，属性和方法的引用使用->操作符。

2. 以面向过程的方式建立数据库连接

如果使用面向过程的方式来建立数据库连接，那么代码如下（参见代码 Ex1-09）：

```
01  <?php
02      $servername = "127.0.0.1";
03      $username = " sakila ";
04      $password = "123456";
05      // 创建连接
06      $mysql = mysqli_connect($servername, $username, $password);
07      // 检测连接
08      if (!$mysql) {
09          die("Connection failed: " . mysqli_connect_error());
10      }
11      echo "连接成功";
12      mysqli_close($mysql);
13  ?>
```

第 06 行调用了 mysqli_connect() 函数来建立数据库连接，该函数返回一个代表数据库连接的句柄。第 12 行通过 mysqli_close() 函数关闭数据库连接。

1.5.3 查询数据

1. 以面向对象的方式查询数据

在面向对象的方式中，mysqli 可以通过两种方法执行数据库查询，一种是通过 mysqli 对象的 query()方法，另一种是通过 mysqli_stmt 类的 execute()方法。

下面以一个具体的例子说明使用面向对象的方法通过 mysqli 类来查询数据库，代码如下（参见代码 Ex1-10）：

```
01  <html>
02  <!doctype html>
03  <html lang="en">
04  <head>
05      <!-- Required meta tags -->
```

```
06          <meta charset="utf-8">
07          <meta name="viewport" content="width=device-width, initial-scale=1, shrink-to-fit=no">
08          <link rel="stylesheet" href="https://cdn.jsdelivr.net/npm/bootstrap@4.5.0/dist/css/bootstrap.min.css"
09 integrity="sha384-9aIt2nRpC12Uk9gS9baDl411NQApFmC26EwAOH8WgZl5MYYxFfc+NcPb1dKGj7Sk" crossorigin="anonymous">
10     </head>
11     <body>
12     <div class="container">
13         <div class="row justify-content-center">
14             <div class="col-8 text-center">
15                 <h4>
16                     顾客名单
17                 </h4>
18             </div>
19         </div>
20         <div class="row justify-content-center">
21             <div class="col-8">
22                 <table class="table table-bordered">
23                     <thead>
24                         <th>First Name</th>
25                         <th>Last Name</th>
26                         <th>Email</th>
27                         <th>last update</th>
28                     </thead>
29                     <tbody>
30                     <?php
31                     $server = "127.0.0.1";
32                     $username = "sakila";
33                     $password = "123456";
34
35                     // 创建连接
36                     $mysql = new mysqli($server, $username, $password);
37                     $mysql->select_db("sakila");
38                     $result = $mysql->query("SELECT * FROM CUSTOMER LIMIT 10");
39                     while ($row = $result->fetch_assoc()) {
40                         echo "<tr><td>" . $row["first_name"] . "</td><td>" . $row["last_name"] . "</td><td>" . $row["email"] . "</td><td>" . $row["last_update"] . "</td></tr>";
41                     }
42                     // 测试连接是否成功
43                     if ($mysql->connect_error) {
44                         die("连接失败: " . $mysql->connect_error);
45                     }
```

```
46                    ?>
47                </tbody>
48            </table>
49        </div>
50    </div>
51 </div>
52 </body>
53 </html>
```

第 36 行通过 new 操作符创建了一个 mysqli 类的对象，第 37 行通过 select_db()方法将默认数据库修改为 sakila，第 38 行通过 query()方法来执行数据库查询，SQL 语句中的 LIMIT 关键字表示仅返回 10 行数据。第 39~41 行通过 while 循环将查询结果以表格的形式输出。以上代码的执行结果如图 1-76 所示。

图 1-76　通过 mysqli 类查询数据库

如果使用 mysqli_stmt 类来执行数据库查询，用户可以对以上代码进行修改，如下所示（参见代码 Ex1-11）：

```
01 <html>
02 <!doctype html>
03 <html lang="en">
04 <head>
05     <!-- Required meta tags -->
06     <meta charset="utf-8">
07     <meta name="viewport" content="width=device-width, initial-scale=1, shrink-to-fit=no">
08     <link rel="stylesheet" href="https://cdn.jsdelivr.net/npm/bootstrap@4.5.0/dist/css/bootstrap.min.css"
```

```
09          integrity="sha384-9aIt2nRpC12Uk9gS9baDl411NQApFmC26EwAOH8WgZl5MYYxFfc+NcPb1dKGj7Sk" crossorigin="anonymous">
10          </head>
11          <body>
12          <div class="container">
13              <div class="row justify-content-center">
14                  <div class="class="col-sm-12 text-center">
15                      <h4>
16                          顾客名单
17                      </h4>
18                  </div>
19              </div>
20              <div class="row justify-content-center">
21                  <div class="class="col-sm-12">
22                      <table class="table table-bordered">
23                          <thead>
24                          <th>First Name</th>
25                          <th>Last Name</th>
26                          <th>Email</th>
27                          <th>last update</th>
28                          </thead>
29                          <tbody>
30                          <?php
31                          $server = "127.0.0.1";
32                          $username = "sakila";
33                          $password = "123456";
34
35                          // 创建连接
36                          $mysql = new mysqli($server, $username, $password);
37                          // 测试连接是否成功
38                          if ($mysql->connect_error) {
39                              die("连接失败: " . $mysql->connect_error);
40                          }
41                          $mysql->select_db("sakila");
42
43                          $stmt = $mysql->prepare("SELECT first_name, last_name, email, last_update FROM customer WHERE first_name = ? AND last_name = ?");
44
45                          $stmt->bind_param("ss", $first_name, $last_name);
46
47                          $first_name = "LINDA";
48                          $last_name = "WILLIAMS";
49
50                          $stmt->execute();
51                          $stmt->bind_result($firstName, $lastName, $email, $lastUpdate);
```

```
52
53
54                    while ($stmt->fetch()) {
55                        echo "<tr><td>" . $firstName . "</td><td>" .$last_name . "</td><td>" . $email. "</td><td>" . $lastUpdate . "</td>";
56                        echo "</tr>";
57                    }
58
59                    $stmt->close();
60                    $mysql->close();
61                ?>
62            </tbody>
63        </table>
64      </div>
65     </div>
66   </div>
67  </body>
68 </html>
```

第 43 行的 SQL 中包含两个参数占位符，第 45 行将这两个参数占位符分别与变量 first_name 和 last_name 绑定，这两个参数的数据类型都是字符串，所以前面的格式化字符串为 ss，这两个字母 s 分别代表两个参数的数据类型。第 47 行和第 48 行分别对这两个变量进行赋值。第 50 行通过 execute() 方法执行查询。第 51 行通过 bind_result() 方法将查询结果的每一列分别与相应的变量绑定。第 54~57 行通过一个 while 循环进行结果集的遍历。其中 fetch() 方法会将每一行的数据列的值赋给前面绑定的变量。

以上代码的执行结果如图 1-77 所示。

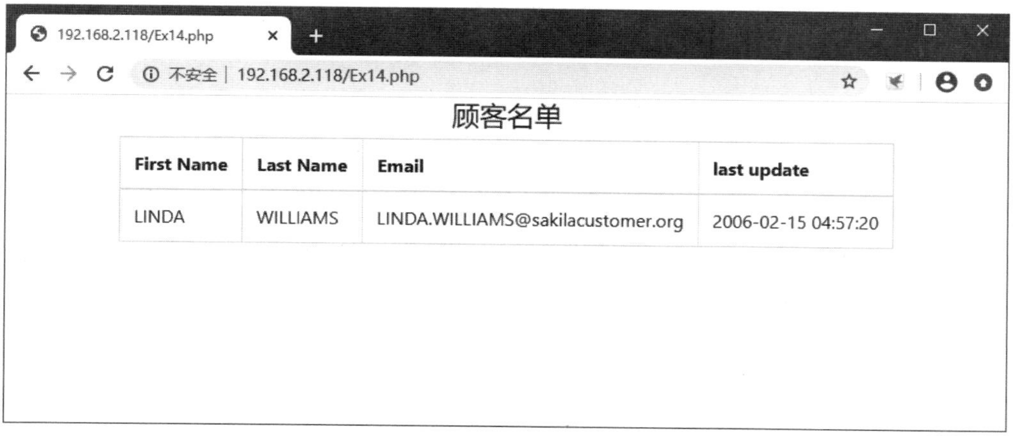

图 1-77 通过 mysqli_stmt 类查询数据库

2. 以面向过程的方式查询数据

在这种方式下，数据查询主要调用 mysqli_query()、mysqli_fetch_assoc() 和 mysqli_free_result() 等函数。下面的代码对前面的例子进行改造，使用面向过程的方式来实现。为了节省篇幅，在下面

的代码中省略了其中的 HTML 代码,仅保留 PHP 代码(参见代码 Ex1-12):

```
…
01  <?php
02  $server = "127.0.0.1";
03  $username = "sakila";
04  $password = "123456";
05  // 创建连接
06  $mysql = mysqli_connect($server, $username, $password);
07  // 测试连接是否成功
08  if (mysqli_connect_error()) {
09      die("连接失败: " . mysqli_connect_error());
10  }
11  mysqli_select_db($mysql, "sakila");
12  $result = mysqli_query($mysql, "SELECT * FROM customer LIMIT 10");
13  while ($row = mysqli_fetch_assoc($result)) {
14      echo "<tr><td>" . $row["first_name"] . "</td><td>" . $row["last_name"] . "</td><td>" . $row["email"] . "</td><td>" . $row["last_update"] . "</td>";
15      echo "</tr>";
16  }
17  mysqli_free_result($result);
18  mysqli_close($mysql);
19  ?>
…
```

第 12 行调用 mysqli_query()函数执行数据查询。该函数接收两个参数,第 1 个参数为数据库连接的句柄,该句柄由 mysqli_connect()函数返回;第 2 个参数为 SQL 语句。第 13 行调用 mysqli_fetch_assoc()函数将结果集的每一行以关联数组的形式返回。

当然,与前面的相对应,用户也可以使用另一组函数来实现数据查询,代码如下(参见代码 Ex1-13):

```
…
01  <?php
02  $server = "127.0.0.1";
03  $username = "sakila";
04  $password = "123456";
05  // 创建连接
06  $mysql = mysqli_connect($server, $username, $password);
07  // 测试连接是否成功
08  if (mysqli_connect_error()) {
09      die("连接失败: " . mysqli_connect_error());
10  }
11  mysqli_select_db($mysql, "sakila");
12  $stmt = mysqli_prepare($mysql,"SELECT first_name,last_name,email,last_update FROM customer LIMIT 10");
13  $result = mysqli_stmt_execute($stmt);
```

```
14  mysqli_stmt_bind_result($stmt,$firstName,$lastName,$email,$lastUpdate);
15  while (mysqli_stmt_fetch($stmt)) {
16      echo "<tr><td>" . $firstName . "</td><td>" . $lastName . "</td><td>" . $email . "</td><td>" . $lastUpdate . "</td>";
17      echo "</tr>";
18  }
19  mysqli_stmt_free_result($stmt);
20  mysqli_close($mysql);
21  ?>
…
```

第 12 行通过 mysqli_prepare()函数进行 SQL 语句的预编译，并返回一个代表预编译结果的变量。第 13 行通过 mysqli_stmt_execute()函数进行数据查询。第 14 行通过 mysqli_stmt_bind_result()函数将查询结果集中的每一列与指定的变量进行绑定。第 15 行通过 mysqli_stmt_fetch()逐行获取数据，在获取的同时，结果集的每一列都是自动赋给绑定的变量。第 19 行通过 mysqli_stmt_free_result()函数释放结果集。

> **注　意**
>
> 预编译的 SQL 语句中不一定必须含有参数，普通的 SQL 语句也可以进行预编译。

1.5.4　插入数据

前面已经介绍过，数据的插入使用 INSERT 语句。同样，数据的插入也可以使用面向对象和面向过程两种方式来实现。

1. 以面向对象的方式插入数据

与查询数据类似，用户可以使用 mysqli 类或者 mysqli_stmt 类来实现数据的插入。下面首先介绍使用 mysqli 类完成数据的插入。

mysqli 类提供了 query()方法，该方法不仅可以执行 SELECT 查询语句，还可以执行 INSERT、UPDATE 以及 DELETE 等数据更新语句。

> **注　意**
>
> 如果 query()方法执行的是 SELECT、SHOW、DESCRIBE 或者 EXPLAIN 等语句，那么在执行成功时会返回 mysqli_result 类的对象，执行失败时返回 false。如果执行的是其他的 SQL 语句，那么在执行成功时返回 true，执行失败时返回 false。

下面的代码演示了调用 mysqli 的 query()方法实现数据的插入（参见代码 Ex1-14）：

```
01  <html>
02  <!doctype html>
03  <html lang="en">
04  <head>
05      <!-- Required meta tags -->
06      <meta charset="utf-8">
```

```
07        <meta name="viewport" content="width=device-width, initial-scale=1, shrink-to-fit=no">
08        <link rel="stylesheet" href="https://cdn.jsdelivr.net/npm/bootstrap@4.5.0/dist/css/bootstrap.min.css"
09           integrity="sha384-9aIt2nRpC12Uk9gS9baDl411NQApFmC26EwAOH8WgZl5MYYxFfc+NcPb1dKGj7Sk" crossorigin="anonymous">
10    </head>
11    <body>
12    <div class="container">
13       <div class="row justify-content-center">
14          <div class="class=" col-sm-12 text-center
15          ">
16             <h4>
17                插入数据
18             </h4>
19          </div>
20       </div>
21       <div class="row justify-content-center">
22          <div class="col-sm-12">
23             <?php
24             $server = "127.0.0.1";
25             $username = "sakila";
26             $password = "123456";
27
28             // 创建连接
29             $mysql = new mysqli($server, $username, $password);
30             // 测试连接是否成功
31             if ($mysql->connect_error) {
32                die("连接失败: " . $mysql->connect_error);
33             }
34             $mysql->select_db("sakila");
35
36             $sql = "INSERT INTO customer (customer_id, store_id, first_name, last_name, email, address_id, active, create_date, last_update) VALUES (602,2,'Alice','Jhon','alice@hotmail.com',604,1,'2020-06-21 12:30:00','2020-06-21 12:30:00')";
37
38             $result = $mysql->query($sql);
39
40             if ($result === true) {
41                echo "新记录插入成功。";
42                $id = $mysql->insert_id;
43                $q = $mysql->query("SELECT first_name, last_name, email,last_update FROM customer WHERE customer_id =" . $id);
44
```

```php
45            if ($row = $q->fetch_assoc()) {
46                print_r($row);
47            }
48
49            $q->close();
50
51        } else {
52            echo "新记录插入失败。" . $mysql->error;
53        }
54        $result->close();
55
56        $mysql->close();
57        ?>
58    </div>
59  </div>
60  </div>
61  </body>
62  </html>
```

第 36 行定义了一个 sql 变量，该变量保存了一条 INSERT 语句。第 38 行调用 query()方法实现数据插入。如果插入成功，query()方法就会返回 true。因此，用户可以通过该返回值进行相应的判断，以决定接下来的操作。第 42 行使用 insert_id 属性获取刚刚插入的数据的主键值，然后将该行数据查询出来并通过 print_r()函数打印出来。

尽管上面的例子比较简单，但是它相对完整地演示了在实际开发过程中所用到的程序逻辑。用户可以仔细研究，并在实际开发过程中加以灵活运用。

如果使用 mysqli_stmt 类来实现数据插入，就会显得更加灵活，并且在一定程度上可以防止 SQL 的注入。下面的代码省略了无关的 HTML 代码，仅仅保留了 PHP 代码（参见代码 Ex1-15）：

```php
…
01  <?php
02  $server = "127.0.0.1";
03  $username = "sakila";
04  $password = "123456";
05  // 创建连接
06  $mysql = new mysqli($server, $username, $password);
07  // 测试连接是否成功
08  if ($mysql->connect_error) {
09      die("连接失败: " . $mysql->connect_error);
10  }
11  $mysql->select_db("sakila");
12  $sql = "INSERT INTO customer (customer_id, store_id, first_name, last_name, email, address_id, active, create_date, last_update) values (?,?,?,?,?,?,?,?,?)";
13  $stmt = $mysql->prepare($sql);
14  $stmt->bind_param("iisssiiss", $customerId, $storeId, $firstName, $lastName, $email, $addressId, $active, $createDate, $lastUpdate);
```

```
15
16     $customerId = 606;
17     $storeId = 2;
18     $firstName = "John";
19     $lastName = "Dan";
20     $email = "dan@gmail.com";
21     $addressId = 2;
22     $active = 1;
23     $createDate = "2020-06-22 09:12:12";
24     $lastUpdate = "2020-06-22 09:12:12";
25
26     $result = $stmt->execute();
27     if ($result === true) {
28         echo "新记录插入成功。";
29     $id = $mysql->insert_id;
30     $q = $mysql->query("select first_name, last_name, email,last_update from customer where customer_id =" . $id);
31
32     if ($row = $q->fetch_assoc()) {
33         print_r($row);
34     }
35     $q->close();
36     } else {
37         echo "新记录插入失败。" . $mysql->error;
38     }
39     $result->close();
40     $mysql->close();
41     ?>
…
```

在第 12 行中，使用占位符来代替参数值。第 13 行调用 prepare()方法预编译 SQL 语句。第 14 行通过 bind_param()方法将参数与变量绑定。第 16~24 行分别对变量进行赋值。第 26 行调用 execute() 方法执行 INSERT 语句。

> **注 意**
>
> 如果列设置 AUTO_INCREMENT 或 TIMESTAMP，用户就不需要在 SQL 语句中指定值，MySQL 会自动为该列添加值。

2. 以面向过程的方式插入数据

使用面向过程的方式实现数据的插入主要用到 mysqli_query()函数。一般情况下，该函数接收两个参数，其中第 1 个参数为代表数据库连接的变量，该变量通常由 mysqli_connect()函数返回。第 2 个参数为要执行的 SQL 语句，如果执行失败，则该函数返回 false；如果执行成功，则需要区分是数据查询语句还是数据更新语句，如果是数据查询语句，则该函数返回 mysqli_result 数据集类型的变量，如果执行的是 UPDATE、INSERT 或者 DELETE 等数据更新语句，则返回 true。

以下代码使用面向过程的方式实现数据的插入（参见代码 Ex1-16）：

```
01  <?php
02  $server = "127.0.0.1";
03  $username = "sakila";
04  $password = "123456";
05  // 创建连接
06  $mysql = mysqli_connect($server, $username, $password);
07  // 测试连接是否成功
08  if ($mysql->connect_error) {
09      die("连接失败: " . $mysql->connect_error);
10  }
11  mysqli_select_db($mysql, "sakila");
12  $sql = "INSERT INTO customer (customer_id, store_id, first_name, last_name, email, address_id, active, create_date, last_update) values (609,2,'Alice','Jhon','alice@hotmail.com',604,1,'2020-06-21 12:30:00','2020-06-21 12:30:00')";
13
14  $result = mysqli_query($mysql, $sql);
15  if ($result === true) {
16      echo "新记录插入成功。";
17      $id = mysqli_insert_id($mysql);
18      $q = mysqli_query($mysql, "select first_name, last_name, email,last_update from customer where customer_id =" . $id);
19
20      if ($row = mysqli_fetch_assoc($q)) {
21          print_r($row);
22      }
23  } else {
24      echo "新记录插入失败。" . $mysql->error;
25  }
26  mysqli_close($result);
27  mysqli_close($mysql);
28  ?>
```

其中需要关注的是第 14 行的 mysqli_query()函数。该函数的第 1 个参数为数据库连接的变量，第 2 个参数为要执行的 INSERT 语句。在上面的代码中，所执行的 INSERT 语句是通过字符串拼接完成的，这在实际开发过程中非常容易出错，执行效率偏低，给 SQL 注入攻击留下了缺口。因此，用户应该尽量避免使用这种拼接字符串的方式，而是调用 mysqli_stmt_prepare()、mysqli_stmt_bind_param()、mysqli_stmt_bind_result 以及 mysqli_stmt_execute 等函数，如下所示（参见代码 Ex1-17）：

```
01  <?php
02  $server = "127.0.0.1";
03  $username = "sakila";
04  $password = "123456";
```

```php
05    // 创建连接
06    $mysql = mysqli_connect($server, $username, $password);
07    // 测试连接是否成功
08    if (mysqli_connect_error()) {
09        die("连接失败: " . mysqli_connect_error());
10    }
11    mysqli_select_db($mysql, "sakila");
12    $sql = "INSERT INTO customer (customer_id, store_id, first_name, last_name, email, address_id, active, create_date, last_update) values (?,?,?,?,?,?,?,?,?)";
13    $stmt = mysqli_prepare($mysql, $sql);
14    mysqli_stmt_bind_param($stmt, "iisssiiss", $customerId, $storeId, $firstName, $lastName, $email, $addressId, $active, $createDate, $lastUpdate);
15
16    $customerId = 606;
17    $storeId = 2;
18    $firstName = "John";
19    $lastName = "Dan";
20    $email = "dan@gmail.com";
21    $addressId = 2;
22    $active = 1;
23    $createDate = "2020-06-22 09:12:12";
24    $lastUpdate = "2020-06-22 09:12:12";
25
26    $result = mysqli_stmt_execute($stmt);
27
28    if ($result === true) {
29        echo "新记录插入成功。";
30    } else {
31        echo "新记录插入失败。" . $mysql->error;
32    }
33    mysqli_close($mysql);
34    ?>
```

在第 12 行中，INSERT 语句中通过占位符表示参数。第 14 行通过 mysqli_stmt_bind_param() 函数将参数的数据类型及变量与参数占位符绑定。第 16~24 行分别为变量赋值。在上面的代码中，程序结构非常清晰，且在程序执行的过程中，可以动态地为变量赋不同的值，从而实现不同数据的插入。

1.5.5 更新数据

数据的更新与数据的插入基本类似，只是所执行的 SQL 语句不同，前者为 INSERT 语句，后者为 UPDATE 语句。

在执行数据更新的时候，同样可以通过面向对象的方式和面向过程的方式。在使用面向对象的方式时，同样可以调用 mysqli 类的 query() 方法和 mysqli_stmt 类 execute() 方法。在使用面向过程的方式时，也可以调用 mysqli_query() 方法和 mysqli_stmt_prepare()、mysqli_stmt_bind_param() 以及

mysqli_stmt_execute()等方法。由于其操作方法与数据插入基本相同,因此不再详细说明。

1.5.6 删除数据

数据删除可使用 DELETE 语句。在 PHP 中,数据删除可以使用与数据插入和数据更新类似的方法,请读者参考前面的介绍和代码自行学习,不再详细介绍。

1.6 PDO

PHP 数据对象(PDO)扩展为 PHP 访问数据库定义了一个轻量级的统一的接口。PDO 提供了一个数据访问抽象层,这意味着无论使用哪种数据库,都可以用相同的函数(方法)来查询和获取数据。与 mysqli 不同,PDO 只提供了面向对象的使用方式。本节详细介绍 PDO 的使用方法。

1.6.1 PDO 及常用方法

在 PDO 中,用户需要重点关注两个类,分别为 PDO 和 PDOStatement。前者主要功能在于数据库连接、事务以及执行查询等方面,后者则主要在于执行 SQL 语句。下面首先介绍 PDO 类的主要方法。

(1)构造函数

创建一个表示数据库连接的 PDO 对象,PDO 构造函数的语法如下:

```
__construct (string $dsn [, string $username [, string $password]])
```

其中 dsn 为数据源名称,包含要连接的数据库的地址、数据库名称以及类型。username 和 password 分别为 MySQL 数据库的用户名和密码。

例如,下面的代码通过 PDO 建立一个数据库连接(参见代码 Ex1-18):

```
01  <?php
02  $dsn = 'mysql:dbname=sakila;host=127.0.0.1';
03  try {
04      $db = new PDO($dsn,"sakila","123456");
05  } catch (PDOException $e) {
06      echo 'Connection failed: ' . $e->getMessage();
07  }
08  ?>
```

第 03 行定义了一个数据源变量,其中 mysql 表示要访问的数据库的类型,因为 PDO 支持十几种数据库管理系统,所以必须在数据源中指定要连接哪种类型的数据库。冒号后面的 dbname 为要连接的默认的数据库名称,host 为 MySQL 数据库服务器的 IP 地址或者主机名。第 04 行创建一个数据库连接,并返回一个代表数据库连接的 PDO 实例。

（2）beginTransaction()

启动一个事务，关闭自动事务提交，用户需要调用 commit()方法提交事务。

（3）commit()

手动提交事务。

（4）exec()

执行一条 SQL 语句，并返回受影响的行数。即使执行一条 SQL 查询语句，该方法也会返回结果集。因此，该方法主要用来插入、更新或者删除数据。

（5）lastInsertId()

返回最后插入行的主键值。该方法通常在执行完 exec()方法之后立即调用。

（6）prepare()

预编译要执行的 SQL 语句，并返回一个 PDOStatement 对象。

（7）query()

执行 SQL 查询，并返回 PDOStatement 对象。

（8）rollBack()

回滚当前事务。

下面介绍 PDOStatement 类的主要方法。

（1）bindColumn()

将一个列绑定到一个 PHP 变量，用在遍历结果集的过程中。

（2）bindParam()

将查询语句中的参数绑定到指定的变量名。

（3）bindValue()

将一个值绑定到一个参数。

（4）execute()

执行一条预编译的 SQL 语句。

（5）fetch()

从结果集中获取下一行。

（6）fetchAll()

返回一个包含结果集中所有行的数组。

（7）fetchColumn()

从结果集中的下一行返回单独的一列。

（8）fetchObject()

获取下一行并作为一个对象返回。

（9） rowCount()

返回受上一个 SQL 语句影响的行数。

1.6.2 查询数据

数据查询使用 PDO 对象的 query()方法，该方法接收一个字符串形式的 SQL 语句作为参数。例如，下面的代码通过 PDO 实现了 customer 表的查询（参见代码 Ex1-19）：

```
01  <html>
02  <!doctype html>
03  <html lang="en">
04  <head>
05      <!-- Required meta tags -->
06      <meta charset="utf-8">
07      <meta name="viewport" content="width=device-width, initial-scale=1, shrink-to-fit=no">
08      <link rel="stylesheet" href="https://cdn.jsdelivr.net/npm/bootstrap@4.5.0/dist/css/bootstrap.min.css"
09          integrity="sha384-9aIt2nRpC12Uk9gS9baDl411NQApFmC26EwAOH8WgZl5MYYxFfc+NcPb1dKGj7Sk" crossorigin="anonymous">
10  </head>
11  <body>
12  <div class="container">
13      <div class="row justify-content-center">
14          <div class="col-sm-12 text-center">
15              <h4>
16                  顾客名单
17              </h4>
18          </div>
19      </div>
20      <div class="row justify-content-center">
21          <div class="col-sm-12">
22              <table class="table table-bordered">
23                  <thead>
24                  <th>First Name</th>
25                  <th>Last Name</th>
26                  <th>Email</th>
27                  <th>last update</th>
28                  </thead>
29                  <tbody>
30                  <?php
31                  $dsn = 'mysql:dbname=sakila;host=127.0.0.1';
32                  try {
33                      $db = new PDO($dsn, "sakila", "123456");
34                  } catch (PDOException $e) {
35                      echo 'Connection failed: ' . $e->getMessage();
```

```
36                    }
37                    $result = $db->query("SELECT * FROM customer LIMIT 10");
38                    foreach ($result as $row) {
39                        echo "<tr><td>" . $row["first_name"] . "</td><td>" . $row["last_name"] . "</td><td>" . $row["email"] . "</td><td>" . $row["last_update"] . "</td>";
40                        echo "</tr>";
41                    }
42                    $result->close();
43                    $db = null;
44                    ?>
45                </tbody>
46            </table>
47        </div>
48    </div>
49 </div>
50 </body>
51 </html>
```

第 33 行通过 new 操作符创建了一个 PDO 对象。第 37 行通过 query()方法执行 SELECT 语句，实现了数据的查询，并返回了一个 PDOStatement 类的实例，代表返回的结果集。第 38 行通过 foreach 语句实现了结果集的遍历，在遍历的时候，foreach 语句会将结果集中的每一行依次以数组的形式赋给变量 row。用户可以将数组中的元素按照数字索引或者键值对的方式取出。

默认情况下，PDO 类的 query()方法会将每一行数据以数字数组和关联数组两者共存的形式返回。实际上，query()方法还可以接收第 2 个参数，该参数决定了 query()方法如何返回每一行，该参数的常用值如下：

- PDO::FETCH_ASSOC：以关联数组的形式返回每一行。
- PDO::FETCH_BOTH：默认值，以数字数组和关联数组共存的形式返回每一行。
- PDO::FETCH_BOUND：返回 TRUE，并分配结果集中的列值给 PDOStatement::bindColumn()方法绑定的 PHP 变量。
- PDO::FETCH_CLASS：返回一个请求类的新实例，映射结果集中的列名到类中对应的属性名。
- PDO::FETCH_INTO：更新一个被请求类已存在的实例，映射结果集中的列到类中命名的属性。
- PDO::FETCH_NUM：返回一个索引以 0 开始的数字数组。
- PDO::FETCH_OBJ：返回一个属性名对应结果集列名的匿名对象。

例如，用户可以通过以下代码指定 query()方法以关联数组的形式返回数据行：

```
$result = $db->query("SELECT * FROM customer LIMIT 10",PDO::FETCH_ASSOC);
```

在这种情况下，用户只能通过"键值对"的形式获取数据列的值。

如果用户想以数字数组的形式返回每一行,那么可以将第 2 个参数的值改为 PDO::FETCH_NUM,如下所示:

```
$result = $db->query("SELECT * FROM customer LIMIT 10",PDO::FETCH_NUM);
```

> **注 意**
>
> 如果执行失败,query()方法就返回 false。

通常情况下,PDO 对象的 query()方法适用于在单次函数调用内执行 SQL 语句,以 PDOStatement 对象形式返回结果集(如果有数据的话)。如果反复调用同一个查询,用户应该用 prepare()方法预编译含有参数的 SQL 语句,并用 PDOStatement 类的 execute()方法执行该语句,将具有更好的性能。

PDO 类的 prepare()方法接收一个含有 0 个或者多个参数占位符的字符串类型的 SQL 语句,并返回一个 PDOStatement 类的对象。在该方法中,用户可以通过两种方式指定参数占位符,分别为冒号开头的命名占位符和问号占位符。

例如,下面的代码中使用问号占位符指定了两个参数:

```
$stmt = $db->prepare("SELECT * FROM customer WHERE first_name=? AND last_name=?");
```

如果改成命名占位符,那么语法如下:

```
$stmt = $db->prepare("SELECT * FROM customer WHERE first_name = :firstName AND last_name = :lastName ");
```

这两者的区别在于问号占位符只能按照指定的顺序来绑定参数值,而命名占位符可以通过参数名称来绑定参数。

> **注 意**
>
> 在同一个 SQL 语句中,不可以同时使用问号占位符和命名占位符,只能使用其中的一种。

通过 prepare()方法获取到含有参数占位符的预编译的 SQL 语句之后,用户可以通过 3 种方式来绑定参数值,分别是调用含有参数值数组的 execute()方法、bindParam()方法和 bindValue()方法。

1. 通过在 execute()方法中传递数组参数值

用户可以直接在 execute()方法中传递一个参数数组。例如,下面的代码使用命名占位符预编译 SQL 语句,然后在 execute()方法中使用关联数组传递参数(参见代码 Ex1-20):

```
01    $stmt = $db->prepare("SELECT * FROM customer WHERE first_name = :firstName AND last_name = :lastName ");
02    $stmt->execute(array('firstName'=>'MAX','lastName'=>'PITT'));
03    $customers = $stmt->fetchAll();
```

其中:firstName 和:lastName 为两个占位符,第 02 行分别指定这两个参数的值为 MAX 和 PITT,第 03 行调用 PDOStatement 类的 fetchAll()方法将所有匹配的行取出来。

> **注 意**
>
> 在含有占位符的 SQL 语句中,对于字符串类型的参数,占位符左右无须使用单引号。

如果想要使用问号占位符，可以使用以下方法（参见代码 Ex1-21）：

```
01    $stmt = $db->prepare("SELECT * FROM customer WHERE first_name = ? AND last_name = ?");
02    $stmt->execute(array('MAX', 'PITT'));
03    $customers = $stmt->fetchAll();
```

从上面的代码可知，如果使用问号占位符，在 execute()方法中可以使用数字数组指定参数值。在这种情况下，参数值的顺序必须与占位符一一对应。而在使用命名占位符的时候，在 execute()方法中传递参数的时候，不一定必须按照占位符的顺序，因为在这种情况下，PHP 会根据占位符的名称和数组的键码匹配两者之间的关系。

> **注 意**
>
> 参数占位符仅能字面上展示完整的数据，不能是字面的一部分，不能是关键词，不能是标识符，也不能是其他任意的范围。

2. 通过 bindParam()方法绑定参数

bindParam()是 PDOStatement 类的一个方法，其语法如下：

```
PDOStatement::bindParam ( mixed $parameter , mixed &$variable [, int $data_type = PDO::PARAM_STR] ) : bool
```

其中 mixed 表示后面的参数可以为各种类型的数据。第 1 个参数 parameter 为需要绑定的占位符，如果是命名占位符，此处需要使用占位符名称；如果是问号占位符，则使用数值数组。第 3 个参数为要绑定的参数的数据类型。如果执行成功，则该函数返回 true，否则返回 false。

例如，下面的代码调用 bindParam()方法结合命名占位符使用了数据查询（参见代码 Ex1-22）：

```
01    $firstName = 'MAX';
02    $lastName = 'PITT';
03    $stmt = $db->prepare("SELECT * FROM customer WHERE first_name = :firstName AND last_name = :lastName ");
04    $stmt->bindParam(':firstName',$firstName,PDO::PARAM_STR);
05    $stmt->bindParam(':lastName',$lastName,PDO::PARAM_STR);
06    $stmt->execute();
07    $customers = $stmt->fetchAll();
```

如果改成问号占位符，则代码如下（参见代码 Ex1-23）：

```
01    $firstName = 'MAX';
02    $lastName = 'PITT';
03    $stmt = $db->prepare("Select * from customer where first_name = ? AND last_name = ?");
04    $stmt->bindParam(1, $firstName, PDO::PARAM_STR);
05    $stmt->bindParam(2, $lastName, PDO::PARAM_STR);
```

```
06    $stmt->execute();
07    $customers = $stmt->fetchAll();
```

> **注 意**
>
> 在 bindParam()方法中,参数值为引用绑定,即在方法被调用时才进行参数取值,这一点与后面介绍的 bindValue()方法不同。

3. 通过 bindValue()方法绑定参数

bindValue()同样是 PDOStatement 类的一个方法,其语法如下:

```
PDOStatement::bindValue ( mixed $parameter , mixed $value [, int $data_type =
PDO::PARAM_STR ] ) : bool
```

从上面的语法可知,bindValue()和 bindParam()这两个方法的语法基本一致,不同的是第 2 个参数,bindParam()方法的第 2 个参数前面有&(取地址)运算符,表示该参数引用传参,bindValue()方法的第 2 个参数前面没有&运算符,表示传值传参。

bindValue()方法同样适用于问号占位符和命名占位符,其用法与 bindParam()完全相同,不再详细介绍。

1.6.3 插入数据

在 PDO 中,用户可以调用 PDO 类的 exec()方法和 PDOStatement 类的 execute()方法实现数据插入。其中前者主要用来执行一条 SQL 语句,而后者可以用来执行需要执行多次的 SQL 语句。

1. 使用 exec()方法插入数据

exec()方法返回受修改或删除 SQL 语句影响的行数。如果没有受影响的行,exec()方法就会返回 0。

例如,下面的代码通过 exec()方法执行 INSERT 语句,实现数据的插入(参见代码 Ex1-24):

```
01   <?php
02   $dsn = 'mysql:dbname=sakila;host=127.0.0.1';
03   try {
04       $db = new PDO($dsn, "sakila", "123456");
05   } catch (PDOException $e) {
06       echo 'Connection failed: ' . $e->getMessage();
07   }
08   $sql = "INSERT INTO customer (customer_id, store_id, first_name, last_name,
email, address_id, active, create_date, last_update) VALUES
(610,2,'Alice','Jhon','alice@hotmail.com',604,1,'2020-06-21
12:30:00','2020-06-21 12:30:00')";
09
10   $result = $db->exec($sql);
11
12   if ($result > 0) {
13       echo "数据插入成功。";
```

```
14      } else {
15          echo "数据插入失败。";
16      }
17      $db = null;
18  ?>
```

2. 使用 PDOStatement 类实现数据插入

通过 PDOStatement 类的相关方法同样可以实现数据的插入，代码如下（参见代码 Ex1-25）：

```
01  <?php
02      $dsn = 'mysql:dbname=sakila;host=127.0.0.1';
03      try {
04          $db = new PDO($dsn, "sakila", "123456");
05      } catch (PDOException $e) {
06          echo 'Connection failed: ' . $e->getMessage();
07      }
08      $customerId = 611;
09      $storeId = 2;
10      $firstName = "John";
11      $lastName = "Dan";
12      $email = "dan@gmail.com";
13      $addressId = 2;
14      $active = 1;
15      $createDate = "2020-06-22 09:12:12";
16      $lastUpdate = "2020-06-22 09:12:12";
17
18      $sql = "INSERT INTO customer (customer_id, store_id, first_name, last_name, email, address_id, active, create_date, last_update) VALUES (?,?,?,?,?,?,?,?,?)";
19
20      $stmt = $db->prepare($sql);
21      $stmt->bindParam(1, $customerId, PDO::PARAM_INT);
22      $stmt->bindParam(2, $storeId, PDO::PARAM_INT);
23      $stmt->bindParam(3, $firstName, PDO::PARAM_STR);
24      $stmt->bindParam(4, $lastName, PDO::PARAM_STR);
25      $stmt->bindParam(5, $email, PDO::PARAM_STR);
26      $stmt->bindParam(6, $addressId, PDO::PARAM_INT);
27      $stmt->bindParam(7, $active, PDO::PARAM_INT);
28      $stmt->bindParam(8, $createDate, PDO::PARAM_STR);
29      $stmt->bindParam(9, $lastUpdate, PDO::PARAM_STR);
30
31      $result = $stmt->execute();
32
33      if ($result > 0) {
34          echo "数据插入成功。";
35      } else {
36          echo "数据插入失败。";
```

```
37      }
38      $db = null;
39  ?>
```

通过 PDO 类的 prepare() 方法可以对要执行的 SQL 语句进行预编译。在 SQL 语句中，同样可以使用问号占位符和命名占位符来表示参数。同样，用户可以调用 PDOStatement 类的 bindParam() 或者 bindValue() 方法来进行参数的绑定。

1.6.4 更新数据

数据的更新与数据的插入基本相同。下面的代码对 customer_id 为 610 的客户的邮件地址进行修改（参见代码 Ex1-26）：

```
01  <?php
02  $dsn = 'mysql:dbname=sakila;host=127.0.0.1';
03  try {
04  $db = new PDO($dsn, "sakila", "123456");
05  } catch (PDOException $e) {
06      echo 'Connection failed: ' . $e->getMessage();
07  }
08  $customerId = 610;
09  $email = "alice@gmail.com";
10  $addressId = 2;
11  $active = 1;
12  $lastUpdate = "2020-06-22 09:12:12";
13
14  $sql = "UPDATE customer SET email = ? WHERE customer_id = ?";
15
16  $stmt = $db->prepare($sql);
17
18  $stmt->bindParam(1, $email, PDO::PARAM_STR);
19  $stmt->bindParam(2, $customerId, PDO::PARAM_INT);
20  $result = $stmt->execute();
21
22  if ($result > 0) {
23      echo "数据更新成功。";
24  } else {
25      echo "数据更新失败。";
26  }
27  $db = null;
28  ?>
```

1.6.5 删除数据

下面的代码将 customer_id 为 610 的客户数据从数据库中删除（参见代码 Ex1-27）：

```
01  <?php
```

```php
02  $dsn = 'mysql:dbname=sakila;host=127.0.0.1';
03  try {
04  $db = new PDO($dsn, "sakila", "123456");
05  } catch (PDOException $e) {
06  echo 'Connection failed: ' . $e->getMessage();
07  }
08  $customerId = 610;
09  $sql = "DELETE FROM customer WHERE customer_id = ?";
10  $stmt = $db->prepare($sql);
11  $stmt->bindParam(1, $customerId, PDO::PARAM_INT);
12  $result = $stmt->execute();
13
14  if ($result > 0) {
15  echo "数据删除成功。";
16  } else {
17  echo "数据删除失败。";
18  }
19  $db = null;
20  ?>
```

第 2 章

使用 WordPress 搭建自己的博客站点

博客曾经是网络上流行的系统之一。所谓博客，实际上就是网络日志，它是由个人管理的、用来发表个人文章的系统。也许是历史的巧合，LAMP 是众多博客系统中使用最多的技术。本章将以 WordPress 为例说明如何使用 LAMP 技术来开发一些实用的系统。

本章主要涉及的知识点有：

- 准备环境：介绍准备 WordPress 安装所需要的操作系统、Apache 以及 MySQL 环境。
- 系统安装：介绍 WordPress 的安装步骤。

2.1 准备环境

WordPress 是一种使用 PHP 语言开发的博客平台，到目前为止，该系统已经成为世界上流行的博客系统。该系统基于 GPL 开放源代码，用户可以在支持 PHP 和 MySQL 数据库的服务器上架设自己的网站。本节将详细介绍 WordPress 安装所需要的各种软硬件环境。

2.1.1 系统环境

WordPress 对于服务器的硬件环境没有明确的要求，通常情况下，能够流畅运行 MySQL 和 Apache 就可以了。用户可以使用物理服务器，也可以使用虚拟机，甚至可以将其部署在云服务器上，这样可以减少服务器软硬件维护的成本。

操作系统方面，WordPress 可以安装在 Windows 上，也可以安装在 Linux 上。但是在生产环境中，建议用户还是将 WordPress 安装在 Linux 服务器上，以提高稳定性和可维护性。

对于服务器软件方面，新版的 WordPress 要求 PHP 的版本在 7.4 以上，MySQL 的版本在 5.6 以上，同时需要服务器支持 HTTPS 协议。

如果是远程服务器安装，那么可能需要一些文件上传工具，例如 FTP、文本编辑器以及图形界面的浏览器等。当然，还需要一个登录远程服务器的账户。

2.1.2 准备 Apache 服务器

WordPress 对于 Apache 的服务器版本没有明确的要求，只要使用新版本就可以了。如果用户的服务器上没有 Apache，那么可以使用以下命令安装：

```
[root@localhost ~]# yum install - httpd
```

当然，也可以使用前面介绍的方式通过源代码安装。

有了 Apache 服务器之后，还需要安装 PHP-FPM，该软件包是 PHP 为 FastCGI 框架提供的实现方式。关于 PHP-FPM 的详细使用方法，将在后面介绍。在本章中，用户只需要使用以下命令安装该软件包即可：

```
[root@localhost ~]# yum -y install php-fpm
```

安装完成之后，使用以下命令启用 Apache 和 PHP-FPM 服务：

```
[root@localhost ~]# systemctl enable httpd
Created symlink /etc/systemd/system/multi-user.target.wants/httpd.service →
/usr/lib/systemd/system/httpd.service.
[root@localhost ~]# systemctl start httpd
[root@localhost ~]# systemctl enable php-fpm
Created symlink /etc/systemd/system/multi-user.target.wants/php-fpm.service →
/usr/lib/systemd/system/php-fpm.service.
[root@localhost ~]# systemctl start php-fpm
```

最后在/var/www/html 目录中创建一个名为 test.php 的文件，其内容如下：

```
01  <?php
02    phpinfo();
03  ?>
```

然后通过浏览器访问：

```
http://192.168.2.118/test.php
```

其中 192.168.2.118 为服务器的 IP 地址，如果出现了如图 2-1 所示的界面，就表示 Apache 服务器配置成功。

phpinf()函数用来输出当前 PHP 环境的详细信息，用户需要注意观察 WordPress 所需要的扩展模块，例如 mysqlnd、mbstring 等是否已经安装，如果没有安装，就需要另外安装。

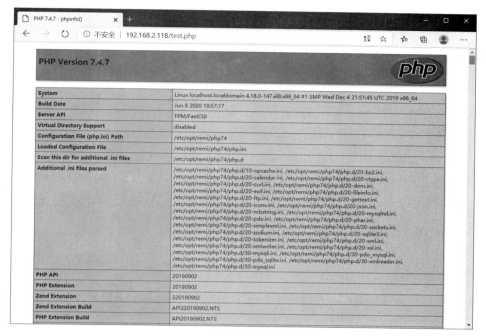

图 2-1　测试 Apache 是否安装成功

2.1.3　准备 MySQL 服务器

在生产环境中，MySQL 服务器通常和 Apache 服务器分别部署在不同的服务器上，以提高性能和安全性。但是，在测试环境中，用户可以将它们都部署在同一台服务器上。

如果用户的服务器上没有安装 MySQL，那么可以使用以下命令安装：

```
[root@localhost ~]# yum -y install mysql-server
```

当然，也可以按照前面介绍的其他方式进行安装。

在编码方面，可以使用 utf8mb4。

安装完成之后，使用以下命令启用和启动 MySQL 服务器：

```
[root@localhost ~]# systemctl enable mysqld
mysqld.service is not a native service, redirecting to systemd-sysv-install.
Executing: /usr/lib/systemd/systemd-sysv-install enable mysqld
[root@localhost ~]# systemctl start mysqld
```

2.2　系统安装

WordPress 提供了非常简便的安装向导以及详细的安装文档，对于初学者来说，只要按照安装向导一步一步地操作，并且参考安装文档就可以顺利地安装完成。本节将详细介绍 WordPress 系统的安装步骤。

2.2.1 下载 WordPress 软件

WordPress 官方网站提供了源代码，用户可以通过以下网址下载：

https://wordpress.org/download/

如果是远程连接到服务器上，那么用户可以使用 wget 命令下载代码。否则，用户需要将代码下载下来，然后通过 SFTP 或者 FTP 等工具上传到服务器上。

使用 wget 命令下载的方法如下：

```
[root@localhost src]# wget https://wordpress.org/latest.tar.gz
```

下载完成之后，得到一个名为 latest.tar.gz 的压缩文件，按照惯例，用户可以将该文件保存在 /usr/src 目录中。

然后使用以下命令释放该软件包：

```
[root@localhost src]# tar -zxvf latest.tar.gz
```

通过以上命令在与压缩包同一个目录中生成一个名为 wordpress 的目录，里面包含 WordPress 的源代码。

2.2.2 创建 WordPress 数据库

接下来，我们需要为 WordPress 创建一个数据库。使用 root 用户连接到 MySQL 服务器，然后使用以下命令创建一个名称为 wordpress 的数据库：

```
mysql> CREATE DATABASE wordpress;
Query OK, 1 row affected (0.00 sec)
```

数据库准备好之后，再为 WordPress 创建一个访问该数据库的账户，命令如下：

```
mysql> CREATE USER wordpress IDENTIFIED WITH MYSQL_NATIVE_PASSWORD BY 'WordP2020';
Query OK, 0 rows affected (0.01 sec)
```

然后为 wordpress 账户授予 wordpress 数据库的访问权限：

```
mysql> GRANT SELECT,UPDATE,DELETE,INSERT,CREATE ON wordpress.* TO wordpress;
Query OK, 0 rows affected (0.01 sec)
```

为了安全起见，在授予权限的时候需要遵循最小原则，不给用户授予不需要的权限。

2.2.3 安装 WordPress

通常情况下，用户希望通过服务器的根目录来访问 WordPress。一种方法是将 WordPress 的源代码都放在 Apache 的 DocumentRoot 指向的目录中，这是一种最为简单的方法，但是这样操作会使得 Apache 的根目录充满了 WordPress 的各种文件。还有一种方法是将 WordPress 的程序放在 Apache 文档根目录的一个子目录中，然后通过 URL 重写的方式来实现对网站根目录的访问。我们以后一种方式为例来讲解。

假设 Apache 的文档主目录为/var/www/html，下面的命令将前面解压后得到的 wordpress 目录复制到该目录中：

```
[root@localhost src]# cp -r wordpress /var/www/html/
```

然后在/var/www/html 目录中创建一个名称为.htaccess 的文件，其内容如下：

```
01  <IfModule mod_rewrite.c>
02  RewriteEngine on
03  RewriteCond %{HTTP_HOST} ^(www.)?example.com$
04  RewriteCond %{REQUEST_URI} !^/wordpress/
05  RewriteCond %{REQUEST_FILENAME} !-f
06  RewriteCond %{REQUEST_FILENAME} !-d
07  RewriteRule ^(.*)$ /wordpress/$1
08  RewriteCond %{HTTP_HOST} ^(www.)?example.com$
09  RewriteRule ^(/)?$ wordpress/index.php [L]
10  </IfModule>
```

第 03 行指定当用户访问的域名为 www.example.com 时应用该规则，第 04 行指定用户请求的 URI 为/wordpress/时启用该规则，其中/wordpress/要与用户的 WordPress 的程序所在的目录一致。第 07 行为重写规则。

由于我们想使用 www.example.com 这个域名来访问 WordPress，因此需要修改客户端主机的 hosts 文件，增加以下代码：

```
192.168.2.118    www.example.com
```

其中前面的 IP 地址为 WordPress 所在的服务器的 IP 地址，后面的为对应的域名。通过以上设置，用户就可以通过 www.example.com 访问 WordPress 了。

01 打开浏览器，在地址栏中输入以下网址：

```
http://www.example.com
```

出现如图 2-2 所示的界面，单击左下角的 Let's go!按钮，开始安装。

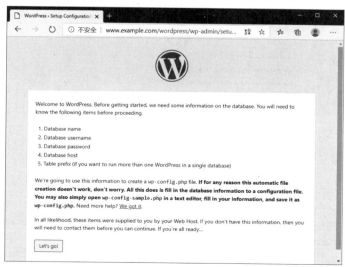

图 2-2　安装 WordPress

02 配置数据库连接。WordPress 的数据库连接信息保存在 wp_config.php 文件中。用户有两种方式来为 WordPress 配置数据库连接，第 1 种是手工编辑 wp_config.php 文件，第 2 种是使用安装向导自动创建该文件。由于第 2 种方法需要用户将 wordpress 目录的访问权限设置为 Apache 可写，存在一定的安全隐患，因此通常建议使用第 1 种方式。

在图 2-3 所示的界面中输入前面所创建的数据库名称"wordpress"、用户名"wordpress"和密码"WordP2020"。由于前面创建的数据库用户为 wordpress@%，因此此处需要使用数据库服务器的 IP 地址 127.0.0.1。

图 2-3　设置数据库连接信息

单击 Submit 按钮，确认数据库连接信息，出现如图 2-4 所示的界面。

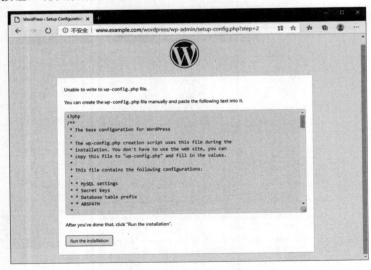

图 2-4　手工编辑 wp_config.php 文件

图2-4提示用户无法写入wp-config.php文件,用户可以将文本框中的配置代码手工写入该文件中。

在/var/www/html/wordpress目录中创建一个名为wp-config.php的文件,然后全选图2-4文本框中的代码,将其粘贴到刚创建的wp-config.php文件中。单击Run the Installation按钮,进入下一步。

03 配置网站信息。在图2-5所示的界面中输入博客名称,管理员的用户名、密码以及电子邮箱地址。

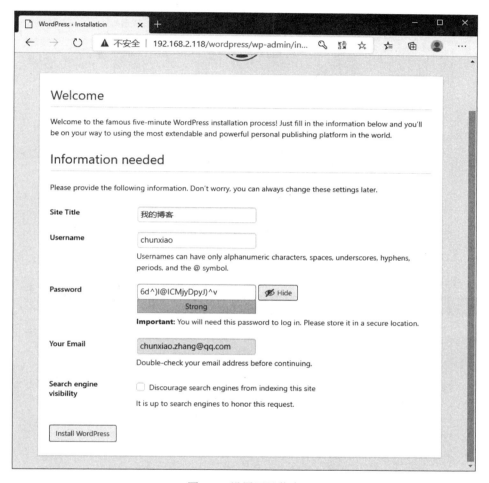

图2-5 设置网站信息

输入完成之后,单击Install WordPress按钮开始正式安装。

04 安装完成。整个安装过程非常快,安装完成之后,出现如图2-6所示的界面。

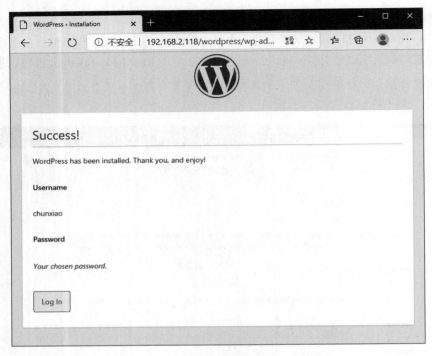

图 2-6　安装成功

图 2-6 表示 WordPress 已经安装成功了。单击 Log In 按钮出现登录界面，如图 2-7 所示。

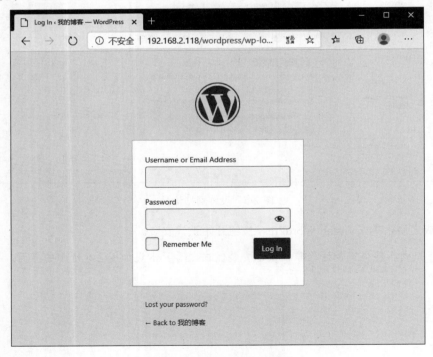

图 2-7　WordPress 登录界面

如果访问 http://www.example.com，就会出现 WordPress 的首页，如图 2-8 所示。

图 2-8　WordPress 首页

2.2.4　发布新文章

在图 2-7 所示的界面中输入 2.2.3 小节第 03 步中设置的用户名和密码，单击 Log In 按钮，进入管理平台，如图 2-9 所示。

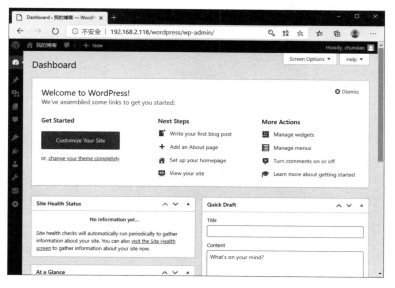

图 2-9　WordPress 管理平台

接下来，我们尝试发布一篇新的文章。选择左侧菜单中的 Posts→Add New 菜单，出现文章编辑界面，输入文章的标题和内容，如图 2-10 所示。

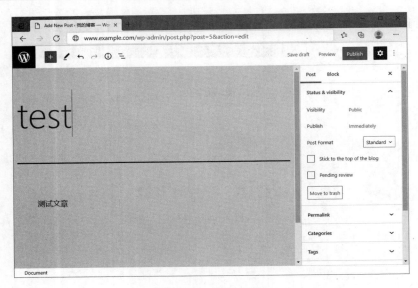

图 2-10 发布文章

撰写完成之后，单击右上角的 Publish 按钮，将文章发布出去。返回首页，就可以看到刚刚发布的文章，单击文章标题，就可以显示文章的内容，如图 2-11 所示。

图 2-11 查看文章内容

通过上面的演示可知，通过 LAMP 相关技术可以开发出一个功能非常强大的博客管理系统。因此，用户需要对本书后面的内容仔细研究，深入理解，并能熟练应用。

第 3 章

深入 Linux

Linux 系统是整个 LAMP 或者 LNMP 运行的基础设施，因此 Linux 的正常运行是整个系统正常运行最为关键的因素。为了能够保证系统的稳定和安全，用户需要掌握基本的 Linux 管理的技能。

本章将对 Linux 运维的基础知识进行系统介绍。

本章主要涉及的知识点有：

- 认识与学习 Shell：介绍 Shell 及其类型、命令别名、重定向、管道以及简单的 Shell 脚本等。
- 文件与目录管理：介绍 Linux 常用的文件类型以及文件和目录的管理命令。
- 磁盘与文件系统管理：介绍 Linux 系统中对于磁盘和文件系统的管理命令。

3.1 认识与学习 Shell

在 Linux 系统中，Shell 是人与 Linux 内核之间的桥梁，几乎所有的任务都是由用户通过 Shell 间接地操作 Linux 内核完成的。因此，认识和学习 Shell 是非常重要的。本节将对 Shell 的功能和类型进行详细介绍。

3.1.1 Shell 及其类型

顾名思义，Shell 这个名称非常形象地描述了 Shell 在 Linux 系统中的作用，它就是套在 Linux 内核外面的一层"壳"，如图 3-1 所示。

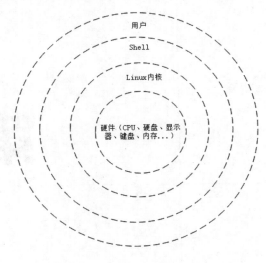

图 3-1　Shell

由于 Linux 内核非常复杂，并且用户直接操作内核会引起许多系统安全方面的问题，因此非常有必要在用户和内核之间建立一个代理层，用户间接地通过代理层与 Linux 内核进行交互，同时这个代理层也可以有效地对用户的操作进行控制，以避免对内核产生有害的操作。对于用户来说，这个代理层也可以降低操作难度，提升用户使用 Linux 的体验。这个代理层就是 Shell。

Shell 能够接收用户输入的命令，并对命令进行解释，然后调用系统内核功能，再将内核返回的结果呈现给用户。

Shell 也支持编程。Shell 不仅仅是简单的命令的组合，它也是一种脚本语言，提供了相对比较完善的编程语法，用户可以通过 Shell 编程完成一些不断重复执行的维护和数据处理任务。

在 Shell 发展的过程中，形成了多个不同的类型。这些不同类型的 Shell 的作用是相同的，都是提供用户和系统内核之间沟通的桥梁。但是它们具体的命令以及配置方面却有些不同。

Bourne Shell 是最为古老的一个 Shell，它是由美国贝尔实验室开发的，最初在 UNIX 系统上实现，后来又移植到了 Linux 系统上。Bourne Shell 在编程方面非常优秀，目前绝大部分 Shell 脚本使用的都是 Bourne Shell。例如，用户在查看或者编写 Shell 脚本的时候，通常第一行都是以下代码：

```
#!/bin/sh
```

该行代码的作用是将系统当前 Shell 脚本的解释器设置为/bin/sh，而/bin/sh 就是 Bourne Shell。

Bourne Again Shell 简称 Bash，是 Linux 系统默认的 Shell，该 Shell 是在 Bourne Shell 的基础上扩展而来的一种 Shell，它与 Bourne Shell 保持完全兼容。bash 在 Bourne Shell 的基础上增加了很多特性，可以提供命令补全、命令编辑和命令历史等功能。它还包含很多 C Shell 和 Korn Shell 中的优点，有灵活和强大的编辑接口，同时有很友好的用户界面。

C Shell 简称 csh，在很多方面与 sh 相同，但是它增强了用户的交互性，并且它的编程语法与 sh 有着很大的不同，而与 C 语言却非常相似。

Korn Shell 简称 ksh，它集合了 C Shell 和 Bourne Again Shell 的优点，同时又保持了与 Bourne Again Shell 的高度兼容，但是其流行程度却不如 Bourne Again Shell。

> **注 意**
>
> 除了上面介绍的几种 Shell 之外，还有 tcsh、zsh 以及 pdksh 等，这些 Shell 使用范围较小。

3.1.2 命令别名与历史命令

当用户通过 SSH 协议连接到 Linux 之后，是通过一个个 Shell 命令来完成任务的。为了简化命令的输入，bash 提供了命令别名和历史命令这两项非常重要的功能。

所谓命令别名，是指为某个已有的命令及其选项组合定义另一个名称，用户可以通过别名来调用这个命令和选项的组合，而不必重复输入。

alias 命令可以用来定义命令别名，如果用户不使用任何参数，该命令就会显示出当前系统中定义的命令别名，如下所示：

```
[root@localhost ~]# alias
alias cp='cp -i'
alias egrep='egrep --color=auto'
alias fgrep='fgrep --color=auto'
alias grep='grep --color=auto'
alias l.='ls -d .* --color=auto'
alias ll='ls -l --color=auto'
alias ls='ls --color=auto'
alias mv='mv -i'
alias rm='rm -i'
…
```

从上面的输出可知，在当前系统中，cp 是一个命令别名，其值为：

```
cp -i
```

当用户输入并执行 cp 这个命令别名时，实际上执行的是 cp -i。同样，当执行 ll 时，实际上执行的是：

```
ls -l --color=auto
```

如果用户只想查看某个具体的别名的定义，可以在 alias 命令后面直接加上该别名，如下所示：

```
[root@localhost ~]# alias ll
alias ll='ls -l --color=auto'
```

用户自定义命令别名的语法为：

```
alias alias_name=command
```

其中 alias_name 为命令别名，command 为含有选项的命令。

例如，下面的命令定义了一个别名：

```
[root@localhost ~]# alias ldir='dir -l'
```

上面的命令别名的名称为 ldir，它的值为 dir -l，其执行结果如下：

```
[root@localhost ~]# ldir
```

```
total 11940
-rw-------.    1    root      root        1203       Sep 29 11:15    anaconda-ks.cfg
-rwxr-xr-x     1    root      root        12896      Oct  6 15:35    a.out
-rw-r--r--     1    root      root        5764       Sep 30 10:18
    AuthorizeByDoor.class
-rw-r--r--     1    root      root        1525       Sep 30 09:28
    AuthorizeByUserList$1.class
-rw-r--r--     1    root      root        3145       Sep 30 09:28
    AuthorizeByUserList.class
-rw-r--r--     1    root      root        140        Oct  5 16:03
    backup_incremental.sh
…
```

可以发现 ldir 的执行结果与 dir -l 完全相同。

> **注　意**
>
> 当系统中的命令别名和 Shell 命令重名时，Shell 会优先调用命令别名，例如上面的 cp、rm、ls 以及 mv 等。

bash 提供了历史命令的功能，用户可以通过上下箭头键翻看已经执行过的命令，这个功能在用户输入的命令很长的情况下非常有用，可以避免用户重复输入。

3.1.3　重定向

执行一个 Shell 命令行时通常会自动打开 3 个标准文件，即标准输入文件（stdin），通常对应终端的键盘；标准输出文件（stdout）和标准错误输出文件（stderr），这两个文件都对应终端的屏幕。以上 3 个文件的文件描述符分别为 0、1 和 2。进程将从标准输入文件中得到输入数据，将正常输出数据输出到标准输出文件，而将错误信息输出到标准错误文件中。

> **注　意**
>
> 如果用户通过远程登录 Linux 系统，那么标准输入和标准输出都为虚拟终端。

例如：

```
[root@localhost ~]# ll
total 11940
-rw-------.    1    root      root        1203       Sep 29 11:15    anaconda-ks.cfg
-rwxr-xr-x     1    root      root        12896      Oct  6 15:35    a.out
-rw-r--r--     1    root      root        5764       Sep 30 10:18    AuthorizeByDoor.class
-rw-r--r--     1    root      root        1525       Sep 30 09:28 '
    AuthorizeByUserList$1.class'
…
```

当用户按回车键之后，Shell 会从标准输入读取用户输入的命令 ll，然后调用系统函数列出当前目录的内容，并将执行结果发送到标准输出，即屏幕。

重定向提供了改变以上数据流的输入和输出机制。重定向分为输出重定向、输入重定向以及 Here 文档，下面分别进行介绍。

1. 输出重定向

输出重定向是指改变命令默认输出的目标。输出重定向有 ">"、">>" 以及 ">&" 等几种操作符，其中 ">" 表示覆盖重定向，">>" 表示追加重定向，">&" 表示合并重定向。

例如，下面的命令将 ll 命令的输出结果保存到一个文件中：

```
[root@localhost ~]# ll > files
```

当用户按回车键之后，会发现屏幕上没有显示任何返回结果，这是因为通过 ">" 操作符将 ll 命令的输出结果进行了重定向，不再输出到屏幕上，而是输出到一个名称为 files 的文件。打开 files 文件之后，就会看到文件列表，如下所示：

```
[root@localhost ~]# cat files
total 11944
-rw-------. 1  root root    1203   Sep 29 11:15   anaconda-ks.cfg
-rwxr-xr-x  1  root root    12896  Oct  6 15:35   a.out
-rw-r--r--  1  root root    5764   Sep 30 10:18   AuthorizeByDoor.class
…
```

通过 > 操作符可以实现文件的复制功能，如下所示：

```
[root@localhost ~]# cat index.html > index2.html
```

cat 命令的功能是显示某个文件的内容，默认输出到标准输出设备。通过重定向将输出的文件内容保存到名为 index2.html 的文件中，从而达到文件复制的效果。

">" 操作符在实现重定向时会将目标文件覆盖掉，而 ">>" 操作符则是在目标文件后面追加内容，并不覆盖原先的文件。

以下命令的功能与上面的命令的功能完全相同：

```
[root@localhost ~]# cat index.html 1> index2html
```

在上面的命令中，1 为标准输出的文件描述符，由于输出重定向时，标准输出为默认值，因此可以省略。

如果将标准错误进行重定向，就需要明确指定文件描述符 2，如下所示：

```
[root@localhost ~]# ll /t
ls: cannot access '/t': No such file or directory
[root@localhost ~]# ll /t 2> err
```

第 1 次执行 ll 命令的时候，由于 /t 目录不存在，因此会输出一行错误消息。第 2 次通过重定向将错误信息重定向到一个名称为 err 的文件中，这样错误消息就不会在屏幕上显示了。

操作符 "&>" 可以将标准输出和标准错误重定向到同一个文件，例如：

```
[root@localhost ~]# ll &> files3
```

无论以上命令是否返回错误消息，都不会在屏幕上显示任何内容，所有的内容都被重定向到名称为 files3 的文件。

　　如果需要将输出结果重定向到一个文件描述符，就必须在文件描述符的前面加上 "&" 符号，以将文件描述符从普通的文件名中区分开来。例如，如果我们使用以下命令，命令的输出结果就会被重定向到一个名称为 1 的文件中，屏幕上没有任何响应信息，此时 1 会被认为是一个文件名：

```
[root@localhost ~]# cat job.c >1
```

　　而如果我们在 1 的前面加上一个 "&" 符号，cat 命令的输出结果就会在屏幕上显示出来，如下所示：

```
[root@localhost ~]# cat job.c >&1
#include <stdio.h>
#include <stdlib.h>

int main(int argc, char* argv[])
{
    if (argc != 2){
        printf("Usage : Input a number\n");
        return -1;
    }

    while (1){
        printf("Task [%d] Wait 2 seconds.\n", atoi(argv[1]));
        sleep(2);
    }
}
```

　　这是因为在上面的命令中，1 会认为是文件描述符，而 1 代表的是标准输出。

2. 输入重定向

　　输入重定向是指命令不再是标准输入，即键盘读取数据，而是从文件中读取。输入重定向的操作符为 "<"。例如，在 Linux 系统中，/etc/passwd 文件中保存了当前的系统用户，并且每一行描述一个用户，所以我们可以通过统计该文件的行数来获取当前系统的用户数，如下所示：

```
[root@localhost ~]# wc -l < /etc/passwd
30
```

　　wc 是一个文本处理工具，其中 -l 选项可以统计文本的行数。在上面的命令中，通过输入重定向，wc 将 /etc/passwd 文件作为数据来源。

3. Here 文档

　　Here 文档是一类特殊的重定向，它主要用来将输入重定向到一个 Shell 命令，其语法如下：

```
command << delimiter
    document
delimiter
```

在上面的语法中，command 为 Shell 命令，delimiter 为定界符，两个定界符之间的文本将被传递给 command 表示的命令，第 2 个定界符必须顶格写，例如：

```
[root@localhost ~]# wc -l << EOF
> Good morning, Everyone!
> This is a poetry.
> EOF
2
```

在上面的命令中，字符串 EOF 为定界符，当用户输入完后面的 EOF 之后，中间的两行文本便被传递给 wc 命令，随后 wc 命令输出结果为 2。

3.1.4 管道

"管道"的名称非常形象地描述了 Shell 管道的功能。管道的功能是将两个或者多个命令连接在一起，把前面一个命令的输出作为后面一个命令的输入。

管道的语法如下：

```
command1 | command2
```

中间的竖线为管道操作符，当在两个命令之间设置管道时，管道符|左边命令的输出就变成了右边命令的输入。只要第一个命令向标准输出写入，而第二个命令是从标准输入读取，这两个命令就可以形成一个管道。大部分 Linux 命令都可以用来形成管道。

例如，下面的例子将 ps 命令的输出结果输出到 grep 命令中：

```
[root@localhost ~]# ps -ef | grep httpd
root       877     1  0 09:16 ?        00:00:00 /usr/sbin/httpd -DFOREGROUND
apache     916   877  0 09:16 ?        00:00:00 /usr/sbin/httpd -DFOREGROUND
apache     917   877  0 09:16 ?        00:00:01 /usr/sbin/httpd -DFOREGROUND
apache     918   877  0 09:16 ?        00:00:01 /usr/sbin/httpd -DFOREGROUND
apache     920   877  0 09:16 ?        00:00:01 /usr/sbin/httpd -DFOREGROUND
root      1955  1697  0 11:42 pts/0    00:00:00 grep --color=auto httpd
```

以上显示的是一个使用非常频繁的命令，首先 ps 命令会列出当前系统的所有进程，并准备输出到标准输出，由于后面有一个管道符号，因此 ps 命令的输出结果就被写入 grep 命令的输入中，grep 命令可以在指定的文本中搜索匹配的字符串，然后输出到屏幕。

在上面的例子中，管道和重定向有些相似的地方，管道符号改变了前面一个命令的输出方向。实际上管道和重定向有着本质的区别，重定向操作符 ">" 将命令与文件连接起来，用文件来接收命令的输出；而管道符|将命令与命令连接起来，用第二个命令来接收第一个命令的输出。

当然，管道和重定向可以结合起来使用。例如，下面的命令通过输入重定向读取文件内容，然后通过管道输出到另一个命令中：

```
[root@localhost ~]# tr a-z A-Z < files | sort
-RW-------.    1    ROOT    ROOT    1203    SEP 29 11:15    ANACONDA-KS.CFG
-RW-------.    1    ROOT    ROOT    1676    SEP 29 14:24    CLIENT-KEY.PEM
-RW-R--R--     1    ROOT    ROOT    0       OCT 23 10:38    FILES
-RW-R--R--.    1    ROOT    ROOT    1112    SEP 29 14:24    CA.PEM
-RW-R--R--.    1    ROOT    ROOT    1112    SEP 29 14:24    CLIENT-CERT.PEM
…
```

以上命令的功能是将文件名变成大写，然后通过 sort 命令进行排序。

以下命令将输入重定向、管道和输出重定向结合起来：

```
[root@localhost ~]# tr a-z A-Z <files | sort | uniq >files4
[root@localhost ~]# cat files4
-RW-------.    1    ROOT    ROOT    1203    SEP 29 11:15    ANACONDA-KS.CFG
-RW-------.    1    ROOT    ROOT    1676    SEP 29 14:24    CLIENT-KEY.PEM
-RW-R--R--     1    ROOT    ROOT    0       OCT 23 10:38    FILES
…
```

上面的命令首先执行的是左侧的 tr 命令，它会从 files 文件中读取文本，然后将小写字母转换成大写字母，接下来将输出结果通过管道输出到 sort 命令进行排序，再通过管道将排序后的文本输出到 uniq 命令进行去重，最后通过输出重定向写入名称为 files4 的文件中。

3.1.5　Shell 脚本

Shell 本身是一种程序设计语言，用 Shell 编写的程序通常称为 Shell 脚本。之所以称为脚本，是因为 Shell 是一种解释性语言，程序代码由 Shell 解释并执行，不需要编译。

Shell 脚本的功能通常用来完成一些程式化的任务，例如用户可以通过编写 Shell 脚本来完成数据库备份的任务。

Shell 支持变量、运算符、流程控制、函数、数组以及输入输出等功能特性。下面以 Tomcat 的启动脚本 startup.sh 为例来介绍 Shell 脚本的语法：

```
01  #!/bin/sh
02  os400=false
03  case "`uname`" in
04  OS400*) os400=true;;
05  esac
06  PRG="$0"
07  while [ -h "$PRG" ] ; do
08    ls=`ls -ld "$PRG"`
09    link=`expr "$ls" : '.*-> \(.*\)$'`
10    if expr "$link" : '/.*' > /dev/null; then
11      PRG="$link"
12    else
13      PRG=`dirname "$PRG"`/"$link"
```

```
14    fi
15  done
16
17  PRGDIR=`dirname "$PRG"`
18  EXECUTABLE=catalina.sh
19
20  if $os400; then
21    eval
22  else
23    if [ ! -x "$PRGDIR"/"$EXECUTABLE" ]; then
24      echo "Cannot find $PRGDIR/$EXECUTABLE"
25      echo "The file is absent or does not have execute permission"
26      echo "This file is needed to run this program"
27      exit 1
28    fi
29  fi
30
31  exec "$PRGDIR"/"$EXECUTABLE" start "$@"
```

第 01 行为 Shell 脚本的固定语句，该语句的作用是用来指定该脚本的解释器。在本例中，解释器为/bin/sh，即 Bourne Shell，将由 Bourne Shell 来解释并执行该脚本文件。如果用户使用其他的 Shell 编写脚本，就需要修改此处的解释器路径，例如下面的代码将解释器指定为 C Shell：

```
#!/bin/csh
```

第 02 行定义一个变量，并且赋值为 false。

第 03~05 行为一个 case 分支结构。在 Shell 中，case 分支结构的语法为：

```
case var in
var1)
    command1
    command2
    ...
    commandN
    ;;
var2)
    command1
    command2
    ...
    commandN
    ;;
esac
```

其中 var 为条件变量，在执行 case 语句时，Shell 会将变量 var 依次与 var1、var2 等值进行比较，如果匹配，就执行该分支中的语句。

第 06 行定义变量 PRG，并且将系统变量$0 的值赋给该变量，在 Shell 中，$0 表示当前脚本的文件名。

第 07~15 行为 while 循环语句，其中的代码：

```
[ -h "$PRG" ]
```

为条件测试表达式，其中的$PRG 引用变量 PRG 的值，整个条件测试的含义表示当前脚本文件名存在并且在符号链接文件时返回真。关于 while 循环中的具体语句不再详细介绍。

第 20~29 行为 if 语句，用来根据条件表达式的值执行不同的代码。

看完以上代码之后，用户可以编写一个简单的 Shell 脚本，如下所示：

```
01  #!/bin/sh
02  msg="Hello, World!"
03  echo "$msg"
```

上面代码的功能是输出一行文本，第 01 行指定解释器为/bin/sh，第 02 行定义一个变量，并且进行赋值，第 03 行通过 echo 语句输出该变量的值。在 Shell 脚本中，引用变量的值需要在变量名前面使用$符号，但是定义变量的时候不需要。

将以上代码保存为 hello.sh，然后使用以下方式执行：

```
[root@localhost ~]# sh hello.sh
Hello, World!
```

在上面的命令中，将脚本文件的名称作为参数传递给 sh 命令，从而由 sh 命令执行该文件。

通常情况下，用户可以先授予用户执行该脚本文件的权限，然后直接输入该脚本文件名执行，如下所示：

```
[root@localhost ~]# chmod +x hello.sh
[root@localhost ~]# ./hello.sh
Hello, World!
```

3.2　文件与目录管理

文件和目录是数据在磁盘上存储的形式。作为系统管理员，每天都要面对如何查看和处理磁盘上的各种文件，所以掌握文件管理的常用命令非常重要。本节将对 Linux 系统的文件和目录管理的常用命令进行详细介绍。

3.2.1　文件及类型

我们经常听到"在 Linux 系统中，一切都是文件"。这句话的含义是在 Linux 系统中，任何数据、软件或者硬件都是用文件的形式来表示的，因此用户可以像操作文件一样对它们进行操作。

在 Linux 系统中，一共有 7 种文件类型，分别为普通文件、目录、符号链接、套接字、字符设备、块设备以及管道。

1. 普通文件

普通文件比较容易理解，通常用户的各种文档、数据库文件以及音视频等都是普通文件，可以说在 Linux 系统中，绝大部分文件都是普通文件。在 ls 命令中，普通文件使用字符 "-" 表示，如下所示：

```
[root@localhost ~]# ll
total 23016
-rw-r--r--    1    root root    268      Oct 23 11:18      1
-rw-r--r--    1    root root    922      Oct 23 10:54      2
-rwxr-xr-x    1    root root    12896    Oct  6 15:35      a.out
…
```

在 ls 命令的输出结果中，每行最前面的字符为文件类型。上面 3 个文件的最前面的字符都为 "-"，表示它们都是普通文件。

2. 目录

目录是文件的一种，其功能不是用来保存数据，而是用来组织文件。在 ls 命令的输出结果中，目录使用字符 d 表示，如下所示：

```
[root@localhost ~]# ll /var/log
total 5884
drwxr-xr-x.   2    root    root     280     Sep 29 11:15    anaconda
drwx------.   2    root    root     23      Sep 29 11:17    audit
-rw-rw----    1    root    utmp     384     Oct 14 17:53    btmp
-rw-rw----.   1    root    utmp     2304    Oct  5 10:49    btmp-20201005
…
```

在上面的输出结果中，前面两个文件最前面的字符为 d，表示这些文件是目录。

3. 符号链接

符号链接是指向另一个文件的文件，类似于 Windows 中的快捷方式，但是符号链接的功能比快捷方式多得多。在文件属性中，符号链接使用字符 l 表示，如下所示：

```
[root@localhost ~]# ll /etc/
…
lrwxrwxrwx.   1    root         root        11   May 11  2019         init.d ->
rc.d/init.d
…
```

当使用 ls 命令列出文件列表时，符号链接的文件名部分会使用 "->" 符号将符号链接的文件名和目标文件的文件名表示出来。

用户可以使用 ln 命令建立自己的符号链接，该指令的语法如下：

```
ln [option] target link_name
```

其中 target 为目标文件，link_name 为链接的文件名。ln 命令常用的选项有 -s，该选项表示建立符号链接，如果没有该选项，ln 命令就会创建一个硬链接。

例如，下面的命令创建一个符号链接：

```
[root@localhost ~]# ln -s job.c link1
```

创建完成之后，可以使用 ll 命令查看文件属性，如下所示：

```
[root@localhost ~]# ll link1
lrwxrwxrwx  1   root    root     5   Oct 23 15:34        link1 -> job.c
```

> **注 意**
>
> 在 Linux 系统中，有两种文件链接，分别为符号链接和硬链接。符号链接仅仅保存指向目标文件的指针信息，并不包含目标文件的内容，当目标文件被删除之后，符号链接便会失效；硬链接是目标文件的副本，即使目标文件被删除，硬链接仍然可以使用。

4. 套接字

套接字是用来实现不同进程或者主机之间双向通信的一种机制。目前，许多应用系统仍然使用套接字实现进程间的数据通信，例如 MySQL 服务器，当用户使用 mysql 命令连接本机的 MySQL 服务器时，就可以使用套接字。此外，Nginx 和 PHP-FPM 之间的通信也可以使用套接字。

在文件属性中，套接字文件使用字符 s 表示，如下所示：

```
[root@localhost ~]# ll /run/php-fpm/
total 4
srw-rw----+    1    root root    0    Oct 23 09:16    www.sock
srw-rw----+    1    root root    0    Oct 23 09:16    zabbix.sock
```

上面显示的是 PHP-FPM 创建的两个套接字文件。

5. 字符设备

字符设备是一种特殊的设备文件，字符设备通过连续的流数据访问，一个字节接着一个字节。常见的字符设备是终端、键盘和磁带。在文件属性中，字符设备使用字符 c 表示。用户可以在/dev 目录下找到很多字符设备，例如：

```
[root@localhost ~]# ll /dev/
total 0
…
crw-------       1    root           root     5,   1 Oct 23 09:16     console
…
crw-rw-rw-  1    root           tty      5,   0 Oct 23 09:16          tty
crw--w----  1    root           tty          4,   0 Oct 23 09:16          tty0
crw--w----  1    root           tty          4,   1 Oct 23 09:16          tty1
crw--w----  1    root           tty          4,  10 Oct 23 09:16          tty10
…
```

6. 块设备

块设备是指可以随机访问固定大小的数据块的设备，常见的块设备是硬盘和 U 盘等。块设备使用字符 b 表示，同样在/dev 目录下也有很多块设备文件，如下所示：

```
[root@localhost ~]# ll /dev/
…
brw-rw----  1    root disk    8,   0 Oct 23 09:16    sda
brw-rw----  1    root disk    8,   1 Oct 23 09:16    sda1
brw-rw----  1    root disk    8,   2 Oct 23 09:16    sda2
…
```

7．管道

前面我们介绍了管道。实际上，Linux 系统中的管道分为匿名管道和命名管道。前面介绍的管道为匿名管道，并不在磁盘上以文件的形式存在。而命名管道则是以文件的形式存在于磁盘上的。

用户可以使用 mknod 或者 mkfifo 命令来建立命名管道，在写某些特殊需求的 Shell 脚本时，命名管道非常有用。

3.2.2 文件和目录管理

在 Linux 系统中，文件和目录的管理主要是通过各种命令来完成的，主要命令有 cd、pwd、mkdir 以及 rmdir 等。下面分别对这些命令进行介绍。

1．切换目录

切换用户工作目录使用 cd 命令，在切换目录的时候，直接将目标目录作为参数传递过去即可，如下所示：

```
[root@localhost ~]# cd /var/log
```

上面的命令将当前的工作目录切换到/var/log 目录中。

如果不使用任何参数，就表示切换到用户的主目录，如下所示：

```
[root@localhost log]# cd
[root@localhost ~]#
```

用户的主目录可以使用符号~表示，因此上面的命令等同于以下命令：

```
[root@localhost ~]# cd ~
```

2．打印当前目录

pwd 命令可以打印出用户当前所在的目录，如下所示：

```
[root@localhost ~]# pwd
/root
```

3．创建目录

创建目录使用 mkdir 命令，例如下面的命令创建了一个名为 data 的目录：

```
[root@localhost ~]# mkdir /var/data
```

在创建目录时，被创建目录的父目录必须存在。如果不存在，就会报错，如下所示：

```
[root@localhost ~]# mkdir /data/mysql
```

```
mkdir: cannot create directory '/data/mysql': No such file or directory
```

用户可以使用-p选项来避免这种错误，如下所示：

```
[root@localhost ~]# mkdir -p /data/mysql
```

4. 删除空目录

删除空目录可以使用 rmdir 完成，直接将待删除的目录作为参数传递过来即可：

```
[root@localhost ~]# rmdir /data/mysql/
```

5. 删除文件或者目录

rm 命令可以删除文件或者目录，在删除文件时，用户直接指定文件名就可以了，如果需要删除多个文件，那么可以将多个文件名都传递过去，中间使用空格隔开，如下所示：

```
[root@localhost ~]# rm files
rm: remove regular file 'files'? y
```

rm 命令还支持通配符，例如下面的命令用于删除所有以 index 开头的文件：

```
[root@localhost ~]# rm index*
rm: remove regular file 'index2.html'? y
rm: remove regular file 'index3.html'? y
rm: remove regular file 'index.html'? y
rm: remove regular file 'index.html.1'? y
```

从上面的例子可知，在删除每个文件的时候，rm 命令都会要求用户确认才可以删除，当删除大量文件的时候，这种方式显然是不现实的。rm 命令提供了一个-f 选项，可以强制删除指定的文件，无须提示用户确认。

rm 命令也可以用来删除目录，在这种情况下，必须使用-r 选项，否则会删除失败。例如，下面的命令直接删除/data/mysql 目录：

```
[root@localhost ~]# rm -fr /data/mysql/
```

> **注 意**
> 在使用-f 选项的时候，必须非常谨慎，否则很容易导致数据丢失。

6. 复制文件

cp 命令可以完成文件和目录的复制，以创建一个新的副本，如下所示：

```
[root@localhost ~]# cp job.c job.c.bak
```

第 1 个参数为原文件，第 2 个参数为目标文件，如果目标文件已存在，cp 命令就会给出提示。在复制目录的时候，需要使用-r 选项。

7. 移动文件

mv 命令可以将一个文件或者目录移动到其他地方，如下所示：

```
[root@localhost ~]# mv job.c /tmp
```

3.2.3 文件搜索

Linux 提供了多个文件搜索的命令，主要有 find、locate 和 whereis 等。这些搜索命令的功能有所不同，用户可根据自己的需要来选择不同的命令。

1. find

find 命令是 Linux 系统中功能最为强大的搜索命令，它支持非常复杂的选项和搜索模式。find 命令的基本语法如下：

```
find path expression search-term
```

其中 path 为搜索路径，expression 为搜索的范围，search-term 为搜索的关键词。

例如下面的命令搜索名称为 libss.so.2.0 的文件：

```
[root@localhost ~]# find / -name libss.so.2.0
/var/lib/snapd/snap/core/10126/lib/x86_64-linux-gnu/libss.so.2.0
/usr/lib64/libss.so.2.0
```

其中/为搜索的路径，表示从根目录开始搜索。-name 表示搜索文件名，libss.so.2.0 为要搜索的关键词。

下面的命令搜索超过 10MB 的文件：

```
[root@localhost ~]# find / -size +10M
```

除此之外，find 还可以根据时间、所属人以及权限等选项搜索文件。要了解更多关于这些选项的信息，用户可以使用查看 Linux find 命令的手册。

2. locate

locate 命令的搜索速度比 find 命令快，因为它是在数据库中查找文件的。用户可以使用以下命令更新 locate 所使用的数据库：

```
[root@localhost ~]# updatedb
```

下面的例子使用 locate 命令来搜索名为 libss.so.2.0 的文件，如下所示：

```
[root@localhost ~]# locate libss.so.2.0
/usr/lib64/libss.so.2.0
/var/lib/snapd/snap/core/10126/lib/x86_64-linux-gnu/libss.so.2.0
```

3. whereis

该命令通常用来搜索一个命令，例如下面的命令搜索 Apache 服务程序 httpd 的磁盘路径：

```
[root@localhost ~]# whereis httpd
httpd: /usr/sbin/httpd /usr/lib64/httpd /etc/httpd /usr/share/httpd /usr/share/man/man8/httpd.8.gz
```

3.3 磁盘与文件系统管理

磁盘和文件系统的管理是 Linux 系统维护中非常重要的内容。在系统维护的过程中，难免会遇到增加磁盘、扩大存储空间的情况。本节将详细介绍 Linux 系统中的磁盘分区方法以及文件系统的管理方法。

3.3.1 磁盘分区

当一块新的磁盘被连接到 Linux 主机之后，必须进行分区才可以使用。所谓分区，是将一块物理磁盘划分成几个逻辑区域，每个逻辑区域可以单独使用。

磁盘分区使用 fdisk 命令，在进行分区之前，用户可以通过以下命令查看当前主机的磁盘列表：

```
[root@localhost ~]# fdisk -l
Disk /dev/sdb: 50 GiB, 53687091200 bytes, 104857600 sectors
Units: sectors of 1 * 512 = 512 bytes
Sector size (logical/physical): 512 bytes / 512 bytes
I/O size (minimum/optimal): 512 bytes / 512 bytes


Disk /dev/sda: 20 GiB, 21474836480 bytes, 41943040 sectors
Units: sectors of 1 * 512 = 512 bytes
Sector size (logical/physical): 512 bytes / 512 bytes
I/O size (minimum/optimal): 512 bytes / 512 bytes
Disklabel type: dos
Disk identifier: 0x97abfb83

Device     Boot   Start       End  Sectors Size Id Type
/dev/sda1  *       2048   2099199  2097152   1G 83 Linux
/dev/sda2       2099200  41943039 39843840  19G 8e Linux LVM


Disk /dev/mapper/cl-root: 17 GiB, 18249416704 bytes, 35643392 sectors
Units: sectors of 1 * 512 = 512 bytes
Sector size (logical/physical): 512 bytes / 512 bytes
I/O size (minimum/optimal): 512 bytes / 512 bytes


Disk /dev/mapper/cl-swap: 2 GiB, 2147483648 bytes, 4194304 sectors
Units: sectors of 1 * 512 = 512 bytes
Sector size (logical/physical): 512 bytes / 512 bytes
I/O size (minimum/optimal): 512 bytes / 512 bytes


Disk /dev/loop0: 97.7 MiB, 102445056 bytes, 200088 sectors
```

```
Units: sectors of 1 * 512 = 512 bytes
Sector size (logical/physical): 512 bytes / 512 bytes
I/O size (minimum/optimal): 512 bytes / 512 bytes
```

在上面的输出中，每个 Disk 表示一块磁盘，一共包含 5 个 Disk。其中第 1 个和第 2 个 Disk 的名称分别为/dev/sdb 和/dev/sda,表示这两个是物理磁盘。sdb 和 sda 中的 sd 表示 SCS 或者 SAS 磁盘，a 和 b 表示磁盘的序号，从 a 开始依次命名。第 3 个和第 4 个 Disk 的名称为/dev/mapper/cl-root 和/dev/mapper/cl-swap，表示这两个是逻辑卷，逻辑卷是建立在物理卷上的逻辑分区，在本例中物理卷的名称为 cl。

最后一个 Disk 是一个伪设备，我们不用关注它。

在第 2 个 Disk 后面有一个 Device 列表，这些列表就是当前磁盘上的分区列表。

在第 1 个 Disk 后面没有 Device 列表，表示当前磁盘还没有分区。下面我们以这个磁盘为例来介绍如何进行磁盘分区。

01 启动 fdisk 命令。在 fdisk 命令中使用要分区的磁盘的名称作为参数，如下所示：

```
[root@localhost ~]# fdisk /dev/sdb

Welcome to fdisk (util-linux 2.32.1).
Changes will remain in memory only, until you decide to write them.
Be careful before using the write command.

Device does not contain a recognized partition table.
Created a new DOS disklabel with disk identifier 0x99a84f19.

Command (m for help):
```

02 打印分区表。输入 p 命令，按回车键，出现以下内容：

```
Command (m for help): p
Disk /dev/sdb: 50 GiB, 53687091200 bytes, 104857600 sectors
Units: sectors of 1 * 512 = 512 bytes
Sector size (logical/physical): 512 bytes / 512 bytes
I/O size (minimum/optimal): 512 bytes / 512 bytes
Disklabel type: dos
Disk identifier: 0x99a84f19
```

从上面的输出可知，当前的磁盘没有任何分区。

03 选择分区类型。输入 n 命令，按回车键，选择分区类型，如下所示：

```
Command (m for help): n
Partition type
   p   primary (0 primary, 0 extended, 4 free)
   e   extended (container for logical partitions)
Select (default p):
```

p 表示基本分区，e 表示扩展分区。在使用方面，基本分区和扩展分区并没有什么区别。但是一个磁盘只能有 4 个基本分区，扩展分区的数量则没有限制。在本例中，我们需要创建一个基本分区，所以输入 p 或者直接按回车键。

04 选择分区号。基本分区的号码为 1~4，我们采用默认值即可，直接按回车键：

```
Using default response p.
Partition number (1-4, default 1):
```

05 选择第一个扇区。fdisk 会自动计算起始扇区，一般情况下保持默认值即可。

```
First sector (2048-104857599, default 2048):
```

06 选择最后一个扇区，如下所示：

```
Last sector, +sectors or +size{K,M,G,T,P} (2048-104857599, default 104857599):
```

如果没有特别的需求，那么可以采用默认值。

如果 fdisk 命令给出以下提示消息，就表示分区创建成功：

```
Created a new partition 1 of type 'Linux' and of size 50 GiB.
```

然后输入 p 命令，可以发现刚刚创建的分区出现在列表中了：

```
Command (m for help): p
Disk /dev/sdb: 50 GiB, 53687091200 bytes, 104857600 sectors
Units: sectors of 1 * 512 = 512 bytes
Sector size (logical/physical): 512 bytes / 512 bytes
I/O size (minimum/optimal): 512 bytes / 512 bytes
Disklabel type: dos
Disk identifier: 0x99a84f19

Device     Boot  Start       End    Sectors   Size Id  Type
/dev/sdb1        2048   104857599  104855552  50G  83  Linux
```

此时，fdisk 命令还没有将分区信息写入磁盘分区表，输入 w 命令，然后按回车键，fdisk 命令在写入完成之后退出 fdisk，如下所示：

```
Command (m for help): w
The partition table has been altered.
Calling ioctl() to re-read partition table.
Syncing disks.
```

使用 fdisk 命令查看该磁盘的信息，也可以看到下面有一个分区，如下所示：

```
[root@localhost ~]# fdisk -l /dev/sdb
Disk /dev/sdb: 50 GiB, 53687091200 bytes, 104857600 sectors
Units: sectors of 1 * 512 = 512 bytes
Sector size (logical/physical): 512 bytes / 512 bytes
I/O size (minimum/optimal): 512 bytes / 512 bytes
Disklabel type: dos
```

```
Disk identifier: 0x99a84f19

Device     Boot    Start      End       Sectors     Size   Id Type
/dev/sdb1          2048       104857599 104855552   50G    83 Linux
```

其中 Device 列就是分区的设备名称，在本例中为/dev/sdb1。

除了创建分区之外，fdisk 命令还提供了其他的一些功能，包括删除分区、修改分区类型等，用户可以在 fdisk 命令界面中输入 m 键来查看使用帮助，如下所示：

```
Command (m for help): m

Help:

  DOS (MBR)
   a   toggle a bootable flag
   b   edit nested BSD disklabel
   c   toggle the dos compatibility flag

  Generic
   d   delete a partition
   F   list free unpartitioned space
   l   list known partition types
   n   add a new partition
   p   print the partition table
   t   change a partition type
   v   verify the partition table
   i   print information about a partition

  Misc
   m   print this menu
   u   change display/entry units
   x   extra functionality (experts only)

  Script
   I   load disk layout from sfdisk script file
   O   dump disk layout to sfdisk script file

  Save & Exit
   w   write table to disk and exit
   q   quit without saving changes

  Create a new label
   g   create a new empty GPT partition table
   G   create a new empty SGI (IRIX) partition table
   o   create a new empty DOS partition table
   s   create a new empty Sun partition table
```

3.3.2 创建文件系统

当一个分区被创建之后，还不能存储数据。接下来，用户需要在该分区上创建文件系统。

简单地讲，文件系统就是指数据在磁盘上的存储方式。Linux 支持的文件系统的类型非常多，大约有几十个。用户可以使用以下命令了解 Linux 支持的文件系统的类型：

```
[root@localhost ~]# man 5 fs
```

在众多的文件系统中，比较常见的有 ext2、ext3、ext4、brtfs、nfs、ntfs 以及 xfs 等。其中 ext2、ext3 以及 ext4 为 Linux 原生的文件系统，其余的是第三方移植过来的文件系统。在生产环境中，用户可以根据自己的实际情况选择 ext4 或者 xfs 等成熟稳定的文件系统类型。

创建文件系统需要使用 mkfs 命令，该命令的基本语法如下：

```
mkfs [-t type] device
```

其中-t 选项用来指定所创建的文件系统的类型。device 参数为磁盘分区的设备文件名称。

接下来，我们在前面创建的分区上创建一个 ext4 类型的文件系统，命令如下：

```
[root@localhost ~]# mkfs -t ext4 /dev/sdb1
mke2fs 1.45.4 (23-Sep-2019)
Creating filesystem with 13106944 4k blocks and 3276800 inodes
Filesystem UUID: 1db0d683-8892-41c4-8082-9c03f36e2afd
Superblock backups stored on blocks:
        32768, 98304, 163840, 229376, 294912, 819200, 884736, 1605632, 2654208,
        4096000, 7962624, 11239424

Allocating group tables: done
Writing inode tables: done
Creating journal (65536 blocks): done
Writing superblocks and filesystem accounting information: done
```

> **注 意**
>
> 创建文件系统会导致数据被清除，因此用户在使用的时候一定要非常谨慎。

为了便于用户创建常见的文件系统，Linux 系统还专门提供了一些命令，例如 mkfs.ext2、mkfs.ext3、mkfs.ext4 以及 mkfs.xfs 等。用户在使用这些命令的时候，可以不用指定文件系统的类型，只提供分区的设备名称即可。

3.3.3 挂载文件系统

在 Linux 系统中，用户需要为文件系统提供一个挂载点。所谓挂载点，实际上是一个目录。与普通目录的不同之处在于，当一个目录成为挂载点之后，它的内容就是它所代表的文件系统的内容，而非目录本身的内容。

我们先使用 mkdir 命令创建一个作为挂载点的目录，如下所示：

```
[root@localhost ~]# mkdir /data
```

然后使用 mount 命令将前面创建的文件系统挂载到/data 上，如下所示：

```
[root@localhost ~]# mount /dev/sdb1 /data
```

最后，我们可以使用 df 命令来查看文件系统的列表及使用情况，如下所示：

```
[root@localhost ~]# df -h
Filesystem              Size    Used    Avail   Use%    Mounted on
…
```

```
/dev/sdb1                   49G      53M     47G     1%      /data
```

其中 Filesystem 列表示文件系统名称，Size 为当前文件系统的大小，Used 为已经使用的存储空间大小，Avail 为可用的存储空间的大小，Mounted on 为挂载点。

3.3.4 自动挂载

Linux 的/etc/fstab 文件保存了在系统启动的时候需要自动挂载的文件系统的列表，该文件的内容如下：

```
/dev/mapper/cl-root                             /       xfs     defaults    0 0
UUID=64922bc1-a70b-458f-8f72-ee888b54dbf6       /boot   ext4    defaults    1 2
/dev/mapper/cl-swap                             swap    swap    defaults    0 0
```

在上面的代码中，每 01 行描述了 1 个文件系统的挂载配置信息。每 1 行分为 6 列，第 1 列为文件系统的设备名称，其中第 02 行使用了 UUID。第 2 列为挂载点，其中第 03 行为交换分区，所以其挂载点为 swap。第 3 列为文件系统的类型。第 4 列为挂载选项，根据不同的文件系统有不同的选项，一般选择默认值 defaults 即可。第 5 列为 dump 选项，dump 工具会通过该列的值来决定是否对该文件系统进行备份，有效值为 0 和 1，0 表示忽略，1 表示备份。第 6 列为 fsck 工具检查文件系统的顺序，允许值为 0、1 和 2，在生产环境中，根目录应当获得最高的优先权 1，其他所有需要被检查的设备设置为 2，0 表示设备不会被 fsck 检查。

在 fstab 文件中添加上面创建的文件系统的挂载配置选项，如下所示：

```
/dev/sdb1           /data   etx4    defaults    0       0
```

当 Linux 下次启动的时候，会自动对该文件系统进行挂载。

3.3.5 检查文件系统

在 Linux 系统运行的过程中，由于断电等原因会导致文件系统出现故障，例如出现了孤立的文件或者目录。在这种情况下，用户可以使用 fsck 命令对文件系统进行检查并修复错误。fsck 命令的基本语法如下：

```
fsck [-t fstype] [filesystem...]
```

其中-t 选项用来指定要检查的文件系统的类型，filesystem 为要检查的文件系统的设备名。

例如下面的命令对/dev/sdb1 文件系统进行检查：

```
[root@localhost ~]# fsck -t ext4 /dev/sdb1
```

与 mkfs 命令一样，fsck 命令也针对不同的文件系统提供了相应的检查命令，例如 fsck.ext2、fsck.ext3、fsck.ext4 以及 fsck.xfs 等。

第 4 章

深入 MySQL 数据库

在第 1 章中,我们已经对 MySQL 的安装和使用方法进行了简单的介绍。但是在实际开发过程中,用户可能不仅仅是简单地执行数据的增、删、改和查。为了能够开发出一个好的系统,用户还需要用到一些高级的数据库功能,例如函数、存储引擎、视图以及事务管理等。

本章将对 MySQL 数据库管理系统的部分常用高级功能进行系统介绍。

本章主要涉及的知识点有:

- MySQL 常用函数:介绍 MySQL 中常用的几种系统函数,包括字符串函数、数值函数、日期函数、流程函数以及 JSON 函数等。
- 存储引擎:介绍 MySQL 中 5 种常用的存储引擎的特点以及使用方法。
- 字符集:介绍服务器、数据库、表、列以及数据库连接中的字符集设置方法。
- 索引:介绍 MySQL 索引的类型以及创建方法。
- 视图:介绍 MySQL 视图的创建方法。
- 存储过程和函数:介绍存储过程和自定义函数的使用方法。
- 触发器:介绍 MySQL 中触发器的使用方法。
- 事务控制和锁定语句:介绍 MySQL 数据库事务管理以及常用的锁定语句。
- SQL 优化:介绍 SQL 语句的优化方法。

4.1 常用内置函数

为了便于用户处理数据,MySQL 内置了许多函数。这些函数可以分为许多类型,主要包括字符串函数、日期和时间函数、数学函数以及 JSON 函数。本节将对 MySQL 的内置函数进行详细介绍。

4.1.1 字符串函数

MySQL 提供的字符串函数非常多,表 4-1 列出了部分常用的函数。如果用户想要了解更多函数的使用方法,可以参考相关技术手册。

表 4-1 字符串函数

函 数	功 能
LOWER()	将字符串中的字母全部转换为小写字母
UPPER()	将字符串中的字母全部转换为大写字母
CONCAT()	将多个字符串连接
SUBSTR()	从指定位置截取指定长度的子串
LENGTH()	返回字符串的长度
INSTR()	返回字符串中子串第一次出现的位置
LPAD()	在字符串的左边填充指定的字符,使得整个字符串达到指定的长度
RPAD()	在字符串的右边填充指定的字符,使得整个字符串达到指定的长度
TRIM()	去掉字符串前后的空格
REPLACE()	用指定的字符替换字符串中的某个子串
REPEAT()	将指定的字符串重复指定次数后返回
REVERSE()	将指定的字符串翻转
LEFT()	将某个字符串从左边开始截取指定长度的子串
FORMAT()	以指定的格式格式化数字

下面的例子分别演示部分字符串函数的使用方法。

将字符串中的字母全部转换为小写字母:

```
mysql> SELECT LOWER('Hello, world.');
+------------------------+
| LOWER('Hello, world.') |
+------------------------+
| hello, world.          |
+------------------------+
1 row in set (0.00 sec)
```

将 3 个字符串拼接成一个字符串:

```
mysql> SELECT CONCAT('This is ', 'a', ' dog');
+---------------------------------+
| CONCAT('This is ', 'a', ' dog') |
+---------------------------------+
| This is a dog                   |
+---------------------------------+
1 row in set (0.00 sec)
```

从字符串中截取指定的子串:

```
mysql> SELECT SUBSTR('Hello, world.',4,4);
+-----------------------------+
```

```
| SUBSTR('Hello, world.',4,4) |
+------------------------------------+
| lo,                                |
+------------------------------------+
1 row in set (0.00 sec)
```

在字符串左边填充字符 0，使得整个字符串的长度为 12：

```
mysql> SELECT LPAD('1998047', 12, '0');
+------------------------------------+
| LPAD('1998047', 12, '0')           |
+------------------------------------+
| 000001998047                       |
+------------------------------------+
1 row in set (0.00 sec)
```

在字符串中查找指定的子串，并返回所在的起始位置：

```
mysql> SELECT INSTR('Hello, world.', 'wo');
+------------------------------------+
| INSTR('Hello, world.', 'wo')       |
+------------------------------------+
|                                  8 |
+------------------------------------+
1 row in set (0.00 sec)
```

> **注　意**
> 如果没有指定长度，SUBSTR()函数就会从指定的位置开始截取子串，一直到字符串结束。

4.1.2 日期和时间函数

MySQL 中的日期和时间函数功能非常多，可以分为获得当前日期的函数、日期转换函数以及日期计算函数等。表 4-2 列出了常用的日期和时间函数。

表 4-2　常用日期、时间函数

函　数	功　能
ADDDATE()	按指定的单位增加日期
NOW()	获取当前日期及时间
CURDATE()	获取当前日期，不包含时间
CURTIME()	获取当前时间，不包含日期
CURRENT_TIMESTAMP()	获取当前时间戳
DATE()	提取日期部分
DATE_FORMAT()	将日期按指定的格式进行格式化处理
DAYOFMONTH()	返回指定日期在所在月份的顺序，范围为 0~31
DAYOFWEEK()	返回指定日期在所在周的顺序
DAYOFYEAR()	返回指定日期在所在年的顺序

（续表）

函　　数	功　　能
EXTRACT()	从日期中提取某个部分
HOUR()	从日期中提取小时
LAST_DAY	返回指定月份的最后一天
MINUTE()	从日期中提取分钟值
MONTH()	从日期中提取月份值
TIME()	从日期中提取时间值
TO_DAYS()	给定一个日期，返回一个天数（从年份0开始的天数）
WEEK()	从日期中提取周数
WEEKDAY()	返回指定日期在所在周的序号
YEAR()	从日期中提取年份值

下面通过具体的例子说明其中某些函数的使用方法。

获取当前的日期和时间：

```
mysql> SELECT NOW();
+---------------------+
| NOW()               |
+---------------------+
| 2020-07-15 09:13:18 |
+---------------------+
1 row in set (0.00 sec)
```

> **注　意**
>
> 在一个单一的查询中，NOW()函数多次访问总是会得到同样的结果。

获取当前日期，不包含时间：

```
mysql> SELECT CURDATE();
+------------+
| CURDATE()  |
+------------+
| 2020-07-15 |
+------------+
1 row in set (0.00 sec)
```

DATE_FORMAT()函数可以非常方便地对日期进行格式化处理。该函数的语法如下

```
DATE_FORMAT(date,format)
```

其中，参数 date 为要转换的日期，format 为格式化字符串。MySQL 的格式化字符串由百分号加上一个字母表示。表4-3列出了常用的格式化字符串。

表 4-3　MySQL常用日期格式化字符串

格式化字符串	说　　明
%d	月的天，取值范围为 00~31
%f	毫秒
%H	24 小时制，取值范围为 00~23
%h	12 小时制，取值范围为 01~12
%i	分钟，取值范围为 00~59
%m	月，取值范围为 00~12
%s 或者%S	秒，取值范围为 00~59
%Y	年，4 位数字
%y	年，2 位数字

由于日期的格式化处理在实际开发中使用非常频繁，因此下面以具体的例子来详细介绍 DATE_FORMAT()函数的使用方法。

```
01  mysql> SET @date = CURRENT_TIMESTAMP;
02  Query.OK, 0 rows affected (0.00 sec)
03
04  mysql> SELECT @date;
05  +---------------------------------------------------------------+
06  | @date                                                         |
07  +---------------------------------------------------------------+
08  | 2020-07-15 10:08:05                                           |
09  +---------------------------------------------------------------+
10  1 row in set (0.00 sec)
11
12  mysql> SELECT DATE_FORMAT(@date, '%Y年%m月%d日');
13  +---------------------------------------------------------------+
14  | DATE_FORMAT(@date, '%Y年%m月%d日')                            |
15  +---------------------------------------------------------------+
16  | 2020 年 07 月 15 日                                           |
17  +---------------------------------------------------------------+
18  1 row in set (0.00 sec)
```

在上面的代码中，第 01 行定义了一个名称为 date 的变量，并且将当前的时间戳赋给它。第 04 行通过 SELECT 语句将变量的值打印出来。第 12 行通过 DATE_FORMAT()函数对变量 date 的值进行格式化处理，其中格式化字符串为"%Y 年%m 月%d 日"。

下面的例子通过 DATE_FORMAT()函数提取时间戳中的时间部分：

```
mysql> SELECT DATE_FORMAT(@date,'%H:%i:%s');
+---------------------------------------------------------------+
| DATE_FORMAT(@date,'%H:%i:%s')                                 |
+---------------------------------------------------------------+
| 14:45:43                                                      |
+---------------------------------------------------------------+
```

```
1 row in set (0.01 sec)
```

> **注　意**
>
> 在 MySQL 中，用户自定义变量的前面需要使用@符号。

下面的例子获取指定日期在所在周的顺序：

```
mysql> SELECT DAYOFWEEK(@date);
+------------------------------------------+
| DAYOFWEEK(@date)                         |
+------------------------------------------+
|                4                         |
+------------------------------------------+
1 row in set (0.00 sec)
```

> **注　意**
>
> DAYOFWEEK()函数返回的顺序从 1 开始算起。

4.1.3　数学函数

　　MySQL 支持多种数学运算，除了基本的加、减、乘和除之外，还支持绝对值、求模、三角函数、平方以及对数等运算。对于开发者而言，在 MySQL 中直接执行这些数学运算的机会非常少，而大部分运算是放在程序中进行的，所以对于数学函数，本书不再详细介绍。

4.1.4　JSON 函数

　　从 5.7 版本开始，MySQL 增强了对于 JSON 文档的支持，提供了多种处理 JSON 文档的函数。在 MySQL 中，JSON 函数可以分为 JSON 文档创建函数、JSON 文档搜索函数以及 JSON 文档修改函数 3 类。

1. JSON 文档创建函数

　　其中，JSON 文档创建函数主要有 JSON_ARRAY()、JSON_OBJECT()以及 JSON_QUOTE()。
　　JSON_ARRAY()函数用来创建 JSON 数组，它可以将一组数据转换为一个 JSON 数组。其语法如下：

```
JSON_ARRAY([val[, val] ...])
```

　　在上面的语法中，各个数值之间用逗号隔开，并且数值的数据类型可以不必相同。
　　例如：

```
mysql> SELECT JSON_ARRAY(1, "abc", NULL, TRUE, CURTIME());
+-----------------------------------------------------------------------------
----+
| JSON_ARRAY(1, "abc", NULL, TRUE, CURTIME())            |
+-----------------------------------------------------------------------------
----+
```

```
| [1, "abc", null, true, "16:00:07.000000"]                              |
+----------------------------------------------------------------------------+
1 row in set (0.00 sec)
```

在上面的例子中，为 JSON_ARRAY() 函数提供了 5 个不同类型的值，其中还包括一个时间函数。从执行结果可知，JSON_ARRAY() 函数会自动计算函数的值。

JSON_OBJECT() 函数可以将一组"键值对"转换为一个 JSON 对象，其语法如下：

```
JSON_OBJECT([key, val[, key, val] ...])
```

其中，key 将成为 JSON 对象中的键名，val 将成为 JSON 对象中对应的值。因此，JSON_OBJECT() 函数的参数中的数值的个数必须为偶数，且键名不能为 null。

例如：

```
mysql> SELECT JSON_OBJECT('id', 99, 'name', 'Carrot');
+---------------------------------------------------------------------------+
| JSON_OBJECT('id', 99, 'name', 'Carrot')                                   |
+---------------------------------------------------------------------------+
| {"id": 99, "name": "Carrot"}                                              |
+---------------------------------------------------------------------------+
1 row in set (0.00 sec)
```

JSON_QUOTE() 函数将一个字符串用双引号引起来，使其成为一个合法的 JSON 值。该函数的语法如下：

```
JSON_QUOTE(string)
```

例如：

```
mysql> SELECT JSON_QUOTE('null'), JSON_QUOTE('"null"');
+------------------------------+------------------------------+
| JSON_QUOTE('null')           | JSON_QUOTE('"null"')         |
+------------------------------+------------------------------+
| "null"                       | "\"null\""                   |
+------------------------------+------------------------------+
1 row in set (0.00 sec)
```

从上面的执行结果可知，第 1 个 JSON_QUOTE() 函数将字符串 null 用双引号引起来，而第 2 个 JSON_QUOTE() 函数的参数中已经包含双引号，此时 JSON_QUOTE() 函数会对双引号进行转义处理。

2. JSON 文档搜索函数

此类函数主要有 JSON_CONTAINS()、JSON_CONTAINS_PATH()、JSON_EXTRACT()、JSON_KEYS() 以及 JSON_SEARCH()。

JSON_CONTAINS() 函数的语法如下：

```
JSON_CONTAINS(target, candidate[, path])
```

其中，target 为目标 JSON 文档，candidate 为要搜索的 JSON 子文档，path 为搜索路径。如果目标文档中包含要搜索的子文档，那么 JSON_CONTAINS()函数返回 1；否则该函数返回 0。

例如：

```
mysql> SET @j = '{"a": 1, "b": 2, "c": {"d": 4}}';
Query OK, 0 rows affected (0.00 sec)

mysql> SELECT JSON_CONTAINS(@j,'{"b":2}');
+-----------------------------------+
| JSON_CONTAINS(@j,'{"b":2}')       |
+-----------------------------------+
|                                 1 |
+-----------------------------------+
1 row in set (0.00 sec)
```

在上面的代码中，首先定义一个JSON对象，并且将其赋给变量j。接下来通过JSON_CONTAINS()函数搜索该 JSON 对象中是否包含子对象{"b":2}。由于 j 中包含该子对象，因此 JSON_CONTAINS()函数的返回值为 1。

但是，如果搜索子文档{"d":4}，就会发现该函数的返回值为 0，如下所示：

```
mysql> SELECT JSON_CONTAINS(@j,'{"d":4}');
+-----------------------------------+
| JSON_CONTAINS(@j,'{"d":4}')       |
+-----------------------------------+
|                                 0 |
+-----------------------------------+
1 row in set (0.00 sec)
```

这是因为{"d":4}并不是 j 的直接子元素。为了搜索到该子对象，用户需要指定搜索路径，如下所示：

```
mysql> SELECT JSON_CONTAINS(@j,'{"d":4}','$.c');
+-----------------------------------------+
| JSON_CONTAINS(@j,'{"d":4}','$.c')       |
+-----------------------------------------+
|                                       1 |
+-----------------------------------------+
1 row in set (0.00 sec)
```

JSON_CONTAINS_PATH()函数用来判断某个路径下是否存在 JSON 数据，该函数的基本语法如下：

```
JSON_CONTAINS_PATH(json_doc, one_or_all, path[, path] ...)
```

其中 json 为要搜索的 JSON 文档，one_or_all 为一个标识符，若该选项取值为 one，表示指定文档中至少存在一个指定的路径，则该函数返回 1；如果所有的路径都不存在，则该函数返回 0。若该选择取值为 all，表示所有的路径都存在，则该函数返回 1；若有一个或者多个路径不存在，则该函数返回 0。

例如：

```
mysql> SELECT JSON_CONTAINS_PATH(@j,'one','$.c','$.e');
+------------------------------------------------+
| JSON_CONTAINS_PATH(@j,'one','$.c','$.e')       |
+------------------------------------------------+
|                      1                         |
+------------------------------------------------+
1 row in set (0.00 sec)
```

在上面的代码中，尽管 j 变量中并不存在名称为 e 的键名，但是由于存在键名 c，因此在标识为 one 的情况下，JSON_CONTAINS_PATH()函数返回 1。

若将搜索标识修改为 all，则该函数返回 0，如下所示：

```
mysql> SELECT JSON_CONTAINS_PATH(@j,'all','$.c','$.e');
+------------------------------------------------+
| JSON_CONTAINS_PATH(@j,'all','$.c','$.e')       |
+------------------------------------------------+
|                      0                         |
+------------------------------------------------+
1 row in set (0.00 sec)
```

JSON_EXTRACT()函数从指定的 JSON 文档中提取子文档，并返回一个 JSON 数组，其语法如下：

```
JSON_EXTRACT(json_doc, path[, path] ...)
```

其中，json_doc 为要搜索的 JSON 文档，path 为路径。

例如：

```
mysql> SELECT JSON_EXTRACT(@j,'$.c','$.a');
+------------------------------------+
| JSON_EXTRACT(@j,'$.c','$.a')       |
+------------------------------------+
| [{"d": 4}, 1]                      |
+------------------------------------+
1 row in set (0.00 sec)
```

在上面的例子中，通过 JSON_EXTRACT()函数提取 c 和 a 这两个"键值对"，形成一个新的 JSON 数组。

如果要处理的 JSON 文档本身是数组，那么可以使用数组索引作为路径，如下所示：

```
mysql> SELECT JSON_EXTRACT('[10, 20, [30, 40]]', '$[2][*]');
+-----------------------------------------------+
| JSON_EXTRACT('[10, 20, [30, 40]]', '$[2][*]') |
+-----------------------------------------------+
```

```
| [30, 40]                                         |
+--------------------------------------------------+
1 row in set (0.00 sec)
```

在上面的语句中，$[2][*]表示提取数组索引为 2 的元素的所有子元素。

> **注　意**
>
> 数组索引从 0 开始。

如果想要提取某个子元素，那么可以继续使用路径，如下所示：

```
mysql> SELECT JSON_EXTRACT('[10, 20, [30, 40]]', '$[2][1]');
+-----------------------------------------------+
| JSON_EXTRACT('[10, 20, [30, 40]]', '$[2][1]') |
+-----------------------------------------------+
| 40                                            |
+-----------------------------------------------+
1 row in set (0.00 sec)
```

在上面的代码中，使用路径$[2][0]提取序号为 2 的元素的第 1 个子元素。

> **注　意**
>
> 用户可以使用"->"操作符代替 JSON_EXTRACT()函数。

JSON_KEYS()函数将 JSON 文档的顶层键名以 JSON 数组的形式返回，例如：

```
mysql> SELECT JSON_KEYS('{"a": 1, "b": {"c": 30}}');
+---------------------------------------+
| JSON_KEYS('{"a": 1, "b": {"c": 30}}') |
+---------------------------------------+
| ["a", "b"]                            |
+---------------------------------------+
1 row in set (0.00 sec)
```

JSON_OVERLAPS()函数可以用来比较两个 JSON 文档。若两个 JSON 文档有共同的"键值对"，则该函数返回 1，否则返回 0。该函数的语法如下：

```
JSON_OVERLAPS(json_doc1, json_doc2)
```

例如：

```
mysql> SELECT JSON_OVERLAPS("[1,3,5,7]", "[2,5,7]");
+---------------------------------------+
| JSON_OVERLAPS("[1,3,5,7]", "[2,5,7]") |
+---------------------------------------+
|                                     1 |
+---------------------------------------+
1 row in set (0.00 sec)
```

在上面的例子中,由于两个数组有共同的元素 5 和 7,因此 JSON_OVERLAPS()函数返回 1。

在 JSON_OVERLAPS()函数中,参与比较的必须是整个元素,而不能是某个元素的部分。例如在下面的例子中,该函数的返回值为 0:

```
mysql> SELECT JSON_OVERLAPS('[[1,2],[3,4],5]', '[1,[2,3],[4,5]]');
+-----------------------------------------------------------------+
| JSON_OVERLAPS('[[1,2],[3,4],5]', '[1,[2,3],[4,5]]')             |
+-----------------------------------------------------------------+
|                                                             0   |
+-----------------------------------------------------------------+
1 row in set (0.00 sec)
```

在上面的代码中,尽管两个数组有很多相同的数字,但是第 1 个数组的元素分别为[1,2]、[3,4]和 5,第 2 个数组的元素分别为 1、[2,3]和[4,5],这两个数组并没有相同的元素。

JSON_SEARCH()函数用来搜索 JSON 文档,并返回指定字符串所在的路径。该函数的语法如下:

```
JSON_SEARCH(json_doc, one_or_all, search_str[, escape_char[, path] ...])
```

其中,json_doc 为要搜索的 JSON 文档,one_or_all 为搜索标识,可以取 one 和 all 两个值。若取值为 one,则 JSON_SEARCH()函数搜索到第 1 个匹配的路径时便停止搜索;若取值为 all,则 JSON_SEARCH()函数会搜索并返回所有匹配的路径。

例如:

```
mysql> SET @j = '["abc", [{"k": "10"}, "def"], {"x":"abc"}, {"y":"bcd"}]';
Query OK, 0 rows affected (0.00 sec)

mysql> SELECT JSON_SEARCH(@j, 'one', 'abc');
+-------------------------------------------------+
| JSON_SEARCH(@j, 'one', 'abc')                   |
+-------------------------------------------------+
| "$[0]"                                          |
+-------------------------------------------------+
1 row in set (0.00 sec)
```

在上面的例子中,使用 one 作为搜索标识,所要搜索的字符串为 abc。当 JSON_SEARCH()函数匹配到第 1 个元素时便停止搜索,并返回该元素的路径。即使后面还有包含字符串 abc 的元素,也不会被搜索到。

若将搜索标识改为 all,则所有包含 abc 的路径都会被搜索出来,如下所示:

```
mysql> SELECT JSON_SEARCH(@j, 'all', 'abc');
+-------------------------------------------------+
| JSON_SEARCH(@j, 'all', 'abc')                   |
```

```
+-------------------------------------------------------------+
| ["$[0]", "$[2].x"]                                          |
+-------------------------------------------------------------+
```

3. JSON 文档修改函数

此类函数包括 JSON_ARRAY_APPEND()、JSON_ARRAY_INSERT()、JSON_INSERT()、JSON_MERGE_PRESERVE()、JSON_REMOVE()、JSON_REPLACE()以及 JSON_SET()等。

顾名思义，JSON_ARRAY_APPEND()函数是在指定的 JSON 数组后面追加一个元素，并且返回新的 JSON 数组。该函数的语法如下：

```
JSON_ARRAY_APPEND(json_doc, path, val[, path, val] ...)
```

其中 json_doc 为指定的 JSON 数组，path 和 val 分别为要追加的目标路径和值。

例如：

```
mysql> SET @j = '["a", ["b", "c"], "d"]';
Query OK, 0 rows affected (0.00 sec)

mysql> SELECT JSON_ARRAY_APPEND(@j, '$[1]', 'e');
+------------------------------------+
| JSON_ARRAY_APPEND(@j, '$[1]', 'e') |
+------------------------------------+
| ["a", ["b", "c", "e"], "d"]        |
+------------------------------------+
1 row in set (0.00 sec)
```

在上面的例子中，路径参数为$[1]，表示在索引为 1 的元素最后追加字母 e。由于索引为 1 的元素本身是一个 JSON 数组，因此字母 e 就被追加到了该数组的最后。

> **注 意**
> JSON_ARRAY_APPEND()函数并不改变原来的数组，而是建立一个新的数组。

下面的例子将一个稍微复杂的 JSON 对象追加到指定数组的最后：

```
mysql> SELECT JSON_ARRAY_APPEND(@j, '$', '{"j":[1,2,4,5]}');
+-----------------------------------------------+
| JSON_ARRAY_APPEND(@j, '$', '{"j":[1,2,4,5]}') |
+-----------------------------------------------+
| ["a", ["b", "c"], "d", "{\"j\":[1,2,4,5]}"]   |
+-----------------------------------------------+
1 row in set (0.00 sec)
```

在上面的例子中，我们使用$符号作为路径，在这种情况下，JSON_ARRAY_APPEND()函数会将指定的值追加到当前数组的最后。

JSON_ARRAY_INSERT()函数可以向指定的 JSON 数组插入一个元素。该函数的语法如下：

```
JSON_ARRAY_INSERT(json_doc, path, val[, path, val] ...)
```

例如：

```
mysql> SET @j = '["a", {"b": [1, 2]}, [3, 4]]';
Query OK, 0 rows affected (0.00 sec)

mysql> SELECT JSON_ARRAY_INSERT(@j, '$[1]', 'x');
+------------------------------------------------------------+
| JSON_ARRAY_INSERT(@j, '$[1]', 'x')                         |
+------------------------------------------------------------+
| ["a", "x", {"b": [1, 2]}, [3, 4]]                          |
+------------------------------------------------------------+
1 row in set (0.00 sec)
```

在上面的代码中，在索引为 1 的元素前面插入一个 x 元素。

下面的例子的路径稍微复杂一点：

```
mysql> SELECT JSON_ARRAY_INSERT(@j, '$[1].b[0]', 'x');
+------------------------------------------------------------+
| JSON_ARRAY_INSERT(@j, '$[1].b[0]', 'x')                    |
+------------------------------------------------------------+
| ["a", {"b": ["x", 1, 2]}, [3, 4]]                          |
+------------------------------------------------------------+
1 row in set (0.00 sec)
```

其中$[1].b[0]表示在指定数组的索引为 1 的元素的 b 元素的第 0 个位置前面插入字符。

JSON_INSERT()函数的功能与 JSON_ARRAY_INSERT()函数基本相同，只不过它处理的是 JSON 对象，而非 JSON 数组。其语法如下：

```
JSON_INSERT(json_doc, path, val[, path, val] ...)
```

例如：

```
mysql> SET @j = '{ "a": 1, "b": [2, 3]}';
Query OK, 0 rows affected (0.00 sec)

mysql> SELECT JSON_INSERT(@j, '$.a', 10, '$.c', '[true, false]');
+------------------------------------------------------------------+
| JSON_INSERT(@j, '$.a', 10, '$.c', '[true, false]')               |
+------------------------------------------------------------------+
| {"a": 1, "b": [2, 3], "c": "[true, false]"}                      |
+------------------------------------------------------------------+
1 row in set (0.00 sec)
```

在上面的例子中，用户可以发现刚刚插入的元素被双引号引起来了，这意味着 MySQL 把它当成了一个字符串，并非一个 JSON 数组。为了能够得到 JSON 数组，用户需要在插入的过程中使用 CAST 函数进行转换，如下所示：

```
mysql> SELECT JSON_INSERT(@j, '$.a', 10, '$.c', CAST('[true, false]' AS JSON));
+------------------------------------------------------------------------
```

```
+------------------------------------------------------------------+
| JSON_INSERT(@j, '$.a', 10, '$.c', CAST('[true, false]' AS JSON)) |
+------------------------------------------------------------------+
| {"a": 1, "b": [2, 3], "c": [true, false]}                        |
+------------------------------------------------------------------+
1 row in set (0.00 sec)
```

通过上面的转换，可以发现新插入的元素已经被当成了一个 JSON 数组对象。

JSON_MERGE_PRESERVE()函数用来合并两个或者多个 JSON 文档，并且返回合并后的 JSON 文档，其语法如下：

```
JSON_MERGE_PRESERVE(json_doc, json_doc[, json_doc] ...)
```

多个 JSON 文档之间通过逗号隔开，例如：

```
mysql> SELECT JSON_MERGE_PRESERVE('{"name": "x"}', '{"id": 47}');
+----------------------------------------------------+
| JSON_MERGE_PRESERVE('{"name": "x"}', '{"id": 47}') |
+----------------------------------------------------+
| {"id": 47, "name": "x"}                            |
+----------------------------------------------------+
1 row in set (0.00 sec)
```

在上面的例子中，通过 JSON_MERGE_PRESERVE()函数将两个 JSON 对象合并成一个 JSON 对象。

JSON_REMOVE()函数的功能是删除 JSON 文档中的某些数据，并返回新的 JSON 文档，其语法如下：

```
JSON_REMOVE(json_doc, path[, path] ...)
```

其中 json_doc 为目标文档，path 为要删除的路径，例如：

```
mysql> SET @j = '["a", ["b", "c"], "d"]';
Query OK, 0 rows affected (0.00 sec)

mysql> SELECT JSON_REMOVE(@j, '$[1]');
+-------------------------+
| JSON_REMOVE(@j, '$[1]') |
+-------------------------+
| ["a", "d"]              |
+-------------------------+
1 row in set (0.00 sec)
```

上面的例子将索引为 1 的元素从 JSON 数组中删除，即["b","c"]。

JSON_REPLACSE()函数的功能是替换指定 JSON 文档中的数据，并返回替换后的 JSON 文档：

```
JSON_REPLACE(json_doc, path, val[, path, val] ...)
```

例如：

```
mysql> SET @j = '{ "a": 1, "b": [2, 3]}';
Query OK, 0 rows affected (0.00 sec)

mysql> SELECT JSON_REPLACE(@j, '$.a', 10);
+-----------------------------------+
| JSON_REPLACE(@j, '$.a', 10)       |
+-----------------------------------+
| {"a": 10, "b": [2, 3]}            |
+-----------------------------------+
1 row in set (0.00 sec)
```

在上面的例子中，将键名为 a 的属性的值修改为 10。

> **注　意**
>
> 如果用户指定的路径不存在，JSON_REPLACE()函数就不会进行任何修改。

JSON_SET()函数的功能是修改 JSON 文档中的数据，如果指定的路径不存在，就会把数据插入 JSON 文档中。该函数的语法如下：

```
JSON_SET(json_doc, path, val[, path, val] ...)
```

其中 json_doc 为要操作的 JSON 文档，path 和 val 为一组"键值对"，例如：

```
mysql> SET @j = '{ "a": 1, "b": [2, 3]}';
Query OK, 0 rows affected (0.00 sec)

mysql> SELECT JSON_SET(@j, '$.a', 10, '$.c', CAST('[true, false]' AS JSON));
+---------------------------------------------------------------------+
| JSON_SET(@j, '$.a', 10, '$.c', CAST('[true, false]' AS JSON))       |
+---------------------------------------------------------------------+
| {"a": 10, "b": [2, 3], "c": [true, false]}                          |
+---------------------------------------------------------------------+
1 row in set (0.00 sec)
```

在上面的代码中，为 JSON_SET()提供了两组"键值对"，其中$.a 为 JSON 对象中已经存在的键名，而$.c 并不存在。通过 JSON_SET()函数将前者的值更新为 10，而将后者插入 JSON 文档中。

4.2 存储引擎

在 MySQL 中，存储引擎是一个非常重要的内容。存储引擎的选择直接影响 MySQL 数据的操作。存储引擎是一个比较底层的技术，它会影响 SQL 语句的存取操作、数据库事务以及数据文件在磁盘上的存储等。MySQL 以插件的方式支持多种存储引擎，每种存储引擎都有自己的特性，用户可以根据应用场景进行选择。本节将对 MySQL 中常用的几种存储引擎进行介绍。

4.2.1 存储引擎

在选择合适的存储引擎之前，用户需要先查看当前 MySQL 服务器支持的存储引擎。MySQL 提供了 show engines 命令，如下所示：

```
mysql> show engines;
+--------------------+---------+----------------+--------------+------+------------+
| Engine             | Support | Comment        | Transactions | XA   | Savepoints |
+--------------------+---------+----------------+--------------+------+------------+
| FEDERATED          | NO      | Federated …    | NULL         | NULL | NULL       |
| MEMORY             | YES     | Hash based,…   | NO           | NO   | NO         |
| InnoDB             | DEFAULT | Supports,…     | YES          | YES  | YES        |
| PERFORMANCE_SCHEMA | YES     | Performanc …   | NO           | NO   | NO         |
| MyISAM             | YES     | MyISAM …       | NO           | NO   | NO         |
| MRG_MYISAM         | YES     | Collection …   | NO           | NO   | NO         |
| BLACKHOLE          | YES     | /dev/null…     | NO           | NO   | NO         |
| CSV                | YES     | CSV …          | NO           | NO   | NO         |
| ARCHIVE            | YES     | Archive …      | NO           | NO   | NO         |
+--------------------+---------+----------------+--------------+------+------------+
9 rows in set (0.00 sec)
```

在上面的输出中，Engine 列为存储引擎名称；Support 列表示当前 MySQL 服务器是否支持该存储引擎，其中 YES 表示支持，NO 表示不支持，DEFAULT 表示该引擎为当前 MySQL 服务器默认的存储引擎；Transactions 列表示当前存储引擎是否支持事务。

除了 show engines 命令之外，用户还可以通过 show variables 命令来查看当前 MySQL 服务器默认的存储引擎，如下所示：

```
mysql> show variables like '%default_storage_engine%';
+------------------------+--------+
| Variable_name          | Value  |
+------------------------+--------+
| default_storage_engine | InnoDB |
+------------------------+--------+
1 row in set (0.00 sec)
```

从上面的输出可知，当前 MySQL 服务器默认的存储引擎为 InnoDB。

4.2.2 MyISAM

MyISAM 是 MySQL 5.5 之前默认的存储引擎，从 MySQL 5.5 开始，MySQL 默认的存储引擎更改为 InnoDB。MyISAM 基于古老的 ISAM 存储引擎，MySQL 在此基础上增加了许多有用的扩展。

MySQL 8.0 之前，在磁盘上每个 MyISAM 存储引擎的数据表都被存储为 3 个文件，每一个文件的名字均以表的名字开始，并以扩展名指出文件类型，这 3 个文件分别为.FRM、.MYD 和.MYI。其中.FRM 文件包含数据表的结构定义，.MYD 文件包含数据表的用户数据，.MYI 文件存储了数据表的索引数据。从 8.0 开始，MySQL 从数据目录中移除了.FRM 文件，而将数据表的结构定义存储于系统表空间中。因此，从 8.0 开始，数据目录中每个 MyISAM 数据表的数据文件只有两个。

例如，有一个名称为 user 的 MyISAM 表，在磁盘上就会有以下两个数据文件：

```
[root@iZ8vbdjpjvhsc05e3le76lZ sakila]# ll user*
-rw-r-----  1 mysql mysql     0 Jul 20 11:51 user.MYD
-rw-r-----  1 mysql mysql  1024 Jul 20 11:51 user.MYI
```

> **注 意**
>
> 从 8.0 开始，MySQL 提供了一个后缀为.sdi 的文件用来存储冗余的表结构数据。

MyIASM 表的数据文件和索引文件可以分布在不同的目录或者存储上，以提高磁盘 I/O 的效率。用户需要在创建表时使用 DATA DIRECTORY 或者 INDEX DIRECTORY 语句来指定数据文件目录或者索引文件目录。

MyISAM 表不支持事务，也不支持外键。因此，如果用户的系统对于数据完整性要求比较高，就应该避免使用 MyISAM 作为存储引擎。

MyISAM 支持 3 种表存储格式，分别为固定长度（静态）、动态和压缩。

1. 固定长度（静态）

如果一个数据表采用了固定长度格式，那么在该表中所有记录的长度都是固定的，所有记录的同一个列的长度都是相同的，无论其内容的实际长度如何。也就是说，如果内容超过了设置的长度，就会被截断；如果内容的长度不足设置的长度，就会补充空格。

固定长度的存储格式有以下特点：

- 速度快。由于每行记录的长度都是固定的，因此 MySQL 会预知记录的开始位置，记录存取速度非常快。
- 容易修复。MyISAM 数据表容易损坏。在出现损坏时，固定长度的存储格式可以比较容易恢复。
- 由于是按照最长的记录来分配存储空间的，因此相对于动态和压缩格式，固定格式会占用更多的磁盘存储空间。

如果一个表不含 BLOB、TEXT、VARCHAR 以及 VARBINARY 等类型的字段，固定长度就会成为默认的存储格式。

2. 动态表

动态表包含着可变长度的数据行。如果表中含有 BLOB、TEXT、VARCHAR 或者 VARBINARY 等类型的列，MySQL 就默认采用动态格式来存储该表。动态表拥有以下特性：

- 每个数据行都包含一个标识当前行长度的头部。
- 数据在磁盘上的存储会容易碎片化，因此更新数据时会花费较长的时间。当碎片化非常严重时，可以通过优化表来降低碎片化，以提高存取效率。
- 所有字符串列的长度都是动态的，因此占用的磁盘存储空间比固定格式减少很多。

> **注 意**
> 如果表中含有 TEXT 或者 BLOB 等变长列，就必须采用动态格式。

3. 压缩表

压缩表是一种压缩的、只读的数据表存储格式。相比于固定格式和动态格式，压缩表会占用非常少的磁盘存储空间。通常情况下，压缩表中的数据的压缩比保持在 40%~70%。

总的来说，MyISAM 存储引擎主要用在对于事务支持没有要求，但是对于存取速度要求比较高，并且支持全文索引的场合。这也是在互联网发展过程中，MySQL 成为最为流行的网络数据库的主要原因。因为博客或者论坛等应用系统的主要功能就是存取文本数据，MySQL 在这些应用系统中占据了绝大部分的市场。

MyISAM 表有时会损坏，损坏以后，表中的数据就不能被访问，此时用户可以尝试通过 repair table 命令来修复表，如下所示：

```
mysql> repair table user;
+--------------+--------+----------+----------+
| Table        | Op     | Msg_type | Msg_text |
+--------------+--------+----------+----------+
| sakila.user  | repair | status   | OK       |
+--------------+--------+----------+----------+
1 row in set (0.00 sec)
```

修复成功之后，表中的数据就可以访问了。

4.2.3 InnoDB

正如前面介绍的那样，MyISAM 存储引擎不支持事务，也不支持外键，这些特性对于关系型数据库管理系统而言是必须具备的特性。因此，MySQL 5.5 开始启用 InnoDB 作为默认的存储引擎。

InnoDB 存储引擎除了提供外键约束和事务处理之外，还支持行锁，提供和 Oracle 一样的一致性的不加锁读取，能增加并发读的用户数量并提高性能，不会增加锁的数量。

从 MySQL 8.0 开始，.FRM 文件已经被彻底取消了，MySQL 将.FRM 文件的内容移动到序列化字典信息（Serialized Dictionary Information，SDI）属性中。在 InnoDB 存储引擎中，SDI 被写在.ibd 文件内部。因此，对于 InnoDB 存储引擎的数据表，用户只看到一个扩展名为.ibd 的文件。

InnoDB 存储引擎支持自动增长列，自动增长列的值不能为空，并且值必须唯一。MySQL 中规定自动增长列必须为主键。在插入值的时候，如果自动增长列不输入值，插入的值就为自动增长后的值；如果输入的值为 0 或 NULL，插入的值也是自动增长后的值；如果插入某个确定的值，且该值在前面没有出现过，就可以直接插入。

InnoDB 存储引擎还支持外键，即 FOREIGN KEY。外键所在的表叫作子表，外键所引用的表叫作父表。父表中被子表外键关联的字段必须为主键。当删除、更新父表中的某条信息时，子表也必须有相应的改变，这是数据库的参照完整性规则。

InnoDB 的优点在于提供了良好的事务处理、崩溃修复能力和并发控制；缺点是读写效率较差，占用的数据空间相对较大。

4.2.4 MEMORY

MEMORY 存储引擎是一个非常特殊的存储引擎，主要用来创建一些特殊用途的表。采用 MEMORY 作为存储引擎的表的数据并不持久化地存储在磁盘上，而是存储在机器的内存中。当机器被重启或者 MySQL 服务被重启后，表中存储的数据将会丢失。因此，MEMORY 存储引擎的表通常作为临时表来使用，临时存储来自其他表的数据或者运算的中间结果。

MEMORY 存储引擎的表采用固定长度的存储格式，即使是表中存在着类型为变长的列，例如 VARCHAR，也是采用固定长度的格式存储。MEMORY 存储引擎的表不能包含 BLOB 或者 TEXT 等数据类型的列，但是可以包含自动增长类型的列。

4.2.5 MERGE

MERGE 存储引擎又称为 MRG_MyISAM 存储引擎。该存储引擎是一些拥有相同结构的 MyISAM 表的集合。所谓相同结构，是指数据表拥有相同的列及其数据类型和索引信息，并且相对应的列的顺序也是相同的，但是列的名称可以不同。

例如，用户有两个拥有相同的结构的 MyISAM 表，其创建语句如下：

```
mysql> CREATE TABLE t1 (id INT AUTO_INCREMENT, message VARCHAR(255) PRIMARY KEY(id))
ENGINE = MyISAM;
Query OK, 0 rows affected (0.03 sec)

mysql> CREATE TABLE t2 (id INT AUTO_INCREMENT, content VARCHAR(255), PRIMARY KEY(id))
ENGINE = MyISAM;
Query OK, 0 rows affected (0.02 sec)
```

然后在这两个表中插入一行数据，如下所示：

```
mysql> INSERT INTO t1 (message) VALUES ('This a test in Table1');
Query OK, 1 row affected (0.00 sec)

mysql> INSERT INTO t2 (content) VALUES ('This a test in Table2');
Query OK, 1 row affected (0.00 sec)
```

接下来，我们以上面两个表为基础创建一个 MERGE 存储引擎的表，其 SQL 语句如下：

```
mysql> CREATE TABLE total (id INT NOT NULL AUTO_INCREMENT, message VARCHAR(255),
INDEX(id)) ENGINE = MERGE UNION = (t1, t2) INSERT_METHOD=LAST;
Query OK, 0 rows affected (0.00 sec)
```

在上面的语句中，通过 ENGINE 关键字指定存储引擎为 MERGE，通过 UNION 关键字指定表的集合。创建完成之后，执行以下语句查询表中的数据行：

```
mysql> SELECT * FROM total;
+----+----------------------------------------+
| id | message                                |
+----+----------------------------------------+
|  1 | This a test in Table1                  |
|  1 | This a test in Table2                  |
+----+----------------------------------------+
2 rows in set (0.00 sec)
```

从上面的输出可知，表 t1 和 t2 中的数据行已经被包含在表 total 中了。

用户可以向 total 表中插入数据，如下所示：

```
mysql> INSERT INTO total (message) VALUES ('This a test in Total');
Query OK, 1 row affected (0.00 sec)

mysql> SELECT * FROM total;
+----+----------------------------------------+
| id | message                                |
+----+----------------------------------------+
|  1 | This a test in Table1                  |
|  1 | This a test in Table2                  |
|  2 | This a test in Total                   |
+----+----------------------------------------+
3 rows in set (0.00 sec)
```

从上面的执行结果可知，数据被成功地插入了表 total 中。那么这条数据究竟是被存储到表 t1、t2 还是 total 中？用户可以分别查询表 t1 和 t2，如下所示：

```
mysql> SELECT * FROM t1;
+----+----------------------------------------+
| id | message                                |
+----+----------------------------------------+
|  1 | This a test in Table1                  |
+----+----------------------------------------+
1 row in set (0.01 sec)

mysql> SELECT * FROM t2;
+----+----------------------------------------+
| id | content                                |
+----+----------------------------------------+
|  1 | This a test in Table2                  |
|  2 | This a test in Total                   |
+----+----------------------------------------+
2 rows in set (0.00 sec)
```

从上面的查询结果可知，新插入的数据被保存到了表 t2 中。

4.3 字符集

从本质来讲，计算机识别的都是二进制代码。因此，MySQL 中存储的所有数据（包括程序本身）最终都要转换成二进制代码，计算机才能认识和处理。但是，如何通过二进制代码来表示世界上多种多样的文字、符号就成了一个需要解决的问题。为此，人们想出了用二进制对每个文字或者符号进行编码，不同的二进制代码分别代表不同的文字或者符号。众多的二进制代码汇集在一起，就形成了字符集。本节将介绍 MySQL 中字符集的设置方法。

4.3.1 MySQL 支持的字符集

目前计算机领域不是只有一种字符集，而是种类繁多，例如 ASCII、ISO-8859、GBK、BIG5 以及 GB2312 等。每种字符集都有自己的编码规则，不同的字符集不可以混用，否则会出现乱码。也就是说，乱码的产生就是计算机在解码字符时使用了错误的规则。例如，如果在存储文本时使用了 GBK 字符集，在读取文本时却错误地使用了 ISO-8859 字符集，自然就不会得到正确的结果。为了统一编码规则，人们又创造出了 UNICODE 字符集，希望用一种编码规则来编码世界上所有的文字以及符号。在 UNICODE 下又有 UTF-8 以及 UTF-16 等编码方式。

在 MySQL 中，字符集是一个非常重要的方面。因为 MySQL 中存储的数据不仅仅是数值，更多的是文本数据，而且其中的文本通常会包含多种语言，所以在设计数据库的时候必须考虑这些文本的编码规则。此外，在数据导入或者导出的过程中，也必须考虑数据库中已有数据的字符集或者导出的数据是否可读。

MySQL 支持非常多的字符集，用户可以为每台服务器、每个数据库指定默认的字符集，也可以为每个表指定字符集，甚至为表中的每个列指定不同的字符集。用户可以通过 show character set 命令查看当前 MySQL 服务器支持的字符集，如下所示：

```
mysql> show character set;
+--------------------+---------------------------------+---------------------+--------+
| Charset            | Description                     | Default collation   | Maxlen |
+--------------------+---------------------------------+---------------------+--------+
| armscii8           | ARMSCII-8 Armenian              | armscii8_general_ci |      1 |
| ascii              | US ASCII                        | ascii_general_ci    |      1 |
| big5               | Big5 Traditional Chinese        | big5_chinese_ci     |      2 |
| binary             | Binary pseudo charset           | binary              |      1 |
| cp1250             | Windows Central European        | cp1250_general_ci   |      1 |
| cp1251             | Windows Cyrillic                | cp1251_general_ci   |      1 |
| cp1256             | Windows Arabic                  | cp1256_general_ci   |      1 |
```

```
| cp1257     | Windows Baltic          | cp1257_general_ci   |   1 |
| cp850      | DOS West European       | cp850_general_ci    |   1 |
| cp852      | DOS Central European    | cp852_general_ci    |   1 |
| cp866      | DOS Russian             | cp866_general_ci    |   1 |
| cp932      | SJIS for Windows Japanese | cp932_japanese_ci |   2 |
| dec8       | DEC West European       | dec8_swedish_ci     |   1 |
...
| ujis       | EUC-JP Japanese         | ujis_japanese_ci    |   3 |
| utf16      | UTF-16 Unicode          | utf16_general_ci    |   4 |
| utf16le    | UTF-16LE Unicode        | utf16le_general_ci  |   4 |
| utf32      | UTF-32 Unicode          | utf32_general_ci    |   4 |
| utf8       | UTF-8 Unicode           | utf8_general_ci     |   3 |
| utf8mb4    | UTF-8 Unicode           | utf8mb4_0900_ai_ci  |   4 |
+------------+-------------------------+---------------------+-----+
41 rows in set (0.00 sec)
```

从上面的输出结果可知，当前 MySQL 服务器支持 41 种不同的字符集。

> **注 意**
>
> 由于 MySQL 版本以及编译选项的不同，每个 MySQL 实例支持的字符集都有可能不同。

除了使用 show character set 命令之外，用户还可以查询 information_schema 数据库的 CHARACTER_SETS 表，来查看当前 MySQL 支持的字符集，如下所示：

```
mysql> SELECT * FROM information_schema.character_sets;
+--------------------+----------------------+-------------------------+--------+
| CHARACTER_SET_NAME | DEFAULT_COLLATE_NAME | DESCRIPTION             | MAXLEN |
+--------------------+----------------------+-------------------------+--------+
| big5               | big5_chinese_ci      | Big5 Traditional Chinese|   2    |
| dec8               | dec8_swedish_ci      | DEC West European       |   1    |
| cp850              | cp850_general_ci     | DOS West European       |   1    |
| hp8                | hp8_english_ci       | HP West European        |   1    |
...
| utf8mb4            | utf8mb4_0900_ai_ci   | UTF-8 Unicode           |   4    |
+--------------------+----------------------+-------------------------+--------+
41 rows in set (0.00 sec)
```

除了字符集之外，每个字符集还有排序规则。其中字符集定义了 MySQL 中文本的存储方式，排序规则定义了字符串比较的方式。在上面的 show character set 命令中，Default collation 列即为当前字符集默认的排序规则。

用户还可以使用 show collation 命令查看当前 MySQL 服务器支持的排序规则，如下所示：

```
mysql> show collation;
+----------------------------+----------+-----+---------+----------+---------+---------------+
| Collation                  | Charset  | Id  | Default | Compiled | Sortlen | Pad_attribute |
+----------------------------+----------+-----+---------+----------+---------+---------------+
| armscii8_bin               | armscii8 | 64  |         | Yes      | 1       | PAD SPACE     |
| armscii8_general_ci        | armscii8 | 32  | Yes     | Yes      | 1       | PAD SPACE     |
| ascii_bin                  | ascii    | 65  |         | Yes      | 1       | PAD SPACE     |
| ascii_general_ci           | ascii    | 11  | Yes     | Yes      | 1       | PAD SPACE     |
| utf8_bin                   | utf8     | 83  |         | Yes      | 1       | PAD SPACE     |
| utf8_general_ci            | utf8     | 33  | Yes     | Yes      | 1       | PAD SPACE     |
…
+----------------------------+----------+-----+---------+----------+---------+---------------+
272 rows in set (0.00 sec)
```

排序规则的命名是有一定规律的，它是由字符集名称、语言名称以及_ci、_cs、_bin 等字符组成的。其中 general 通常为默认的排序规则，_ci 表示不区分字母大小写，_cs 表示区分字母大小写，_bin 表示基于字符的二进制编码去比较，这也意味着含有_bin 的排序规则与语言无关。

对于开发者而言，最为常用的字符编码标准就是 Unicode。Unicode 是为了解决传统的字符编码方案的局限而产生的，它为世界上每种语言中的每个字符设定了统一并且唯一的二进制编码，以满足跨语言、跨平台进行文本转换、处理的要求。1991 年，Unicode 标准推出了 Unicode 1.0，截至 2020 年 3 月，Unicode 标准已经发展到了 Unicode 13.0，包含 143859 个字符。

尽管 Unicode 为每个字符制订了编码，但是并没有指定字符的存储方式。为此，人们又开发出了 UTF-8、UTF-16 以及 UTF-32 等 Unicode 标准的具体实现方式。关于这些实现方式到底是如何表示 Unicode 字符的，已经超出本书的范围，不再详细介绍。

在早期的 MySQL 版本中，用户通常使用 utf8 字符集来存储 Unicode 字符。实际上，MySQL 的 utf8 字符集并不能支持全部的 Unicode 字符。MySQL 的 utf8 字符集只支持到最多 3 字节的字符，而在 UTF-8 中，字符最多可以使用 4 字节来存储。因此，在使用 utf8 字符集时，用户在插入数据时经常会遇到以下错误：

```
Incorrect string value: '\xF0\x9F\x98\x83 <…' for column 'summary' at row 1
```

以上错误的出现表示 MySQL 遇到了超出 utf8 字符集的字符，数据存储失败。

从 MySQL 5.5.3 开始，MySQL 增加了一种新的字符集，即 utf8mb4，该字符集提供了完整的

UTF-8 的支持。因此，在新版本的 MySQL 中，用户应该尽量使用 utf8mb4 字符集来存储文本，避免发生数据存储失败的情况。

4.3.2 服务器字符集和排序规则

用户可以为一个 MySQL 服务器实例指定默认的字符集和排序规则，当用户创建数据库和表时，如果没有另外指定字符集和排序规则，就会采用 MySQL 服务器的字符集和排序规则。用户可以通过 3 种方式来设置 MySQL 服务器默认的字符集和排序规则。下面分别进行介绍。

1. 在 my.cnf 文件中指定服务器默认的字符集和排序规则

用户可以在 MySQL 的配置文件 my.cnf 中指定 MySQL 服务器默认的字符集及其排序规则。其中服务器端的字符集使用 character_set_server 选项，排序规则使用 collation_server 选项，以上两个选项都配置在 mysqld 部分，如下所示：

```
[mysqld]
…
character_set_server = utf8
collation_server = utf8_general_ci
…
```

设置完成之后，重新启动 MySQL 服务器，然后查看服务器的变量，如下所示：

```
mysql> show variables like '%character_set_server%';
+----------------------+-------+
| Variable_name        | Value |
+----------------------+-------+
| character_set_server | utf8  |
+----------------------+-------+
1 row in set (0.01 sec)

mysql> show variables like '%collation_server%';
+------------------+-----------------+
| Variable_name    | Value           |
+------------------+-----------------+
| collation_server | utf8_general_ci |
+------------------+-----------------+
1 row in set (0.00 sec)
```

从上面的输出可知，当前 MySQL 服务器的字符集及其排序规则都发生了改变。

> **注　意**
>
> 从 MySQL 8.0 开始，MySQL 服务器默认的字符集为 utf8mb4，默认的排序规则为 utf8mb4_0900_ai_ci。

2. 在命令行中指定服务器默认的字符集和排序规则

除了在 my.cnf 配置文件中指定服务器默认的字符集和排序规则之外，MySQL 还支持在命令行中指定这些选项。不同之处在于，在命令行中使用的选项的名称与在 my.cnf 中的变量名称不同，在命令行中，用户需要使用--character-set-server 和--collation-server。这两个选项都是 MySQL 的主服务程序 mysqld 的选项。

如果在 CentOS 中，并且 MySQL 是以 systemd 服务的形式部署的，用户则可以直接修改 MySQL 的服务文件。通常该文件位于 /lib/systemd/system 目录中，其名称为 mysqld.service。用户需要修改其中的 ExecStart 选项，在 mysqld 后面增加上述两个选项，如下所示：

```
ExecStart=/usr/sbin/mysqld --character-set-server=utf8
--collation-server=utf8_general_ci $MYSQLD_OPTS
```

> **注意**
>
> 如果 MySQL 不是以 systemd 服务运行的，用户可以直接在 mysqld 命令后面增加上述两个选项。

3. 在编译时指定服务器默认的字符集和排序规则

前面已经介绍过，MySQL 8 开始默认的字符集被设置为 utf8mb4，默认的排序规则被设置为 utf8mb4_0900_ai_ci。如果用户需要修改默认的字符集和排序规则，并且 MySQL 是自己编译安装的，那么可以在编译时指定其他的字符集和排序规则作为服务器默认的字符集和排序规则。

用户在编译 MySQL 时可以分别使用 DEFAULT_CHARSET 和 DEFAULT_COLLATION 两个编译选项来指定默认字符集和排序规则，如下所示：

```
[root@localhost ~]#cmake . -DDEFAULT_CHARSET=utf8
-DDEFAULT_COLLATION=utf8_general_ci
```

4.3.3 数据库字符集和排序规则

当用户为 MySQL 服务器设置了默认的字符集和排序规则之后，如果用户在创建数据库时没有另外指定字符集和排序规则，那么数据库的字符集和排序规则会自动设置为服务器的字符集和排序规则。当然，如果用户不想使用服务器的字符集和排序规则，那么可以在创建数据库时明确指出。

无论是 CREATE DATABASE 还是 ALTER DATABASE 语句，都有一个 CHARACTER SET 和 COLLATE 选项，前者用来指定数据库默认的字符集，后者用来指定数据库默认的排序规则。

例如，下面的语句创建一个名为 test 的数据库，并且指定其默认的字符集为 utf8mb4，默认的排序规则为 utf8mb4_0900_ai_ci：

```
mysql> CREATE DATABASE test DEFAULT CHARACTER SET utf8mb4 DEFAULT COLLATE
utf8mb4_0900_ai_ci;
Query OK, 1 row affected (0.01 sec)
```

指定数据库默认的字符集和排序规则之后，如果用户在创建表时没有另外指定字符集和排序规则，MySQL 就会自动使用数据库默认的字符集和排序规则。

对于已经存在的数据库，用户可以使用 ALTER DATABASE 语句修改默认的字符集和排序规则。例如，下面的语句将数据库 test 默认的字符集和排序规则分别修改为 utf8 和 utf8_general_ci：

```
mysql> ALTER DATABASE test CHARACTER SET utf8 COLLATE utf8_general_ci;
Query OK, 1 row affected, 2 warnings (0.00 sec)
```

4.3.4 表字符集和排序规则

在 MySQL 中，用户可以单独为数据表设置字符集和排序规则。如果用户在创建数据表时没有明确指定字符集和排序规则，那么数据表的字符集和排序规会自动继承当前数据库的相关设定；如果当前数据库没有明确指定字符集和排序规则，那么数据表的字符集和排序规则会自动继承 MySQL 服务器的相关设定；如果 MySQL 服务器没有明确指定字符集和排序规则，那么数据表的字符集和排序规则会自动采用 MySQL 默认的字符集和排序规则，即 utf8mb4 和 utf8mb4_0900_ai_ci。数据表字符集和排序规则的选取原则如图 4-1 所示。

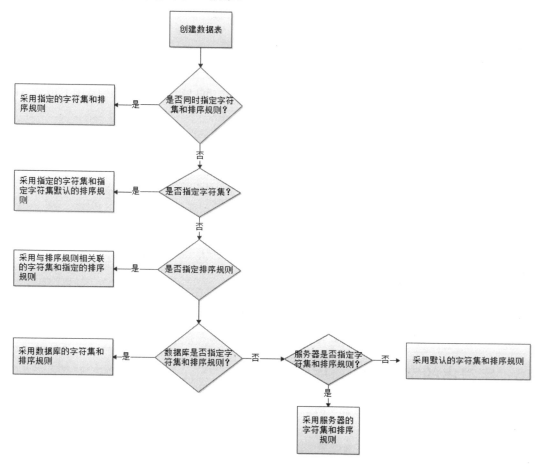

图 4-1　MySQL 数据表字符集和排序规则选择顺序

用户在使用 CREATE TABLE 语句创建数据表时，可以使用[DEFAULT] CHARACTER SET 和 COLLATE 明确指定当前数据表所使用的字符集和排序规则。MySQL 支持在同一个数据库中，不同的表采用不同的字符集和排序规则。

```
CREATE TABLE tbl_name (column_list) [[DEFAULT] CHARACTER SET charset_name] [COLLATE collation_name]]
```

其中 charset_name 为字符集，collation_name 为排序规则。DEFAULT 关键字可以省略。

对于已经存在的数据表，用户可以使用 ALTER TABLE 语句进行修改，其语法如下：

```
ALTER TABLE tbl_name [[DEFAULT] CHARACTER SET charset_name] [COLLATE collation_name]
```

在上面的语法中，相关参数的含义与 CREATE TABLE 完全相同。

例如，下面的语句在当前数据库中创建一个名为 user 的表，并且指定其字符集和排序规则：

```
mysql> CREATE TABLE user (id INT AUTO_INCREMENT NOT NULL,name VARCHAR(32) NOT NULL,sex INT,birthdate DATE,PRIMARY KEY(id)) CHARACTER SET utf8mb4 COLLATE utf8mb4_0900_ai_ci;
Query OK, 0 rows affected (0.02 sec)
```

4.3.5　列字符集和排序规则

在 MySQL 中，列不仅可以设置数据类型，当列的数据类型为 CHAR、VARCHAR 或者 TEXT 时，还可以为每个列指定不同的字符集和排序规则。以下语句可以用在 CREATE TABLE 或者 ALTER TABLE 中：

```
col_name {CHAR | VARCHAR | TEXT} (col_length) [CHARACTER SET charset_name] [COLLATE collation_name]
```

其中 col_name 为列名，col_length 为列的长度，charset_name 为字符集，collation_name 为排序规则。

例如，下面的语句创建一个名为 company 的表，并且将 name 列的字符集指定为 utf8mb4：

```
mysql> CREATE TABLE company (id INT AUTO_INCREMENT NOT NULL, name VARCHAR(128) CHARACTER SET utf8mb4 COLLATE utf8mb4_0900_ai_ci, PRIMARY KEY (id));
Query OK, 0 rows affected (0.02 sec)
```

> **注　意**
>
> 只有 CHAR、VARCHAR 和 TEXT 类型的列才可以设置字符集和排序规则。

4.3.6　字符串的字符集和排序规则

MySQL 允许每个字符串都拥有独立的字符集和排序规则。在使用字符串时，用户可以通过以下语法进行指定：

```
[_charset_name]'string' [COLLATE collation_name]
```

其中 _charset_name 为字符集，collation_name 为排序规则。例如，下面的语法分别指定了字符串所使用的字符集和排序规则：

```
mysql> SELECT _utf8mb4'字符串';
+------------------+
| 字符串           |
+------------------+
| 字符串           |
+------------------+
```

```
1 row in set (0.00 sec)
mysql> SELECT _utf8mb4'字符串' COLLATE utf8mb4_general_ci;
+---------------------------------------------------+
| _utf8mb4'字符串' COLLATE utf8mb4_general_ci       |
+---------------------------------------------------+
| 字符串                                            |
+---------------------------------------------------+
1 row in set (0.00 sec)
```

对于字符串而言，其字符集和排序规则的选择有一定的规则，如果用户在使用字符串时明确指定了字符集和排序规则，就直接使用该字符集和排序规则；如果只指定了字符集，但是未指定排序规则，就使用该字符集和它的默认排序规则；如果字符集和排序规则都未指定，就使用 character_set_connection 和 collation_connection 这两个系统变量给出的字符集和排序规则。

4.3.7 连接字符集和排序规则

在实际生产环境中，MySQL 数据库中的数据都是通过各种客户端连接到 MySQL 服务器进行存取的。在这种情况下，必然会涉及双方的字符集和排序规则等问题。如果处理不好，就会出现所谓的乱码现象，或者出现无法正常查询出结果的情况。

前面介绍的部分 MySQL 服务器端的系统变量会影响服务器和客户端的交互。其中 character_set_server 和 collation_server 这两个系统变量标识了 MySQL 服务器默认的字符集和排序规则，character_set_database 和 collation_database 这两个系统变量标识了数据库默认的字符集和排序规则。character_set_client 标识了客户端所使用的字符集。在返回查询结果之前，MySQL 服务器会将查询结果转换为 character_set_results 系统变量指定的字符集，然后返回给客户端。对于每一个客户端的连接，由 character_set_connection 和 collation_connection 这两个系统变量表示其使用的字符集和排序规则。

> **注 意**
>
> 如果客户端传入的字符串没有明确指定所使用的字符集和排序规则，MySQL 服务器就会自动将其转换为 character_set_connection 和 collation_connection 这两个系统变量指定的字符集和排序规则，然后进行字符串的比较。因此，这两个系统变量的值通常与数据库、表或者列的字符集和排序规则一致。

用户可以通过以下语句来改变与客户端有关的字符集和排序规则：

```
SET NAMES 'charset_name' [COLLATE 'collation_name']
```

其中 charset_name 为字符集，collation_name 为排序规则。

例如，下面的语句将客户端相关的字符集更改为 utf8mb4：

```
mysql> SET NAMES utf8mb4;
Query OK, 0 rows affected (0.00 sec)
```

```
mysql> show variables like '%character%';
+--------------------------+-------------------------------------+
| Variable_name            | Value                               |
+--------------------------+-------------------------------------+
| character_set_client     | utf8mb4                             |
| character_set_connection | utf8mb4                             |
| character_set_database   | utf8                                |
| character_set_filesystem | binary                              |
| character_set_results    | utf8mb4                             |
| character_set_server     | utf8mb4                             |
| character_set_system     | utf8                                |
| character_sets_dir       | /usr/share/mysql-8.0/charsets/      |
+--------------------------+-------------------------------------+
8 rows in set (0.00 sec)
```

实际上，SET NAMES 命令等价于以下 3 个命令：

```
SET character_set_client = charset_name;
SET character_set_results = charset_name;
SET character_set_connection = charset_name;
```

4.3.8　字符集和排序规则的优先级

在前面的内容中，我们讲解了服务器、数据库、表、列以及字符串的字符集和排序规则。MySQL 在使用这些字符集和排序规则时必然会产生优先级问题，到底 MySQL 在进行字符串比较和转换时按照什么顺序来选择这些字符集和排序规则呢？

通常情况下，字符串本身的字符集和排序规则的优先级最高，接下来是列的字符集和排序规则，然后分别是表、数据库和服务器。

4.4　索引

在涉及数据库的应用系统开发过程中，索引是一个始终绕不开的问题。如果一个应用系统没有用到索引，那么这个应用系统必然效率不高。索引对于数据库的影响是非常大的。所以，每个开发者都应该注意数据库索引的设计。本节将详细介绍 MySQL 中经常使用的索引。

4.4.1　普通索引

在 MySQL 中，普通索引是最基本的一种索引，也是最灵活的一种索引。在创建索引时，如果用户没有指定任何限制，所创建的索引就是普通索引。

普通索引可以是单列索引，也可以是组合索引。前者只包含一个列，而后者可以由多个列组合而成。

普通索引的主要功能是提高查询的效率，尽量避免全表扫描。因此，普通索引应该尽量建立在查询条件所在的列上，而不是查询结果中包含的列上。

普通索引的创建方法主要有 3 种，首先用户可以使用 CREATE INDEX 语句直接创建索引，其次用户可以通过 ALTER TABLE 语句修改表结构的时候为表增加索引，还有用户可以在通过 CREATE TABLE 语句创建表时指定索引。

1. 通过 CREATE INDEX 语句创建索引

CREATE INDEX 语句的基本语法如下：

```
CREATE INDEX index_name ON tbl_name (key_part,...)
```

其中 index_name 为索引名，tbl_name 为表名，key_part 为索引列。由于索引不能单独存在，它必须依附在某个表上，因此在创建索引时必须指定表名。

例如下面的语句在 actor 表上创建了一个单列索引：

```
mysql> CREATE INDEX idx_actor_first_name ON actor (first_name);
Query OK, 0 rows affected (0.02 sec)
Records: 0  Duplicates: 0  Warnings: 0
```

通过上面的语句创建的索引会将整个字符串的值存储到索引中，因此索引占用的磁盘空间会比较大。MySQL 支持前缀索引，即对索引列的前 N 个字符进行索引。这样可以节省索引文件所占据的存储空间，又提高了索引搜索的效率。

例如下面的语句在 film 表上创建一个名为 idx_film_title 的前缀索引，前缀长度为 15 字节：

```
mysql> CREATE INDEX idx_film_title ON film (title(15));
Query OK, 0 rows affected (0.03 sec)
Records: 0  Duplicates: 0  Warnings: 0
```

> **注 意**
> 前缀索引通常用在前缀重复率较低的情况，如果前缀重复率非常高，索引就失去了意义。

下面的语句创建一个包含两个列的联合索引：

```
mysql> CREATE INDEX idx_last_first ON actor (first_name,last_name);
Query OK, 0 rows affected (0.03 sec)
Records: 0  Duplicates: 0  Warnings: 0
```

用户可以使用 SHOW INDEX 语句查看某个表的索引，如下所示：

```
mysql> SHOW INDEX FROM actor \G
*************************** 1. row ***************************
        Table : actor
   Non_unique : 0
     Key_name : PRIMARY
```

```
    Seq_in_index      : 1
    Column_name       : actor_id
      Collation       : A
    Cardinality       : 200
       Sub_part       : NULL
         Packed       : NULL
           Null       :
     Index_type       : BTREE
       Commen t:
Index_comment         :
        Visible       : YES
     Expression       : NULL
*************************** 2. row ***************************
          Table       : actor
     Non_unique       : 1
       Key_name       : idx_actor_last_name
    Seq_in_index      : 1
    Column_name       : last_name
      Collation       : A
    Cardinality       : 121
       Sub_part       : NULL
         Packed       : NULL
           Null       :
     Index_type       : BTREE
        Comment       :
Index_comment         :
        Visible       : YES
     Expression       : NULL
…
```

2. 通过 ALTER TABLE 语句创建索引

前面已经介绍过 ALTER TABLE 语句可以用来修改表结构。除此之外，ALTER TABLE 语句还可以为表添加索引，其语法如下：

```
ALTER table tbl_name ADD INDEX index_name(column_name)
```

其中，tbl_name 为要修改的表的名称，index_name 为索引名，column_name 为列名。

例如，下面的语句为 actor 表添加一个名为 idx_actor_first_name 的索引：

```
mysql> ALTER TABLE actor ADD INDEX idx_actor_first_name(first_name);
Query OK, 0 rows affected (0.02 sec)
Records: 0  Duplicates: 0  Warnings: 0
```

3. 通过 CREATE TABLE 语句创建索引

用户可以在使用 CREATE TABLE 语句创建表的同时指定所要创建的索引，其语法如下：

```
INDEX [index_name] (column_name(length))
```

其中 index_name 为索引名称，column_name 为列名，length 为前缀索引长度。例如，下面的语句创建一个名为 actor 的表，并且创建一个名为 idx_firstname 的前缀索引：

```
mysql> CREATE TABLE actor (actor_id INT AUTO_INCREMENT,first_name
VARCHAR(45),last_name VARCHAR(45),last_update TIMESTAMP NOT NULL DEFAULT
CURRENT_TIMESTAMP, PRIMARY KEY (`actor_id`),INDEX idx_firstname (first_name(30)));
Query OK, 0 rows affected (0.03 sec)
```

前面介绍过索引的存在虽然能提高查询速度，但是会影响更新效率，因此，当某个索引不再需要时，用户需要及时将其从表中删除。普通索引的删除使用 DROP INDEX 语句，其基本语法如下：

```
DROP INDEX [index_name] ON tbl_name
```

其中，index_name 为索引名，tbl_name 为表名。

例如，下面的语句将表 actor 上的名为 idx_actor_last_name 的索引删除：

```
mysql> DROP INDEX idx_actor_last_name ON actor;
Query OK, 0 rows affected (0.01 sec)
Records: 0  Duplicates: 0  Warnings: 0
```

4.4.2 唯一索引

唯一索引与普通索引非常相似，不同之处在于唯一索引的值必须是唯一的，即索引中的列的值不能存在重复的值。但是，唯一索引允许有空值存在。如果是由多个列组成的组合索引，这些列的值的组合就必须是唯一的，在这种情况下，就不要求成员列的值必须是唯一的。因此，唯一索引除了能够提高查询效率之外，还可以保证索引中的数据的唯一性。

唯一索引的创建方法与普通索引基本相同，只不过在创建唯一索引时需要使用 UNIQUE 关键字。如果用户想要直接为已经存在的表创建一个唯一索引，可以使用以下语句：

```
CREATE UNIQUE INDEX index_name ON tbl_name (key_part,...)
```

可以发现，唯一索引的创建语句仅仅多了一个 UNIQUE 关键字。

如果通过修改表语句添加唯一索引，那么其语法如下：

```
ALTER table tbl_name ADD UNIQUE INDEX index_name(column_name)
```

创建表时指定唯一索引的语法如下：

```
UNIQUE INDEX [index_name] (column_name(length))
```

唯一索引的删除方法与普通索引的删除方法完全相同，不再详细说明。

4.4.3 全文索引

前面介绍的普通索引和唯一索引可以应用在各种数据类型的列上，而全文索引局限于 CHAR、VARCHAR 以及 TEXT 等字符类型的列上。如果用户的表中存储了大量的文本型数据，例如博客文章或者新闻等内容，在没有建立全文索引的情况下，通过 LIKE 等关键字去查询，其效率是非常低的。全文索引就是为了提高文本的搜索效率而开发出来的一种索引。

全文索引的支持与存储引擎有关，在早期的 MySQL 中，只有 MyISAM 类型的存储引擎支持全文索引。而在新的 MySQL 版本中，InnoDB 存储引擎也提供了全文索引的支持。

与其他的索引不同，全文索引是以词为单位进行搜索的，因此用户在使用全文索引时必须注意分词问题。默认的 MySQL 全文索引是以空格为分隔符进行分词的，这对于英文等拉丁字母系的语言是适用的，但是对于中文是不适用的。后来，MySQL 增加了 ngram 文本解析器，用于支持中文、日文以及韩文等语言。

全文索引的创建方法与普通索引类似，区别之处在于需要使用 FULLTEXT 关键字。在已有表上直接创建全文索引的语句如下：

```
CREATE FULLTEXT INDEX index_name ON tbl_name (key_part,...)
```

其中 FULLTEXT 关键字表明所要创建的索引为全文索引。

例如，下面的语句为 film 表的 description 列创建一个全文索引：

```
mysql> CREATE FULLTEXT INDEX ftx_description ON film (`description`);
Query OK, 0 rows affected, 1 warning (0.31 sec)
Records: 0  Duplicates: 0  Warnings: 1
```

当然，用户也可以在创建索引时指定使用的文本解析器，如下所示：

```
mysql> CREATE FULLTEXT INDEX ftx_description ON film (`description`) WITH PARSER ngram;
Query OK, 0 rows affected (0.19 sec)
Records: 0  Duplicates: 0  Warnings: 0
```

对于已经存在的表，用户可以使用 ALTER TABLE 语句为其添加全文索引。

```
ALTER table tbl_name ADD FULLTEXT INDEX index_name(column_name)
```

如果想在创建表时同时创建全文索引，可以在 CREATE TABLE 语句中使用以下子句：

```
FULLTEXT INDEX [index_name] (column_name(length))
```

全文索引的使用方法与前面介绍的几种索引有些不同，主要有自然语言查询、布尔逻辑查询以及扩展查询。下面分别进行介绍。

1. 自然语言查询

全文搜索需要调用 MATCH()和 AGAINST()函数。其中 MATCH()函数可以指定全文搜索的方式，默认情况下，该函数使用自然语言查询方式来执行全文搜索。例如，下面的语句在 film 表中查询简介中包含"自己"的电影：

```
mysql> SELECT film_id, title FROM film WHERE MATCH(description) AGAINST('自己');
+---------+------------------+
| film_id | title            |
+---------+------------------+
|    1001 | 以家人之名       |
|    1003 | 三十而已         |
|    1002 | 穿越火线         |
```

```
+------------------+--------------------------+
3 rows in set (0.00 sec)
```

在上面的语句中,MATCH()函数的参数为建立全文索引的列,AGAINST()函数用来指定查询的关键词。由于上面的查询使用了全文索引,因此比使用 LIKE 执行类似查询的效率提高很多。

用户可以在 AGAINST()函数中使用 IN 修饰符明确指定查询方式,如下所示:

```
mysql> SELECT film_id, title FROM film WHERE MATCH(description) AGAINST('自己' IN
NATURAL LANGUAGE MODE);
+------------------+--------------------------+
| film_id          | title                    |
+------------------+--------------------------+
|     1001         | 以家人之名               |
|     1003         | 三十而已                 |
|     1002         | 穿越火线                 |
+------------------+--------------------------+
3 rows in set (0.00 sec)
```

在上面的语句中,IN NATURAL LANGUAGE MODE 修饰符指定当前的查询方式为自然语言查询。

MATCH()函数可以返回一个匹配值,用户可以将其作为一个列查询出来,如下所示:

```
mysql> SELECT film_id, title,MATCH(description) AGAINST('自己' IN NATURAL LANGUAGE
MODE) AS score FROM film WHERE MATCH(description) AGAINST('自己' IN NATURAL LANGUAGE
MODE);
+------------------+--------------------------+------------------------------+
| film_id          | title                    | score                        |
+------------------+--------------------------+------------------------------+
|     1001         | 以家人之名               | 25.485931396484375           |
|     1003         | 三十而已                 | 25.485931396484375           |
|     1002         | 穿越火线                 |  6.371482849121094           |
+------------------+--------------------------+------------------------------+
3 rows in set (0.00 sec)
```

2. 布尔查询

如果用户想要查询多个关键词,就会用到布尔查询。布尔查询可以对多个关键词进行逻辑组合,以满足更加复杂的查询需求。

布尔运算有 3 种运算符,分别为与、或以及非,在 MySQL 的全文查询中,与运算使用"+"表示,非运算使用"-"表示,如果关键词前面没有任何修饰符,就为或运算。

执行布尔查询时,需要在 AGAINST()函数中使用 IN BOOLEAN MODE 修饰符。

例如,下面的语句查询简介中包含"自己"、不包含"努力"的电影信息:

```
mysql> SELECT film_id,title FROM film WHERE MATCH(description) AGAINST('+自己 -努
```

```
力' IN BOOLEAN MODE);
+------------------+------------------+
| film_id          | title            |
+------------------+------------------+
|     1003         | 三十而已         |
|     1002         | 穿越火线         |
+------------------+------------------+
2 rows in set (0.00 sec)
```

在上面的语句中，AGAINST()函数中的"+自己"表示必须包含该关键词，"-努力"表示排除该关键词。由于 film_id 为 1001 的电影简介中包含"努力"这个关键词，因此该行数据被排除。

如果想要查询包含关键词"自己"或者"努力"的电影信息，可以使用以下语句：

```
mysql> SELECT film_id,title FROM film WHERE MATCH(description) AGAINST('自己 努力'
IN BOOLEAN MODE);
+------------------+----------------------------+
| film_id          | title                      |
+------------------+----------------------------+
|     1001         | 以家人之名                 |
|     1003         | 三十而已                   |
|     1002         | 穿越火线                   |
+------------------+----------------------------+
3 rows in set (0.00 sec)
```

3. 扩展查询

扩展查询可以根据用户的查询关键词适当地扩大查询。例如，当用户查询 database 这个关键词时，如果使用自然语言查询，包含该关键词本身的数据就会被查询出来。但是，实际上 Oracle、MySQL 以及 SQL Server 等也属于数据库的范畴，通过扩展查询，MySQL 会自动发现这些关键词之间隐藏的关联，将它们都查询出来。

扩展查询的方法是在 AGAINST()函数中使用 WITH QUERY EXPANSION 或者 WITH QUERY EXPANSION 修饰符。

例如，下面的语句通过自然语言查询包含"robot"的电影信息：

```
mysql> SELECT COUNT(*) AS quantity FROM film WHERE MATCH(description) AGAINST('robot'
IN NATURAL LANGUAGE MODE);
+------------------+
| quantity         |
+------------------+
|      530         |
+------------------+
1 row in set (0.00 sec)
```

如果使用扩展查询，那么其语句如下：

```
mysql> SELECT COUNT(*) AS quantity FROM film WHERE MATCH(description) AGAINST('robot'
WITH QUERY EXPANSION);
```

```
+------------------+
| quantity         |
+------------------+
|      1000        |
+------------------+
1 row in set (0.04 sec)
```

> **注意**
>
> 扩展查询通常会带来大量无关的查询结果，因此，只有在查询关键词非常短、查询结果非常少的情况下才采用扩展查询。

4.4.4 不可见索引

从 8.0 开始，MySQL 开始支持不可见索引。不可见索引是一类特殊的索引，所谓不可见，是针对 MySQL 的查询优化器而言的。这也意味着当某个索引成为不可见索引后，查询优化器不会使用该索引来执行查询。

索引的可见性可以使用 VISIBLE 或者 INVISIBLE 关键字来明确指定，其中 VISIBLE 为默认值，表示该索引是可见的，INVISIBLE 表示该索引为不可见索引。普通索引、唯一索引和全文索引都可以是不可见索引。

不可见索引的创建方法与其他索引的创建方法基本相同，只不过需要使用 VISIBLE 或者 INVISIBLE 关键字。

> **注意**
>
> 主键索引不可以被设置为不可见索引。

例如，下面的语句创建一个不可见索引：

```
mysql> CREATE INDEX idx_film_title ON film(title) INVISIBLE;
Query OK, 0 rows affected (0.03 sec)
Records: 0  Duplicates: 0  Warnings: 0

mysql> SHOW INDEX FROM film \G
…
*************************** 4. row ***************************
        Table: film
   Non_unique: 1
     Key_name: idx_film_title
 Seq_in_index: 1
  Column_name: title
    Collation: A
  Cardinality: 1000
     Sub_part: NULL
       Packed: NULL
         Null:
```

```
        Index_type: BTREE
          Comment:
Index_comment:
          Visible: NO
       Expression: NULL
...
```

创建完成之后,可以使用 EXPLAIN 语句来查看在查询的时候是否使用索引:

```
mysql> EXPLAIN SELECT title FROM film WHERE title = 'RAGE GAMES'\G
*************************** 1. row ***************************
           id: 1
  select_type: SIMPLE
        table: film
   partitions: NULL
         type: ALL
possible_keys: NULL
          key: NULL
      key_len: NULL
          ref: NULL
         rows: 1000
     filtered: 0.10
        Extra: Using where
1 row in set, 1 warning (0.00 sec)
```

在上面的输出中,key 表示当前查询所使用的索引,其值为 NULL,表示该查询没有使用任何索引。

用户可以在创建表时同时指定不可见索引。例如下面的语句创建表 country 时同时创建一个不可见索引:

```
mysql> CREATE TABLE country (country_id INT AUTO_INCREMENT NOT NULL,country
VARCHAR(50), last_update TIMESTAMP, PRIMARY KEY(`country_id`),INDEX
idx_country(country) INVISIBLE);
Query OK, 0 rows affected (0.03 sec)
```

当然,用户可以通过 ALTER TABLE 语句来创建不可见索引,其基本语法如下:

```
ALTER table tbl_name ADD INDEX index_name(column_name) INVISIBLE
```

由于该语句与前面介绍的普通索引和唯一索引的语句基本相同,因此不再详细举例说明。

不可见索引的主要应用场景是用户想禁用某个索引,但是又不想将其直接删除,此时可将其修改为不可见索引。当重新启用该索引时,只要将其恢复为可见索引即可。

用户可以通过以下语句来修改索引,其基本语法如下:

```
ALTER TABLE tbl_name ALTER INDEX idx_name index_options
```

其中 tbl_name 为索引所在的表的名称,idx_name 为要修改的索引的名称,index_options 为索引选项。

例如，下面的语句将不可见索引 idx_film_title 修改为可见索引：

```
mysql> ALTER TABLE film ALTER INDEX idx_film_title VISIBLE;
Query OK, 0 rows affected (0.02 sec)
Records: 0  Duplicates: 0  Warnings: 0
```

修改为可见索引之后，该索引就可以被 MySQL 的查询使用了，如下所示：

```
mysql> EXPLAIN SELECT title FROM film WHERE title = 'RAGE GAMES'\G
*************************** 1. row ***************************
           id: 1
  select_type: SIMPLE
        table: film
   partitions: NULL
         type: ref
possible_keys: idx_film_title
          key: idx_film_title
      key_len: 514
          ref: const
         rows: 1
     filtered: 100.00
        Extra: Using index
1 row in set, 1 warning (0.00 sec)
```

从上面的输出可知，key 的值为 idx_film_title，表明当前查询使用的索引为 idx_film_title。

4.4.5 倒序索引

在 MySQL 8.0 之前，无论用户在创建索引时是否指定了排序规则，索引都是按照升序来排列的。而从 8.0 开始，MySQL 支持倒序索引。当用户想要将查询结果倒序排列时，MySQL 会自动使用倒序索引。

倒序索引的创建方法与其他索引的创建方法基本相同，只是在指定索引列时需要同时指定排序规则。

例如，下面的语句为表 film_actor 添加一个名为 idx_film_id_desc 的倒序索引：

```
mysql> ALTER TABLE film_actor ADD INDEX idx_film_id_desc (film_id DESC);
```

倒序索引的修改和删除方法与其他索引完全相同，不再详细说明。

4.5 视图

所谓视图，实际上可以看作是一种虚拟表。视图并不像表一样存储数据，其内容来自于定义视图的查询语句。也就是说，用户在视图中看到的数据实际上来自于定义视图所引用的表，并且在查询视图时动态生成。视图的应用场景主要有两种，首先是视图可以提供数据方面的安全，视图创建者可以决定哪些数据行和数据列可以在视图中出现,这非常像一个"窗口",视图使用者只能通过这个"窗口"看到应该看到的数据;另一个场景是可以隐藏复杂的查询细节,使得数据查询更加容易,即用户可以将一个复杂的查询定义为一个视图。本节将详细介绍 MySQL 中视图的使用方法。

4.5.1 创建视图

创建视图使用 CREATE VIEW 语句,该语句的基本语法如下:

```
CREATE [OR REPLACE] [DEFINER = user] [SQL SECURITY { DEFINER | INVOKER }] VIEW
view_name [(column_list)] AS select_statement
```

其中 OR REPLACE 为可选项,如果指定了该项,且指定的视图名称已经存在,就会替换原来的视图。DEFINER 关键字指定视图的定义者,如果没有指定,就默认为当前数据库连接用户。管理员可以采用 user_name'@'host_name 的形式来指定视图的定义者。

SQL SECURITY 是一个比较重要的选项,该选项会影响用户是否能够成功查询该视图。从字面上讲,SQL SECURITY 即 SQL 安全性,也就是 SQL 语句的安全检查,检查用户是否拥有查询该视图及其所引用的数据的权限。视图的权限稍微有些复杂,首先,视图本身拥有访问权限;其次,视图所引用的表也有访问权限。SQL SECURITY 有两个值,分别为 DEFINER 和 INVOKER,前者为视图的定义者,即当该视图被查询时是以视图定义者的身份来进行权限审核的,只要视图定义者拥有相关权限,视图就可以查询成功,当然前提是查询视图的用户拥有查询视图的权限;后者为视图的调用者,即当该视图被查询时是以查询者的身份来进行权限审核的,只有在查询者拥有查询视图本身及其所引用数据的情况下才可以成功查询该视图。

view_name 为视图名称,column_list 为视图中的列的列表,该列表必须与后面的 SELECT 语句的列的列表一一对应。

select_statement 为定义视图的查询语句。通常情况下,视图中的数据会来自多个表,因此会涉及多个表之间的连接。此外,用户还可以在查询语句中使用各种函数以及运算符。

例如,下面的语句创建了一个名为 file_info 的视图:

```
mysql> CREATE VIEW film_info AS SELECT `film`.`title` AS `title`,`film`.`film_id`
AS `film_id`,`film`.`description` AS `description`,`film`.`release_year` AS
`release_year`,`film`.`language_id` AS
`language_id`,`film`.`original_language_id` AS
`original_language_id`,`film`.`rental_duration` AS
`rental_duration`,`film`.`rental_rate` AS `rental_rate`,`film`.`length` AS
`length`,`film`.`replacement_cost` AS `replacement_cost`,`film`.`rating` AS
`rating`,`film`.`special_features` AS `special_features`,`film`.`last_update` AS
`last_update`,`category`.`name` AS
`categoryname`,GROUP_CONCAT(CONCAT(`actor`.`first_name`,_utf8mb4'
',`actor`.`last_name`) SEPARATOR ', ') AS `actors` FROM ((((`film` JOIN `film_actor`
ON((`film`.`film_id` = `film_actor`.`film_id`))) JOIN `film_category`
ON((`film`.`film_id` = `film_category`.`film_id`))) JOIN `actor`
ON((`film_actor`.`actor_id` = `actor`.`actor_id`))) JOIN `category`
ON((`film_category`.`category_id` = `category`.`category_id`))) GROUP BY
`film`.`film_id`,`category`.`name`;
```

```
Query OK, 0 rows affected (0.00 sec)
```

以上视图的数据来自于 film、film_actor、actor、film_category 以及 category 五个表。由于 film、film_actor 以及 film_category 等表中仅仅包含演员和电影分类的主键码，如果直接将主键码显示出来，对于用户是非常不友好的，普通用户很难知道这些主键码到底代表的是什么内容。因此，开发人员应该将其与对应的表关联起来，以得到这些主键码所代表的字面意思。如果直接由开发人员编写 SQL 语句，就会使得代码的可读性非常低。如果数据库管理人员将其作为一个视图发布出去，就会使得开发人员像查询普通表一样来获取这些数据，如下所示：

```
mysql> SELECT title,categoryname,actors FROM film_info LIMIT 10;
+--------------------+-------------------+------------------------------------+
| title              | categoryname      | actors                             |
+--------------------+-------------------+------------------------------------+
| ACADEMY DINOSAUR   | Documentary       | CHRISTIAN GABLE, PENELOPE …        |
| ACE GOLDFINGER     | Horror            | BOB FAWCETT, MINNIE…               |
| ADAPTATION HOLES   | Documentary       | NICK WAHLBERG, BOB…                |
| AFFAIR PREJUDICE   | Horror            | KENNETH PESCI, OPRAH               |
…
+--------------------+-------------------+------------------------------------+
10 rows in set (0.03 sec)
```

4.5.2 查看视图

当视图被定义好之后，用户可以通过多种方式来查看视图的各种状态信息和定义。下面分别进行介绍。

在 MySQL 中，SHOW TABLES 命令不仅可以查看当前数据库中的表的清单，还包括视图。例如，下面的命令显示了 sakila 数据库中的表和视图：

```
mysql> USE sakila;
Database changed
mysql> SHOW TABLES;
+----------------------------+
| Tables_in_sakila           |
+----------------------------+
| actor                      |
| actor_info                 |
| address                    |
| category                   |
…
| total                      |
| user                       |
+----------------------------+
26 rows in set (0.00 sec)
```

在上面的输出中，actor_info 就是一个视图。

如果用户想要查看视图的定义信息，那么可以使用 SHOW CREATE VIEW 语句，如下所示：

```
mysql> SHOW CREATE VIEW film_list\G;
*************************** 1. row ***************************
                View: film_list
         Create View: CREATE ALGORITHM=UNDEFINED DEFINER=`root`@`localhost` SQL
SECURITY DEFINER VIEW `film_list` AS SELECT `film`.`film_id` AS `FID`,`film`.`title`
AS `title`,`film`.`description` AS `description`,`category`.`name` AS
`category`,`film`.`rental_rate` AS `price`,`film`.`length` AS
`length`,`film`.`rating` AS
`rating`,GROUP_CONCAT(CONCAT(`actor`.`first_name`,_utf8mb4'
',`actor`.`last_name`) SEPARATOR ', ') AS `actors` FROM ((((`category` LEFT JOIN
`film_category` ON((`category`.`category_id` = `film_category`.`category_id`)))
LEFT JOIN `film` ON((`film_category`.`film_id` = `film`.`film_id`))) JOIN
`film_actor` ON((`film`.`film_id` = `film_actor`.`film_id`))) JOIN `actor`
ON((`film_actor`.`actor_id` = `actor`.`actor_id`))) GROUP BY
`film`.`film_id`,`category`.`name`
character_set_client: utf8mb4
collation_connection: utf8mb4_0900_ai_ci
1 row in set (0.00 sec)
```

除此之外，用户还可以通过 information_schema 数据库的 views 表来查看视图的相关信息，如下所示：

```
mysql> SELECT * FROM views WHERE table_name='film_list'\G
*************************** 1. row ***************************
       TABLE_CATALOG: def
        TABLE_SCHEMA: sakila
          TABLE_NAME: film_list
     VIEW_DEFINITION: SELECT `sakila`.`film`.`film_id` AS
`FID`,`sakila`.`film`.`title` AS `title`,`sakila`.`film`.`description` AS
`description`,`sakila`.`category`.`name` AS
`category`,`sakila`.`film`.`rental_rate` AS `price`,`sakila`.`film`.`length` AS
`length`,`sakila`.`film`.`rating` AS
`rating`,GROUP_CONCAT(CONCAT(`sakila`.`actor`.`first_name`,'
',`sakila`.`actor`.`last_name`) SEPARATOR ', ') AS `actors` FROM
(((( `sakila`.`category` LEFT JOIN `sakila`.`film_category`
ON((`sakila`.`category`.`category_id` = `sakila`.`film_category`.`category_id`)))
LEFT JOIN `sakila`.`film` ON((`sakila`.`film_category`.`film_id` =
`sakila`.`film`.`film_id`))) JOIN `sakila`.`film_actor`
ON((`sakila`.`film`.`film_id` = `sakila`.`film_actor`.`film_id`))) JOIN
`sakila`.`actor` ON((`sakila`.`film_actor`.`actor_id` =
`sakila`.`actor`.`actor_id`))) GROUP BY
`sakila`.`film`.`film_id`,`sakila`.`category`.`name`
        CHECK_OPTION: NONE
        IS_UPDATABLE: NO
```

```
        DEFINER: root@localhost
  SECURITY_TYPE: DEFINER
CHARACTER_SET_CLIENT: utf8mb4
COLLATION_CONNECTION: utf8mb4_0900_ai_ci
1 row in set (0.00 sec)
```

如果用户想要查看视图包含的列及其数据类型，可以使用查看表一样的 DESC 语句，如下所示：

```
mysql> DESC film_list;
+-------------+-------------------------------+------+-----+---------+-------+
| Field       | Type                          | Null | Key | Default | Extra |
+-------------+-------------------------------+------+-----+---------+-------+
| FID         | smallint unsigned             | YES  |     | 0       |       |
| title       | varchar(128)                  | YES  |     | NULL    |       |
| description | text                          | YES  |     | NULL    |       |
| category    | varchar(25)                   | NO   |     | NULL    |       |
| price       | decimal(4,2)                  | YES  |     | 4.99    |       |
| length      | smallint unsigned             | YES  |     | NULL    |       |
| rating      | enum('G','PG','PG-13','R','NC-17') | YES |     | G       |       |
| actors      | text                          | YES  |     | NULL    |       |
+-------------+-------------------------------+------+-----+---------+-------+
8 rows in set (0.00 sec)
```

4.5.3 修改视图

修改视图的定义使用 ALTER VIEW 语句，其基本语法如下：

```
ALTER [DEFINER = user] [SQL SECURITY { DEFINER | INVOKER }] VIEW view_name
[(column_list)] AS select_statement
```

以上语法的各个选项与 CREATE VIEW 语句完全相同，不再重复介绍。

例如，下面的语句修改前面创建的视图 film_info，去掉 language_id 和 original_language_id 这两个列：

```
mysql> ALTER VIEW film_info AS SELECT `film`.`title` AS `title`,`film`.`film_id`
AS `film_id`,`film`.`description` AS `description`,`film`.`release_year` AS
`release_year`,`film`.`rental_duration` AS
`rental_duration`,`film`.`rental_rate` AS `rental_rate`,`film`.`length` AS
`length`,`film`.`replacement_cost` AS `replacement_cost`,`film`.`rating` AS
`rating`,`film`.`special_features` AS `special_features`,`film`.`last_update` AS
`last_update`,`category`.`name` AS
`categoryname`,GROUP_CONCAT(CONCAT(`actor`.`first_name`,_utf8mb4'
',`actor`.`last_name`) separator ', ') AS `actors` FROM ((((`film` join `film_actor`
ON((`film`.`film_id` = `film_actor`.`film_id`))) JOIN `film_category`
```

```
ON((`film`.`film_id` = `film_category`.`film_id`))) JOIN `actor`
ON((`film_actor`.`actor_id` = `actor`.`actor_id`))) JOIN `category`
ON((`film_category`.`category_id` = `category`.`category_id`))) GROUP BY
`film`.`film_id`,`category`.`name`;
Query OK, 0 rows affected (0.01 sec)
```

> **注意**
>
> ALTER VIEW 中的视图必须是已经存在的视图。

4.5.4 删除视图

尽管视图的存在并不会像索引一样影响数据库的性能，但是无用的视图多了也会影响数据库管理的效率。因此，如果某些视图确定不会再被使用，就可以将其从数据库中删除。删除视图使用 DROP VIEW 语句，其基本语法如下：

```
DROP VIEW [IF EXISTS] view_name [, view_name] ...
```

其中 IF EXISTIS 子句表示只有当视图存在的时候才会执行 DROP VIEW 语句，以防止视图不存在的情况下，DROP VIEW 语句执行错误。view_name 为要删除的视图的名称，DROP VIEW 语句支持同时删除多个视图，多个视图之间通过逗号分隔。

例如，下面的语句删除名为 **film_info** 的视图：

```
mysql> DROP VIEW film_info;
Query OK, 0 rows affected (0.01 sec)
```

4.6 锁和事务

在一个生产环境中，通常会存在非常多的数据库会话，因此数据库多个会话之间的并发控制就显得非常重要了。否则，当不同的会话存取同一行数据时，就会出现意想不到的结果。此外，在交易过程中，还必须保证数据库操作的原子性，即某一组数据库操作要么一起执行成功，要么一起执行失败，否则也会导致数据的不一致。本节将详细介绍 MySQL 数据库中的锁和事务，就是为了解决这两个问题。

4.6.1 MySQL 的锁

简单地讲，数据库锁存在的主要意义就是保持数据库中数据的一致性。对于数据库管理系统而言，表中的数据都是可以共享访问的。例如，对于淘宝而言，其同时在线人数通常会保持在几万人，这么多人同时访问存储在数据库中的商品和订购数据，有些人会读取数据，而有些人会写入数据。如果没有锁机制，数据库中的数据必然会变得极度不一致，甚至某些商品的库存为 0，仍然可以成功下订单。

所以，从本质上讲，锁为数据库中共享的数据提供了一种访问规则，在某些情况下，用户可以写入，在某些情况下，用户只能读取，在某些情况下，用户只能等待。

与其他的数据管理系统相比，MySQL 的锁有些特殊之处。由于 MySQL 中存在着多种存储引擎，每种存储引擎为了保证自己的数据一致性制定了不同的锁定机制。这些锁定机制的制定就是为了满足不同的应用场景。

总的来说，按照锁定范围来说，MySQL 的锁主要有 3 种，分别是表级锁、页级锁和行级锁。其中页级锁目前使用较少，因此此处重点介绍表级锁和行级锁。

（1）表级锁

表级锁是对整个表进行加锁。这类锁的优点是加锁快，不会出现死锁；缺点是锁定粒度大，从而导致并发性低。

（2）行级锁

行级锁是对数据表中的某一行进行锁定。这类锁的优点是锁定粒度小，并发性高；缺点是加锁慢，MySQL 维护锁的开销大。

按照锁定机制来分，锁主要有两种，分别是共享锁和排他锁。

（1）共享锁

由共享锁锁定的表或者行可以被其他的会话读取，但是不能写入。也就是说，当某个表或者行被一个会话加上共享锁之后，其他的会话也可以获取该表或者该行的共享锁，但是不能获取排他锁。

（2）排他锁

顾名思义，排他锁是独占型的，也就是说，当某个表或者行被加上排他锁之后，其他的会话就不能再获取该表或者行的共享锁或者排他锁。排他锁通常由写入操作使用。

表级锁可以是共享锁，也可以是排他锁。同样，行级锁也可以是共享锁或者排他锁。

注　意
共享锁可以理解为只读锁，排他锁可以理解为读写锁。

4.6.2　MyISAM 的锁

MyISAM 存储引擎只支持表级锁。实际上，表级锁是早期版本的 MySQL 唯一支持的锁类型，后来随着应用场景的不断出现，对于并发性能和事务提出了更高的要求，才开发出了其他类型的锁，主要包括支持页级锁的 BDB 存储引擎和支持行级锁的 InnoDB 存储引擎。

尽管表级锁是 MySQL 各存储引擎中最大粒度的锁定机制，但是表级锁仍然是目前使用频繁的锁之一。表级锁的实现逻辑非常简单，MySQL 维护表级锁的开销非常小。表级锁获取和释放的速度很快。由于表级锁一次会将整个表锁定，因此可以很好地避免困扰死锁问题。当然，锁定颗粒度大带来的最大负面影响就是出现锁定资源争用的概率变高，致使并发性能大打折扣。

通常情况下，MyISAM 的表级锁不需要用户来人工维护。在执行 SELECT 等查询语句的时候，MyISAM 会自动为涉及的表加上共享锁，执行完查询之后，共享锁会自动被释放。在执行 UPDATE、INSERT 以及 DELETE 等语句时，MyISAM 会自动为表加上排他锁，以防止其他的会话更新数据，执行完之后，排他锁会自动被释放。

当然，用户可以使用 SQL 语句来显式地锁定 MyISAM 的数据表，其语法如下：

```
LOCK TABLES tbl_name lock_type [, tbl_name lock_type] ...
```

其中，tbl_name 为要锁定的表的名称，lock_type 为锁定类型，可以取值为 READ 或者 WRITE，前者为共享锁，后者为排他锁。

例如，下面的语句为表 actor 加上共享锁：

```
mysql> LOCK TABLES actor READ;
Query OK, 0 rows affected (0.00 sec)
```

当表 actor 被加上共享锁之后，任何会话都不能更改或者插入数据，即使是当前会话。如果是当前会话向表 actor 插入数据，就会出现以下错误：

```
mysql> INSERT INTO actor (first_name,last_name) VALUES ('hawk','john');
ERROR 1099 (HY000): Table 'actor' was locked with a READ lock and can't be updated
```

如果是其他的会话向表 actor 插入数据，就会出现等待共享锁的释放情况。

下面的语句为表 actor 加上排他锁：

```
mysql> LOCK TABLES actor WRITE;
Query OK, 0 rows affected (0.01 sec)
```

当 actor 表被加上排他锁之后，只有当前的会话可以查询或者修改数据，其他会话查询或者修改表 actor 的数据都会被挂起，等待排他锁的释放。

释放表级锁使用 UNLOCK TABLES 语句，该语句没有选项，执行该语句可以释放当前会话锁定的所有表上的锁，如下所示：

```
mysql> UNLOCK TABLES;
Query OK, 0 rows affected (0.00 sec)
```

4.6.3 InnoDB 的锁

InnoDB 存储引擎支持表级锁和行级锁。其中，表级锁的使用方法和 MyISAM 存储引擎的使用方法完全相同，下面重点介绍行级锁。

顾名思义，InnoDB 的行级锁就是仅锁定需要更新的数据行，而非整个数据表。如果用户的业务系统不涉及事务，只是简单地存取数据，那么用户可以不必关心行级锁的加锁和解锁，InnoDB 会自动进行管理。

例如，当用户执行以下查询语句时：

```
mysql> SELECT * FROM products WHERE id = 3;
+------------+------------------+
| id         | quantity         |
+------------+------------------+
| 3          | 2                |
+------------+------------------+
1 row in set (0.00 sec)
```

InnoDB 会自动为该行加上共享锁，当查询执行完成之后，共享锁会被立即释放。同理，当执行

UPDATE 语句时，InnoDB 会自动为涉及的行加上排他锁，当数据更新完成之后，排他锁被自动释放。一般情况下，由于查询和更新时间非常短，因此用户并没有意识到。

但是，如果用户的业务逻辑非常复杂，需要通过事务来保证数据的一致性，就需要显式地进行加锁和解锁。

例如，在一个电子商务系统中，假设商品表 products 中有一个名为 quantity 的列，用来存储商品的库存。在用户的订单提交之前，系统必须确定当前商品的库存是足够的，能够满足当前订单的需求，然后向订单表 orders 中插入订单记录。这个过程中，主要涉及以下几个操作：首先系统需要查询用户所选择的商品的库存是否满足订单需求，其次将商品的库存减去订单所订购的数量，最后在 orders 表中插入订单记录。当然，整个过程还可能涉及其他的一些操作，例如订单明细或者操作日志等，此处只给出 3 个主要的操作，分别为查询库存、更新库存以及插入订单。

假设当前商品在 products 表中的 id 为 3，quantity 为 50，用户订单订购的数量为 30。系统可以按照以下流程来处理这个订单。

首选，通过以下语句查询当前商品的库存数量：

```
SELECT quantity FROM products WHERE id=3;
```

上面的查询结果的 quantity 的值为 50。

然后更新当前产品库存：

```
UPDATE products SET quantity = 20 WHERE id=3;
```

接下来插入订单记录：

```
INSET INTO orders (product_id, quantity) values (3, 30);
```

上面的操作初步看起来没有什么问题。但是仔细一想就会发现，上面的操作实际上是不安全的。通常情况下，电子商务系统的在线用户是非常多的，在同一个时刻会有大量的订单产生。在通过执行 SELECT 语句得到库存为 50 之后，很难保证在当前会话更新库存之前不会有其他的会话抢先更新库存。假如在此期间有其他的订单产生，并且将库存更新为 10，那么当前会话再将库存更新为 20 就会出现问题。

为了避免以上问题的产生，用户必须要保证在当前订单创建期间不会有其他人来更新当前产品的库存。此时，就需要将 products 表中当前的数据行进行锁定。

同样，InnoDB 的行级锁也支持共享锁和排他锁。在使用行级锁时，用户只要在 SELECT 语句后面加上 FOR UPDATE 或者 FOR SHARE 就可以了，如下所示：

```
SELECT [ALL | DISTINCT | DISTINCTROW ] [WHERE where_condition] [FOR {UPDATE | SHARE}
```

其中 FOR UPDATE 表示排他锁，FOR SHARE 表示共享锁。

有了行级锁之后，上面的操作可以按照以下步骤进行。

首先将 AUTOCOMMIT 变量的值修改为 0，如下所示：

```
mysql> SET AUTOCOMMIT = 0;
Query OK, 0 rows affected (0.00 sec)
```

默认情况下，AUTOCOMMIT 变量的值为 1，表示自动提交事务。行级锁只有在事务中才会生效，所以在使用行级锁之前，将 AUTOCOMMIT 变量的值修改为 0，以关闭事务的自动提交。

接下来是整个订单的操作步骤，如下所示：

```
01  mysql> SELECT quantity FROM products WHERE id = 3 FOR UPDATE;
02  +------------------+
03  | quantity         |
04  +------------------+
05  |       50         |
06  +------------------+
07  1 row in set (0.00 sec)
08
09  mysql> UPDATE products SET quantity = 20 WHERE id = 3;
10  Query OK, 1 row affected (0.00 sec)
11  Rows matched: 1  Changed: 1  Warnings: 0
12
13  mysql> INSERT INTO orders (product_id, quantity) VALUES (3, 30);
14  Query OK, 1 row affected (0.00 sec)
15
16  mysql> COMMIT;
17  Query OK, 0 rows affected (0.00 sec)
18
19  mysql> SET AUTOCOMMIT = 1;
20  Query OK, 0 rows affected (0.00 sec)
```

当执行完第 01 行代码之后，id 为 3 的行被加上行级锁，此时只有当前会话可以更新该行数据，但是其他的会话可以读取该行数据，不能更新。第 09 行通过 UPDATE 语句将当前商品的库存更新为 20，第 13 行插入订单记录，第 16 行执行 COMMIT 语句，提交当前事务，释放行级锁，其他的会话就可以更新该行数据了。第 19 行将 AUTOCOMMIT 系统变量的值恢复为 1。

> **注　意**
>
> 只有将 AUTOCOMMIT 系统变量的值改为 0 后，行级锁才生效。

在上面的例子中，我们提供修改 AUTOCOMMIT 系统变量，停止事务的自动提交。当更新完数据之后，还需要将其还原为默认值 1。在程序代码中，用户可以使用 BEGIN 语句显式地启动一个事务，最后使用 COMMIT 语句提交该事务，此时就不需要修改 AUTOCOMMIT 系统变量了，代码如下：

```
mysql> BEGIN;
Query OK, 0 rows affected (0.00 sec)

mysql> SELECT quantity FROM products WHERE id = 3 FOR UPDATE;
+------------------+
| quantity         |
+------------------+
|       50         |
+------------------+
1 row in set (0.00 sec)
```

```
mysql> UPDATE products SET quantity = 20 WHERE id = 3;
Query OK, 1 row affected (0.00 sec)
Rows matched: 1  Changed: 1  Warnings: 0

mysql> INSERT INTO orders (product_id, quantity) VALUES (3, 30);
Query OK, 1 row affected (0.00 sec)

mysql> COMMIT;
Query OK, 0 rows affected (0.00 sec)
```

尽管行级锁看起来非常完美，但是在某些情况下，InnoDB 可能不会使用行级锁，还是将整个表加上表级锁。其中的原因主要在于 InnoDB 的行级锁是采用基于索引的锁定机制，如果查询条件列上没有索引，那么 InnoDB 会自动使用表级锁。

4.6.4 事务

所谓事务，实际上就是一组数据库的操作。这组操作要么一起执行成功，要么一起执行失败，这种特性称为事务的原子性。事务的原子性在涉及多表操作时非常有用，可以保证数据的一致性。典型的例子是在支付的过程中，用户的账户余额与交易流水记录必须保持一致。如果账户余额更新成功，交易明细插入失败，用户就会不清楚自己的余额为什么会减少；如果账户余额更新失败，交易明细插入成功，用户就会对凭空多出来的交易明细感到困惑。总之，在一个生产环境中，这种数据的不一致性是不可以接受的。最好的解决方案就是，账户余额更新和交易明细插入这两个操作要么一起成功，要么一起失败，这样就保证了数据的一致。

除了原子性之外，事务还有一致性、隔离性以及持久性等特性。这些特性与用户直接打交道的机会不多，所以不再详细介绍。

前面已经提到过，在默认情况下，MySQL 会自动管理事务，用户可以不必干涉。如果用户想要人工管理事务，可以将系统变量 AUTOCOMMIT 的值更改为 0。此时，当用户执行完 SQL 语句之后，需要人工执行 COMMIT 语句以提交事务，保存修改结果。

在程序代码中，通常使用 BEGIN 和 COMMIT 这组语句来管理事务，其中 BEGIN 语句开启一个新的事务，COMMIT 语句提交当前事务，将更改写入数据库。

例如，下面的代码就是一个典型的事务：

```
01  mysql> BEGIN;
02  Query OK, 0 rows affected (0.00 sec)
03
04  mysql> INSERT INTO student(name) VALUE('John');
05  Query OK, 1 row affected (0.00 sec)
06
07  mysql> UPDATE student SET name = '王五' WHERE id = 4;
08  Query OK, 1 row affected (0.01 sec)
09  Rows matched: 1  Changed: 1  Warnings: 0
10
11  mysql> COMMIT;
```

```
12  Query OK, 0 rows affected (0.00 sec)
13
14  mysql> SELECT * FROM student;
15  +------------+--------------------+
16  | id         | name               |
17  +------------+--------------------+
18  | 1          | 张三               |
19  | 2          | 李四               |
20  | 3          | wangwu             |
21  | 4          | 王五               |
22  +------------+--------------------+
23  4 rows in set (0.00 sec)
```

4.7 MySQL 权限管理

MySQL 的权限与数据库的安全息息相关，不当的权限设置会给数据库带来极大的安全隐患。因此，无论是作为开发人员，还是数据库管理人员，都需要对 MySQL 的权限管理有着深入的理解，掌握权限管理方法。本节将详细介绍 MySQL 的权限管理指令以及常见的注意事项。

4.7.1 用户和角色

想要连接 MySQL 数据库服务器，首先必须拥有一个数据库用户。这相当于进入数据库系统的一把"钥匙"。拥有这把"钥匙"，应用程序才可以访问数据库中的数据。当然，用户连接到 MySQL 数据库服务器之后，并不是可以为所欲为的，它只能访问管理员授予的数据库和表。就像一把钥匙不可能打开所有的门，只能打开授权后的门。

在 MySQL 中，数据库用户存储在 mysql 系统数据库的 user 表中，用户可以通过查询该表了解当前数据库系统的用户，如下所示：

```
mysql> SELECT User, Host FROM user ORDER BY Host, User;
+----------------------------------+--------------------------+
| User                             | Host                     |
+----------------------------------+--------------------------+
| blog                             | %                        |
| dba                              | %                        |
| demo                             | %                        |
| hawk                             | %                        |
| hawk                             | 123.123.123.123          |
| demo                             | localhost                |
| mysql.infoschema                 | localhost                |
| mysql.session                    | localhost                |
| mysql.sys                        | localhost                |
| root                             | localhost                |
| test                             | localhost                |
```

```
+-------------------------------+-------------------------+
11 rows in set (0.00 sec)
```

从上面的输出可知，当前 MySQL 服务器有 11 个数据库用户，其中 User 列为用户名，Host 列为主机名或者 IP 地址。

在 MySQL 中，数据库用户通过以下形式表示：

```
user_id@host
```

其中，user_id 为用户名，host 为与用户名相对应的主机。其中主机可以为主机名、IP 地址或者通配符。在连接数据库服务器时，只有用户名和主机同时完全匹配才允许访问。如果想要允许用户在所有的主机上连接 MySQL 数据库服务器，那么可以使用通配符%。localhost 表示 MySQL 服务器本机。

在上面的用户列表中，细心的读者可以发现，存在着两个用户名为 hawk 的数据库用户，只是这两个数据库用户的 Host 不同，一个为通配符%，另一个为 IP 地址 123.123.123.123。当 hawk 连接数据库的时候，到底使用哪一条来验证呢？

实际上，在 MySQL 中虽然这些数据库用户的用户名是相同的，但是可以看作是完全不同的数据库用户，因为这些数据库用户可以拥有不同的密码等属性，除了用户名之外，其他的属性可以都不相同。当然，应用系统是通过用户名来连接 MySQL 服务器的，在拥有相同用户名的情况下，MySQL 必须确定使用哪个数据库用户来进行验证。为此，MySQL 制订了一个验证的规则，开发人员必须对这个规则有着深入的理解，否则在出现无法连接数据库的时候，不知道怎么解决问题。

当 MySQL 服务器启动或者使用 FLUSH PRIVILEGES 命令重载权限表的时候，MySQL 进程会将 user 表载入内存，并且依据 Host 列从具体到一般的顺序排列，即主机名和 IP 地址在前，通配符在后。在 Host 列相同的情况下，同样也是具体的用户名在前，用户名为空的在后。在数据库用户连接数据库时，MySQL 会按照排好的顺序遍历用户列表，并且使用用户名和主机都匹配的第一行。

例如，当前 MySQL 服务器中存在以下几个用户：

```
hawk@%
hawk@123.123.123.123
```

其中第 1 个用户是可以通过任何主机连接数据库的 hawk 用户，第 2 个为在 IP 地址为 123.123.123.123 的主机连接数据库的 hawk 用户。如果 hawk 用户在 IP 地址为 123.123.123.123 的主机上连接 MySQL 服务器，首先匹配到的就是 hawk@123.123.123.123；如果 hawk 在其他的主机上连接 MySQL 服务器，hawk@123.123.123.123 就不符合要求，因此首先匹配到的就是 hawk@%。

MySQL 在验证数据库用户时，如果匹配到的第一行的密码不正确，就会连接失败，不会继续验证其他拥有相同用户名的数据库用户。

在 MySQL 的权限体系中，localhost 和 127.0.0.1 是有区别的，这也是初学者非常容易混淆的地方。当用户使用以下两种方式连接 MySQL 时，mysql 客户端会使用 Socket 协议进行连接：

```
[root@iZ8vbdjpjvhsc05e3le76lZ ~]# mysql -uhawk -p -hlocalhost
```

或者

```
[root@iZ8vbdjpjvhsc05e3le76lZ ~]# mysql -uhawk -p
```

用户可以使用 STATUS 命令来得到验证，如下所示：

```
mysql> STATUS
--------------
mysql  Ver 8.0.21 for Linux on x86_64 (MySQL Community Server - GPL)

Connection id:          607
Current database:
Current user:           hawk@localhost
SSL:                    Not in use
Current pager:          stdout
Using outfile:          ''
Using delimiter:        ;
Server version:         8.0.21 MySQL Community Server - GPL
Protocol version:       10
Connection:             Localhost via UNIX socket
Server characterset:    utf8mb4
Db     characterset:    utf8mb4
Client characterset:    utf8mb4
Conn.  characterset:    utf8mb4
UNIX socket:            /var/lib/mysql/mysql.sock
Binary data as:         Hexadecimal
Uptime:                 24 days 22 min 7 sec

Threads: 2  Questions: 2112  Slow queries: 0  Opens: 1057  Flush tables: 3  Open tables: 850  Queries per second avg: 0.001
--------------
```

从上面输出的 Connection 可知，当前连接方式是 UNIX socket。

而如果用户通过以下方式连接 MySQL 服务器，就会使用 TCP/IP 协议：

```
[root@iZ8vbdjpjvhsc05e3le76lZ ~]# mysql -uhawk -p -h127.0.0.1
```

用户同样可以通过 STATUS 命令得到验证，如下所示：

```
mysql> STATUS
--------------
mysql  Ver 8.0.21 for Linux on x86_64 (MySQL Community Server - GPL)

Connection id:          608
Current database:
Current user:           hawk@localhost
SSL:                    Cipher in use is ECDHE-RSA-AES128-GCM-SHA256
Current pager:          stdout
Using outfile:          ''
Using delimiter:        ;
Server version:         8.0.21 MySQL Community Server - GPL
Protocol version:       10
```

```
Connection:              127.0.0.1 via TCP/IP
Server characterset:     utf8mb4
Db     characterset:     utf8mb4
Client characterset:     utf8mb4
Conn.  characterset:     utf8mb4
TCP port:                3306
Binary data as:          Hexadecimal
Uptime:                  24 days 27 min 21 sec

Threads: 2  Questions: 2120  Slow queries: 0  Opens: 1057  Flush tables: 3  Open
tables: 850  Queries per second avg: 0.001
--------------
```

由此可知 Connection 的值为 127.0.0.1 via TCP/IP，表示当前数据库是通过 TCP/IP 协议连接的。

> **注 意**
>
> 当用户在本机上无法通过 root 用户连接 MySQL 服务器时，应该检查 mysql 系统数据库的 user 表中是否存在多条拥有相同 root 用户名的行。

在数据库系统中，角色是一组数据库权限的集合。在早期的 MySQL 中，管理员进行用户授权时，每次都需要将所有的权限都列出来，然后通过 GRANT 语句进行授权。当某个用户权限非常多的时候，必然会产生一大串的权限列表。这对于管理员来说是一件非常痛苦的事情。从 8.0 开始，MySQL 引入了数据库角色的概念。管理员可以先创建一个角色，然后将一组权限授予该角色。后面在创建数据库用户的时候，就可以直接将该角色授予所创建的用户，这样用户就拥有了角色的所有权限。因此，简单地讲，角色就是一个权限的模板，通过该模板，管理员可以快速复制出一个个拥有相同权限的用户。

与其他的数据库管理系统不同，MySQL 没有内置预定义的角色，而其他的数据库管理系统通常会预定义一些角色，例如 Oracle 中就有 CONNECT、RESOURCE、SYSDBA 以及 DBA 等角色。

4.7.2 创建用户

在 MySQL 中，用户可以通过 CREATE USER 来创建数据库用户。在 MySQL 8.0 之前，用户可以通过 GRANT 语句来创建用户，但是从 8.0 开始，GRANT 语句已经不可以用来创建用户了。

简单的 CREATE USER 语句的基本语法如下：

```
CREATE USER user [auth_option]
```

其中 user 为要创建的数据库用户，需要使用前面介绍的 user_id@host 的形式来表达。如果省略了 host 部分，就默认为%，即所有的主机。auth_option 为认证选项，即用户密码，其基本语法形式如下：

```
IDENTIFIED BY 'auth_string'
```

auth_string 为用户密码字符串。

例如，下面的语句创建了一个名为 rock 的数据库用户：

```
mysql> CREATE USER rock IDENTIFIED BY 'Rock@2020';
Query OK, 0 rows affected (0.01 sec)
```

> **注 意**
>
> 从 MySQL 8.0 开始，数据库用户密码的复杂度有了默认的安全策略，必须包含大小写字母以及特殊符号，且满足一定的长度，否则会给出以下错误信息：
>
> ERROR 1819 (HY000): Your password does not satisfy the current policy requirements

MySQL 的身份验证支持多种插件。在 MySQL 8.0 之前，MySQL 主要支持两种认证插件，分别为 mysql_native_password 和 sha256_password。其中 mysql_native_password 为默认的认证插件，是 MySQL 本地认证插件，使用 MySQL 内置的哈希算法加密密码；sha256_password 则是使用 SHA256 对数据库用户密码进行加密，其安全性要比 mysql_native_password 高。从 8.0 开始，MySQL 新增了一种名为 caching_sha2_password 的认证插件，并且成为默认值。caching_sha2_password 也是使用 SHA256 算法认证的，只不过在服务器端进行了缓存，以提高性能。

在创建数据库用户时，可以使用 WITH 子句来指定要使用的认证插件。如果没有指定，就使用默认的认证插件。

例如，下面的语句创建了一个数据库用户，并且使用 caching_sha2_password 认证插件：

```
mysql> CREATE USER 'jeff'@'localhost' IDENTIFIED WITH caching_sha2_password BY
'Jeff@2020';
Query OK, 0 rows affected (0.01 sec)
```

除了支持不同的认证插件之外，用户还可以指定密码的有效期、重用的时间间隔、失败重试次数以及重试失败用户锁定时间等属性。其中密码属性使用 PASSWORD 子句来设置，重试次数使用 FAILED_LOGIN_ATTEMPTS 子句指定，用户临时锁定时间使用 PASSWORD_LOCK_TIME 子句指定。例如下面的语句创建了一个数据库用户：

```
mysql> CREATE USER jeff@localhost IDENTIFIED WITH caching_sha2_password BY
'Jeff@2020' PASSWORD EXPIRE INTERVAL 180 DAY FAILED_LOGIN_ATTEMPTS 5
PASSWORD_LOCK_TIME 5;
Query OK, 0 rows affected (0.01 sec)
```

在上面的语句中，PASSWORD EXPIRE INTERVAL 180 DAY 子句表示用户需要每 180 天更换一次密码。FAILED_LOGIN_ATTEMPTS 5 子句表示允许用户尝试登录 5 次，超过 5 次之后，登录失败。PASSWORD_LOCK_TIME 子句表示用户尝试登录失败之后临时将其锁定的天数，在本例中，将其临时锁定 5 天。

对于数据库服务器而言，计算资源是非常宝贵的。因此，在具体的生产环境中，为了保证 MySQL 服务器的稳定性和可用性，通常会对每个数据库用户可以使用的资源进行限制。在 MySQL 中，用户可以通过以下选项进行资源限制：

- MAX_QUERIES_PER_HOUR：限制当前数据库用户每小时内可以执行的最大查询数量，默认值为 0，表示无限制。
- MAX_UPDATES_PER_HOUR：限制当前数据库用户每小时内可以执行的最大更新数量，

默认值为 0，表示无限制。
- MAX_CONNECTIONS_PER_HOUR：限制当前数据库用户每小时内最大的连接数，默认值为 0，表示无限制。

例如：

```
mysql> CREATE USER 'jeff'@'localhost' IDENTIFIED WITH mysql_native_password BY
'Jeff@2020' WITH MAX_QUERIES_PER_HOUR 500 MAX_UPDATES_PER_HOUR 100;
Query OK, 0 rows affected (0.00 sec)
```

在上面的语句中，限制了用户 jeff 每小时最多可以执行 500 次数据库查询，100 次数据库更新。

最后，管理员在创建数据库用户时还可以指定所创建的用户是否可用，即用户是否被锁定，使用 ACCOUNT 子句。主要有以下两个选项：

- ACCOUNT LOCK：将所创建的用户设置为锁定状态，用户不可以登录。
- ACCOUNT UNLOCK：将所创建的用户设置为激活状态，创建之后就可以连接数据库服务器了。该选项为默认值。

4.7.3 修改用户

管理员可以通过 ALTER USER 语句来修改已有的数据库用户，其基本语法如下：

```
ALTER USER user [auth_option] [WITH resource_option] [password_option |
lock_option] ...
```

其中，user 为要修改的数据库用户的用户名，采用 user_id@host 的形式表示，如果省略 host 部分，就表示主机为%。auth_option 为认证选项，resource_option 为用户资源限制选项，password_option 为密码选项，lock_option 为用户锁定状态选项。这些选项的取值和含义与 CREATE USER 语句中完全相同，不再重复介绍。

例如，下面的语句修改 hawk 用户的密码：

```
mysql> ALTER USER hawk IDENTIFIED BY 'Hawk@2020';
Query OK, 0 rows affected (0.00 sec)
```

由于省略了主机部分，因此上面的数据库用户实际上为 hawk@%。

> **注 意**
> 如果修改用户的是 hawk@localhost，就必须书写完整，否则会找不到用户或者修改错误。

下面的语句将 hawk 用户锁定，禁止该用户连接 MySQL 服务器：

```
mysql> ALTER USER hawk ACCOUNT LOCK;
Query OK, 0 rows affected (0.00 sec)
```

在 MySQL 中，可以使用 CURRENT_USER 系统变量或者 CURRENT_USER()和 USER()函数来代替当前的用户。

例如，下面的语句可以用来修改当前用户的密码：

```
mysql> ALTER USER user() IDENTIFIED BY 'Jeff@2020';
Query OK, 0 rows affected (0.00 sec)
```

4.7.4 删除用户

当某个数据库用户不再需要时，管理员可以将其从服务器中删除。删除数据库用户使用 DROP USER 语句完成，其基本语法如下：

```
DROP USER user
```

其中，user 为要删除的用户的用户名，采用 user_id@host 的形式。DROP USER 语句支持同时删除多个用户，多个用户名之间通过逗号隔开。

例如下面的语句将 hawk 从当前服务器中删除：

```
mysql> DROP USER hawk;
Query OK, 0 rows affected (0.01 sec)
```

> **注 意**
>
> 管理员在删除数据库用户的时候需要非常谨慎。如果不能确定要删除的数据库用户是否还在使用，可以先将其锁定，确认无用后再将其彻底删除。此外，在指定要删除的数据库用户时，应该尽量使用 user_id@host 的完整形式，以免错误地删除其他的用户。

4.7.5 查看用户权限

管理员可以通过 SHOW GRANTS 语句查看已有用户的权限清单，该语句的基本语法如下：

```
SHOW GRANTS [FOR user_or_role]
```

其中 user_or_role 表示数据库用户或者角色的名称。如果省略了 FOR 子句，就表示显示当前用户的权限。

例如，下面的语句显示了 rock@%的权限：

```
mysql> SHOW GRANTS FOR rock;
+-------------------------------------------+
| Grants for rock@%                         |
+-------------------------------------------+
| GRANT USAGE ON *.* TO `rock`@`%`          |
+-------------------------------------------+
1 row in set (0.00 sec)
```

从上面的输出可知，rock@%用户只拥有 USAGE 权限。USAGE 权限非常小，只能够连接 MySQL 服务器和访问 information_schema 数据库。当一个数据库用户被创建后，USAGE 权限默认被授予该用户。因此，一个刚刚创建的新用户只可以连接 MySQL 服务器，不可以访问任何用户数据库。如果管理员不想让新创建的用户连接 MySQL 服务器，可以将其锁定。

以下语句显示了 root@localhost 的权限：

```
mysql> SHOW GRANTS FOR Root@localhost\G
```

```
*************************** 1. row ***************************
Grants for root@localhost: GRANT SELECT, INSERT, UPDATE, DELETE, CREATE, DROP, RELOAD,
SHUTDOWN, PROCESS, FILE, REFERENCES, INDEX, ALTER, SHOW DATABASES, SUPER, CREATE
TEMPORARY TABLES, LOCK TABLES, EXECUTE, REPLICATION SLAVE, REPLICATION CLIENT, CREATE
VIEW, SHOW VIEW, CREATE ROUTINE, ALTER ROUTINE, CREATE USER, EVENT, TRIGGER, CREATE
TABLESPACE, CREATE ROLE, DROP ROLE ON *.* TO `root`@`localhost` WITH GRANT OPTION
*************************** 2. row ***************************
Grants for root@localhost: GRANT
APPLICATION_PASSWORD_ADMIN,AUDIT_ADMIN,BACKUP_ADMIN,BINLOG_ADMIN,BINLOG_ENCRYPT
ION_ADMIN,CLONE_ADMIN,CONNECTION_ADMIN,ENCRYPTION_KEY_ADMIN,GROUP_REPLICATION_A
DMIN,INNODB_REDO_LOG_ARCHIVE,INNODB_REDO_LOG_ENABLE,PERSIST_RO_VARIABLES_ADMIN,
REPLICATION_APPLIER,REPLICATION_SLAVE_ADMIN,RESOURCE_GROUP_ADMIN,RESOURCE_GROUP
_USER,ROLE_ADMIN,SERVICE_CONNECTION_ADMIN,SESSION_VARIABLES_ADMIN,SET_USER_ID,S
HOW_ROUTINE,SYSTEM_USER,SYSTEM_VARIABLES_ADMIN,TABLE_ENCRYPTION_ADMIN,XA_RECOVE
R_ADMIN ON *.* TO `root`@`localhost` WITH GRANT OPTION
*************************** 3. row ***************************
Grants for root@localhost: GRANT PROXY ON ''@'' TO 'root'@'localhost' WITH GRANT
OPTION
3 rows in set (0.00 sec)
```

从上面的输出可知，本地 root 用户的权限非常大，拥有了所有的权限。在上面的输出中，ON *.* 表示在所有数据库的所有对象上，星号为通配符。

4.7.6 授予用户权限

前面已经介绍过，在创建完用户之后，新的用户就拥有了 USAGE 权限。但是这个权限非常小，只能连接 MySQL 服务器，无法访问用户创建的数据库。因此，管理员还需要根据实际的需求对数据库用户进行适当地授权。

MySQL 预定义了许多权限，大致可以分为全局级、数据库级、表级、列级、存储过程级以及代理级。其中常用的是全局级、数据库级、表级以及列级的权限。表 4-4 列出了部分常用的数据库权限。

表 4-4 MySQL常用权限

权 限	级 别	说 明
ALL [PRIVILEGES]	所有	在指定级别上授予用户所有的权限
ALTER	全局、数据库、表	允许修改数据库或者表
CREATE	全局、数据库、表	允许创建数据库和表
CREATE ROLE	全局	允许创建角色
CREATE TABLESPACE	全局	允许创建、修改或者删除表空间
CREATE USER	全局	允许创建、删除、重命名数据库用户，或者收回某个用户的所有权限
CREATE VIEW	全局、数据库或者表	允许创建或者修改视图
DELETE	全局、数据库和表	允许执行 DELETE 语句删除数据
DROP	全局、数据库和表	允许删除数据库、视图和表

（续表）

权 限	级 别	说 明
DROP ROLE	全局	允许删除角色
EXECUTE	全局、数据库和存储过程	允许执行存储过程
GRANT OPTION	全局、数据库、表和存储过程	允许授予或者回收其他用户的权限
INDEX	全局、数据库和表	允许创建或者删除索引
INSERT	全局、数据库、表和列	允许插入数据
LOCK TABLES	全局、数据库	允许锁表
SELECT	全局、数据库、表和列	允许执行 SELECT 查询语句
SHOW DATABASES	全局	允许查看所有的数据库列表
SHOW VIEW	全局、数据库和表	允许执行 SHOW VIEW 语句查看视图
SHUTDOWN	全局	允许执行 mysqladmin shutdown 命令关闭 MySQL 服务
SUPER	全局	授予其他的管理权限，例如 CHANGE MASTER TO、KILL、PURGE BINARY LOGS 等
UPDATE	全局、数据库、表和列	允许执行 UPDATE 语句更新数据
USAGE	全局	没有权限

在表 4-4 中，级别代表该权限可以在哪个级别上授予，不同的级别代表当前权限适用范围的大小。例如，SELECT 权限可以在全局、数据库、表和列等级别上授予。如果在全局级别上授权，数据库用户就会拥有查询所有数据库的所有表及视图的权限；如果是在数据库级别上授权，数据库用户就会拥有指定数据库中的所有表和视图的查询权限；如果是在表级别上授权，数据库用户就会拥有指定表的查询权限；如果是在列级别上授权，数据库用户就只拥有指定列的查询权限。

另外，在授权的时候，也要注意数据库权限的具体范围，例如 CREATE USER 权限，不仅包含创建用户的权限，还包括删除、修改、重命名以及收回某个用户所有权限的权限。

与其他的数据库管理系统一样，MySQL 的授权语句为 GRANT，其基本语法如下：

```
GRANT priv_type ON [object_type] priv_level TO user_or_role [, user_or_role] ...
[WITH GRANT OPTION]
```

在上面的语法中，priv_type 为权限类型，具体权限如表 4-4 所示。object_type 为数据库对象类型，可以取值为 TABLE、FUNCTION 或者 PROCEDURE，分别代表表、函数和存储过程，在大部分情况下，数据库对象类型可以省略。priv_level 为权限级别，可以取以下值：

- *：通配符，所有的数据库对象。
- *.*：通配符，所有数据库的所有表。
- db_name.*：db_name 所指定的数据库的所有表。
- db_name.tbl_name：db_name 所指定的数据库的 tbl_name 表。
- tbl_name：当前数据库的 tbl_name 表。

user_or_role 为要授权的用户名或者角色名，多个用户名或者角色名之间使用逗号隔开，数据库用户需要采用 user_id@host 的形式表示。WITH GRANT OPTION 子句表示被授权的用户同时拥有为其他的用户授权的权限。

例如，下面的例子为 jeff@localhost 用户授权：

```
mysql> GRANT ALL ON sakila.* TO jeff@localhost;
Query OK, 0 rows affected (0.01 sec)

mysql> SHOW GRANTS FOR jeff@localhost;
+-----------------------------------------------------------------------------------------------+
| Grants for jeff@localhost                                                                     |
+-----------------------------------------------------------------------------------------------+
| GRANT CREATE, CREATE USER ON *.* TO `jeff`@`localhost`                                        |
| GRANT ALL PRIVILEGES ON `sakila`.* TO `jeff`@`localhost`                                      |
| GRANT SELECT (`first_name`) ON `sakila`.`actor` TO `jeff`@`localhost`                         |
+-----------------------------------------------------------------------------------------------+
3 rows in set (0.00 sec)
```

在上面的例子中，为 jeff@localhost 用户授予了 sakila 数据库的所有权限，这是一个数据库级别的授权。

下面的语句授予 jeff@localhost 用户查询 sakila 数据库 actor 表的权限：

```
mysql> GRANT SELECT ON sakila.actor TO jeff@localhost;
Query OK, 0 rows affected (0.01 sec)
```

下面的语句授予 jeff@localhost 用户查询 sakila 数据库 actor 表的 first_name 列的权限：

```
mysql> GRANT SELECT(first_name) ON sakila.actor TO jeff@localhost;
Query OK, 0 rows affected (0.01 sec)
```

在上面的语句中，只为 jeff@localhost 用户授予了 first_name 列的查询权限，jeff@localhost 只能看到 actor 表的 first_name 列，其他的列无法看到。

除了使用 GRANT 语句授权之外，因为 MySQL 的所有权限都存储在 mysql 数据库的 tables_priv、columns_priv 等表中，管理员有可能会直接修改这些表中的数据进行授权，在这种情况下，管理员需要在修改完成之后执行 FLUSH PRIVILEGES 命令重载权限表数据，如下所示：

```
mysql> FLUSH PRIVILEGES;
Query OK, 0 rows affected (0.00 sec)
```

> **注 意**
>
> 通过 CREATE USER 或者 GRANT 修改用户权限，MySQL 会自动重载权限表，如果用户直接修改了权限表，就需要使用 FLUSH PRIVILEGES 命令来手动重载权限表，使得修改生效。

4.7.7 收回用户权限

在某个数据库用户的权限不再需要的时候，管理员可以将其收回。回收权限使用 REVOKE 语句，该语句的基本语法与 GRANT 语句基本相同，如下所示：

```
REVOKE priv_type ON [object_type] priv_level FROM user_or_role [, user_or_role] ...
```

关于上面的参数的含义不再重复介绍，读者可以参考 GRANT 语句。

例如，下面的语句将 sakila 数据库的 actor 表的查询权限收回：

```
mysql> REVOKE SELECT ON sakila.actor FROM jeff@localhost;
Query OK, 0 rows affected (0.00 sec)
```

第 5 章

深入 PHP 编程

PHP 是一种免费开源、跨平台的脚本语言。随着 PHP 语言的不断完善,目前已经成为最为流行的网站开发语言之一,成为创建动态交互性站点强有力的武器。PHP 语言语法简洁,规则宽松,架构简单,基本不需要配置文件,并且内置了很多实用性强的函数,这使得 PHP 学习成本极低,使用起来非常灵活,所以曾被誉为"世界上最好的编程语言"。

本章将系统介绍 PHP 语言的语法。

本章主要涉及的知识点有:

- PHP 函数:介绍 PHP 函数定义、参数传递、函数的返回值以及变量函数等。
- 条件控制语句:介绍 if、if...else、elseif 以及 switch 等语句的使用方法。
- 循环控制语句:介绍 while、do...while、for 以及 foreach 等循环语句的使用方法。
- 跳转语句:介绍 break 和 continue 这两个跳转语句的使用方法。
- 字符串:介绍字符串的定义方法以及字符串的常用操作。
- PHP 数组:介绍数组的定义方法和常用的操作。

5.1 条件语句

条件语句是编程语言中的一种基本的流程控制语句。它可以根据指定的条件表达式的值来执行不同的程序分支。本节将详细介绍 PHP 的 4 种常用的条件语句。

5.1.1 if 语句

if 语句是最为常用的条件语句,仅当其中的条件表达式成立的情况下才执行指定的代码段,其基本语法如下:

```
if (expr)
```

statement

expr 为一个条件表达式，当 expr 的值为 TRUE 时，执行 statement 指定的代码。

例如（参见代码 Ex5-01）：

```
01  <?php
02  $a = 5;
03  $b = 2;
04  if ($a > $b)
05      echo "a 大于 b";
06  ?>
```

第 02 行定义一个名为$a 的变量，并且赋初始值为 5；第 02 行定义一个名为$b 的变量，并且赋初始值为 2；第 04 行的 if 语句判断$a 和$b 的大小，当$a 的值大于$b 的值时，输出一行文本。

5.1.2 if…else 语句

程序执行的流程不仅仅只有一个分支，在很多情况下，人们希望在条件成立时执行某段代码，在条件不成立的时候执行另一段代码，此时可以使用 if…else 语句。if…else 语句的基本语法如下：

```
if(expr)
{
    statement_group1;
}
else
{
    statement_group2;
}
```

当条件表达式 expr 的值为 TRUE 时，执行 statement_group1 代表的语句组；否则，执行 statement_group2 代表的语句组。

例如，下面的代码根据当前的时刻分别输出不同的问候消息（参见代码 Ex5-02）：

```
01  <?php
02      $h = date("h");
03      echo "当前时间为".date("Y年m月d日h时i分")."<br/>";
04      if($h < 12)
05      {
06          echo "上午好！";
07      }
08      else
09      {
10          echo "下午好！";
11      }
12  ?>
```

第 02 行通过 date()函数获取当前的小时数,返回值为 0~23；第 03 行将当前的时间格式化输出。

第 04 行进行判断，当变量$h 的值小于 12 时，当前时间为上午，输出字符串"上午好！"；否则，执行第 10 行的 echo 语句。以上程序的执行结果如图 5-1 所示。

图 5-1　if...else 语句的执行结果

5.1.3　if...elseif....else 语句

如果程序的分支超过两个，前面介绍的 if 和 if...else 语句就不能满足需求了。对于超过两个的分支，可以使用 if...elseif...else 语句，其语法如下：

```
if(expr1)
{
    statement_group1;
}
elseif(expr2)
{
    statement_group2;
}
else
{
    statement_group3;
}
```

当条件表达式 expr1 的值为 TRUE 时，执行 statement_group1 代表的语句组，否则再去判断条件表达式 expr2 的值，如果为 TRUE，就执行 statement_group2 代表的语句组；如果 expr2 的值为 FALSE，就执行 else 中的 statement_group3 代表的语句组。

例如，下面的代码将每天的时间分为 3 个时间段，分别输出不同的问候消息（参见代码 Ex5-03）。

```
01  <?php
02  $h = date("h");
03  echo "当前时间为" . date("Y年m月d日h时i分") . "<br/>";
04  if ($h > 8 && $h < 12) {
05      echo "上午好！";
06  } elseif ($h > 12 && $h < 20) {
07      echo "下午好！";
08  } else {
09      echo "晚上好！";
10  }
```

```
11  ?>
```

> **注　意**
>
> if…elseif…else 语句中可以拥有多个 elseif 分支。

5.1.4　switch 语句

如果用户的程序分支超过 4 个，建议使用 switch 语句。使用 switch 语句可以避免 if 或 if…elseif…else 等语句带来的代码冗长和条理不清。switch 语句的语法如下：

```
switch (expression)
{
    case label1:
      statement_group1;
      break;
    case label2:
      statement_group2;
      break;
    ...
    default:
      statement_group_default;
}
```

在执行 switch 语句的时候，PHP 会对 expression 表达式进行计算，然后依次与 case 语句后面的 label*n* 进行比较，如果两者匹配，就执行 label*n* 中的 statement_group*n* 代表的语句组，遇到 break 语句后，跳过当前 switch 后面所有的语句，继续执行 switch 语句后面的代码。如果所有的 case 语句都没有匹配成功，就执行 default 语句中的 statement_group_*default* 代表的语句组。

例如，下面的代码演示 switch 语句的使用方法（参见代码 Ex5-04）：

```
01  <?php
02  $fruit="orange";
03  switch ($fruit) {
04      case "apple":
05          echo "你最喜欢的水果是苹果。";
06          break;
07      case "banana":
08          echo "你最喜欢的水果是香蕉。";
09          break;
10      case "orange":
11          echo "你最喜欢的水果是橘子。";
12          break;
13      default:
14          echo "你喜欢其他的水果。";
15  }
16  ?>
```

第 02 行定义变量$fruit，并且赋值为字符串 orange。第 03 行通过 switch 语句对变量$fruit 进行计算，接下来是 4 个分支。在本例中，变量$fruit 被直接赋予了一个固定的值，但是在正式的开发环境中，这个变量通常是由用户输入或者从其他的代码中获取的。

> **注 意**
>
> 在 switch 语句中，如果遗漏了 break 语句，就会导致自匹配成功的 case 语句至 switch 语句，所有的分支都会被执行。

5.2 循环语句

循环语句是程序设计语言中经常用到的一种结构，通常用来重复执行某项任务。与其他的程序设计语言一样，PHP 的循环语句也包括 while、do...while、for 以及 foreach 等。这些循环语句都有自己的应用场景，本节将详细介绍它们的使用方法。

5.2.1 while 循环语句

while 循环语句的语法为：

```
while(expr)
{
statement;
…
}
```

while 语句在执行的时候，会首先判断条件表达式 expr 的值是否为 TRUE，如果为 TRUE，就会执行大括号中的循环体语句，否则直接跳过整个 while 循环结构。当循环体中的语句执行完成之后，while 语句会再次检查条件表达式 expr 的值，如果仍然为 TRUE，就继续执行循环体语句，一直到 expr 的值为 FALSE 为止。

下面的例子使用 while 循环语句对 100 以内的整数求和（参见代码 Ex5-05）：

```
01  <?php
02      $sum = 0;
03      $i = 1;
04      while ($i<=100)
05      {
06          $sum+=$i;
07          $i++;
08      }
09      echo "1-100 的和为: ".$sum;
10  ?>
```

第 04 行表示当循环变量$i 的值不大于 100 的时候执行 while 循环体。第 06 行将$sum 与$i 相加，然后将和赋给变量$sum，其中的 "+=" 为加法赋值运算符。第 07 行的 "++" 为自增运算符，表示将变量$i 加 1。

以上程序的执行结果如图 5-2 所示。

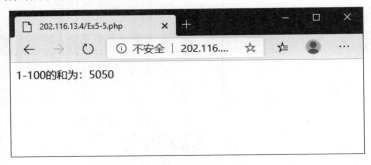

图 5-2　利用 while 循环语句求和

> **注　意**
>
> 在使用 while 循环语句的时候，要注意条件表达式的值是否存在永远为 TRUE 的情况，否则会导致死循环。例如，初学者经常会忘记第 07 行的循环变量的自增操作，导致$i 的值一直小于 100。

5.2.2　do…while 循环语句

该循环语句的语法如下：

```
do
{
statement;
…
} while(expr);
```

在执行 do…while 循环语句的时候，循环体中的语句首先被执行一次，然后判断条件表达式 expr 的值是否为 TRUE，如果为 TRUE，就继续执行 do…while 循环体中的语句，否则退出循环体，继续执行后面的语句。

从上面的描述可知，do…while 循环语句的循环体至少执行一次，即便条件表达式 expr 的值是 FALSE，这一点与 while 循环语句是不同的。

如果用 do…while 循环语句实现 100 以内的整数的和，代码如下（参见代码 Ex5-06）：

```
01  <?php
02      $sum = 0;
03      $i = 1;
04      do
05      {
06          $sum+=$i;
07          $i++;
08      } while($i<=100)
09      echo "1-100 的和为: ".$sum;
```

```
10 ?>
```

5.2.3 for 循环语句

for 循环语句通常用于循环次数已知的场合。for 循环语句的语法如下:

```
for ( init; condition; increment )
{
  statement(s);
}
```

其中 init 为 for 循环执行之前需要执行的语句，此处通常用于循环变量的初始化，当然也可以执行其他的语句。condition 为 for 循环语句执行的条件表达式，当该表达式的值为 TRUE 时，for 语句会执行循环体中的 PHP 代码，否则跳出 for 循环体。increment 通常为循环变量的自增或者自减，该语句通常在每次循环体执行完成之后、进入下一次循环之前执行。

例如，下面的代码通过 for 循环输出 1~10 共 10 个数字（参见代码 Ex5-07）：

```
01 <?php
02 for ($i = 1; $i <= 10; $i++) {
03     echo $i.",";
04 }
05 ?>
```

以上代码的执行结果如图 5-3 所示。

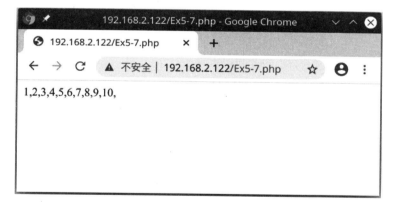

图 5-3　通过 for 循环输出数字

for 循环的语法非常灵活，其中的 3 个条件表达式都可以省略，如下所示（参见代码 Ex5-08）：

```
01 <?php
02 $i = 1;
03 for (; ;) {
04     if ($i > 10) {
05         break;
06     }
07     echo $i.",";
08     $i++;
```

```
09  }
10  ?>
```

在上面的代码中，第 03 行的 for 语句的 3 个表达式全部留空，终止循环和循环变量自增的操作都放在了循环体内。以上代码的输出结果与图 5-4 完全相同。

5.2.4 foreach 循环语句

foreach 循环语句只能用来遍历数组或者对象，其语法如下：

```
foreach (array_expression as $value)
    statement
foreach (array_expression as $key => $value)
    statement
```

foreach 语句有两种语法，其中 array_expression 为一个数组变量，在第 1 种语法中，foreach 语句每遍历一个数组元素，便会将数组元素的值赋给变量$value，然后执行 statement 所代表的语句。在第 2 种语法中，foreach 语句除了会将元素的值赋给变量$value 之外，还会将数组元素的键赋给变量$key，再执行 statement 所代表的语句。

关于 foreach 语句的使用方法，将在介绍数组的时候详细介绍。

5.3 跳转语句

所谓跳转语句，是指在程序中可以改变执行流程的语句。PHP 中主要有 break 和 continue 两个跳转语句。本节将详细介绍这两个语句的使用方法。

5.3.1 break 语句

在前面介绍 switch 语句的时候，我们已经提到了 break 语句。实际上，break 语句不仅可以退出 switch 语句，还可以用在循环语句中，在适当的时候退出循环体。

下面看一个具体的例子（参见代码 Ex5-09）：

```
01  <?php
02  $i = 0;
03  while (++$i) {
04      switch ($i) {
05          case 5:
06              echo "当前数字是 5<br />\n";
07              break;
08          case 10:
09              echo "当前数字是 10；退出程序。<br />\n";
10              break 2;
11          default:
12              break;
```

```
13      }
14   }
15   ?>
```

在上面的代码中，一个 white 循环语句包含一个 switch 语句。在 white 循环执行的过程中，变量$i 的值在不断地自增。switch 语句以$i 变量为条件，当$i 的值为 5 时，输出第一行文本，并且执行第 07 行的 break 语句退出当前的 switch 语句。然后执行下一次循环，当$i 的值为 10 时，第 08 行的 case 语句匹配成功，输出第二行文本，通过第 10 行的 break 2 语句退出 while 循环语句。

以上代码的执行结果如图 5-4 所示。

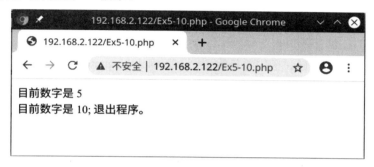

图 5-4　通过 break 语句退出循环

从上面的代码可知，break 语句可以含有一个数字作为参数，表示跳出当前程序的层次。由于第 10 行的 break 语句的参数为 2，因此该语句会退出 2 层结构，其中第 1 层为 switch 结构，第 2 层为 while 循环结构。正是因为有了该语句，才导致 while 循环终止。

5.3.2　continue 语句

与 break 语句不同，continue 语句通常用于循环结构中，其作用是跳过本次循环语句后面的语句，执行下一轮循环。

例如，下面的代码演示 continue 语句的使用方法（参见代码 Ex5-10）：

```
01   <?php
02   for ($i = 0; $i < 5; ++$i) {
03       if ($i == 2)
04           continue;
05       print "$i\n";
06   }
07   ?>
```

以上代码的执行结果如图 5-5 所示。

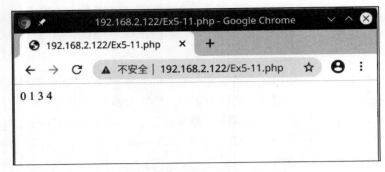

图 5-5　continue 语句的使用方法

从图 5-6 可知，for 循环语句并没有把 0~4 这 5 个数字全部输出，中间漏掉了一个 2，这是因为当变量$i 的值为 2 时，第 03 行 if 语句的条件成立，第 04 行的 continue 语句被执行，从而跳过第 05 行的 print 语句，从第 02 行开始下一轮循环，然后分别输出了 3 和 4。

5.4　PHP 数组

在任何一种程序设计语言中，数组都是一种非常重要的数据结构。在 PHP 中，数组更是得到了极大的扩展。简单地讲，数组是一种可以在一个变量中存储多个值的特殊变量。本节将详细介绍 PHP 数组的使用方法。

5.4.1　定义数组

在 PHP 中，用户可以调用 array()函数定义数组，该函数的参数为数组的元素列表。例如，下面的代码定义了一个名为$fruits 的数组：

```
$fruits = array("apple","orange","banana","blueberry");
```

下面的代码定义了一个空数组，不包含任何元素：

```
$colors = array();
```

从上面的代码可知，数组名与变量名的命名规则完全相同。

除了以上方法之外，在定义数组的时候还可以指定"键值对"，例如：

```
$user = array("name" => "张三", "sex" => "男", "age" => 29);
```

上面的代码通过一个名为$user 的数组描述了一个用户信息，其中的 name、sex 和 age 都是数组元素的键，"=>"符号后面的为元素的值。使用"键值对"定义数组之后，用户就可以使用键来引用数组元素了。

从 5.4 开始，PHP 还支持一种短数组定义方法，用中括号"[]"代替 array()函数，例如上面的数组定义可以使用以下代码：

```
$user = ["name" => "张三", "sex" => "男", "age" => 29];
```

这种短数组定义方法更加符合程序设计语言的通用性。

在 PHP 中，同一个数组元素的数据类型可以是相同的，也可以是不同的。在$user 中，name 和 sex 这两个元素的值为字符串，而 age 的值为整数。

在使用"键值对"方法来定义数组的时候，如果存在重复的键，后面的"键值对"就会覆盖前面的"键值对"，例如：

```
$user = ["name" => "张三", "sex" => "男", "age" => 29,"age"=>33];
```

在上面的数组定义中有两个相同的键 age，在这种情况下，33 会覆盖前面的 29。因此，数组$user 实际上只包含 3 个元素：

```
$user = ["name" => "张三", "sex" => "男","age"=>33];
```

用户可以调用 count()函数来获取数组的长度，即数组包含的元素的个数，例如：

```
01  <?php
02      $fruits = array("apple", "orange", "banana", "blueberry");
03      echo count($fruits);
04  ?>
```

以上代码的输出结果为 4。

数组元素的引用可以使用索引或者键，例如用户可以使用以下代码引用数组$fruits 的值为 orange 的元素：

```
$fruits[1]
```

也可以使用以下方法引用数组$user 的 sex 元素：

```
$user['sex']
```

5.4.2 索引数组

索引数组是指以数字为索引的数组类型。例如下面的代码实际上定义的是一个索引数组：

```
$cars = array("Porsche","BMW","Volvo");
```

此时，数组的索引是自动分配的，并且从 0 开始，即数组元素 Porsche 的索引为 0，Volvo 的索引为 2。

除了上面的定义方法之外，在定义索引数组的时候还可以同时指定索引，例如：

```
01  $cars[2]="porsche";
02  $cars[4]="BMW";
03  $cars[5]="Volvo";
```

在上面的代码中，没有调用 array()函数，而是直接指定了数组元素的索引，并且为其赋值，所以上面的数组的索引就不是从 0 开始了。

用户可以使用循环来遍历索引数组，例如下面的代码将数组$cars 的元素依次输出（参见代码 Ex5-11）：

```
01  <?php
```

```
02      $cars = array("Porsche", "BMW", "Volvo");
03      for ($x = 0; $x < count($cars); $x++) {
04          echo $cars[$x];
05          echo "<br>";
06      }
07  ?>
```

以上代码的输出结果如图 5-6 所示。

图 5-6　遍历索引数组

前面讲过，foreach 语句是专门用来遍历数组或者对象的，以上代码可以使用 foreach 语句来实现（参见代码 Ex5-12）：

```
01  <?php
02  $cars = array("Porsche", "BMW", "Volvo");
03  foreach ($cars as $value) {
04      echo $value;
05      echo "<br>";
06  }
07  ?>
```

数组元素的值可以改变，例如下面的代码将$cars 的索引为 2 的数组元素的值修改为 BYD：

```
$cars[2] = "BYD";
```

索引数组元素的追加主要有两种方式，一种是调用 array_push()函数，另一种是直接使用不含索引的数组名。

例如下面的代码通过 array_push()函数增加了一个元素（参见代码 Ex5-13）：

```
01  <?php
02  $cars = array("Porsche", "BMW", "Volvo");
03  array_push($cars, "Honda");
04  print_r($cars);
05  ?>
```

第 03 行的 array_push()函数的第一个参数为数组名，后面的参数为要追加的元素的值，多个值之间使用逗号隔开。以上代码的输出结果如图 5-7 所示。

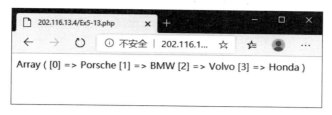

图 5-7　追加数组元素

上面的功能也可以使用以下方式实现（参见代码 Ex5-14）：

```
01  <?php
02  $cars = array("Porsche", "BMW", "Volvo");
03  $cars[] = "Honda";
04  print_r($cars);
05  ?>
```

第 03 行的$cars[]表示在数组末尾追加元素。

数组元素的删除调用 unset()函数或者 array_splice()，下面的代码演示了这两个函数的调用方法（参见代码 Ex5-15）：

```
01  <?php
02  $cars = array("Porsche", "BMW", "Volvo","Honda");
03  unset($cars[1]);
04  print_r($cars);
05  echo "<br>";
06  array_splice($cars,1,1);
07  print_r($cars);
08  ?>
```

以上代码的输出结果如图 5-8 所示。

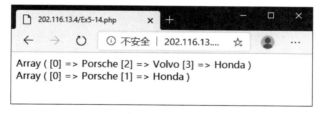

图 5-8　删除数组元素

从图 5-8 可知，unset()函数删除数组元素之后，数组的索引保持不变，数组索引变得不连续。而 array_splice()函数删除数组元素之后，会导致数组索引重建，保持索引的连续性。

5.4.3　关联数组

关联数组是指通过键定义的数组，例如：

```
$age = array("Peter" => "35", "Ben" => "37", "Joe" => "43");
```

关联数组元素的追加方法与前面的索引数组基本相同，只不过需要为新的元素指定一个键名，例如（参见代码 Ex5-16）：

```
01  <?php
02  $scores = array("maths" => 90, "english" => 89, "physics" => 88);
03  print_r($scores);
04  echo "<br>";
05  $scores["chinese"] = 96;
06  print_r($scores);
07  ?>
```

第 05 行追加一个新的元素，并且指定键名为 chinese。以上程序的执行结果如图 5-9 所示。

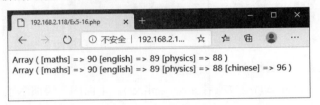

图 5-9　追加元素

> **注　意**
> 关联数组不可以调用 array_push() 函数追加元素。

unset() 函数可以从关联数组中删除一个元素，如下所示（参见代码 Ex5-17）：

```
01  <?php
02  $scores = array("maths" => 90, "english" => 89, "physics" => 88);
03  print_r($scores);
04  echo "<br>";
05  unset($scores["english"]);
06  print_r($scores);
07  ?>
```

第 05 行通过 unset() 函数删除键名为 english 的元素，以上代码的执行结果如图 5-10 所示。

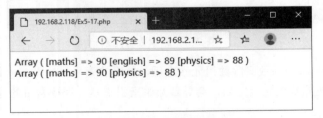

图 5-10　删除关联数组元素

关联数组的遍历可以使用 foreach 语句，如下所示（参见代码 Ex5-18）：

```
01  <?php
02  $scores = array("maths" => 90, "english" => 89, "physics" => 88, "english" =>
```

```
98);
03  foreach ($scores as $key => $value) {
04      echo $key . "分数为:" . $value . "<br>";
05  }
06  ?>
```

第 03 行的 foreach 语句中，$scores 为要遍历的数组名，as 为关键字，在遍历的过程中，foreach 语句会将键名赋给变量$key，键对应的值赋给变量$value。以上程序的执行结果如图 5-11 所示。

图 5-11　遍历关联数组

5.4.4　多维数组

所谓多维数组，是指包含一个或者多个数组的数组，即数组的元素不是简单的数据类型，而是一个数组。多维数组的定义方法与简单数组基本相同，唯一的区别就是数组的元素由简单的数据类型变成数组，如下所示（参见代码 Ex5-19）：

```
01  <?php
02  $users = array(
03      array("name" => "张三", "sex" => "男", "age" => 23),
04      array("name" => "李四", "sex" => "男", "age" => 45),
05      array("name" => "马慧", "sex" => "女", "age" => 34)
06  );
07  print_r($users);
08  ?>
```

第 02 行通过 array()函数定义一个名为$users 的数组，第 03~05 行定义了 3 个用户的信息，分别用一个数组表示。以上程序的执行结果如图 5-12 所示。

图 5-12　多维数组

多维数组的元素增加和删除与简单数组相同，不再重复介绍。多维数组的遍历通常需要使用多重循环，如下所示（参见代码 Ex5-20）：

```
01  <?php
```

```
02  $users = array(
03      array("name" => "张三", "sex" => "男", "age" => 23),
04      array("name" => "李四", "sex" => "男", "age" => 45),
05      array("name" => "马慧", "sex" => "女", "age" => 34)
06  );
07  foreach ($users as $user)
08  {
09      foreach ($user as $key=>$value)
10      {
11          echo $key.": ".$value;
12      }
13      echo "<br>";
14  }
15  ?>
```

以上代码通过两层 foreach 语句来遍历。第 07 行的 foreach 语句中，$user 变量的值实际上是一个关联数组，因此在第 09~12 行通过 foreach 语句对这个关联数组进行遍历。

以上代码的执行结果如图 5-13 所示。

图 5-13　遍历多维数组

5.5　PHP 函数

函数是为解决某一问题而编写的代码块。函数的作用是使得部分功能相同的代码可以重复利用，以达到增加代码的重用性，避免重复开发的效果，同时还可以节省开发时间，提高效率。本节将对 PHP 函数的使用方法进行介绍。

5.5.1　定义和调用函数

PHP 中的函数分为内置函数和用户自定义函数。内置函数已经被预先定义好了，用户只要调用就可以了，例如字符串操作函数、日期函数以及文件操作函数等。在开发的过程中，用户实现某项功能也可以定义自己的函数。在 PHP 中，函数定义的语法如下：

```
function foo($arg_1, $arg_2, /* ..., */ $arg_n)
{
    return $retval;
}
```

其中 function 为关键字,表示后面定义的是一个函数。foo 为函数名,圆括号中为函数参数,一个函数可以没有参数,也可以拥有多个参数,参数之间使用逗号隔开。大括号中的代码称为函数体,函数体由多条语句组成,函数体是具体实现函数功能的地方。PHP 的函数可以拥有返回值,也可以没有返回值。

例如,下面的代码演示了函数的定义方法(参见代码 Ex5-21):

```
01  <?php
02      function sum($x, $y)
03      {
04          return $x + $y;
05      }
06      echo "599 + 23 = " . sum(599, 23);
07  ?>
```

第 02~05 行定义了一个名为 sum() 的函数,该函数接收两个参数,其功能是将两个数求和,第 04 行通过 return 语句将两个数的和返回,第 06 行通过函数名来调用该函数。以上代码的执行结果如图 5-14 所示。

图 5-14　函数的定义和调用

5.5.2　传递参数

参数是外部程序传递给函数的数据。PHP 支持值传递和引用传递两种参数传递方式。

1. 值传递

默认情况下,PHP 函数的参数传递方式为值传递,即仅将参数的值传递给函数,如果该值在函数内部被改变了,函数外部的值并不会发生改变。

例如,下面的代码演示值传递的使用方法(参见代码 Ex5-22):

```
01  <?php
02  function greet($name)
03  {
04      echo "你好," . $name;
05  }
06
07  greet("张三");
08  ?>
```

第 02~05 行定义了一个名为 greet() 的函数,该函数接收一个参数,然后输出一行问候消息。以上代码的执行结果如图 5-15 所示。

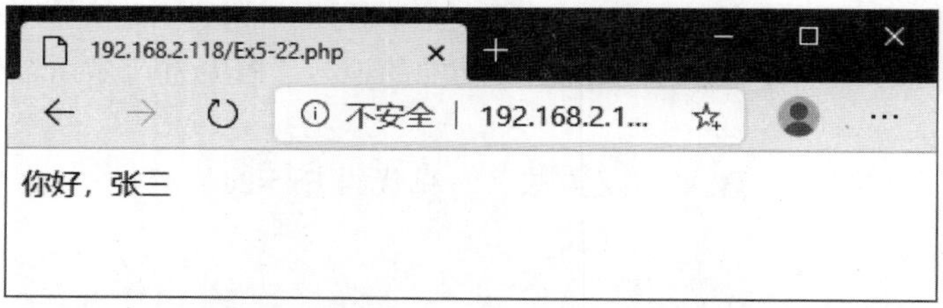

图 5-15　值传递

2. 引用传递

引用传递实际上传递的是一个变量的内存地址。其特点为当该变量的值在函数内部被改变后，函数外部的该变量的值也会发生变化。

引用传递参数的时候需要在定义函数时在参数前面使用"&"符号，如下所示（参见代码 Ex5-23）：

```php
01  <?php
02  $message = "早上好。";
03
04  echo "函数调用前的值为：" . $message;
05  echo "<br>";
06  foo($message);
07  echo "函数调用后的值为：" . $message;
08  function foo(&$message)
09  {
10      $message = "晚上好。";
11  }
12  ?>
```

第 02 行定义了一个名为$message 的变量，第 04 行将该变量的值输出到网页，第 06 行调用 foo()函数并将变量$message 传递过去。第 07 行输出调用 foo()函数之后的$message 变量的值。第 08~11 行定义了 foo()函数，并且使用&符号表示该参数为引用传递。以上代码的执行结果如图 5-16 所示。

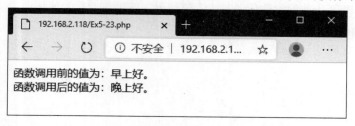

图 5-16　引用传递

从图 5-16 可以看出，在引用传参的时候，如果变量的值在函数内部改变，该变量在函数外部出现的地方，其值也随之发生改变。

函数的参数支持默认值，默认值可以是简单类型，也可以是数组，例如（参见代码 Ex5-24）：

```
01  <?php
```

```
02  function draw($type = "circle", $color = "black", $weight = 2)
03  {
04      echo "Draw a " . $type . ", it's color is " . $color . ", and it's line weight is " . $weight . ".";
05  }
06
07  draw();
08  echo "<br>";
09  draw("square");
10  echo "<br>";
11  draw("square","red");
12  echo "<br>";
13  draw("square","red",5);
14  ?>
```

上面的代码定义了一个名为 draw() 的函数，该函数一共有 3 个参数，我们为这 3 个参数都提供了默认值。以上代码的执行结果如图 5-17 所示。

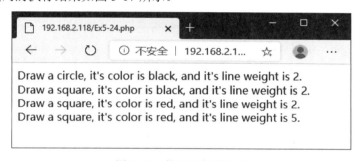

图 5-17　使用函数默认值

第 07 行的函数调用不提供任何参数，因此这 3 个参数全部使用默认值，输出结果为图 5-17 所示的第 1 行文本。第 09 行的函数调用仅仅提供了第 1 个参数的值，从图 5-17 可知，名为 $type 的参数采用了我们提供的值 square，而其余的两个参数由于没有提供参数值，仍然使用默认值，输出结果为图 5-17 中的第 2 行。同理，第 11 行和第 13 行的函数调用分别提供了两个和 3 个参数值，其输出结果分别为图 5-17 中的第 3 行和第 4 行。

5.5.3　返回值

PHP 中的函数可以通过 return 语句来返回执行结果。return 语句是可选的，如果一个函数中没有 return 语句，该函数就默认返回 NULL。

PHP 的函数返回值可以是任何数据类型，包括简单数据类型、数组或者对象。返回语句会立即中止函数的运行，并且将程序执行的控制权交回调用该函数的代码行，从主程序中调用该函数的地方继续执行。

例如，下面的代码定义了一个求平方的函数（参见代码 Ex5-25）：

```
01  <?php
02  function square($num)
```

```
03  {
04      return $num * $num;
05  }
06
07  echo square(8);
08  ?>
```

第 04 行通过 return 语句将参数的平方值返回，第 07 行调用该函数，并且将函数的返回值输出。

从上面的函数定义方法可以看出，PHP 的函数定义方法与目前其他流行的程序设计语言稍有不同，即 PHP 的函数定义不需要指定返回值的类型，直接使用 return 语句将需要的数值返回即可。这种设计方式对于函数的定义是方便了一些，但是由于缺少函数返回类型的检查，非常容易导致函数调用错误。此外，如果函数的调用者和定义者是不同的人，那么函数的调用者往往不知道这个函数到底返回什么类型的数据。

> **注　意**
>
> PHP 7 增加了对于函数返回值类型的检查，但是在当前的绝大部分情况下，PHP 开发者还不太习惯使用这种机制。

PHP 的函数只能有一个返回值，如果想要返回多个数值，可以通过数组或者对象的方式来达到类似的效果（参见代码 Ex5-26）。

```
01  <?php
02  function small_numbers()
03  {
04      return array(0, 1, 2);
05  }
06  list ($zero, $one, $two) = small_numbers();
07  ?>
```

第 04 行通过 return 语句返回一个数组，该数组包含 3 个元素。第 06 行调用了该函数，并且通过系统函数 list() 将函数返回的数组元素分别赋给 3 个变量。

> **注　意**
>
> PHP 函数还支持返回引用类型，但是除非在特殊情况下，不建议用户使用该类型的返回值。

5.5.4　变量函数

变量函数又称为可变函数，是指变量名后面加上一个圆括号，PHP 会自动查找与该变量的值同名的函数，并且执行该函数（参见代码 Ex5-27）。

```
01  <?php
02  function foo() {
03      echo "调用 foo()函数<br />\n";
04  }
05  function bar($arg = '') {
```

```
06          echo "调用 bar()函数；参数为'$arg'.<br />\n";
07      }
08      $func = 'foo';
09      $func();
10      $func = 'bar';
11      $func('测试');
12  ?>
```

第 02~04 行和第 05~07 行分别定义了一个函数。第 08 行定义了一个名称为$func 的普通变量，该变量的值为 foo，与第 1 个函数的名称相同，第 09 行通过$func()来调用函数 foo()。同理，第 10 行将变量$func 的值修改为 bar，第 11 行通过该变量来调用函数 bar()。以上代码的执行结果如图 5-18 所示。

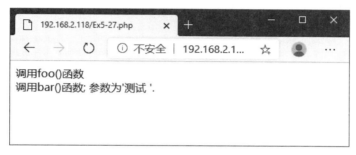

图 5-18　变量函数

5.6　面向对象程序设计

在传统的 PHP 编程中，人们已经习惯了 PHP 代码和 HTML 代码混合在一起的过程式编程方法。随着面向对象程序设计技术的流行，PHP 也在不断地改进。在新版本的 PHP 中，提供了面向对象的程序设计方法。前面介绍的 WordPress 就是一个非常典型的使用面向对象的 PHP 语言开发出的产品。本节将系统介绍 PHP 的面向对象程序设计方法。

5.6.1　类的定义

类是面向对象程序设计中的一个基本概念，它是程序设计语言对于现实世界中的事物的一个抽象。例如，现实世界中的书可以在程序设计语言中定义为一个类。

一般来说，类具有封装性、继承性和多态性 3 种基本特性。封装性比较容易理解，即一个类可以将其属性和方法封装为一个有机的整体。例如，人可以定义为一个类，人有姓名和年龄等共同的属性，还有会讲话等行为，如下所示（参见代码 Ex5-28）：

```
01  class Person
02  {
03      var $name;
04      var $age;
```

```
05
06      function speak()
07      {
08       echo "I am a person.";
09      }
10
11  }
```

以上 Person 类对现实世界中的人进行了抽象,把人的特性和行为进行了封装。这样的话,在 PHP 中就可以使用 Person 类来代表人这个概念。

类的继承性是指类可以派生出许多子类。这跟人们对于现实世界的理解是一致的。例如,人按性别可以分为男人和女人,男人和女人当然应该拥有人的基本特性。所以在 PHP 中,用户可以 Person 为基类,派生出 Man 和 Woman 这两个子类(参见代码 Ex5-29)。

```
01  class Person
02  {
03      var $name;
04      var $age;
05
06      function speak()
07      {
08       echo "I am a person.";
09      }
10
11  }
12
13  class Man extends Person
14  {
15
16  }
17
18  class Woman extends Person
19  {
20
21  }
```

以上代码又增加了两个类,分别为 Man 和 Woman,在定义这两个类的时候,我们使用 extends 关键字,该关键字表示当前类继承自某个基类,后面的 Person 为 Man 和 Woman 的基类。

通过以上方法定义了 Man 和 Woman 之后,这两个类自然就拥有了 Person 的两个属性和 1 个方法。

> **注 意**
>
> 在面向对象的程序设计中,类中的变量被称为属性,函数被称为方法。

类的多态性比较难以理解。一般来说,类的多态性是指调用同一个类的不同实例的同一个方法,该方法会产生不同的行为。类的多态性是建立在类的方法的覆盖的基础之上的，即子类的方法如果和父类的方法拥有相同的名称和参数，子类的方法就会覆盖父类的方法。

例如，下面的代码为 Man 和 Woman 增加了名为 speak() 的方法（参见代码 Ex5-30）：

```
01  class Person
02  {
03      var $name;
04      var $age;
05
06      function speak()
07      {
08          echo "I am a person. My name is ".$this->name.", I am ".$this->age." years old.";
09      }
10
11  }
12
13  class Man extends Person
14  {
15      function speak()
16      {
17          echo "I am a man. My name is ".$this->name.", I am ".$this->age." years old.";
18      }
19
20  }
21
22  class Woman extends Person
23  {
24      function speak()
25      {
26          echo "I am a woman. My name is ".$this->name.", I am ".$this->age." years old.";
27      }
28
29  }
```

从上面的代码可知，Man 和 Woman 中的 speak() 方法的代码是不同的，它们分别输出了不同的文本消息。

5.6.2 创建对象

如果将类看作一个通用模板，对象就是以类为模板创建出一个个体。一个类可以创建出无数个对象。

在 PHP 中，创建对象需要使用 new 关键字，例如下面的代码创建了一个 Person 类的对象：

```
$person = new Person();
```

当一个对象被创建之后，用户就可以使用操作符"->"来引用对象中的属性和方法，例如：

```
01  $person = new Person();
02  $person->name = "张三";
03  $person->age = 20;
04  $person->speak();
```

第02行和第03行分别为对象$person的属性进行赋值，第04行调用speak()方法。以上代码的执行结果如图5-19所示。

图5-19　使用对象

5.6.3　构造函数

构造函数是一个特殊的方法，主要用来在创建对象时初始化对象，即为对象成员变量赋初始值。在程序设计语言中，构造函数的名称是有一定的规则的。在PHP中，构造函数的定义语法如下：

```
void __construct ([ mixed $args [, $... ]] )
```

其中void为返回值类型，__construct为构造函数的名称，圆括号中的为函数的参数。构造函数的参数可以变化，但是其函数名是固定的，无论是哪个类的构造函数，其名称都是__construct()。正因为有了这样的约定，PHP在使用new关键字创建对象的时候会自动查找该对象中名称为__construct()的函数，并且执行该函数。

> **注　意**
>
> 构造函数前面是两个连续的下画线。

例如，下面的代码为Person类增加一个构造函数（参见代码Ex5-31）：

```
01  class Person
02  {
03      var $name;
04      var $age;
05
06      function __construct()
07      {
08          $this->name = "张三";
```

```
09        $this->age = 20;
10    }
11
12    function speak()
13    {
14        echo "I am a person. My name is " . $this->name . ", I am " . $this->age . " years old.";
15    }
16
17 }
```

在构造函数中，分别对属性 name 和 age 赋予了初始值。

> **注 意**
>
> 在 PHP 中，类的构造函数的名称必须为__construct()，否则 PHP 在创建对象的时候就无法找到该函数。

有了以上构造函数之后，用户就可以使用以下代码输出如图 5-19 所示的结果：

```
$person = new Person();
$person->speak();
```

5.6.4 析构函数

析构函数的功能与构造函数正好相反。析构函数是对象被销毁的时候调用的。析构函数的名称也是固定的，其语法如下：

```
void __destruct ( void )
```

析构函数的函数名为__destruct()，通常用来处理一些善后工作，例如关闭数据库连接或者网络连接等。

例如，下面的代码为 Person 类增加了析构函数（参见代码 Ex5-32）：

```
01 class Person
02 {
03    var $name;
04    var $age;
05
06    function __construct()
07    {
08        $this->name = "张三";
09        $this->age = 25;
10    }
11
12    function speak()
13    {
14        echo "I am a person. My name is " . $this->name . ", I am " . $this->age .
```

```
" years old.";
15     }
16
17     function __destruct()
18     {
19         echo "the object is deleted.";
20     }
21
22 }
```

5.6.5 继承

类的继承是指子类会自动拥有父类的属性和方法。例如，在上面定义的 Man 和 Woman 类中，会自动拥有父类 Person 的 name 和 age 这两个属性，以及名为 speak()的方法。

例如，下面的代码创建了 Man 类的对象（参见代码 Ex5-33）：

```
01 class Person
02 {
03     var $name;
04     var $age;
05
06     function __construct()
07     {
08         $this->name = "张三";
09         $this->age = 25;
10     }
11
12     function speak()
13     {
14         echo "I am a person. My name is " . $this->name . ", I am " . $this->age .
" years old.";
15     }
16
17     function __destruct()
18     {
19         //echo "the object is deleted.";
20     }
21
22 }
23
24 class Man extends Person
25 {
26
27 }
28
29 class Woman extends Person
```

```
30    {
31
32    }
33
34    $man = new Man();
35    $man->name = "李四";
36    $man->age = 32;
37    $man->speak();
```

以上代码的执行结果如图 5-20 所示。

图 5-20 类的继承

从上面的代码可知，尽管我们没有为 Man 类定义任何属性和方法，但是仍然可以使用其父类的属性和方法。

5.6.6 覆盖

如果某个对象只能使用来自父类的属性和方法，而无法进行个性化的改变，面向对象程序设计就失去了意义。在子类中，用户可以覆盖父类的属性和方法，使得在调用不同的子类的同一个方法时呈现出不同的行为，这称为类的多态性。

覆盖的方法就是在子类中重新定义一个与父类完全相同的方法，例如（参见代码 Ex5-34）：

```
01    class Person
02    {
03        var $name;
04        var $age;
05
06        function __construct()
07        {
08            $this->name = "张三";
09            $this->age = 25;
10        }
11
12        function speak()
13        {
14            echo "I am a person. My name is " . $this->name . ", I am " . $this->age . " years old.";
15        }
```

```php
16
17      function __destruct()
18      {
19          // echo "the object is deleted.";
20      }
21
22  }
23
24  class Man extends Person
25  {
26      function speak()
27      {
28          echo "I am a man. My name is " . $this->name . ", I am " . $this->age . " years old.";
29      }
30
31  }
32
33  class Woman extends Person
34  {
35      function speak()
36      {
37          echo "I am a woman. My name is " . $this->name . ", I am " . $this->age . " years old.";
38      }
39
40  }
41
42  $man = new Man();
43  $man->name = "李四";
44  $man->age = 32;
45  $man->speak();
46  $woman = new Woman();
47  $woman->name = "李红";
48  $woman->age = 24;
49  $woman->speak();
50  }
```

第26~29行以及第35~38行分别覆盖了Man类的speak()方法。第42行创建了Man类的对象，第45行调用了speak()方法，第46行创建了Woman类的对象，第49行也调用了其speak()方法。

以上代码的执行结果如图5-21所示。

图 5-21 覆盖

从图 5-21 可知，尽管我们调用的是同一个 speak()方法，但是通过覆盖使得该方法在不同的对象中输出不同的内容。

5.6.7 访问控制

访问控制是面向对象程序设计中一个非常重要的概念。在前介绍的例子中，当一个对象被创建之后，用户就可以在外部使用其属性和方法，同时其子类也可以自动拥有其属性和方法。但是，在实际开发过程中，经常会遇到某个类的部分属性和方法不需要被外部程序使用，或者部分属性和方法不需要被子类继承的情况，此时用户就可以对这些属性和方法进行访问控制。

PHP 语言对属性和方法进行控制的办法是在其前面添加关键字 public、protected 或者 private。其中 public 表示该属性或者方法是公共的，可以被外部程序使用，也可以被子类继承；protected 表示该属性或者方法不可以被外部程序使用，但是可以被子类继承；private 则表示该属性或者方法是私有的，只能在本类内部使用。

例如，下面的代码为 Person 类添加了两个属性（参见代码 Ex5-35）：

```
01  class Person
02  {
03      var $name;
04      var $age;
05      protected $tel;
06      private $mobile;
07
08      function __construct()
09      {
10          $this->name = "张三";
11          $this->age = 25;
12      }
13
14      function speak()
15      {
16          echo "I am a person. My name is " . $this->name . ", I am " . $this->age . " years old.";
17      }
18
19      function __destruct()
```

```
20      {
21          // echo "the object is deleted.";
22      }
23
24  }
```

第 05 行的 $tel 属性可以被子类 Man 和 Woman 继承，但是不可以被外部访问。第 06 行的 $mobile 属性既不能被外部访问，又不能被 Man 和 Woman 继承。

第 6 章

SSL 让网站更安全

在早期的网站中，开发人员和管理人员对于网站的安全性要求并不是很高，仅仅满足于网站的正常运行。当然，这与当时安全技术的发展水平不高也有很大的关系。近几年来，随着安全技术的发展，攻击和反攻击的对抗越来越明显，用户资料泄漏的事件不断出现。因此，网站的运营不仅仅满足于正常提供服务，还要尽最大可能防止安全隐患。其中，SSL 技术的出现和发展使得网站安全得到了很大程度上的保障。

本章将系统介绍 SSL 及其与网站安全相关的技术。

本章主要涉及的知识点有：

- 什么是 SSL：介绍对称加密和非对称加密、SSL 和 TLS 以及 HTTP 和 HTTPS 等基础知识。
- SSL 证书申请：介绍商业证书、免费证书以及自签名证书的申请方法。
- Apache HTTP 服务器配置 SSL 证书：介绍如何在 Apache Web 服务器中配置 SSL 证书。

6.1 什么是 SSL

SSL 是目前保证网络传输安全的重要手段之一。现在几乎所有的网站都启用了 SSL 协议来加强数据传输安全，即 HTTPS。因此，管理员以及开发人员必须对这些安全技术有着比较深入的理解。本节将对 SSL 中涉及 Web 应用的相关知识进行介绍。

6.1.1 对称加密和非对称加密

讲到 SSL，对称加密和非对称加密是一个绕不开的话题。在密码学中，对称加密和非对称加密是两种重要的加密手段。简单地讲，对称加密就是加密和解密使用同一个密钥，因此加密和解密过程看起来是"对称"的。非对称加密就是加密和解密使用不同的密钥，其中一个为公开密钥，简称公钥；另一个称为私有密钥，简称私钥。因此，非对称加密又称为公钥加密。下面分别对这两种加密技术进行介绍。

1. 对称加密

对称加密的过程如图 6-1 所示。用户 A 和用户 B 想对他们之间传输的数据进行加密，因此他们私下定下了一个数据加密用的密钥，用户 A 和用户 B 都拥有这个密钥。

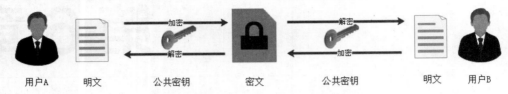

图 6-1　对称加密

用户 A 在向用户发送数据的时候，使用这个密钥对数据进行加密，然后通过网络将加密后的数据传递给用户 B。用户 B 在接收到用户 A 的数据之后，使用密钥将其解密，得到明文。反之，用户 B 如果向用户 A 发送数据，也可以按照同样的方式。在这个过程中，如果有其他的用户在传输的过程中获取了加密后的数据，由于没有密钥，因此无法得到明文。

对称加密的优点是加密和解密的速度非常快，实现的原理也比较简单。缺点主要有以下几点：

（1）对称加密要求通信双方在首次通信前协商一个共同的密钥。双方面对面直接协商当然是最好的了，但是在现实中，大部分还是借助于电子邮件或者电话等不够安全的手段。因此，很难保证这个密钥不被泄漏。密钥一旦泄漏，获取到加密数据的其他用户就可以通过该密钥解密。

（2）在多方通信时，如果使用对称加密，那么通常要求两两拥有共同的密钥，这样就会有非常多的密钥，难以管理。

（3）对称加密无法验证发送者和接收者的身份。

常见的对称加密算法有 DES、3DES、Blowfish、IDEA、RC4、RC5、RC6 和 AES 等。

2．非对称加密

非对称加密需要两个密钥，一个为公钥，另一个为私钥。公钥和私钥是一对，如果使用公钥对数据加密，那么只有用对应的私钥才能解密。

非对称加密的原理如图 6-2 所示。

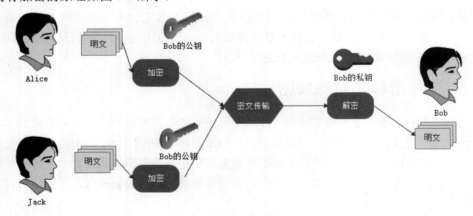

图 6-2　非对称加密

Bob 自己生成了一对公钥和私钥，然后将公钥发送给了 Alice 和 Jack，私钥自己保管。Alice 和

Jack 要向 Bob 传输数据时，使用 Bob 的公钥对数据进行加密，然后将密文通过网络传输给 Bob。Bob 使用自己的私钥将密文解密得到明文。在此过程中，使用 Bob 的公钥加密的数据只有通过 Bob 的私钥才能解密，而 Bob 的私钥由自己秘密保管，所以只有 Bob 才能得到明文。其他的人即使获得了密文，由于没有私钥，也无法解密。

常见的非对称加密算法主要有 RSA、DSA 以及 Diffie-Hellman 等。

非对称加密算法的特点是算法强度复杂，其安全性依赖于算法与密钥。由于其算法复杂，使得加密和解密的速度远远低于对称加密算法，因此不适用于数据量较大的情况。由于非对称加密算法有两种密钥，其中一个是公开的，因此在密钥传输上不存在安全性问题，使得其在传输加密数据的安全性上又高于对称加密算法。

> **注 意**
>
> 在非对称加密中，通常使用公钥加密，私钥解密。但是在有些情况下，私钥也可以加密，公钥用来解密，只不过这种情况一般不是用来保密，而是验证发送者的身份。因为发送者使用私钥加密的数据，只有与之对应的公钥才能解密。反之，如果接受者使用公钥可以解密密文，可以确定密文是由该发送者发送的。这称为数字签名。

6.1.2　SSL 与 TLS

SSL（Secure Socket Layer，安全套接字）协议是由美国网景（Netscape）公司于 1994 年开发出来的一种网络安全协议，其主要目的是为网络通信提供安全及保证数据的完整性。在 OSI 七层网络模型中，SSL 协议工作在传输层与应用层之间，对网络连接进行加密。应用层的数据一般都是未经加密的明文，在早期的网络模型中，应用层将明文直接往下传递，最后通过物理链路传输出去，如图 6-3 所示。

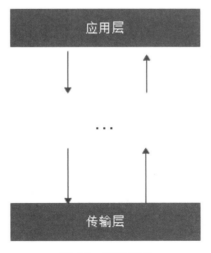

图 6-3　网络模型

在这种情况下，如果有中间人截取了数据包，用户传输的数据就会被泄漏，包括用户名和密码等敏感信息。

有了 SSL 层之后，应用层的协议（例如 HTTP 或者 FTP 等）就不会直接通过明文传输，而是经过一个 SSL 层进行加密，然后将密文在物理链路上传输，如图 6-4 所示。

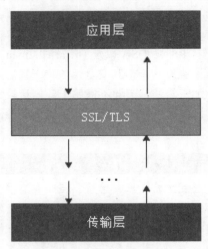

图 6-4　SSL/TLS 在网络模型中的位置

这样即使有中间人截取了数据包，由于不知道密钥，也无法得到明文。

前面介绍了对称加密和非对称加密两种加密方式。由于对称加密和非对称加密都有各自的优缺点，因此单纯地使用一种方式很难兼顾安全和效率。为此，SSL 在具体的实现方式上先后使用了非对称加密和对称加密。

TLS（Transport Layer Security，传输层安全协议）是 SSL 的继承者。TLS 的最大优势是与上面的应用层协议无耦合。

为了保证数据传输的安全性，许多传统的应用层协议都进行了改造，集成了 SSL/TLS 层协议。例如常用的 HTTP 协议，默认的服务端口为 80，集成 SSL 协议之后，默认的服务端口改为 443。邮件服务的 SMTP 和 POP3 协议原来的默认端口分别为 25 和 110，集成 SSL 协议之后，其默认端口分别为 994 和 995。还有其他的一些协议，例如 IMAP 和 FTP 等，也分别集成了 SSL 协议。

6.1.3　数字证书

对于一个信息系统而言，我们通常需要做到三点才能保证信息的安全，分别为信息的保密性、信息的完整性和发送方的身份识别。其中，信息的保密性可以通过加密算法来实现，例如前面介绍的对称加密和非对称加密都有很多具体的实现算法。信息的完整性可以通过数字签名来实现。数字签名是对所传输的内容的一个哈希值，任何对于内容的修改都将引起哈希值的改变，因此接收方可以通过计算和对比哈希值来判断内容是否完整，防止在传输的过程中被第三方篡改。

对于信息发送方的身份识别可以通过数字证书来实现。在前面介绍的非对称加密中，发送端将自己的公钥发送给接收端，私钥则由自己保管。在发送信息时，发送端使用自己的私钥将信息加密，而接收端使用公钥将其解密。如果接收端能够将信息正确解密，实际上也就验证了该信息是由发送端发送过来的。因为只有通过发送端的私钥加密才可以通过其对应的公钥正确解密。

上面所讲的是一个非常理想的状态，在实际的网络环境中往往会变得非常复杂。如图 6-5 所示，

Alice 向 Bob 请求公钥，Bob 在向 Alice 发送公钥的过程中，公钥被 Joe 截获，然后 Joe 伪造了一对公钥和私钥，并将其中的公钥发送给了 Alice。每当 Bob 发送数据给 Alice 时，Joe 都对数据进行劫持，然后使用一开始劫持的 Bob 的公钥将其解密，得到数据后，再使用自己的私钥加密，发送给 Alice。Alice 使用 Joe 开始发送过来的公钥进行解密，得到明文。反过来当 Alice 向 Bob 发送数据时，Alice 会使用 Joe 一开始传递过来的公钥进行加密，在传输过程中，Joe 也将其劫持，然后使用自己的私钥解密，得到明文后，再使用 Bob 的公钥将其加密，发送给 Bob。

在整个过程中，对于 Bob 和 Alice 而言，中间人 Joe 是透明的，Alice 会认为一开始得到的公钥是 Bob 的，Bob 也会认为自己得到的数据是 Alice 发送过来的，他们都不知道自己发送的数据已经被 Joe 全部得知。

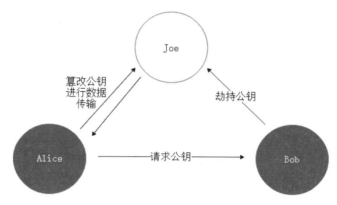

图 6-5　密钥劫持

为了防止这种密钥劫持，数字证书就出现了。数字证书是由权威的证书机构（Certificate Authority，CA）颁发给服务端的。数字证书包含持有人的相关信息，例如服务器的公钥、CA 的数字签名、有效期、使用者以及签名算法等，在使用者属性中还包括公司名称、国家以及城市等信息。其中，最为重要的是服务器的公钥，该公钥是由申请者在申请数字证书的时候提交给 CA 的。

数字证书是如何保证公钥来自请求的服务器呢？数字证书上有持有人的相关信息，通过这点可以确定其不是一个中间人。但是证书可以伪造，如何保证证书为真呢？

一个证书中含有三部分，分别为证书内容、哈希算法（或称为散列算法）和加密密文，证书内容会被哈希算法计算出哈希值，然后使用 CA 机构提供的私钥进行加密。

当客户端发起请求时，服务器将该数字证书发送给客户端，客户端通过 CA 机构提供的公钥对加密密文进行解密获得哈希值，即数字签名，同时将证书内容使用相同的哈希算法得到另一个哈希值，比对两个哈希值，如果两者相等，就说明证书没问题。

> **注　意**
>
> CA 机构的公钥通常已经内置在浏览器中。

数字证书有几种常见的编码格式，包括 PEM、DER 以及 PKFS 等。下面分别进行介绍。

1. PEM 格式

PEM（Private Enhanced Mail）格式是一种常见的证书格式，该格式的数字证书的扩展名可以

为 .pem、.cer、.crt 以及 .key 等。PEM 格式的数字证书一般为文本格式，以以下字符串开头：

```
-----BEGIN CERTIFICATE-----
```

以以下字符串结束：

```
-----END CERTIFICATE-----
```

开始标记和结束标记之间为 BASE64 编码的主体内容。主体内容可以包括证书和私钥。但是，如果 PEM 文件中只包含私钥，我们通常将其扩展名改为 .key。例如，下面的代码为一个 PEM 证书文件的部分内容：

```
-----BEGIN CERTIFICATE-----
MIIFtDCCBJygAwIBAgIQCIjNUl8ZJERNFKWCkd65UjANBgkqhkiG9w0BAQsFADBa
MQswCQYDVQQGEwJJRTESMBAGA1UEChMJQmFsdGltb3JlMRMwEQYDVQQLEwpDeWJl
clRydXN0MSIwIAYDVQQDExlCYWx0aW1vcmUgQ3liZXJUcnVzdCBSb290MB4XDTE2
…
TlHk/R4RFsyeANmXGpfjZceGNRtTdr4yOSxBSUujPpMMW3dXBzA8NYuM0WmiJ/pV
6KudEB7RF9+6bInTyVvXC5SIqdi0ldeO
-----END CERTIFICATE-----
```

用户可以使用 openssl 命令查看 PEM 证书的内容，其语法如下：

```
[root@iZ8vbdjpjvhsc05e3le76lZ ~]# openssl x509 -in pem.cer -text -noout
```

其中 x509 表示当前的证书标准为 X.509，证书标准主要定义了证书中应该包含哪些内容。-in 选项用来指定数字证书文件的路径，在本例中为 pem.cer。-text 选项用来显示证书文件的内容。-noout 选项可以忽略编码后的私钥。以上命令的输出如下：

```
01  Certificate:
02      Data:
03          Version: 3 (0x2)
04          Serial Number:
05              08:88:cd:52:5f:19:24:44:4d:14:a5:82:91:de:b9:52
06      Signature Algorithm: sha256WithRSAEncryption
07          Issuer: C=IE, O=Baltimore, OU=CyberTrust, CN=Baltimore CyberTrust Root
08          Validity
09              Not Before: May 20 12:53:03 2016 GMT
10              Not After : May 20 12:53:03 2024 GMT
11          Subject: C=US, ST=Washington, L=Redmond, O=Microsoft Corporation, OU=Microsoft IT, CN=Microsoft IT TLS CA 5
12          Subject Public Key Info:
13              Public Key Algorithm: rsaEncryption
14                  Public-Key: (4096 bit)
15                  Modulus:
16                      00:9a:df:81:5c:3b:8f:ae:e9:79:96:b9:9a:79:a7:
17                      81:f2:39:da:55:28:46:23:02:c5:82:66:07:b6:15:
18                      de:fd:9c:3a:1a:9b:91:09:d2:66:8f:0b:89:17:f8:
19                      …
```

```
20                    f6:a1:00:c5:36:2a:65:91:9e:05:ec:42:2e:5a:b8:
21                    99:1b:ff:d4:4e:b5:fa:66:55:d9:83:8e:bf:08:29:
22                    8d:fa:0b
23                Exponent: 65537 (0x10001)
24        X509v3 extensions:
25            X509v3 Subject Key Identifier:
26                08:FE:25:9F:74:EA:87:04:C2:BC:BB:8E:A8:38:5F:33:C6:D1:6C:65
27            X509v3 Authority Key Identifier:
28                keyid:E5:9D:59:30:82:47:58:CC:AC:FA:08:54:36:86:7B:3A:B5:04:4D:F0
29
30            X509v3 Basic Constraints: critical
31                CA:TRUE, pathlen:0
32            X509v3 Key Usage: critical
33                Digital Signature, Certificate Sign, CRL Sign
34            X509v3 Extended Key Usage:
35                TLS Web Server Authentication, TLS Web Client Authentication, OCSP Signing
36            Authority Information Access:
37                OCSP - URI:http://ocsp.digicert.com
38
39            X509v3 CRL Distribution Points:
40
41                Full Name:
42                  URI:http://crl3.digicert.com/Omniroot2025.crl
43
44            X509v3 Certificate Policies:
45                Policy: X509v3 Any Policy
46                  CPS: https://www.digicert.com/CPS
47
48    Signature Algorithm: sha256WithRSAEncryption
49        3e:f2:cf:30:a5:7a:bf:1e:6a:df:39:58:18:28:3c:c3:9d:ee:
50        e7:81:c5:4b:fc:67:f6:bf:1f:4e:37:da:de:f0:af:ee:8a:f9:
51        03:7b:60:67:74:c7:3b:da:ff:2b:4a:eb:fd:54:75:13:8b:e5:
52        ...
```

第 06 行表明了签名的算法。第 08 行开始表示当前数字证书的有效期。第 11 行为机构的相关信息。第 12 行开始为公钥信息，主要包括算法、长度、模数和指数等。最后是 CA 的数字签名。Apache 等服务器系统使用 PEM 格式的数字证书。

2. DER 格式

DER（Distinguished Encoding Rules）格式可以认为是 PEM 格式的证书的二进制形式。它是非文本的，不可以使用查看文本文件的命令来查看其内容。DER 格式的数字证书文件的扩展名通常为 .der 或者 .cer。所有的数字证书和私钥都可以使用 DER 格式来存储。通常情况下，Java 平台使用 DER 格式的数字证书。

对于 DER 格式的数字证书文件，可以使用以下命令查看：

```
[root@iZ8vbdjpjvhsc05e3le76lZ ~]# openssl x509 -in tls.cer -inform der -text -noout
```

其中 tls.cer 为数字证书文件的文件名。

3. P7B 格式

该格式通常为 Base64 编码的文本文件，其扩展名一般为.p7b 或者.p7c。该类证书文件通常以以下字符串开头：

```
-----BEGIN PKCS7-----
```

并且以以下字符串结束：

```
-----END PKCS7-----
```

P7B 格式的数字证书文件通常只包括数字证书，不包含私钥。
P7B 格式的数字证书通常用于 Windows 系统中。

4. PFX 格式

该格式的数字证书文件主要用于存储服务器证书，包含公钥和私钥，其内容为二进制形式。PFX 格式的数字证书文件的扩展名可以为.pfx 或者.p12。此类证书主要用于 Windows 平台上。

尽管数字证书的格式有多种，但是其包含的内容大同小异。用户可以使用 OpenSSL 提供的相关工具进行格式之间的转换。转换的命令和方法可参考 OpenSSL 的相关文档。

6.1.4　HTTP 与 HTTPS

接下来介绍与本书关系最为密切的 HTTP 和 HTTPS。HTTP（Hyper Text Transfer Protocol，超文本传输协议）是互联网上应用广泛的一种网络协议，主要用于从 WWW 服务器传输超文本到本地浏览器，它可以使浏览器更加高效，使网络传输减少。当用户通过浏览器访问某个网址、浏览网页时，使用的就是 HTTP 协议。图 6-6 显示了 HTTP 协议的基本工作原理。

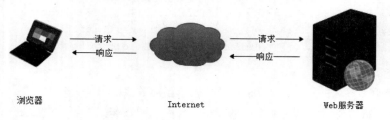

图 6-6　HTTP 协议的基本原理

HTTP 协议以明文方式发送内容，不提供任何方式的数据加密，如果在数据传输过程中攻击者截取了浏览器和网站服务器之间的传输报文，就可以直接读懂其中的信息。因此，HTTP 协议不适合传输一些敏感信息，比如信用卡号、密码等支付信息。

随着电子商务的迅速发展，通过互联网进行交易的数量急剧增加。各种敏感的信息（包括银行账号、支付密码、个人身份信息以及股票交易信息等）不可避免地会在互联网上传输。

为了保证这些信息不被第三方非法窃取，美国网景（Netscape）公司开发出了 HTTPS 协议，在传统的 HTTP 协议中加入了 SSL 层，用来对传输数据进行加密处理，如图 6-7 所示。

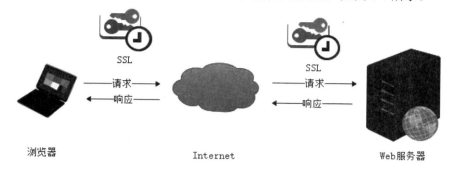

图 6-7　HTTPS 协议的基本原理

在这种情况下，即使传输的数据被第三方截取，由于他们不知道密钥，也无法获知明文数据。HTTPS 的工作流程大致如下：

01 客户端浏览器发送一个 HTTPS 请求到服务器，此时浏览器连接的应该是服务器的 443 端口，而非 80 端口。

02 服务器把配置好的数字证书发送给客户端浏览器，其中服务器的公钥作为数字证书的一部分内容。

03 浏览器验证服务器证书是否在有效期内，是否与所请求的域名匹配，证书的颁发机构是否在受信任的 CA 机构列表中，如果验证不通过，就会给出警告信息。

04 如果数字证书有效，客户端生成随机共享密钥并使用服务器的公钥加密，然后发送到服务器。

05 服务器端使用私有密钥解密数据，并使用收到的共享密钥加密数据，发送到客户端。

06 客户端和服务器使用共享密钥传输数据。

从上面的描述可知，HTTPS 的工作流程中涉及多个密钥。首先，数字证书是由证书权威机构（CA）颁发给服务器的。该证书使用了 CA 的私钥进行签名，浏览器通过 CA 的公钥进行验证。CA 颁发的数字证书中包含服务器的公钥，并通过该公钥和服务器的私钥与服务器进行随机共享密钥的协商。当共享密钥协商完成之后，浏览器和服务器就通过该共享密钥进行通信。

此外，在随机共享密钥产生之前，浏览器、服务器以及 CA 之间都是通过非对称加密进行验证和数据传输的。随机共享密钥协商完成之后，浏览器和服务器就以该密钥进行对称加密。

6.2　SSL 证书申请

在前面一节中，读者已经了解到了数字证书的基础知识。数字证书实现了对用户和服务器的认证，对传送的数据进行加密和隐藏，确保数据在传送中不被篡改，即数据的完整性。在生产环境中，数字证书通常是由受信任的 CA 机构颁发的。当然在开发者测试的时候，也可以使用自签名证书。本节将详细介绍数字证书的申请方法。

6.2.1 商业 SSL 证书申请

对于网站建设者来说，为网站安装 SSL 证书无非是让网站的数据安全有所保障，因此在选择 SSL 证书时一定要选择权威、安全可靠的颁发机构。

目前世界上有许多比较有名的 CA 机构，例如赛门铁克（Symantec）是一个高端的 SSL 证书品牌，它是国际知名的 CA 机构，也是行业领先者，是互联网上最受认可和信任的 SSL 安全证书品牌，为用户与服务端之间提供安全的网络信息通道。GeoTrust 是全球第二大数字证书颁发机构，也是身份认证和信任认证领域的领导者，是一款优质的、高性价比的 SSL 证书品牌。用户可以向这些机构申请证书，当然这些证书的价格各不相同。接下来我们重点讨论技术方面的流程。

当某个用户向 CA 机构申请证书的时候，他首先需要准备一个证书请求文件（Certificate Signing Request，CSR）。CSR 文件包含许多内容，例如网站的域名、公司名称、部门、国家、城市及邮箱等，也包括公钥。CSR 文件通常在生成私钥的同时生成。证书申请者只要把 CSR 文件提交给证书颁发机构，证书颁发机构使用其根证书私钥签名就可以生成证书公钥文件，也就是颁发给用户的证书。

CSR 文件可以通过 OpenSSL 的相关命令生成，其主要步骤如下：

01 产生私钥。

```
[root@iZ8vbdjpjvhsc05e3le76lZ ~]# openssl genrsa -out example.com.key 2048
Generating RSA private key, 2048 bit long modulus
.......................................+++
......+++
e is 65537 (0x10001)
```

在上面的命令中，genrsa 表示创建一个 RSA 算法的密钥，-out 选项指定密钥的文件名，2048 为密钥长度。通常以上方式产生的私钥文件为 PEM 格式，用户可以通过 cat 等命令查看，如下所示：

```
[root@iZ8vbdjpjvhsc05e3le76lZ ~]# cat example.com.key
-----BEGIN RSA PRIVATE KEY-----
MIIEpAIBAAKCAQEA9W5ibq620jWw7/TQhgupdQd4XcvW0MIvmutup3c0IPeYhK3g
dOHu8h25HQflOtEyN9AazFyrbwZsYQNnab0esrGeys0GYtuzXinOqMuFRlsVddba
RalD3iX3rU6J8oy51jojV+NxIAkG50A0t7fUwHXQFm1BnKA9L9CTzI7w3nnUM2NN
…
3RyO6RFfSxcE5TJ0jF0h9TGHzKUamFcOKhobnglr4BLIaZ3TW4HCjv8Xi0I9kPbO
WIQVdXKGVK4TYhHgHy6RdwOWpYGabxSrYi9Wj7zyMzowAXTYiZ/guw==
-----END RSA PRIVATE KEY-----
```

可以得知，私钥文件以字符串：

```
-----BEGIN RSA PRIVATE KEY-----
```

开头，以字符串：

```
-----END RSA PRIVATE KEY-----
```

结束，两者之间为 Base64 编码的内容。

用户也可以通过 openssl 命令查看证书内容，如下所示：

```
[root@iZ8vbdjpjvhsc05e3le761Z ~]# openssl rsa -in example.com.key -text -noout
Private-Key: (2048 bit)
modulus:
    00:f5:6e:62:6e:ae:b6:d2:35:b0:ef:f4:d0:86:0b:
    a9:75:07:78:5d:cb:d6:d0:c2:2f:9a:eb:6e:a7:77:
    34:20:f7:98:84:ad:e0:74:e1:ee:f2:1d:b9:1d:07:
…
    48:bc:df:36:df:af:58:fc:15:24:53:06:09:79:ee:
    2f:45
publicExponent: 65537 (0x10001)
privateExponent:
    56:26:ea:5c:89:ed:d8:fa:49:e2:e1:5f:f5:3d:d0:
    bd:28:e3:22:a1:b4:05:51:b4:de:3f:b8:77:06:8c:
    00:ea:88:da:42:22:e1:44:91:d8:e1:80:22:65:ac:
…
```

> **注 意**
>
> 上面创建的私钥文件中不仅包含私钥,还包含公钥。

02 创建 CSR 文件。有了私钥,用户就可以创建证书申请请求文件,命令如下:

```
[root@iZ8vbdjpjvhsc05e3le761Z ~]# openssl req -new -key example.com.key -out
example.com.csr
You are about to be asked to enter information that will be incorporated
into your certificate request.
What you are about to enter is what is called a Distinguished Name or a DN.
There are quite a few fields but you can leave some blank
For some fields there will be a default value,
If you enter '.', the field will be left blank.
-----
Country Name (2 letter code) [XX]:CN
State or Province Name (full name) []:GD
Locality Name (eg, city) [Default City]:Guangzhou
Organization Name (eg, company) [Default Company Ltd]:Wllrey eCommerce
Organizational Unit Name (eg, section) []:IT Dept.
Common Name (eg, your name or your server's hostname) []:www.example.com
Email Address []:chunxiao.zhang@qq.com

Please enter the following 'extra' attributes
to be sent with your certificate request
A challenge password []:
An optional company name []:
```

req 命令表示证书申请请求,-new 选项表示新建请求文件,-key 选项用来指定私钥文件,-out 选项指定证书请求文件的输出路径。

在创建证书请求文件时,会要求用户输入一系列的信息,包括国家、省份、城市、公司名称以及主机名等。其中最为重要的是 Common Name，这个就是网站的域名，如果网站域名输入错误，在用户浏览网站时浏览器就会发出警告。

CSR 文件是一个 PEM 格式的文本文件，其内容以字符串：

```
-----BEGIN CERTIFICATE REQUEST-----
```

开始，以字符串：

```
-----END CERTIFICATE REQUEST-----
```

结束，两者之间为 Base64 编码的主体内容。CSR 文件主要包含申请者的基本信息以及**01**中生成的私钥对应的公钥，用户可以使用 openssl 命令查看其内容，如下所示：

```
[root@hawk ~]# openssl req -in example.com.csr -noout -text
Certificate Request:
    Data:
        Version: 0 (0x0)
        Subject: C=CN, ST=GD, L=Guangzhou, O=Wllrey eCommerce, OU=IT Dept., CN=www.example.com/emailAddress=chunxiao.zhang@qq.com
        Subject Public Key Info:
            Public Key Algorithm: rsaEncryption
                Public-Key: (2048 bit)
                Modulus:
                    00:f5:6e:62:6e:ae:b6:d2:35:b0:ef:f4:d0:86:0b:
                    a9:75:07:78:5d:cb:d6:d0:c2:2f:9a:eb:6e:a7:77:
                    …
                    48:bc:df:36:df:af:58:fc:15:24:53:06:09:79:ee:
                    2f:45
                Exponent: 65537 (0x10001)
        Attributes:
            a0:00
    Signature Algorithm: sha256WithRSAEncryption
         40:7d:d2:3b:9b:e4:c5:2d:2b:14:8c:3e:84:e0:b7:39:3b:f0:
         d6:15:38:84:6d:88:a9:3c:50:72:58:e1:67:aa:a7:08:29:e4:
         8e:06:e5:59:38:e7:11:db:0e:ac:a7:1b:a8:9c:d9:fe:5f:d7:
         …
         6a:7c:4f:b4
```

01和**02**这两步可以使用以下命令同时完成，如下所示：

```
[root@iZ8vbdjpjvhsc05e3le76lZ ~]# openssl req -new -nodes -newkey rsa:2048 -keyout example.com.key -out example.com.csr
Generating a 2048 bit RSA private key
...................................+++
.....................+++
writing new private key to 'example.com.key'
-----
You are about to be asked to enter information that will be incorporated
```

```
into your certificate request.
What you are about to enter is what is called a Distinguished Name or a DN.
There are quite a few fields but you can leave some blank
For some fields there will be a default value,
If you enter '.', the field will be left blank.
-----
Country Name (2 letter code) [XX]:CN
State or Province Name (full name) []:GD
Locality Name (eg, city) [Default City]:Guangzhou
Organization Name (eg, company) [Default Company Ltd]:Willrey eCommerce
Organizational Unit Name (eg, section) []:IT Dept.
Common Name (eg, your name or your server's hostname) []:www.example.com
Email Address []:chunxiao.zhang@qq.com

Please enter the following 'extra' attributes
to be sent with your certificate request
A challenge password []:
An optional company name []:
```

在上面的命令中，req 子命令表示 X.509 证书申请请求管理。-new 选项表示生成新证书签署请求。-nodes 选项表示不使用保护密码。-newkey 选项表示新生成一个私钥，并且使用 RSA 算法，密钥长度为 2048 位。-keyout 选项用来指定私钥文件的输出文件名。-out 选项指定证书请求文件的输出文件名。

03 验证证书请求文件。为了确保信息的准确性，避免由于输入错误导致证书申请失败，在将 CSR 文件提交给 CA 机构之前，用户可以使用 openssl 命令进行验证，如下所示：

```
[root@hawk ~]# openssl req -in example.com.csr -noout -text -verify
verify OK
Certificate Request:
    Data:
        Version: 0 (0x0)
        Subject: C=CN, ST=GD, L=Guangzhou, O=Wllrey eCommerce, OU=IT Dept.,
CN=www.example.com/emailAddress=chunxiao.zhang@qq.com
        Subject Public Key Info:
            Public Key Algorithm: rsaEncryption
                Public-Key: (2048 bit)
                Modulus:
                    00:f5:6e:62:6e:ae:b6:d2:35:b0:ef:f4:d0:86:0b:
                    a9:75:07:78:5d:cb:d6:d0:c2:2f:9a:eb:6e:a7:77:
                    …
                    48:bc:df:36:df:af:58:fc:15:24:53:06:09:79:ee:
                    2f:45
                Exponent: 65537 (0x10001)
        Attributes:
            a0:00
    Signature Algorithm: sha256WithRSAEncryption
         40:7d:d2:3b:9b:e4:c5:2d:2b:14:8c:3e:84:e0:b7:39:3b:f0:
         d6:15:38:84:6d:88:a9:3c:50:72:58:e1:67:aa:a7:08:29:e4:
         8e:06:e5:59:38:e7:11:db:0e:ac:a7:1b:a8:9c:d9:fe:5f:d7:
```

```
    76:5d:53:bd:50:33:4c:56:e3:80:15:83:49:e7:d8:4b:c7:36:
    6a:7c:4f:b4
```

其中，-verify 选项对 CSR 文件进行验证。从上面输出的第一行信息可知，当前 CSR 文件验证通过。

04 提交 CSR 文件。申请者需要将 CSR 文件的完整内容提交给 CA 机构，包括开始标记和结束标记。

05 验证证书。CA 机构收到 CSR 文件之后，会使用自己的私钥对 CSR 文件进行签署，生成数字证书，发送给申请者。申请者可以使用以下命令查看证书内容：

```
[root@hawk ~]# openssl x509 -text -in example.com.crt -noout
```

接下来就是在服务器上配置证书，这部分内容将在后面介绍。

6.2.2 免费证书申请

目前部分 CA 机构可以提供免费的 SSL 证书，主要有 Let's Encrypt、TrustAsia 以及 Buypass 等。这些免费的 SSL 证书通常是有免费使用期限的，因此，对于网站的运营者而言，最好还是根据自己的实际情况购买商业 SSL 证书。

6.2.3 自签名证书

所谓自签名证书，是指用户自己作为 CA 机构，对自己的数字证书进行签发。自签名证书主要用来开发测试，也可以用在客户端数量较少的情况下。通常情况下，自签名证书主要有以下几个步骤：

01 生成 CA 私钥，并生成 CA 根证书。
02 在服务器上生成自己的私钥，并根据私钥创建证书申请请求 CSR 文件。
03 使用 CA 私钥对 CSR 进行签名，得到数字证书。
04 在服务器上安装和配置数字证书。
05 在客户端上安装 CA 根证书。

在上面的步骤中，实际上第**01**步可以省略，用户可以直接使用自己的私钥对 CSR 文件进行签发，生成证书，然后将证书安装在服务器和客户端。但是，如果服务器比较多的话，生成 CA 私钥和根证书就非常有必要了。这是因为只要是使用 CA 私钥签发的数字证书，无论在哪台服务器上，只要在客户端安装 CA 根证书即可。如果没有 CA 根证书，就需要在客户端安装所有服务器的 SSL 证书，以保证浏览器不给出安全警告。

下面详细介绍自签名证书的产生和配置方法。

01 生成 CA 根证书私钥，命令如下：

```
[root@hawk ~]# openssl genrsa -out ca.key 4096
Generating RSA private key, 4096 bit long modulus
...............++
..........++
```

```
e is 65537 (0x10001)
```

在上面的命令中，genrsa 命令表示生成一个 RSA 算法的私钥。-out 选项指定密钥文件名。最后的 4096 为密钥长度。

02 生成 CA 根证书，命令如下：

```
[root@hawk ~]# openssl req -new -x509 -days 3650 -key ca.key -out ca.crt
You are about to be asked to enter information that will be incorporated
into your certificate request.
What you are about to enter is what is called a Distinguished Name or a DN.
There are quite a few fields but you can leave some blank
For some fields there will be a default value,
If you enter '.', the field will be left blank.
-----
Country Name (2 letter code) [XX]:CN
State or Province Name (full name) []:Guangdong
Locality Name (eg, city) [Default City]:Guangzhou
Organization Name (eg, company) [Default Company Ltd]:Willrey CA
Organizational Unit Name (eg, section) []:IT Dept.
Common Name (eg, your name or your server's hostname) []:Willrey
Email Address []:
```

其中 req 命令表示生成 CA 根证书。-new 选项表示生成新的证书。-x509 选项说明要生成自签名证书。-days 选项表示证书的有效期，以天数为单位。-key 选项指定私钥文件。-out 选项指定生成的证书的文件名。在生成证书的过程中，会要求用户输入一系列的信息，包括国家、省份、城市、机构名称、单位以及主机名等。用户可以根据自己的实际情况输入。

03 生成服务器私钥。此处的私钥是在每台服务器上使用的，命令如下：

```
[root@hawk ~]# openssl genrsa -out server.key 4096
Generating RSA private key, 4096 bit long modulus
.................................................................................
.......................................................++
..................++
e is 65537 (0x10001)
```

这个命令与第**01**步中的命令基本相同，只是私钥文件名不同。

04 使用者可选名称。高版本的 Chrome 浏览器会要求设置使用者可选名称（Subject Alt Name，SAN），如果没有设置 SAN，就会报错。使用者可选名称可以保存在一个配置文件中，在本例中，其文件名为 san.cnf，内容如下：

```
[ req ]
distinguished_name = req_distinguished_name
req_extensions = req_ext
[req_distinguished_name]
countryName = CN
stateOrProvinceName = Guangdong
localityName = Guangzhou
organizationName = Willrey eCommerce
commonName = 121.89.189.54
[req_ext]
subjectAltName = @alt_names
```

```
[alt_names]
IP.1 = 121.89.189.54
```

在 alt_names 部分为 SAN 列表,如果是 IP 地址,那么其形式为:

```
IP.n = xxx.xxx.xxx.xxx
```

其中 n 为序号,从 1 开始。如果是域名,那么其形式为:

```
DNS.n = host_name
```

同样,n 也是从 1 开始的。

05 生成 CSR 文件,命令如下:

```
[root@hawk ~]# openssl req -new -key server.key -out server.csr -config san.cnf
You are about to be asked to enter information that will be incorporated
into your certificate request.
What you are about to enter is what is called a Distinguished Name or a DN.
There are quite a few fields but you can leave some blank
For some fields there will be a default value,
If you enter '.', the field will be left blank.
-----
CN []:CN
Guangdong []:
Guangzhou []:
Willrey eCommerce []:
121.89.189.54 []:
```

在上面的命令中,使用-config 选项指定配置文件的名称。

06 生成服务器证书。使用根证书按照 CSR 文件给服务器证书签名,生成新证书,如下所示:

```
[root@hawk ~]# openssl x509 -req -days 3650 -in server.csr -CA ca.crt -CAkey ca.key -set_serial 01 -out server.crt -extfile san.cnf -extensions req_ext
Signature ok
subject=/C=CN
Getting CA Private Key
```

通过以上步骤,得到一个 CA 根证书,其名称为 ca.crt;一个服务器私钥文件,其名称为 server.key;一个服务器证书,其名称为 server.crt。

> **注 意**
>
> 在上面的例子中,用户得到的密钥和证书都为 PEM 文本格式。

下一节将介绍如何在 Apache 中配置 SSL 证书,以及如何将 CA 根证书安装到客户端。

6.3 Apache 服务器配置 SSL 证书

在申请到数字证书之后,就可以使用数字证书来进行数据加密传输和服务器身份认证了。本节将详细介绍如何在 Apache 服务器中配置和使用 SSL 证书。

6.3.1 准备证书

在上一节中，我们已经得到了 3 个证书，分别为 CA 根证书、服务器私钥以及服务器证书，其文件名分别为 ca.crt、server.key 和 server.crt，这 3 个文件都是 PEM 格式的。

CA 根证书将被安装在客户端，其功能类似于商业 CA 机构的根证书，只不过商业 CA 机构的根证书已经内置于浏览器中了，不需要用户另外手工安装。而我们自己生成的根证书则需要人工安装。服务器私钥将用于加密和解密，服务器证书则主要用于服务器身份的认证。

为了便于管理，用户可以将这些证书保存在某个特定的位置。在本例中，我们将 CA 根证书和服务器证书保存在/etc/pki/tls/certs 目录中，将服务器私钥保存在/etc/pki/tls/private 目录中。

6.3.2 mod_ssl 模块

为了能够使得 Apache 支持 SSL 访问，需要安装和配置 mod_ssl 模块。用户可以通过以下命令来查看当前 Apache 是否已经正确加载 mod_ssl 模块：

```
[root@hawk ~]# httpd -M | grep ssl
ssl_module (shared)
```

如果上面的命令输出了 ssl_module，就表示 mod_ssl 模块已经被加载。如果没有任何输出，就表示 mod_ssl 模块没有被安装或者加载，此时用户可以通过以下 find 命令来查找当前系统中是否有 mod_ssl 模块：

```
[root@hawk modules]# find / -name mod_ssl.so
/usr/lib64/httpd/modules/mod_ssl.so
```

其中 mod_ssl.so 为 mod_ssl 模块的文件名。如果没有找到该文件，用户可以通过 3 种方式进行安装，分别为 yum 命令、apxs 命令和重新编译源代码。其中使用 yum 命令最为简单，如下所示：

```
[root@hawk ~]# yum -y install mod_ssl
```

apxs 为 Apache 提供的一个扩展命令管理工具。在已经安装好 Apache，用户又不想重新编译整个 Apache 的情况下，可以使用该工具添加扩展模块。例如 mod_ssl 模块的添加方式如下：

```
[root@hawk local]#/usr/bin/apxs -a -i -DHAVE_OPENSSL=1 -I/usr/include/openssl -L/usr/lib64/openssl -c *.c -lcrypto -lssl -ldl
```

其中-a 选项表示自动在 Apache 的配置文件中添加 LoadModule 指令，以启用 mod_ssl 模块。-i 选项表示安装 mod_ssl 模块。当以上命令执行完成之后，会在 Apache 的 modules 目录中生成一个 mod_ssl.so 文件。

如果用户想重新编译整个 Apache 服务器，可以在编译的时候使用以下选项：

```
--enable-ssl
```

6.3.3 安装证书

在新版本的 Apache 中，通常在 conf.d 目录中会有一个单独的 ssl.conf 文件用来专门配置 SSL 证书，当然用户也可以在主配置文件 httpd.conf 中进行配置，但是这样的话会使得主配置文件过于臃肿。因此，用户还是尽量将各个功能模块的配置文件分开，通过 IncludeOptional 或者 include 指令包含进来。

ssl.conf 文件的内容很多，用户主要用到的有 3 个指令，分别为 SSLCertificateFile、SSLCertificateKeyFile 和 SSLCACertificateFile。SSLCertificateFile 指令用来配置 PEM 格式的 SSL 证书，其值为完整的证书文件路径。SSLCertificateKeyFile 指令用来指定服务器私钥的详细路径。SSLCACertificateFile 指令用来指定 CA 根证书的详细路径，主要用于客户端认证的情况。

修改 ssl.conf 文件，内容如下：

```
SSLCertificateFile /etc/pki/tls/certs/server.crt
SSLCertificateKeyFile /etc/pki/tls/private/server.key
SSLCertificateChainFile /etc/pki/tls/certs/ca.crt
```

然后重启 Apache 服务，命令如下：

```
[root@hawk ~]# systemctl restart httpd
```

如果以上命令能够执行成功，那么说明服务器端的 SSL 证书已经配置完成了。接下来介绍如何将 CA 根证书安装在客户端上。

首先需要将前面生成的 CA 根证书 ca.crt 下载到客户端计算机上。然后双击该文件，打开 Windows 的证书管理界面，如图 6-8 所示。

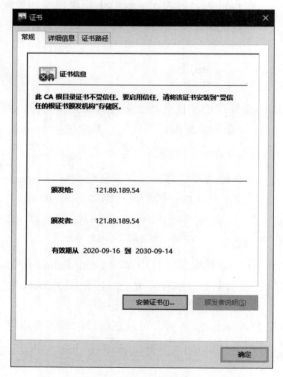

图 6-8　证书管理

单击"安装证书"按钮，打开证书导入向导，如图 6-9 所示。

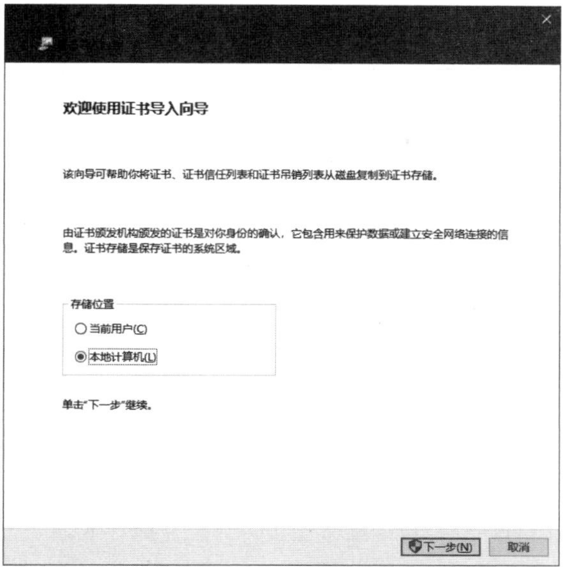

图 6-9 证书导入向导

存储位置选择"本地计算机"选项，然后单击"下一步"按钮，进入证书导入向导，如图 6-10 所示。

图 6-10 证书导入向导

选择"将所有的证书都放入下列存储"选项，单击"浏览"按钮，然后在弹出的对话框中选择"受信任的根证书颁发机构"，如图 6-11 所示。

图 6-11 选择证书存储

单击"确定"按钮关闭对话框,再继续下一步,直至完成导入。

6.3.4 运行测试

最后,用户可以尝试使用浏览器访问 Apache 服务器,在本例中,Apache 服务器的 IP 地址为 121.89.189.54,所以可以使用以下网址访问:

```
https://121.89.189.54/
```

此时,在浏览器地址栏前面会出现一个锁头的标识,如图 6-12 所示。

图 6-12 通过 HTTPS 访问 Apache 服务器

该标识的出现意味着当前的连接为安全的。单击锁头标识会显示与安全有关的信息,如图 6-13 所示。

图 6-13　HTTPS 安全标识

6.4　Nginx 服务器配置 SSL 证书

在 Nginx 作为 Web 服务器时，配置 Nginx 使用 HTTPS 协议可以对用户的数据通信进行加密，以保证数据的安全。本节将详细介绍 Nginx 配置 SSL 证书的方法。

6.4.1　准备证书

为了简化操作，本节继续使用前面在 Apache 服务器中配置的数字证书。其中服务器证书为 /etc/pki/tls/certs/server.crt，服务器私钥为/etc/pki/tls/private/server.key。

6.4.2　配置证书

在 Nginx 中配置 SSL 证书主要使用 ssl_certificate 和 ssl_certificate_key 这两个指令，前者用来配置服务器证书，后者用来配置服务器私钥。

打开/etc/nginx/nginx.conf 配置文件，找到其中的关于 HTTPS 协议部分的虚拟主机，将前面的注释符号去掉，然后在 ssl_certificate 和 ssl_certificate_key 这两个指令后面分别指定服务器证书文件和服务器私钥文件的路径，如下所示：

```
01  server {
02    listen       443 ssl http2 default_server;
03    listen       [::]:443 ssl http2 default_server;
04    server_name  _;
05    root         /usr/share/nginx/html;
06    ssl_certificate "/etc/pki/tls/certs/server.crt";
07    ssl_certificate_key "/etc/pki/tls/private/server.key";
```

```
08    ssl_session_cache shared:SSL:1m;
09    ssl_session_timeout  10m;
10    ssl_ciphers PROFILE=SYSTEM;
11    ssl_prefer_server_ciphers on;
12
13    include /etc/nginx/default.d/*.conf;
14
15    location / {
16    }
17
18    error_page 404 /404.html;
19        location = /40x.html {
20    }
21
22    error_page 500 502 503 504 /50x.html;
23        location = /50x.html {
24    }
25    }
```

配置完成之后，重新加载配置文件或者重新启动 Nginx 服务，然后通过浏览器访问以下网址：

`https://192.168.2.118/`

其中的 IP 地址为 Nginx 服务器的 IP 地址，用户可以根据自己的实际情况进行替换。如果出现如图 6-14 所示的界面，就表示 SSL 证书配置成功。

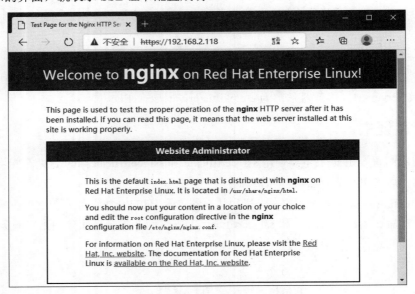

图 6-14　在 Nginx 中配置 SSL 证书

第 7 章

LAMP 安全管理

随着互联网应用的普及，人们对于信息系统安全的要求越来越高。作为系统管理员和开发者，不应该仅仅满足于系统的正常运行，而是应该在应用系统运行之后，将更多的精力投入安全管理中，以确保数据的安全。

本章将系统介绍 LAMP 中涉及安全管理的技术要点，使得读者能够在学习本章之后，熟练掌握在 LAMP 的运营中如何加固自己的应用系统。

本章主要涉及的知识点有：

- Linux 安全管理：介绍 Linux 中的安全登录、用户安全、安全审计、文件系统安全、系统资源控制以及防火墙等。
- Apache 安全管理：介绍 Apache 的日常管理中的安全配置，主要包括 Apache 运行用户、网站目录权限设置、日志设置、禁止访问外部文件、禁止列出目录、错误页面重定向等。
- MySQL 安全配置：介绍如何通过 MySQL 命令行工具进行安全设置以及 MySQL 的连接安全、权限安全、账户安全、目录文件安全、密码安全等。
- PHP 安全管理：介绍 PHP 的模块管理、防止敏感信息泄漏、错误日志、控制资源服务、禁用危险函数以及上传文件设置等。

7.1 Linux 安全管理

在 LAMP 中，Linux 为操作系统，处于最底层，是整个 LAMP 架构的基础设施。因此，Linux 的安全至关重要，会影响整个系统是否安全。

本节将对 Linux 系统管理中涉及系统安全的相关知识进行介绍。

7.1.1 安全登录

用户登录是进入 Linux 系统的门禁。因此，系统管理员必须对这个门禁的安全严加管理，以防止非法用户登录系统。总的来说，管理员可以从以下几个方面进行控制。

1. 禁止 root 用户远程登录

在 Linux 系统中，root 用户拥有至高无上的管理权限。root 用户的密码一旦泄漏，就会给系统带来灾难性的后果。

在早期的 Linux 或者 UNIX 系统中，管理员是通过 Telnet 方式远程管理的。由于 Telnet 协议没有提供任何的加密措施，用户名和密码都是通过明文在网络上传输的，因此如果通过 root 用户在互联网上远程登录系统，就非常容易导致密码被截获。当然，如果管理员不是使用公网连接服务器，而是通过 VPN，那么在很大程度上可以防止密码被截获。

后来随着 SSL 的广泛应用，Telnet 等明文协议逐渐被淘汰，人们开发出了安全 Shell 协议（Secure Shell，SSH）来代替 Telnet。SSH 协议不仅对登录过程是加密的，对接下来所有数据的传输都是加密的。在第 1 章中，我们详细介绍了通过 SSH 登录 Linux 的两种方式，分别是通过用户名和密码以及通过密钥。尽管前者的整个过程都是加密的，有效地防止了信息泄漏，但是不能防止"中间人"攻击。后者则可以杜绝"中间人攻击"，因为用户的公钥存放在服务器上，而私钥则由自己秘密保管，用户和服务器之间的通信都需要使用到公钥和私钥，"中间人"不可能拥有用户的私钥，所以无法与服务器进行通信。

在日常的 Linux 维护中，许多管理员为了方便，无论是在本地网络中，还是在互联网上，都是使用 root 用户来进行管理。这样的话，如果有第三者通过其他的方式获得了 root 用户的密码，就可以连接到 Linux 服务器，从而进行破坏。

禁止 root 用户远程登录是目前 Linux 系统安全加固的有效手段之一。用户可以在 sshd 的配置文件 /etc/ssh/sshd_config 中进行配置，如下所示：

```
PermitRootLogin yes
```

PermitRootLogin 指令可以设置是否允许 root 用户通过 SSH 登录 Linux 系统，默认情况下，该指令的值为 no。用户可以将其设置为 yes，以禁止 root 用户远程登录。将 PermitRootLogin 指令设置为 yes 之后，用户只能使用非 root 用户连接 Linux，然后通过 su 命令来切换到 root 用户身份，或者使用 sudo 命令来以 root 用户身份执行命令。修改完配置文件之后，需要重新启动 sshd 服务，命令如下：

```
[root@hawk ~]# systemctl restart sshd
```

> **注 意**
>
> PermitRootLogin 指令的值不影响 root 用户在本地登录。

2. 设置指定用户组可切换到 root 用户

前面已经介绍过，在日常的运维中，一般都是建议禁止 root 用户远程登录 Linux 的。那么，如果以普通用户的身份登录 Linux，如何执行维护操作呢？在 Linux 系统中，普通用户可以通过两种方式来执行管理功能，分别为 sudo 和 su 命令，下面分别介绍这两个命令的使用方法。

sudo 命令的主要功能是以其他用户的身份执行命令。该命令的基本语法如下：

```
sudo -u user command
```

其中 user 为特定的用户名，如果省略了-u 选项，就默认为 root 用户。command 选项为要执行的命令。尽管 sudo 命令可以指定用户名，但是在绝大多数情况下，该命令还是用来进行系统维护，执行某些 root 用户才能执行的命令，因此，用户在绝大多数情况下看到的形式如下：

```
[chunxiao@localhost ~]$ sudo iptables -L
[sudo] password for chunxiao:
Chain INPUT (policy ACCEPT)
target     prot opt source               destination

Chain FORWARD (policy ACCEPT)
target     prot opt source               destination

Chain OUTPUT (policy ACCEPT)
target     prot opt source               destination
```

在 Linux 系统中，iptables 命令需要 root 用户才能执行。因此，普通用户要想执行该命令，就要借助 sudo 命令。当用户输入完命令，并且按回车键之后，sudo 命令会要求用户输入自己的密码。如果输入正确，后面的命令就会以 root 用户的身份执行。命令执行完成之后，用户身份仍然为当前用户。

当然，为了安全起见，并不是每个 Linux 系统用户都可以使用 sudo 命令。管理员可以在 /etc/sudoers 配置文件中进行配置，指定哪些用户可以使用 sudo 命令。尽管/etc/sudoers 配置文件是一个文本文件，但是 Linux 不建议用户直接修改该文件的内容，而是专门提供了一个 visudo 命令来修改该文件。该命令可以不加任何参数和选项，如下所示：

```
[root@localhost ~]# visudo
```

以上命令会使用 vi 打开/etc/sudoers 文件，所以用户可以使用 vi 的相关命令来进行编辑。编辑完成之后，返回命令模式，然后使用以下命令保存并退出：

```
:wq
```

> **注 意**
> 在编辑模式下，用户可以通过连续按两次 Esc 键切换到 vi 的命令模式。

与 Linux 系统中的其他配置文件一样，/etc/sudoers 文件也是通过指令和值来配置的。下面对其中主要的几个别名指令进行介绍。别名指令主要有用户别名、主机别名和命令别名，分别可以定义一个包含一组用户、主机和命令的别名。在设置权限时，可以引用前面定义的别名。

（1）User_Alias

该指令用来定义一个用户别名，用户别名中包含一组 Linux 用户名，多个用户名之间使用逗号隔开，例如：

```
User_Alias ADMINS = jsmith, mikem
```

上面的指令定义了一个名为 ADMINS 的用户别名，包含两个用户。

(2) Host_Alias

该指令用来定义一个主机别名，包含一组主机名或者 IP 地址，它们之间用逗号隔开，例如：

```
Host_Alias LAN = mario.host.com, lucy.host.com
```

以上指令定义了一个名为 LAN 的主机别名，包含两个主机名。

(3) Cmnd_Alias

该指令用来定义一个命令别名，包含一组 Linux 命令，多个命令之间用逗号隔开，例如：

```
Cmnd_Alias STORAGE = /sbin/fdisk, /sbin/sfdisk, /sbin/parted, /sbin/partprobe,
/bin/mount, /bin/umount
```

以上指令定义了一个名为 STORAGE 的命令别名，包含一组与存储管理有关的 Linux 命令。

管理员可以在/etc/sudoers 文件中以以下形式指定用户的权限：

```
user host = (USER) cmd
```

其中 user 为需要定义权限的用户名、组或者用户别名，host 为主机名、IP 地址或者主机别名，USER 为 Linux 系统中拥有较大权限的用户，cmd 为 Linux 命令或者命令别名。以上语法的含义为用户 user 可以在 host 主机上以 USER 身份执行 cmd 命令。其中 host、USER 和 cmd 都可以指定为 ALL，表示匹配所有的主机、用户身份和命令。而在实际应用中，以上语法通常简化为：

```
user MACHINE=COMMANDS
```

表示用户 user 可以在 MACHINE 主机上以任何身份执行 COMMANDS 命令。

例如：

```
root ALL=(ALL) ALL
```

表示 root 用户可以在任何主机上以任何身份执行任何命令。

```
%sys ALL = NETWORKING, SOFTWARE, SERVICES, STORAGE, DELEGATING, PROCESSES, LOCATE,
DRIVERS
```

表示用户组 sys 的所有成员都可以在任何主机上执行 NETWORKING、SOFTWARE 以及 SERVICES 等命令别名中包含的命令。其中最前面的百分号"%"表示用户组。

在使用 sudo 命令时，通常会要求用户输入自己的命令。实际上，管理员可以在/etc/sudoers 文件中进行配置，在使用 sudo 命令时不需要输入自己的密码，如下所示：

```
%wheel ALL=(ALL)    NOPASSWD: ALL
```

以上指令表示 wheel 组的所有成员可以在任何主机上执行任何命令，并且不用输入自己的密码。

接下来介绍另一个命令 su。该命令同样可以使得当前用户以其他用户的身份执行 Linux 命令。其基本语法如下：

```
su [options] [-] [user]
```

其中 options 为命令选项，重要的选项有-c，可以指定要执行的命令；-s 指定执行命令的 Shell；-或者-l 启动一个新的 Shell，从而能够切换到指定用户的登录环境。user 为要执行命令的用户，默认为 root 用户。

例如，下面的命令以 root 用户的身份执行 iptables 命令：

```
[chunxiao@localhost ~]$ su -c 'iptables -L' root
Password:
Chain INPUT (policy ACCEPT)
target     prot opt source               destination

Chain FORWARD (policy ACCEPT)
target     prot opt source               destination

Chain OUTPUT (policy ACCEPT)
target     prot opt source               destination
```

以上命令可以简化为：

```
[chunxiao@localhost ~]$ su -c 'iptables -L'
```

从上面的命令可知，在通过-c 选项指定了命令之后，su 命令和 sudo 命令的功能基本相同。在执行完命令之后，su 命令也返回当前用户的身份。如果执行的命令比较多，每次都要输入 su 命令就会非常烦琐。在这种情况下，用户可以不指定-c 选项，su 命令会进入一个交互式的 Shell 环境。例如，下面的命令切换到 root 用户的 Shell 环境中：

```
[chunxiao@localhost ~]$ su -
Password:
Last login: Sun Sep 20 17:55:45 CST 2020 on pts/0
[root@localhost ~]#
```

从上面的输出可知，当前的 Shell 命令提示符已经变成了#，这意味着当前已经进入 root 超级用户的 Shell 环境。用户可以在命令行中直接输入想要执行的维护命令，而不需要加上 su 命令。执行完所有的命令之后，使用 exit 命令返回自己的 Shell 环境，如下所示：

```
[root@localhost ~]# exit
logout
[chunxiao@localhost ~]$
```

在默认情况下，任何合法的 Linux 用户都可以使用 su 命令，但是为了安全起见，管理员也可以对使用 su 命令的用户进行控制。在默认情况下，Linux 已经内置了一个名称为 wheel 的用户组，该用户组是专门为可以使用 su 命令的用户而定义的。此外，还提供了一个名为 pam_wheel.so 的 PAM 认证模块，用来实现 wheel 组的认证。有两个与该 su 命令相关的配置文件，分别为/etc/pam.d/su 和/etc/login.defs，前者用来开启 wheel 组的 PAM 认证，后者指定仅允许 wheel 组的用户切换到 root 身份。

首先修改/etc/pam.d/su 文件，将以下行前面的注释符号去掉：

```
auth            required         pam_wheel.so use_uid
```

然后保存文件。

再修改/etc/login.defs 文件,在文件的末尾追加以下命令:

```
SU_WHEEL_ONLY yes
```

随后保存文件之后就可以了。

接下来把可以使用 su 命令的用户添加到 wheel 组中。如果是非 wheel 组的用户执行 su 命令,就会出现权限被拒绝的提示,如下所示:

```
[chunxiao@localhost ~]$ su -
Password:
su: Permission denied
```

管理员可以使用以下命令将用户 chunxiao 添加到 wheel 用户组:

```
[root@localhost ~]# usermod chunxiao -G wheel
```

然后 chunxiao 用户就可以使用 su 命令了,如下所示:

```
[chunxiao@localhost ~]$ su -
Password:
Last login: Sun Sep 20 18:26:25 CST 2020 on pts/0
[root@localhost ~]#
```

> **注 意**
>
> 管理员需要弄清楚 sudo 和 su 命令的配置方法,其中 sudo 命令只与/etc/sudoers 配置文件有关,而 su 命令只与/etc/pam.d/su 和/etc/login.defs 以及 wheel 用户组有关。初学者很容易把这两个命令的配置方法搞混。

3. 设置密码复杂度

密码相当于进入 Linux 系统的"钥匙",因此,为了保证系统的安全,这把"钥匙"必须足够强大和复杂。然而,有些系统管理员或者普通用户为了自己记忆方便,通常会将密码设置为简单的字符串,例如 123456、admin123 或者 admin 等。这些简单的字符串非常容易被暴力破解。

为了使得每个用户的密码都必须满足一定的安全强度标准,系统管理员需要设置 Linux 用户的密码策略。必须满足该复杂度要求的密码,才会被 Linux 系统接受。

从 CentOS 7 开始,密码策略的设置主要涉及/etc/security/pwquality.conf 文件,该文件的内容如下:

```
01  difok = 1
02  minlen = 8
03  dcredit = 0
04  ucredit = 0
05  lcredit = 0
06  ocredit = 0
07  minclass = 0
08  maxrepeat = 0
```

第 01 行 difok 选项表示新密码和旧密码共同的字符个数，默认值为 1。第 02 行 minlen 选项表示新密码的最小长度，默认值为 8。第 03~06 行的 dcredit、ucredit、lcredit 和 ocredit 分别表示新密码中数字的个数、大写字母的个数、小写字母的个数以及其他特殊字符的个数。当这些选项的值大于 0 时，表示最大值；当其值小于 0 时，表示最小值；默认值为 0，表示没有限制。第 07 行的 minclass 选项表示新密码中至少包含字符类型的数量，例如数字、大写字母、小写字母和特殊字符，默认值为 0，表示没有限制。第 08 行的 maxrepeat 选项表示新密码中同一个字符连续重复出现的最多次数。

> **注 意**
> 以上策略对于 root 用户无效，只对普通用户有效。

例如，下面的代码将密码的最小长度设置为 8，并且至少包含两个数字和两个大写字母，至少包含数字、大写字母、小写字母和特殊字符中的 3 种：

```
01  minlen = 8
02  dcredit = -2
03  ucredit = -2
04  lcredit = 0
05  ocredit = 0
06  minclass = 3
07  maxrepeat = 0
```

如果用户设置的新密码的复杂度不满足以上要求，就会给出错误提示，如下所示：

```
[chunxiao@localhost ~]$ passwd
Changing password for user chunxiao.
Current password:
New password:
BAD PASSWORD: The password contains less than 2 digits
```

4. 设置密码时效

作为系统管理员，定期提醒用户更新系统密码是非常有必要的。然而，总是有一部分用户不及时更新自己的密码，这给系统带来了较大的安全隐患。Linux 本身提供了密码有效期的设置选项，管理员可以通过配置该选项在密码到期后强制用户修改。

密码时效在/etc/login.defs 文件中配置，主要涉及以下几个选项：

```
PASS_MAX_DAYS   99999
PASS_MIN_DAYS   0
PASS_MIN_LEN    5
PASS_WARN_AGE   7
```

以上选项分别表示密码的最长天数、最短天数、最小长度和提醒用户修改密码的天数。一般来说，密码有效期的最长天数可以设置为 90~180 天，最短天数可以设置为 30 天，提醒用户修改密码的天数可以设置为 7 天，如下所示：

```
01  PASS_MAX_DAYS   90
02  PASS_MIN_DAYS   30
```

```
03  PASS_MIN_LEN      5
04  PASS_WARN_AGE     7
```

5. 设置登录失败次数

设置用户登录失败次数的限制可以有效地防止密码被暴力破解。在早期的 CentOS 版本中，这个功能是通过 pam_tally2 扩展模块来实现的。在 CentOS 8 中，这个模块已经被淘汰，换成了 pam_faillock 模块。与用户登录策略有关的配置文件主要有/etc/pam.d/system-auth 和/etc/pam.d/password-auth。

> **注 意**
>
> PAM 是由美国 Sun 公司 1995 年开发的一种与认证相关的通用框架机制。PAM 本身不进行认证，所有的认证都是由第三方模块完成的。因此，为了掌握 PAM，管理员需要掌握每个模块的选项和配置方法。

首先简单了解一下 PAM 配置文件的语法，如下所示：

```
<module-type> <control-flag> <module-name> <module-arguments>
```

module-type 表示 PAM 支持的 4 种模块类型，分别为 auth、password、account 以及 session，其功能如下：

- auth：表示认证和授权。
- password：用户修改密码时使用。
- account：表示与用户管理有关的非认证功能。
- session：表示服务器会话。

control-flag 为控制标记，用来处理和判断各个模块的返回值。PAM 提供了 4 种标记，分别为 required、requisite、sufficient 和 optional，其功能如下：

- required：即使某个模块对于用户的验证失败，也要等所有的模块都执行完成之后再返回错误信息。
- requisite：如果某个模块返回失败，就立刻向应用程序返回失败，并且不再进行后面同类型的操作。
- sufficient：如果一个用户通过这个模块的验证，PAM 就立刻返回验证成功的信息，即使前面有模块验证失败了，也会把失败结果忽略掉，把控制权交回应用程序。后面的层叠模块即使使用 requisite 或者 required 控制标志，也不再执行。如果验证失败，那么 sufficient 的作用和 optional 相同。
- optional：即使本行指定的模块验证失败，也允许用户接受应用程序提供的服务，一般返回 PAM_IGNORE。

module-name 为模块名称，通常为一些动态库文件，以 .so 为后缀，例如 pam_unix.so、pam_faillock.so 或者 pam_deny.so 等。

module-arguments 为模块的参数，这个参数要根据具体的模块来提供，例如 pam.faillock.so 模块有 preauth、silent、deny 以及 unlock_time 等参数。

为了限制用户登录失败重试的次数,管理员需要配置 pam_faillock 模块,该模块的重要参数如下:

- preauth:当 pam_faillock 模块位于密码模块前面时,需要使用该参数,以确定是否阻止用户访问服务。
- authfail:当 pam_faillock 模块位于其他的认证结果为失败的模块后面时,需要使用该参数,将失败的认证记录写入每个用户的日志文件。
- authsucc:当 pam_faillock 模块位于其他的认证结果为成功的模块后面时,需要使用该参数,以清除认证失败的记录。
- deny:该选项的值为整数,当尝试超过该值时,锁定用户。
- even_deny_root:将 root 用户与普通用户一样锁定。

> **注 意**
>
> 默认情况下,pam_faillock 模块并不锁定 root 用户。如果想要将 root 与普通用户一样对待,超过一定次数后将其锁定,需要使用 even_deny_root 选项。

例如,管理员想将所有的用户在错误输入 5 次密码后将其锁定 10 分钟,可以按照以下步骤配置。首先打开/etc/pam.d/system-auth,找到 auth 区域中关于 pam_unix.so 的那一行,通常为:

```
auth        sufficient          pam_unix.so nullok try_first_pass
```

然后在其前面插入下面一行:

```
auth        required            pam_faillock.so preauth silent audit deny=5 unlock_time=600
```

在其后面插入下面一行:

```
auth        [default=die]       pam_faillock.so authfail audit deny=5 unlock_time=600
```

修改完成后的代码如下:

```
01 auth        required          pam_faillock.so preauth silent audit deny=5
unlock_time=600
02 auth        sufficient        pam_unix.so nullok try_first_pass
03 auth        [default=die]     pam_faillock.so authfail audit deny=5
unlock_time=600
```

如果 system-auth 文件中的 auth 区域有其他的关于 pam_faillock 模块的指令,就将其删除。
然后检查一下 account 区域是否存在以下行:

```
account     required            pam_faillock.so
```

如果没有,就在 account 区域开头插入以上代码。
然后以同样的方法修改/etc/pam.d/password-auth 文件。
之所以需要同时修改/etc/pam.d/system-auth 和/etc/pam.d/password-auth 文件,是因为某些服务引用了/etc/pam.d/system-auth 文件,例如 gdm-autologin 和 login,而另外一些服务引用了/etc/pam.d/password-auth 文件,例如 sshd 和 gdm-password。因此,为了所有的服务都应用到该规则,上述两个文件需要

同时修改，并且保持内容一致。

当用户尝试登录 5 次以后，就会提示用户被锁定，10 分钟后解锁，如图 7-1 所示。

图 7-1 用户被锁定

7.1.2 用户安全

用户管理是 Linux 系统管理中的重要内容。通常来说，管理员可以从以下几个方面对用户进行有效的管理。

1．及时清理无效用户

随着工作人员的流动和业务岗位的变动，原来在 Linux 服务器中拥有账户的人员可能不再需要继续登录服务器。在这种情况下，管理员应该及时将这些无效用户从系统中删除，避免引起不必要的麻烦。

在 Linux 系统中，所有的用户都存储在/etc/passwd 文件中，该文件的所有者为 root 用户，所有的用户都可以查看该文件内容，但是只有 root 用户才可以写入该文件，如下所示：

```
[root@hawk ~]# ll /etc/passwd
-rw-r--r--  1   root          root        1184     Sep 17 10:35            /etc/passwd
```

由于/etc/passwd 是一个文本文件，并没有加密，因此用户可以通过文本查看工具打开该文件，如下所示：

```
[root@hawk ~]# cat /etc/passwd
root:x:0:0:root:/root:/bin/bash
bin:x:1:1:bin:/bin:/sbin/nologin
daemon:x:2:2:daemon:/sbin:/sbin/nologin
adm:x:3:4:adm:/var/adm:/sbin/nologin
lp:x:4:7:lp:/var/spool/lpd:/sbin/nologin
sync:x:5:0:sync:/sbin:/bin/sync
shutdown:x:6:0:shutdown:/sbin:/sbin/shutdown
halt:x:7:0:halt:/sbin:/sbin/halt
mail:x:8:12:mail:/var/spool/mail:/sbin/nologin
operator:x:11:0:operator:/root:/sbin/nologin
games:x:12:100:games:/usr/games:/sbin/nologin
```

通过以上输出可知，该文件每一行为一个用户的描述，每一行包含 7 列，通过冒号隔开。这 7 列分别是用户名、密码、用户 ID、组 ID、备注、主目录以及默认的 Shell。其中第 2 列中的字符 x 表示该用户的密码被加密后保存在/etc/shadow 文件中。

删除用户使用 userdel 命令，该命令的基本语法如下：

```
userdel [options] username
```

其中 options 为命令选项，常用的选项有-f 和-r，-f 表示强制删除该用户，即使该用户当前已经登录系统中；-r 表示在删除用户的同时也删除其主目录。

> **注　意**
>
> 在使用-r 选项的时候要特别慎重，因为有些用户的主目录中包含许多重要的数据文件，如果盲目地将其删除，就会出现数据丢失的情况。

username 为要删除的用户的用户名。

例如，下面的命令将名为 hawk 的用户从系统中删除：

```
[root@hawk ~]# userdel hawk
```

2. 避免共享账户的存在

共享账户是指系统中多个人或者多个服务共用一个账号。在实际的运维过程中，为了省事，很多管理员都共用一个账号来进行系统维护。实际上，这样操作会导致很多安全问题，比如多人共用一个账号会容易导致密码泄漏，导致其中一人的文件被其他人删除或者修改，也不容易发现问题和追踪问题。

在 Linux 系统中，每个服务都需要一个账号来运行，例如 mysqld 服务通常是以 mysql 这个用户运行的，Apache HTTP 服务是以 apache 这个用户来运行的。为了安全起见，这些用户通常只授予有限的访问权限，主要是存取自己的数据。而如果多个服务共享一个用户，就必然会为该用户授予多个目录的访问权限，从而导致应用或者服务的越权访问。

因此，在日常的运维中，应该做到每项服务都有自己单独的账户来运行，登录 Linux 系统的每个工作人员都应该有自己的账户。

7.1.3　日志管理

无论是对 Linux 系统还是各种应用系统来说，日志的管理都是一个很重要的方面。当系统出现安全问题或者应用系统出现故障时，首先应该想到的就是调取各种相关的日志，通过日志来追踪和分析问题出现的原因。

在 Linux 系统中，日志的种类比较多，例如系统信息、用户登录、定时任务以及系统启动等都有单独的日志。

默认情况下，Linux 的日志文件位于/var/log 目录中。表 7-1 列出了常见的 Linux 日志文件。

表 7-1　常见的Linux日志文件

日志文件	说　　明
/var/log/messages	核心系统日志文件。它包含系统启动时的引导消息，以及系统运行时的其他状态消息。IO错误、网络错误和其他系统错误都会记录到这个文件中
/var/log/secure	与系统登录和授权有关的各种事件
/var/log/btmp	记录所有的失败登录信息。该文件被编码过，需要使用 last 或者 lastb 命令查看
/var/log/cron	定时任务服务 crond 产生的日志
/var/log/dmesg	内核环形缓冲区日志，基本上都与硬件有关，可以使用 dmesg 命令查看
/var/log/boot.log	系统引导日志
/var/log/maillog	与电子邮件服务有关的日志
/var/log/wtmp	包含登录信息，可以找出谁正在登录系统。该文件被编码过，需要使用 last 或者 lastb 命令查看

　　早期的CentOS使用syslog服务来管理各种系统日志，从CentOS 6开始使用功能更为强大rsyslog服务来替换syslog。相比syslog，rsyslog具有支持多线程，支持TCP、SSL或者TLS等协议，过滤器功能强大以及适用于企业级日志记录等优点。

　　rsyslog 的主服务程序为 rsyslogd，主配置文件为/etc/rsyslog.conf，其余的配置文件位于/etc/rsyslog.d 目录中。rsyslog.conf 文件的内容如下：

```
01  #### MODULES ####
02  $ModLoad imuxsock # provides support for local system logging (e.g. via logger command)
03  $ModLoad imjournal # provides access to the systemd journal
04  #$ModLoad imklog # reads kernel messages (the same are read from journald)
05  #$ModLoad immark  # provides --MARK-- message capability
06
07  #### GLOBAL DIRECTIVES ####
08  $WorkDirectory /var/lib/rsyslog
09  $ActionFileDefaultTemplate RSYSLOG_TraditionalFileFormat
10  $IncludeConfig /etc/rsyslog.d/*.conf
11  $OmitLocalLogging on
12  $IMJournalStateFile imjournal.state
13
14  #### RULES ####
15  *.info;mail.none;authpriv.none;cron.none                /var/log/messages
16  authpriv.*                                              /var/log/secure
17  mail.*                                                  -/var/log/maillog
18  cron.*                                                  /var/log/cron
19  *.emerg                                                 :omusrmsg:*
20  uucp,news.crit                                          /var/log/spooler
21  local7.*                                                /var/log/boot.log
22
23  # ### begin forwarding rule ###
24  *.* @@remote-host:514
25  # ### end of the forwarding rule ###
```

整个配置文件分为几个部分，首先 01~05 行是模块配置。由于 rsyslog 是模块化的，因此用户需要通过配置文件使用$ModLoad 指令加载所需要的模块。这些模块通常是动态库形式的，其扩展名为.so。第 07~12 为全局指令。第 08 行配置工作目录。第 09 行配置日志格式，默认为时间戳。第 10 行引入其他的配置文件。第 11 行的 OmitLocalLogging 指令为 on，表示 imuxsock 模块将忽略本地日志。imjournal 模块实现了 systemd 日志到 rsyslog 日志的导入功能，IMJournalStateFile 指定了存储当前导入状态的文件名。

从第 14 行开始为日志规则的定义。第 15 行表示所有日志类型的 info 级别以上的日志都记录在/var/log/messages 文件中，除 mail、authpriv 和 cron 以外，其中星号 "*" 为通配符，none 表示什么都不记录，这些类型的日志存储在单独的文件中。第 16 行表示 authpriv 类型的所有级别的日志都记录在/var/log/secure 文件中。第 24 行为日志转发，即将日志发送到远程的日志服务器上。

rsyslog 的日志分为多种类型，表 7-2 列出了常见的日志类型。

表 7-2　常见的日志类型

类　型	说　明
authpriv	用户认证和授权有关的信息
cron	cron 计划任务日志
kern	系统内核日志
daemon	守护进程产生的日志
mail	电子邮件日志
news	新闻组日志
uucp	UNIX 和 UNIX 之间的通信日志
local 1~7	自定义日志类型

除了日志类型之外，日志还分为不同的级别和优先级，优先级越高，表示日志所记录的事件越紧急。表 7-3 列出了常见的日志级别。

表 7-3　常见的日志级别

级　别	说　明	优先级
none	没有优先级，不记录任何日志消息	
debug	调试信息	0
info	一般信息	1
notice	不是错误，但是可能需要处理的信息	2
warning/warn	警告	3
error/err	一般性错误	4
crit	危险情况	5
alert	需要立即修复的告警	6
emerg	紧急情况，系统处于不可用状态	7

在 rsyslog.conf 配置文件中，用户可以使用以下格式来配置日志类型和级别：

日志类型.日志级别

例如：

```
cron.info
```

表示 cron 类型的 info 级别的日志。

无论是日志类型还是日志级别，都可以使用通配符*来匹配所有的类型，例如：

```
*.emerg
```

表示所有的日志类型的 emerg 级别的日志。

如果停止记录某个类型的日志，就可以使用 none，例如：

```
authpriv.none
```

表示不记录 authpriv 类型的日志。

rsyslog 的日志可以存储在本地的普通文件中，也可以发送到本地用户，还可以远程转发。

如果 rsyslog 的日志存储在本地的普通文件中，就需要提供完整的文件名，即以绝对路径表示文件。例如，下面的代码表示将前面的日志写入/var/log/messages 文件中：

```
*.info;mail.none;authpriv.none;cron.none         /var/log/messages
```

如果需要将日志消息发送给用户，就可以使用以下语法：

```
:omusrmsg:username
```

其中:omusrmsg:为固定的前缀，后面可以加一个用户名列表，例如：

```
*.emerg                                           :omusrmsg:root,rger
```

以上代码会使得 rsyslog 将 emerg 级别的日志消息发送给 root 和 rger。如果想要将日志消息发送给所有在线的用户，可以使用通配符，如下所示：

```
*.emerg                                           :omusrmsg:*
```

以上代码表示将所有 emerg 级别的日志消息发送给所有在线的用户。

为了便于管理，管理员有时会将日志转发到远程的日志服务器上。在这种情况下，可以使用以下格式来指定转发目标：

```
*.*   @192.168.0.1
*.*   @@192.168.0.1:10514
```

其中*.*表示所有类型的所有级别的日志，192.168.0.1 为远程日志服务器的 IP 地址，也可以是主机名。在日志服务器地址前面，一个@表示使用 UDP 协议转发日志消息，两个@表示通过 TCP 协议转发日志消息。10514 为 rsyslog 日志服务器 TCP 协议的服务端口。

rsyslog 所产生的日志大部分为文本文件，并且拥有相同的格式。用户可以通过 Linux 提供的文本工具来查看，例如 tail、head、cat、tac、less 或者 more 等。如果想要实现更为复杂的分析，那么可以使用 grep 或者 sed 等。

例如，下面的 tail 命令显示 cron 日志的最后 20 行：

```
[root@hawk ~]# tail -20 /var/log/cron
```

```
Sep 24 15:01:01 hawk run-parts(/etc/cron.hourly)[9930]: finished 0anacron
Sep 24 15:10:01 hawk CROND[10386]: (root) CMD (/usr/lib64/sa/sa1 1 1)
Sep 24 15:20:01 hawk CROND[10901]: (root) CMD (/usr/lib64/sa/sa1 1 1)
Sep 24 15:30:01 hawk CROND[11408]: (root) CMD (/usr/lib64/sa/sa1 1 1)
…
```

下面的命令从/var/log/secure 文件中查找包含 admin 这个字符串的日志，并且分屏显示，其中的"|"为管道：

```
[root@hawk ~]# grep admin /var/log/secure | more
Sep 21 12:54:25 hawk sshd[8025]: Invalid user administrator from 118.174.97.71 port
49815
Sep 21 12:54:26 hawk sshd[8025]: Failed password for invalid user administrator from
118.174.97.71 port 49815 ssh2
Sep 21 12:54:27 hawk sshd[8025]: Connection closed by invalid user administrator
118.174.97.71 port 49815 [preauth]
Sep 21 13:53:34 hawk sshd[11058]: Invalid user admin from 85.209.0.123 port 39226
Sep 21 13:53:35 hawk sshd[11058]: Failed password for invalid user admin from
85.209.0.123 port 39226 ssh2
…
```

从上面的输出可知，目前服务器受到多次暴力破解密码的攻击。攻击者通常使用 admin 或者 administrator 等常见的用户名。日志时间和来源 IP 地址也被记录在日志文件中。

此外，还有部分日志为编码后的文件，不可以直接使用以上工具查看。Linux 为这些日志文件提供了专门的工具，例如 dmesg 命令可以查看/var/log/dmesg，last 命令可以查看/var/log/wtmp，lastb 命令可以查看/var/log/btmp，以及 lastlog 命令可以查看最近的用户登录情况等。

除了 Linux 系统本身的日志之外，每个应用系统也会产生日志，例如 Apache、Tomcat 或者 MySQL 等。默认情况下，这些应用系统的日志文件通常位于/var/log 目录中，例如 Apache 的日志文件位于/var/log/httpd 目录中。当然，用户也可以自定义日志的存放位置。下面的命令显示了 Apache 的访问日志 access_log 的部分内容：

```
[root@hawk ~]# cat /var/log/httpd/access_log
80.82.70.187 - - [20/Sep/2020:03:40:36 +0800] "GET
http://www.baidu.com/cache/global/img/gs.gif HTTP/1.1" 404 221 "-" "Mozilla"
180.253.178.4 - - [20/Sep/2020:03:56:30 +0800] "GET / HTTP/1.1" 403 4897 "-"
"Mozilla/5.0 (Windows NT 6.1; WOW64) AppleWebKit/537.36 (KHTML, like Gecko)
Chrome/52.0.2743.116 Safari/537.36"
162.243.128.34 - - [20/Sep/2020:04:56:03 +0800] "GET /portal/redlion HTTP/1.1" 404
212 "-" "Mozilla/5.0 zgrab/0.x"
...
```

Apache 的访问日志记录了客户端浏览器的每一次请求，其中包含客户端的 IP 地址、访问时间、请求方式以及请求的文件等。

关于其他的应用系统的日志文件，可以参考相关的技术文档。

7.1.4 安全审计

在 Linux 系统中，管理员可以通过两种方式来跟踪和发现问题，其中一种是日志，还有一种是通过审计。

前面已经介绍过了，Linux 系统中有大量的日志文件可以用于查看应用程序的各种信息，但是对于用户的操作行为，例如某用户修改、删除了某个文件，却无法通过这些日志文件来查看。如果管理员想要监控这些行为，就需要使用审计功能。

在 Linux 系统中，审计功能通过 audit 来实现，其服务名为 auditd。管理员可以通过以下命令查看其运行状态：

```
[root@hawk ~]# systemctl status auditd
● auditd.service - Security Auditing Service
   Loaded: loaded (/usr/lib/systemd/system/auditd.service; enabled; vendor preset: enabled)
   Active: active (running) since Mon 2020-05-18 15:07:35 CST; 4 months 8 days ago
     Docs: man:auditd(8)
           https://github.com/linux-audit/audit-documentation
 Main PID: 20845 (auditd)
   CGroup: /system.slice/auditd.service
           └─20845 /sbin/auditd

May 18 15:07:35 iZ8vbdjpjvhsc05e31e76lZ augenrules[20849]: rate_limit 0
May 18 15:07:35 iZ8vbdjpjvhsc05e31e76lZ augenrules[20849]: backlog_limit 8192
May 18 15:07:35 iZ8vbdjpjvhsc05e31e76lZ augenrules[20849]: lost 0
May 18 15:07:35 iZ8vbdjpjvhsc05e31e76lZ augenrules[20849]: backlog 0
May 18 15:07:35 iZ8vbdjpjvhsc05e31e76lZ systemd[1]: Started Security Auditing Service.
Jun 16 19:40:01 iZ8vbdjpjvhsc05e31e76lZ auditd[20845]: Audit daemon rotating log files
Jul 20 03:20:01 iZ8vbdjpjvhsc05e31e76lZ auditd[20845]: Audit daemon rotating log files
Aug 22 01:20:01 iZ8vbdjpjvhsc05e31e76lZ auditd[20845]: Audit daemon rotating log files
Sep 23 20:10:01 hawk auditd[20845]: Audit daemon rotating log files
Sep 25 04:01:03 hawk auditd[20845]: Audit daemon rotating log files
```

从上面的输出可知，当前 audit 服务正在运行。

audit 提供了一些工具命令，主要有 auditctl、aureport、ausearch、auditspd 以及 autrace 等。其中 auditctl 命令用来配置 audit，例如添加规则等。aureport 命令可以查看和生成审计报告。ausearch 命令可以用来查找审计事件。auditspd 命令可以将审计事件转发给其他的应用系统，而不是写入审计日志。autrace 命令可以用来跟踪进程。

audit 主要有两个配置文件，其中一个为/etc/audit/audit.rules，主要用来保持审计规则；另一个为/etc/audit/auditd.conf，是 audit 的主配置文件。实际上，audit 还有一个/etc/audit/rules.d 目录，用来存储审计规则。

下面首先介绍 auditctl 命令的基本用法。其基本语法如下：

```
auditctl [options]
```

其中 options 为命令选项，常用的有以下几个：

- -l：显示所有规则。
- -a <l,a>：将规则添加到一个列表的结尾，l 表示列表名称，a 表示这个规则对应的动作。
- -A <l,a>：添加一条规则到列表的开头。
- d <l,a>：从列表中删除一条规则。
- -D：删除所有规则。
- -w：指定监控文件路径。
- -p：指定监控文件筛选条件，其中 r 表示读，w 表示写，x 表示执行，a 表示文件属性的改变。
- -k：筛选字符串，用于查询监控日志。

默认情况下，audit 没有任何审计规则，如下所示：

```
[root@hawk ~]# auditctl -l
No rules
```

接下来创建一个测试目录，并且配置 audit 对其进行审计，命令如下：

```
[root@hawk ~]# mkdir /data
```

下面添加一条规则，对 /data 目录的写入和属性改变操作进行审计，命令如下：

```
[root@hawk ~]# auditctl -w /data -p wa
```

使用 auditctl 命令查看规则列表：

```
[root@hawk ~]# auditctl -l
-w /data -p wa
```

可以看到，刚刚添加的规则已经出现在列表中。

然后在 /data 目录中创建一个文件：

```
[root@hawk ~]# touch /data/test
```

最后，通过 ausearch 命令查看审计日志：

```
[root@hawk ~]# ausearch -f /data/
----
time->Sat Sep 26 11:22:30 2020
type=PROCTITLE msg=audit(1601090550.639:180069):
proctitle=746F756368002F646174612F74657374
type=PATH msg=audit(1601090550.639:180069): item=1 name="/data/test" inode=2359298
dev=fd:01 mode=0100644 ouid=0 ogid=0 rdev=00:00 objtype=CREATE
cap_fp=0000000000000000 cap_fi=0000000000000000 cap_fe=0 cap_fver=0
type=PATH msg=audit(1601090550.639:180069): item=0 name="/data/" inode=2359297
```

```
dev=fd:01 mode=040755 ouid=0 ogid=0 rdev=00:00 objtype=PARENT
cap_fp=0000000000000000 cap_fi=0000000000000000 cap_fe=0 cap_fver=0
type=CWD msg=audit(1601090550.639:180069):  cwd="/root"
type=SYSCALL msg=audit(1601090550.639:180069): arch=c000003e syscall=2 success=yes
exit=3 a0=7ffc0bc5c6d1 a1=941 a2=1b6 a3=7ffc0bc59a20 items=2 ppid=14674 pid=17361
auid=4294967295 uid=0 gid=0 euid=0 suid=0 fsuid=0 egid=0 sgid=0 fsgid=0 tty=pts0
ses=4294967295 comm="touch" exe="/usr/bin/touch" key=(null)
```

其中-f 选项表示通过文件名来搜索审计日志。从上面的输出可知，root 用户于 Sat Sep 26 11:22:30 2020 通过 touch 命令创建了 /data/test 文件。

上面的输出包括几部分内容，其中 time 为审计时间，name 为审计对象，cwd 为当前路径，syscall 为当前的系统调用，auid 为审计用户的 ID，uid 和 gid 为访问文件的用户 ID 和组 ID，comm 为访问文件的命令，exe 为访问文件的命令的路径。

aureport 可以生成审计报告，如果不加任何参数，该命令就会生成一个审计概要，如下所示：

```
[root@hawk ~]# aureport

Summary Report
======================
Range of time in logs: 01/01/1970 08:00:00.000 - 09/26/2020 12:40:01.511
Selected time for report: 01/01/1970 08:00:00 - 09/26/2020 12:40:01.511
Number of changes in configuration: 16
Number of changes to accounts, groups, or roles: 18
Number of logins: 0
Number of failed logins: 0
Number of authentications: 56
Number of failed authentications: 0
Number of users: 2
Number of terminals: 9
Number of host names: 3
...
```

从上面的报告可知，一共有 56 次认证，涉及两次用户修改。下面管理员通过相应的选项来查看更加详细的报告。

例如，使用下面的命令查看 56 次认证信息：

```
[root@hawk ~]# aureport -au

Authentication Report
============================================
# date time acct host term exe success event
============================================
1. 07/14/2020 05:21:21 postgres ? ? /usr/bin/su yes 70690
2. 07/14/2020 05:21:21 postgres ? ? /usr/bin/su yes 70696
3. 07/15/2020 05:21:44 postgres ? ? /usr/bin/su yes 71887
4. 07/15/2020 05:21:44 postgres ? ? /usr/bin/su yes 71893
```

```
5. 07/16/2020 05:29:03 postgres ? ? /usr/bin/su yes 73087
6. 07/16/2020 05:29:04 postgres ? ? /usr/bin/su yes 73093
7. 07/17/2020 05:24:00 postgres ? ? /usr/bin/su yes 74284
...
```

下面的命令则显示出了两次用户修改：

```
[root@hawk ~]# aureport -m

Account Modifications Report
===================================================
# date time auid addr term exe acct success event
===================================================
...
11. 09/23/2020 19:36:58 -1 hawk pts/0 /usr/sbin/useradd hawk yes 156041
...
15. 09/23/2020 20:01:50 -1 hawk pts/1 /usr/sbin/useradd test yes 156083
...
```

清空审计规则使用以下命令：

```
[root@hawk ~]# auditctl -D
No rules
```

7.1.5 文件系统的安全

文件系统是 Linux 系统中的数据在磁盘上的组织和管理方式。在 Linux 系统中，所有的一切都称为文件。保证文件系统的安全对于系统管理员来说是一项基础的工作。

Linux 系统中的每个文件和目录都有访问权限，以决定哪些用户可以访问。文件和目录的访问权限可以分为读、写和执行 3 种。对于文件来说，可读权限是指可以打开文件并读取其中的内容，可写权限是指可以修改文件的内容，可执行权限则是指可以将该文件作为一个程序执行。而对于目录来说，可读权限是指可以通过 ls 命令列出该目录的文件列表，可执行权限是指可以通过 cd 命令进入该目录，可写权限是指可以在该目录中创建或者删除文件。

Linux 将访问文件的用户分为 3 种不同的类型，分别为文件所有者、同组用户以及其他的用户。文件所有者一般是文件的创建者。当文件被创建后，文件所有者便自动拥有了该文件的读、写以及执行的权限。

经过不同的组合，Linux 的每一个文件或者目录的访问权限被分成 3 组，每一组又分成 3 位，即文件所有者的读、写和执行权限，同组用户的读、写和执行权限以及其他用户的读、写和执行权限。

例如，下面的命令显示了 /etc/passwd 文件的访问权限：

```
[root@hawk /]# ll /etc/passwd
-rw-r--r--  1    root       root       1262      Sep 23 20:01
    /etc/passwd
```

从上面的输出可知，该文件的所有者为 root 用户。第 1 列的内容如下：

```
-rw-r--r--
```

第 1 个字符 "-" 表示该文件为普通文件，从第 2 个字符开始是访问权限，每 3 个字符为一组。第 1 组为 "rw-" 表示文件所有者，即 root 用户，其中 r 表示读权限，w 表示写权限，-表示无该项权限。由于-对应的位置为执行权限位，因此表示文件所有者无执行该文件的权限。第 2 组为 "r--"，表示同组用户只有读取该文件的权限。第 3 组为 "r--"，同样表示其他用户只有读取该文件的权限。

管理员可以通过 chmod 命令更改文件或者目录的访问权限，该命令的基本语法如下：

```
chmod [option]... mode[,mode]... file..
```

option 是命令选项，常用的选项有-R，表示当前命令会被递归执行，即指定目录及其子目录的文件都会被修改。如果没有该选项，chmod 命令就只会影响指定的目录。mode 为权限，在 chmod 命令中，权限使用以下方式来表达：

```
[who] [+ | - | =] [mode]
```

其中，who 表示权限的授予对象，可以有以下 4 种形式：

- u：文件所有者。
- g：同组用户。
- o：其他用户。
- a：所有用户。

+、-和=为操作符，其中+表示授予该权限；-表示取消该权限；=则表示授权该权限，并取消原来的权限。

mode 为权限字符，r 表示读取，w 表示写入，x 表示执行。

例如，下面的命令授予其他用户读取/data/test 文件的权限：

```
[root@hawk /]# chmod o+r /data/test
```

下面的命令收回同组用户对/data/test 的执行权限，同时授权其他用户执行该文件的权限：

```
[root@hawk /]# chmod g-x,o+x /data/test
```

> **注 意**
>
> 多个权限组合之间通过逗号隔开。

为了保证文件系统的权限，管理员应该为每个文件和目录分配适当的访问权限。但是在日常维护中，有些管理员为了避免麻烦，为某些文件或者目录赋予了过多的访问权限，例如将某个文件或者目录的访问权限设置为所有用户可读、写和执行。这些会使得所有用户无限制地访问这些文件或者目录，从而引起安全隐患。

除了上述权限之外，文件的所有者也是值得关注的内容。通常情况下，文件的所有者拥有访问该文件的最大权限。而对于 MySQL 来说，其数据文件所在目录的所有者通常为 MySQL 服务的运行账户，即 mysql，这样的话，MySQL 服务进程就可以自由存取数据。Linux 提供了 chown 命令来改变文件或者目录的所有者，其基本语法如下：

```
chown [option]... [owner][:[group]] file...
```

其中 option 为命令选项，常用的命令选项为-R，其作用与 chmod 命令中的该选项完全相同。owner 为用户名，group 为组名。如果用户从属于多个用户组，在修改所有者的时候就需要明确指定哪个用户组。

例如：

```
[root@hawk ~]# chown -R hawk:hawk /data
```

上面的命令将目录/data 的所有者修改为 hawk 组的 hawk 用户。修改完用户之后，新的所有者就自动继承了原来的所有者的权限。

在 Linux 系统中，还有一个问题需要关注，那就是文件的属性。通过文件属性的设置，可以使得某些特殊的文件不能被任何人修改或者删除。这在 Linux 系统的安全加固中也非常重要。

修改文件属性需要使用 chattr 命令，该命令的基本语法如下：

```
chattr [ -R ] [ mode ] files...
```

其中-R 选项的功能参考 chmod 和 chown 命令。mode 可以使用以下语法表示：

```
+-=[aAcdisu]
```

其中"+"表示将指定的属性添加到现有的属性中，"-"表示将指定的属性从现有的属性中删除，"="表示将文件的属性设置为当前指定的属性，即覆盖原来的属性。后面的字符为属性名称，其含义如下：

- a：只允许在文件内容的末尾追加数据，不允许任何进程覆盖或截断这个文件。如果目录具有这个属性，系统将只允许在这个目录下建立和修改文件，而不允许删除任何文件。
- A：禁止修改指定文件或者目录的最后访问时间。
- c：将文件或者目录压缩后存放。
- d：当 dump 程序执行时，该文件或目录不会被 dump 备份。
- i：即 Immutable，系统不允许对这个文件进行任何修改。如果目录具有这个属性，那么任何进程只能修改目录之下的文件，不允许建立和删除文件。
- s：彻底删除文件，不可恢复，因为是从磁盘上删除的，然后用 0 填充文件所在区域。
- u：当一个应用程序请求删除这个文件时，系统会保留其数据块以便以后能够恢复这个被删除的文件，用来防止意外删除文件或目录。

通常情况下，管理员可以使用以下命令来保护关键的系统文件：

```
[root@hawk ~]# chattr +i /etc/passwd
```

由于/etc/passwd 文件中保存了系统用户清单，因此当攻击者想在 Linux 系统中添加用户时，必须要修改/etc/passwd 文件。通过以上命令将其锁定，可以有效地防止该文件被恶意修改。

执行完以上命令之后，管理员可以使用以下命令查看该文件的属性：

```
[root@hawk ~]# lsattr /etc/passwd
----i--------e--   /etc/passwd
```

从上面的输出可知，该文件的属性中增加了一个 i 标识。

然后以 root 用户的身份尝试新建一个用户，如下所示：

```
[root@hawk ~]# useradd -m test2
useradd: cannot open /etc/passwd
```

从上面的输出可知，用户并没有创建成功，而是返回无法打开/etc/passwd 文件的错误提示。也就是说，当一个文件被锁定之后，即使是 root 用户，也不能随意修改，只有将 i 属性从其属性中删除之后，才可以修改。

7.1.6 系统资源控制

Linux 是一个多用户、多任务的操作系统。正常情况下，Linux 系统中会有多个服务或者多个用户在同时工作。而对于服务器来说，CPU、内存以及打开文件数都是宝贵的资源。如果这些资源经常被一个用户或者服务抢占，那对于其他的用户或者服务来说是不公平的，也会影响系统的稳定。因此，管理员要通过一定的手段来限制某些服务或者用户对于服务器资源的利用。

PAM 的 pam_limits 模块提供了对于服务器资源控制的方法。在使用该模块之前，管理员需要确认该模块是否在启动的时候被加载，即/etc/pam.d/login 文件中是否配置了以下选项：

```
session required /usr/lib64/security/pam_limits.so
```

在 32 位的 Linux 中，配置选项为：

```
session required /lib/security/pam_limits.so
```

该模块的配置文件为/etc/security/limits.conf。该文件的配置语法与前面介绍的 PAM 的其他模块的配置语法大致相同，如下所示：

```
username|@groupname type resource value
```

其中 username 为用户名，groupname 为组名，如果使用组名，就需要在组名前面使用"@"符号，以与普通的用户区分开来，也可以使用通配符"*"表示所有的用户和组。type 为资源的类型，包括 soft 和 hard，也可以使用短横线"-"表示两者。soft 和 hard 的区别需要搞清楚。soft 指的是当前系统生效的设置值，也可以理解为可以利用的系统资源的默认值，用户或者服务对于资源的利用率可以在该值的上下浮动，但是不能超过 hard 指定的值。hard 指的是系统中所能使用的最大值，用户对于资源的利用率不可以超过该值，如果超过该值，就会报错，导致应用系统出现故障。resource 为资源，主要包括以下几种：

- core：限制内核文件的大小。
- fsize：最大文件大小。
- memlock：最大锁定内存地址空间。
- nofile：可以打开文件的最大数量。
- cpu：最大 CPU 时间。
- noproc：最大进程数。
- maxlogins：此用户允许登录的最大数目。

value 为设置的数值，针对每种资源，都有默认的单位，所有的资源都支持-1、unlimited 或者 infinity 等值表示无限制。

例如：

```
*               soft    core        0
*               hard    nofile      512
@student        hard    nproc       20
@faculty        soft    nproc       20
@faculty        hard    nproc       50
ftp             hard    nproc       0
@student        -       maxlogins   4
:123            hard    cpu         5000
@500:           soft    cpu         10000
600:700         hard    locks       10
```

7.1.7 防火墙

从 CentOS 7 开始，使用 firewalld 来代替 iptables 作为默认的防火墙。但是实际上，firewalld 仍然是基于 iptables 的，因为底层实现仍然是 iptables。与直接使用 iptables 相比，firewalld 主要体现在使用区域来代替 iptables 的规则链。

通过将网络划分成不同的区域，制定出不同区域之间的访问控制策略来控制不同程序区域间传送的数据流。例如，互联网是不可信任的区域，而内部网络是高度信任的区域。网络安全模型可以在安装、初次启动和首次建立网络连接时选择初始化。区域模型描述了主机所连接的整个网络环境的可信级别，并定义了新连接的处理方式。

默认情况下，firewalld 一共有 9 个区域：

- 阻塞区域（block）：任何传入的网络数据包都将被阻止。
- 工作区域（work）：相信网络上的其他计算机，不会损害你的计算机。
- 家庭区域（home）：相信网络上的其他计算机，不会损害你的计算机。
- 公共区域（public）：不相信网络上的任何计算机，只有选择接受传入的网络连接。
- 隔离区域（dmz）：隔离区域也称为非军事区域，内外网络之间增加的一层网络，起到缓冲作用。对于隔离区域，只有选择接受传入的网络连接。
- 信任区域（trusted）：所有的网络连接都可以接受。
- 丢弃区域（drop）：任何传入的网络连接都被拒绝。
- 内部区域（internal）：信任网络上的其他主机，它们不会损害你的服务器，只接受允许的网络连接。
- 外部区域（external）：不相信网络上的其他主机，它们有可能会损害你的服务器，只接受允许的网络连接。

用户可以使用以下命令列出所有的区域：

```
[root@localhost ~]# firewall-cmd --get-zones
block dmz drop external home internal public trusted work
```

> **注　意**
>
> public 区域是默认的区域。

每个区域可以包含一个或者多个网络接口和服务。默认情况下，只有 public 区域是活动的，并且所有的网络接口都在该区域中。

用户可以使用以下命令查看某个区域中包含的网络接口：

```
[root@localhost ~]# firewall-cmd --list-interfaces --zone=public
enp0s3
```

与 iptables 不同，firewalld 一开始是禁止所有的网络通信的。所以，当用户安装完 Apache 之后，可能无法立即访问。此时，用户应该在 public 区域中添加一个 80 端口，如下所示：

```
[root@localhost ~]# firewall-cmd --add-port=80/tcp --zone=public --permanent
success
```

然后使用以下命令重新加载配置文件：

```
[root@localhost ~]# firewall-cmd --reload
success
```

此时，用户就可以通过浏览器访问位于 80 端口的 Apache 服务了。

除了添加端口之外，用户还可以通过添加服务的方式开放 Apache 服务，如下所示：

```
[root@localhost ~]# firewall-cmd --add-service=http --zone=public
success
```

firewalld 提供了非常多的管理命令，用户可以参考相关的手册，在此不再详细介绍。

7.2　Apache 安全管理

Apache 的功能是 Web 服务器，直接与客户端交互。因此，Apache 的安全管理也非常重要。如果 Apache 的权限设置不当，就会导致许多安全隐患。本节将系统介绍 Apache 在网络安全方面需要注意的内容以及常用的管理措施。

7.2.1　指定 Apache 运行用户

在 Linux 系统中，每个进程都是以特定用户身份运行的，自然也就继承了该用户的权限。因此，如果 Apache 服务是以权限较大的用户身份运行的，例如 root 用户，就会导致许多潜在的对系统的安全威胁。

而 Apache 作为一个复杂的开源软件，不可能没有安全漏洞，出现漏洞后一旦被攻击者利用，就会引起灾难性的后果。

因此，管理员应该为 Apache 服务分配一个专用的普通用户，并且严格限制该用户的访问权限。

这样的话，就能在很大程度上保证 Apache 乃至整个服务器的安全。

Apache 的运行用户可以在其配置文件 httpd.conf 中指定，其中用户名使用 User 指令指定，而用户组可以使用 Group 指令指定。默认情况下，Apache 的运行账户和组都为 apache，如下所示：

```
User apache
Group apache
```

当然，管理员也可以为 Apache 创建其他的专用账户和组，只要在配置文件中进行相应的修改即可。

修改为普通用户之后，Apache 的服务进程 httpd 的权限就被限制在普通用户和组范围内，因而保证了安全。

7.2.2 目录权限设置

对于 Apache 而言，目录权限的设置涉及两个方面，一个方面是操作系统用户对于 Apache 目录的访问权限，另一个方面是 Apache 虚拟目录的访问权限。

1. 文件系统目录安全

前面已经讲过，管理员应该为 Apache 服务指定专门的运行账户和用户组，默认情况下用户和用户组都为 apache。指定用户名和组之后，该用户和组必须拥有访问 Apache 的 DocumentRoot 指令所指向的目录的权限。对于目录而言，apache 用户需要拥有执行权限，否则会出现错误代码为 403 的禁止访问错误。

例如，下面的命令将其他用户访问/var/www 目录的执行权限收回：

```
[root@localhost ~]# chmod o-x /var/www
[root@localhost ~]# ls -ld /var/www
drwxr-x---.   4        root         root        33      Sep 27 21:48
   /var/www
```

然后通过浏览器访问 Apache 服务器，其结果如图 7-2 所示。

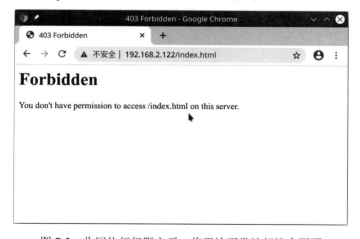

图 7-2　收回执行权限之后，将无法正常访问这个网页

之所以会出现如图 7-2 所示的 403 错误，是因为 Apache 服务是以 apache 用户的身份运行的。当用户通过浏览器请求 Apache 目录中的 index.html 文件时，Apache 服务器会尝试进入 /var/www/html 目录中寻找该文件，但是 apache 用户既非文件的所有者，又非 root 用户组的成员，所以无权进入该目录，从而导致 403 错误。

对于 /var/www/html 目录中的普通 HTML 文档来说，apache 用户只要拥有读取的权限即可。但是，如果在当前网站中含有 CGI 程序，apache 用户就必须拥有 CGI 程序的执行权限。

有的网站包含文件上传功能，对于存储这些上传过来的文件的目录，apache 必须拥有写入权限。否则客户端无法上传文件。

2. 虚拟目录安全

在 Apache 的配置文件中，用户可以使用 Directory 指令为目录或者虚拟目录设置访问权限。该指令的语法如下：

```
<Directory directory-path> ... </Directory>
```

其中 directory-path 为目录在磁盘上的物理路径，一对 Directory 标签之间为具体的目录权限指令。权限指令主要包括 Options、Allow、Deny、AllowOverride 和 Require，下面分别介绍这些指令的使用方法。

Options 指令用来设置指定的目录具有哪些特性，该指令具有以下属性：

- All：包含除 MultiViews 属性之外所有其他的特性。如果目录没有 Options 指令，就默认为 All。
- ExecCGI：允许在此目录中执行 CGI 程序。
- FollowSymLinks：服务器可使用符号链接指向的文件或目录。
- MultiViews：允许内容协商的多重视图。

> **注　意**
>
> MultiViews 其实是 Apache 的一个智能特性。当客户访问目录中一个不存在的对象时，如访问 "/icons/a"，Apache 就会查找这个目录下所有 a.* 文件。由于 icons 目录下存在 a.gif 文件，因此 Apache 会将 a.gif 文件返回给客户，而不是返回出错信息。

Allow 指令用来设置哪些主机可以访问指定的目录。例如，以下指令允许所有的主机访问该目录：

```
Allow from all
```

以下代码允许两个主机访问该目录：

```
Allow from 202.116.0.97 202.116.21.98
```

Deny 指令的作用与 Allow 相反，它可以用来设置拒绝哪些主机访问指定的目录。以下指令拒绝所有的主机访问该目录：

```
Deny from all
```
以下指令拒绝两个主机访问该目录：
```
Deny from 202.116.0.97 202.116.21.98
```
Order 指令用来指定当前配置中 Allow 和 Deny 指令匹配的先后次序。该指令有两种形式，分别如下：
```
Order Deny, Allow
```
和
```
Order Allow, Deny
```
前者先匹配 Deny 指令的规则，再匹配 Allow 指令的规则，后者则相反。

为了能够使得读者充分理解 Allow、Deny 以及 Order 的使用方法，下面举一个简单的例子，其配置规则如下：
```
01  Order Allow, Deny
02  Allow from 192.168.16.0/24
03  Deny from 192.168.16.111
```

上面的第 01 行指定了 Allow 和 Deny 的匹配顺序为先 Allow 后 Deny。第 02 行允许来自网络 192.168.16.0/24 的所有主机访问该目录。第 03 行则拒绝 IP 地址为 192.168.16.111 的主机访问该目录。

当 IP 地址为 192.168.16.111 的主机访问目录时，首先匹配 Allow 指令，由于该指令允许网络 192.168.16.0/24 中的所有主机访问指定目录，包含 192.168.16.111 这个 IP 地址，因此该指令放行。接下来匹配 Deny 指令，第 03 行的 Deny 指令恰好匹配成功，所以该指令拒绝了该主机的访问。

因此，以上规则的作用是从某个网络中禁止一部分主机访问指定目录。

如果在 Order 指令中将 Allow 和 Deny 的顺序交换一下，如下所示：
```
01  Order Deny, Allow
02  Allow from 192.168.16.0/24
03  Deny from 192.168.16.111
```

那么当 IP 地址为 192.168.16.111 的主机访问该目录时，首先匹配到第 03 行的 Deny 规则，然后继续匹配到第 02 行的 Allow 规则，由于这两条规则都被匹配成功，因此第 02 行的 Allow 指令覆盖了第 03 行的 Deny 指令，192.168.16.111 这台主机仍然可以访问该目录。

> **注 意**
>
> Directory 指令中 Allow 和 Deny 指令出现的顺序并不影响匹配结果，实际的匹配顺序由 Order 指令指定。

AllowOverride 指令专门用来设置是否允许 Apache 服务器启用指定目录中的 .htaccess 文件。.htaccess 文件是一个特殊的配置文件，该文件中包含许多 Apache 的配置指令。如果 AllowOverride 指令的值为 All，.htaccess 文件中的指令就会覆盖 Apache 配置文件中相应的指令；如果 AllowOverride 指令的值为 None，就表示禁止 Apache 使用 .htaccess 文件中的指令。

.htaccess 文件通常位于目录或者虚拟目录中，其作用范围为当前目录及其子目录。该文件通常用于用户无法修改 Apache 的主配置文件，但是又想改变某些目录的访问权限的情况下。

> **注 意**
>
> 一般情况下，用户应该尽量不使用.htaccess 文件，而是将目录的配置指令放在 Apache 的主配置文件中。

如果用户需要配置的目录位于 DocumentRoot 指令指定的目录之外，就需要使用 Alias 指令来将该目录配置为 Apache 的虚拟目录，以便于客户端访问。然后使用 Directory 指令配置访问权限。

例如，下面的代码配置了一个名为/noindex 的虚拟目录：

```
01  Alias /noindex /usr/share/httpd/noindex
02  <Directory /usr/share/httpd/noindex>
03    Options MultiViews
04    DirectoryIndex index.html
05    AllowOverride None
06    Require all granted
07  </Directory>
```

第 01 行使用 Alias 指令将虚拟目录/noindex 指向磁盘上的/usr/share/httpd/noindex 目录。第 02~07 行对该目录进行访问权限的配置。

尽管 Alias 指令配置的是一个虚拟的目录，但是对于浏览器来说，它就像一个真实的目录一样，没有任何区别。

Require 指令对目录进行访问控制，前面已经详细介绍过了，此处不再重复说明。

7.2.3 隐藏服务器的相关信息

Apache 服务器的版本号可以作为黑客入侵的重要信息进行利用，他们通常在获得版本号后，通过网上搜索针对该版本服务器的漏洞，从而使用相应的技术和工具有针对性地入侵，这也是渗透测试的一个关键步骤。因此，为了避免一些不必要的麻烦和安全隐患，可以通过主配置文件 httpd.conf 进行配置，将这些比较敏感的信息隐藏起来。

Apache 服务器的相关信息主要涉及两个指令，分别为 ServerTokens 和 ServerSignature。

ServerTokens 指令用于控制服务器是否响应来自客户端的请求，向客户端输出服务器系统类型或者相应的内置模块等重要信息。该指令有 Major、Minor、Min[imal]、Prod[uctOnly]、OS 和 Full 等值。选择不同的值，Apache 返回客户端的信息详细程度不同。在不同的 Linux 发行版中，该指令的默认值有可能不同。图 7-3 显示在 ServerTokens 的值设置为 OS 时，Apache 服务器返回的信息。

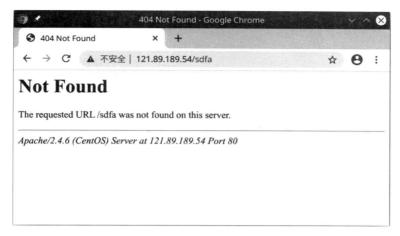

图 7-3　Apache 服务器返回版本号及操作系统信息

从图 7-3 可以得知，Apache 服务器的响应信息显示当前 Apache 的版本号为 2.4.6，并且运行在 CentOS 操作系统上。

为了安全起见，管理员应该将其值明确地指定为 ProductOnly 或者 Prod，这样可以禁止 Apache 将一些敏感信息返回给客户端，如图 7-4 所示。

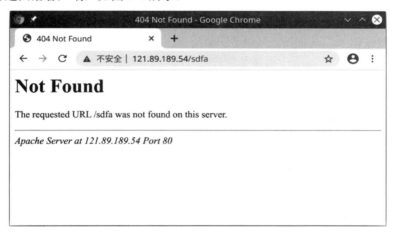

图 7-4　隐藏 Apache 版本号及操作系统信息

图 7-4 显示 Apache 的版本号和操作系统的类型已经不再出现在响应信息中了。

ServerSignature 指令用来配置 Apache 服务器生成的页面信息，例如服务器错误信息等。该指令有 3 个值，分别为 On、Off 和 Email。通常情况下，管理员应该将其设置为 Off，以避免在服务器出现故障的情况下泄漏一些敏感信息。图 7-5 显示了 ServerSignature 指令的值为 Off 时 Apache 的响应信息。

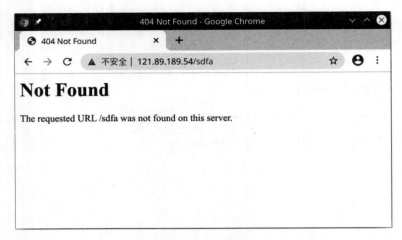

图 7-5　关闭 Apache 服务器自动生成错误页面

从图 7-5 可以看出，设置 ServerSignature 指令的值为 Off 之后，所有关于 Apache 服务器和操作系统的信息全部不再显示了。

7.2.4　日志管理

日志文件是管理和监控 Apache 安全的非常好的第一手资料，它清晰地记录了客户端访问 Apache 服务器资源的每一条记录，以及在访问中出现的错误信息。

Apache 服务器在运行的过程中通常至少会生成两个日志文件，分别为访问日志和错误日志。访问日志的文件名为 access_log，错误日志的文件名为 error_log。如果启用了 SSL 协议，那么还会生成 ssl_access_log、ssl_error_log 和 ssl_request_log 这 3 个日志文件。为了防止单个日志文件过大，影响服务器的性能，Apache 会自动定期将日志文件归档，并且以归档日期作为文件名的一部分。因此，当 Apache 运行一段时间之后，在/var/log/httpd 目录中会看到以下形式的文件列表：

```
[root@hawk ~]# ll /var/log/httpd/
total 572
-rw-r--r-- 1 root     root       22893 Sep 27 15:38   access_log
-rw-r--r-- 1 root     root       64127 Sep 20 01:34   access_log-20200920
-rw-r--r-- 1 root     root       51331 Sep 27 03:30   access_log-20200927
-rw-r--r-- 1 root     root       12737 Sep 27 15:38   error_log
-rw-r--r-- 1 root     root       40295 Sep 20 03:39   error_log-20200920
-rw-r--r-- 1 root     root       48483 Sep 27 03:38   error_log-20200927
...
```

Apache 的日志在 httpd.conf 文件中配置，主要有 4 个指令，分别为 ErrorLog、LogLevel、LogFormat 和 CustomLog。

1. ErrorLog

该指令指定了错误日志文件的路径，例如：

```
ErrorLog "logs/error_log"
```

在上面的语句中，logs/error_log 为错误日志文件的路径，这是一个相对路径。在 httpd.conf 文件中，如果用户为 ErrorLog 指令指定了绝对路径，Apache 就会使用该绝对路径来存储日志；如果用户指定了相对路径，该相对路径就是相对于 ServerRoot 指令的值的。

在本例中，ServerRoot 的值为：

```
ServerRoot "/etc/httpd"
```

因此，错误日志文件的路径应该为：

```
/etc/httpd/logs/error_log
```

使用 ls 命令查看/etc/httpd/logs，如下所示：

```
[root@hawk ~]# ls -ld /etc/httpd/logs
lrwxrwxrwx 1 root root 19 May 26 14:41 /etc/httpd/logs -> ../../var/log/httpd
```

可以发现，实际上/etc/httpd/logs 只是一个到/var/log/httpd 目录的符号链接。因此，实际的日志文件还是保存在/var/log/httpd 目录中。

2. LogLevel

该指令指定了错误日志的级别。该指令的值可以取 debug、info、notice、warn、error、crit、alert 以及 emerg 等，其优先级也逐步递增。

例如，下面的代码只记录 warn 级别以上的错误信息：

```
LogLevel warn
```

即 debug、info 以及 notice 等级别的错误信息不会出现在错误日志文件中。

> **注 意**
>
> 如果级别设置得过低，就会导致错误日志文件急速增加；如果级别过高，就会漏掉一些有用的错误信息。因此，通常情况下，管理员可以将其设置为 warn 或者 error。

3. LogFormat

该指令用来定义日志格式，其语法如下：

```
LogFormat 记录格式说明字符串 格式名称
```

其中格式字符串由一系列特殊变量构成，表 7-4 列出了常用的变量。

表 7-4 常用日志格式化字符串变量

变量	说明
%h	客户端 IP 地址
%l	日志名称，通常为 "-"
%u	远程用户名。如果匿名访问，该变量就为 "-"
%t	日期和时间
\"%r\"	请求字符串

（续表）

变量	说明
%>s	HTTP 状态码
%b	HTTP 响应的字节大小
\"%{Referer}i\"	HTTP 的 Referer 域中的远程主机地址
\"%{User-agent}i\"	用户代理，即 HTTP 请求头中的 User-Agent

例如，下面的代码定义了一个名为 combined 的日志格式：

```
LogFormat "%h %l %u %t \"%r\" %>s %b \"%{Referer}i\" \"%{User-Agent}i\"" combined
```

以上格式表明每条日志由客户端地址、日志名称、远程用户名、访问日期和时间、请求字符串、HTTP 状态码、Referer 的值、用户代理等依次组成，如下所示：

```
14.28.176.41 - - [27/Sep/2020:17:20:58 +0800] "GET /index.php HTTP/1.1" 302 - "-"
"Mozilla/5.0 (X11; Linux x86_64) AppleWebKit/537.36 (KHTML, like Gecko) Chrome/85.
0.4183.121 Safari/537.36"
```

在上面的日志记录中，14.28.176.41 为客户端地址，后面连续两个"-"分别代表日志名称和远程用户名。接下来的[27/Sep/2020:17:20:58 +0800]为访问日期和时间，GET /index.php HTTP/1.1 为请求字符串，其中 GET 为请求的方法，index.php 为请求的文件名，HTTP/1.1 为协议名称。302 为 HTTP 状态码。最后长长的一个字符串为用户代理字符串。

> **注 意**
>
> Apache 已经预定义了 combined 和 common 这两种格式，用户可以直接使用。

4. CustomLog

该指令用来指定访问日志的存放路径和记录格式，其语法如下：

```
CustomLog path logformt
```

其中 path 为日志文件的路径，如果使用绝对路径，Apache 就会将访问日志直接存储到绝对路径指定的位置；如果使用相对路径，该路径就是相对于 ServerRoot 指令指定的路径。

logformat 为前面通过 LogFormat 指令定义的日志格式名称。

例如，下面的代码指定了访问日志的文件名为 logs/access_log，日志格式为 combined：

```
CustomLog "logs/access_log" combined
```

7.3 MySQL 安全管理

目前，网络黑客针对数据库管理系统的攻击越来越频繁。由于数据库管理系统的安全隐患导致数据泄漏的事件也层出不穷。因此，数据库的安全问题越来越受到管理员的重视。如何保证数据的安全，是数据库管理员必须要面对的严峻问题。本节将系统介绍 MySQL 在安全管理方面常用的配置方法。

7.3.1 mysql_secure_installation

从 MySQL 5.6 开始，为了帮助用户便捷地加强 MySQL 服务器的安全，MySQL 提供了一个名为 mysql_secure_installation 的命令，通过该命令，用户可以为 root 用户设置密码、删除匿名用户、禁止 root 用户远程登录以及删除 test 数据库。通过这几项设置能够提高 MySQL 服务器的安全。因此，如果用户是在生产环境中安装 MySQL 服务器，建议安装完成之后执行一次该命令。

在执行 mysql_secure_installation 命令之前，要确保 mysqld 服务处于运行状态。然后在命令行中输入以下命令：

```
[root@localhost ~]# mysql_secure_installation

Securing the MySQL server deployment.

Connecting to MySQL using a blank password.

VALIDATE PASSWORD COMPONENT can be used to test passwords
and improve security. It checks the strength of password
and allows the users to set only those passwords which are
secure enough. Would you like to setup VALIDATE PASSWORD component?

Press y|Y for Yes, any other key for No:
```

接下来，mysql_secure_installation 命令会询问用户是否启用密码校验组件。该组件可以校验用户的密码强度。为了安全起见，我们需要启用该组件。输入 y，然后按回车键。

密码校验组件的校验策略分为 3 个等级，分别为 LOW、MEDIUM 和 STRONG，如下所示：

```
There are three levels of password validation policy:

LOW    Length >= 8
MEDIUM Length >= 8, numeric, mixed case, and special characters
STRONG Length >= 8, numeric, mixed case, special characters and dictionary
       file

Please enter 0 = LOW, 1 = MEDIUM and 2 = STRONG: 1
```

其中 LOW 级别仅仅限定密码长度不小于 8 个字符；MEDIUM 级别不仅限定密码长度，还需要大小写字母和特殊字符；STRONG 级别则在 MEDIUM 的基础上增加了字典校验。一般情况下，用户可以选择 MEDIUM 或者 STRONG。在本例中，我们选择 MEDIUM。输入 1，然后按回车键。

随后，系统要求用户输入 root 用户的密码，根据密码强度策略，密码要包含数字、大小写字母和特殊字符，并且长度不小于 8 个字符。

设置完密码之后，系统会询问用户是否删除匿名用户，如下所示：

```
Remove anonymous users? (Press y|Y for Yes, any other key for No) :
```

如果是在生产环境中，匿名用户就需要及时从系统中删除。所以在本例中，输入 y，然后按回车键。

处理完匿名用户之后，系统会询问用户是否禁止 root 用户远程登录，如下所示：

```
Normally, root should only be allowed to connect from
'localhost'. This ensures that someone cannot guess at
the root password from the network.

Disallow root login remotely? (Press y|Y for Yes, any other key for No) :
```

由于 root 用户的权限非常大，如果密码被其他人获取，就会严重影响整个 MySQL 服务器的安全，因此在一般情况下，root 用户是不允许远程登录的。再次输入 y，然后按回车键。

默认情况下，MySQL 会自动创建一个名为 test 的数据库，任何有效的 MySQL 账号都可以访问这个数据库。在生产环境中，这个数据库必须删除，如下所示：

```
By default, MySQL comes with a database named 'test' that
anyone can access. This is also intended only for testing,
and should be removed before moving into a production
environment.


Remove test database and access to it? (Press y|Y for Yes, any other key for No) :
```

最后，系统会询问用户是否重新加载 MySQL 的权限表。如果用户修改了权限，就需要输入 y，刷新权限，如下所示：

```
Reloading the privilege tables will ensure that all changes
made so far will take effect immediately.

Reload privilege tables now? (Press y|Y for Yes, any other key for No) : y
Success.

All done!
```

通过运行 mysql_secure_installation 命令，当前 MySQL 服务器的基本安全得到了保障。

7.3.2 权限安全

MySQL 的权限管理非常重要。作为数据库管理人员，应该严格控制数据库用户的权限。对于每个应用系统，应该为其创建专门的用户，并且为该用户授予适当的权限，尽量避免一个用户可以访问多个数据库。

在授权时，如果没有必要，管理员应该避免为数据库用户授予 CREATE DATABASE、DROP DATABASE 等数据库级别的权限，这是因为如果这些权限操作不当，就非常容易导致数据丢失。

此外，表级别的权限（例如 CREATE TABLE、DROP TABLE 或者 ALTER TABLE 等）也要谨慎授予。

对于应用系统来说，一般仅仅授予数据操纵的权限即可，包括 SELECT、UPDATE、INSERT

和 DELETE。因为这些应用系统通常都是存取数据，很少有机会去修改表或者数据库。

最后，在为用户授权时，尽量不要使用 WITH GRANT OPTION，因为该选项可以使得被授权用户为其他的用户授权。

7.3.3　启用 SSL

关于 SSL 的知识在前面已经介绍了很多。同样，在 MySQL 中，用户也可以使用 SSL 来加密要传输的数据，防止数据库内容被第三方恶意窃取。

用户可以通过以下方式确认当前 MySQL 是否已经启用 SSL：

```
mysql> SHOW VARIABLES LIKE '%ssl%';
+--------------------------------+-------------------------+
| Variable_name                  | Value                   |
+--------------------------------+-------------------------+
| admin_ssl_ca                   |                         |
| admin_ssl_capath               |                         |
| admin_ssl_cert                 |                         |
| admin_ssl_cipher               |                         |
| admin_ssl_crl                  |                         |
| admin_ssl_crlpath              |                         |
| admin_ssl_key                  |                         |
| have_openssl                   | DISABLED                |
| have_ssl                       | DISABLED                |
| mysqlx_ssl_ca                  |                         |
| mysqlx_ssl_capath              |                         |
| mysqlx_ssl_cert                |                         |
| mysqlx_ssl_cipher              |                         |
| mysqlx_ssl_crl                 |                         |
| mysqlx_ssl_crlpath             |                         |
| mysqlx_ssl_key                 |                         |
| ssl_ca                         |                         |
| ssl_capath                     |                         |
| ssl_cert                       |                         |
| ssl_cipher                     |                         |
| ssl_crl                        |                         |
| ssl_crlpath                    |                         |
| ssl_fips_mode                  | OFF                     |
| ssl_key                        |                         |
+--------------------------------+-------------------------+
24 rows in set (0.01 sec)
```

在上面的输出中，变量 have_ssl 的值为 DISABLED，表示当前 MySQL 没有启用 SSL。

为了便于用户操作，MySQL 提供了一个名为 mysql_ssl_rsa_setup 的命令，帮助用户快速启用 SSL。在命令行中输入 mysql_ssl_rsa_setup 命令，如下所示：

```
[root@localhost mysql]# mysql_ssl_rsa_setup
```

```
Ignoring -days; not generating a certificate
Generating a RSA private key
.............................................................
...+++++
.................................................+++++
writing new private key to 'ca-key.pem'
-----
Ignoring -days; not generating a certificate
Generating a RSA private key
..........+++++
................................................................+++++
writing new private key to 'server-key.pem'
-----
Ignoring -days; not generating a certificate
Generating a RSA private key
.....+++++
..................+++++
writing new private key to 'client-key.pem'
-----
```

mysql_ssl_rsa_setup 命令会调用 openssl 命令自动生成一系列的密钥和证书文件，如下所示：

- ca-key.pem：CA 私钥。
- ca.pem：自签名 CA 根证书。
- server-key.pem：MySQL 服务器端私钥。
- server-cert.pem：通过 CA 私钥签发的 MySQL 服务器证书。
- client-key.pem：MySQL 客户端私钥。
- private_key.pem 和 public_key.pem：MySQL 服务器私钥和公钥。在不启用 SSL 的情况下，使用该私钥和公钥安全地传输密码。

> **注　意**
>
> mysql_ssl_rsa_setup 命令签发的证书为自签名证书。在生产环境中，用户应该向公开的 CA 机构申请正式的证书。

默认情况下，以上密钥和证书文件都位于 MySQL 的数据文件目录中。

在 MySQL 服务器启动的过程中，如果用户没有明确地提供 SSL 选项，就会自动使用 mysql_ssl_rs_setup 生成的各种 SSL 文件来启用 SSL。但是，如果用户希望显式地指定这些文件，或者用户将这些 SSL 文件存放到了其他的位置，就需要在启动 mysqld 服务进程的时候使用--ssl-ca、--ssl-cert 以及--ssl key 选项分别指定 CA 根证书、服务器证书和服务器私钥。也可以将这些选项配置在 my.cnf 文件中，如下所示：

```
[mysqld]
ssl-ca=/opt/mysql/data/ca.pem
ssl-cert=/opt/mysql/data/client-cert.pem
```

```
ssl-key=/opt/mysql/data/client-key.pem

[mysql]
ssl-ca=/opt/mysql/data/ca.pem
ssl-cert=/opt/mysql/data/client-cert.pem
ssl-key=/opt/mysql/data/client-key.pem
```

当配置完以上选项之后,重新启动 MySQL 服务,如下所示:

```
[root@localhost ~]# systemctl restart mysqld
```

然后使用以下命令连接 MySQL,查看服务器是否已经启用 SSL:

```
[root@localhost ~]# mysql -uroot -p -h 127.0.0.1
Enter password:
Welcome to the MySQL monitor.  Commands end with ; or \g.
Your MySQL connection id is 8
Server version: 8.0.21 Source distribution

Copyright (c) 2000, 2020, Oracle and/or its affiliates. All rights reserved.

Oracle is a registered trademark of Oracle Corporation and/or its
affiliates. Other names may be trademarks of their respective
owners.

Type 'help;' or '\h' for help. Type '\c' to clear the current input statement.

mysql> show variables like '%ssl%';
+---------------------------------+---------------------------------+
| Variable_name                   | Value                           |
+---------------------------------+---------------------------------+
| admin_ssl_ca                    |                                 |
| admin_ssl_capath                |                                 |
| admin_ssl_cert                  |                                 |
| admin_ssl_cipher                |                                 |
| admin_ssl_crl                   |                                 |
| admin_ssl_crlpath               |                                 |
| admin_ssl_key                   |                                 |
| have_openssl                    | YES                             |
| have_ssl                        | YES                             |
| mysqlx_ssl_ca                   |                                 |
…
| mysqlx_ssl_key                  |                                 |
| ssl_ca                          | ca.pem                          |
| ssl_capath                      |                                 |
| ssl_cert                        | server-cert.pem                 |
| ssl_cipher                      |                                 |
| ssl_crl                         |                                 |
```

```
| ssl_crlpath              |                 |
| ssl_fips_mode            | OFF             |
| ssl_key                  | server-key.pem  |
+--------------------------+-----------------+
24 rows in set (0.01 sec)
```

从上面的输出可知，当前 MySQL 服务器已经启用了 SSL，其中 have_ssl 变量的值已经变成 YES，另外，ssl_ca 和 ss_cert 这两个变量分别标识了 CA 根证书和服务器证书的文件名。

使用 status 命令查看当前连接的状态，如下所示：

```
mysql> status
--------------
mysql  Ver 8.0.21 for Linux on x86_64 (Source distribution)

Connection id:          8
Current database:
Current user:           root@localhost
SSL:                    Cipher in use is TLS_AES_256_GCM_SHA384
Current pager:          stdout
Using outfile:          ''
Using delimiter:        ;
Server version:         8.0.21 Source distribution
Protocol version:       10
Connection:             127.0.0.1 via TCP/IP
…
--------------
```

从上面的输出可知，当前连接使用 SSL 进行加密。

> **注 意**
>
> 在本机连接 MySQL 服务器时，一定要使用 -h 127.0.0.1 选项，否则会自动使用 UNIX 套接字来连接，而不是 TCP/IP。

默认情况下，MySQL 服务器同时允许 SSL 和非 SSL 连接，管理员可以使用以下选项强制所有的用户都使用 SSL 进行数据库连接：

```
[mysqld]
…
require_secure_transport = ON
```

重新启动 MySQL 服务器之后，所有的非安全连接都将被禁止。

最后，我们通过 MySQL 客户端进行验证。先使用 -ssl-mode=disabled 选项禁用 SSL 加密，如下所示：

```
[root@localhost ~]# mysql -utest -p -h 127.0.0.1 --ssl-mode=disabled
Enter password:
ERROR 3159 (HY000): Connections using insecure transport are prohibited while
```

--require_secure_transport=ON。

可以发现，尽管用户输入了正确的用户名和密码，但是MySQL服务器仍然拒绝连接。

而将--ssl-mode的值改为required之后，则可以正常连接，如下所示：

```
[root@localhost ~]# mysql -utest -p -h 127.0.0.1 --ssl-mode=required
Enter password:
Welcome to the MySQL monitor.  Commands end with ; or \g.
Your MySQL connection id is 79
Server version: 8.0.21 Source distribution

Copyright (c) 2000, 2020, Oracle and/or its affiliates. All rights reserved.

Oracle is a registered trademark of Oracle Corporation and/or its
affiliates. Other names may be trademarks of their respective
owners.

Type 'help;' or '\h' for help. Type '\c' to clear the current input statement.

mysql>
```

为了更加严格地防范中间人攻击，用户可以将--ssl-mode设置为verify_ca或者verify_identity，以实现服务器和客户端的双向身份验证，如下所示：

```
[root@localhost ~]# mysql -utest2 -p -h 127.0.0.1 --ssl-mode=verify_ca
--ssl-ca=/var/lib/mysql/ca.pem
Enter password:
Welcome to the MySQL monitor.  Commands end with ; or \g.
Your MySQL connection id is 81
Server version: 8.0.21 Source distribution

Copyright (c) 2000, 2020, Oracle and/or its affiliates. All rights reserved.

Oracle is a registered trademark of Oracle Corporation and/or its
affiliates. Other names may be trademarks of their respective
owners.

Type 'help;' or '\h' for help. Type '\c' to clear the current input statement.

mysql>
```

> **注　意**
>
> 自签名证书不支持将--ssl-mode设置为verify_identity。

7.4　PHP 安全管理

在 LAMP 体系架构中，PHP 是最为灵活的组成部分。用户的应用系统都是通过 PHP 语言开发出来的。在开发的过程中，无论是 PHP 语言本身，还是用户开发出来的程序，都会存在或多或少的漏洞。因此，用户必须足够重视 PHP 的安全设置以及开发过程中需要注意的地方。本节将详细介绍 PHP 的安全注意事项。

7.4.1　禁用不必要的模块

PHP 支持第三方扩展模块，大部分扩展模块都是动态加载的，用户可以通过配置文件来决定某个模块是否被加载。第三方模块是以动态库的形式存在的，在 php.ini 文件中，通过 extension_dir 指令指定第三方模块的路径。如果不确定具体的位置，可以使用以下命令查看：

```
[root@localhost ~]# php -i | grep -i extension_dir
extension_dir => /usr/lib64/php/modules => /usr/lib64/php/modules
```

尽管 PHP 的扩展模块非常有用，但是对于用户来说，并不是每个模块都是需要用到的。对于不使用的扩展模块，用户应该将其禁用，以避免被人恶意利用。以下命令可以显示当前 PHP 已经加载的扩展模块：

```
[root@localhost ~]# php -m
[PHP Modules]
bz2
calendar
Core
ctype
curl
date
exif
fileinfo
filter
ftp
gettext
hash
iconv
libxml
mbstring
openssl
pcntl
pcre
Phar
readline
Reflection
session
```

```
sockets
SPL
standard
tokenizer
zlib

[Zend Modules]
```

PHP 的扩展模块是否被加载是在 php.ini 文件中通过 extension 指令配置的。在某些 Linux 发行版中，加载扩展模块的指令被拆分到多个配置文件中，放在/etc/php.d 目录中。PHP 会自动读取该目录中的所有 .ini 文件，并执行其中的 extension 指令。

如果扩展模块不在默认目录中，用户就可以直接在 php.ini 文件中使用绝对路径加载，如下所示：

```
extension=/path/to/extension/mysqli.so
```

如果用户想要禁用某个扩展模块，可以将其 extension 指令删除或者在其行首插入注释符号。例如，禁用 ftp 模块，可以打开/etc/php.d/20-ftp.ini 文件，将其中的代码修改如下：

```
; Enable ftp extension module
; extension=ftp
```

> **注　意**
> PHP 配置文件中的注释符号为分号。

7.4.2　限制 PHP 信息泄漏

攻击者通常在通过一定的手段获取到 PHP 的版本号之后，再去寻找当前版本的漏洞，然后对服务器展开攻击。为了阻止攻击，用户应该尽可能地控制 PHP 将一些敏感信息暴露出去。

默认情况下，当浏览器访问一个 PHP 页面的时候，服务器会将当前 PHP 的版本号码作为 HTTP 响应头的一部分发送给客户端，如图 7-6 所示。

图 7-6　PHP 版本号作为 HTTP 响应头发送给浏览器

PHP 提供一个名为 expose_php 的指令来控制是否允许 PHP 在 HTTP 响应头中加上其签名：

```
X-Powered-By: PHP/7.2.24
```

默认情况下，该指令的值为 On，表示加上签名。如果将其值修改为 Off，签名就不会被加上，如下所示：

```
expose_php = Off
```

修改完成之后，重新启动 php-fpm 服务，命令如下：

```
[root@localhost ~]# systemctl restart php-fpm
```

然后再次访问 PHP 页面，就会发现 X-Powered-By 已经不再出现在响应头中了，如图 7-7 所示。

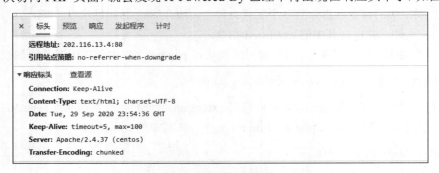

图 7-7　隐藏 PHP 签名

除了响应头中的签名之外，PHP 还有部分错误信息控制指令会导致敏感信息泄漏，主要有 display_errors 指令。该指令可以控制 PHP 是否将程序运行错误信息输出到客户端。在开发过程中，输出错误信息可以快速地帮助程序员定位错误出现的地方，加快程序调试的速度。但是，在生产环境中，将错误信息输出到客户端是非常危险的，如图 7-8 所示。

图 7-8　显示程序错误

在图 7-8 中，PHP 程序错误暴露了非常重要的敏感信息，例如 PHP 程序所在的磁盘上的物理路径以及程序出错的行数等，这无疑为攻击者提供了重要的线索。因此，在生产环境中，用户应该将该指令的值修改为 Off，以关闭错误信息的输出：

```
display_errors = Off
```

7.4.3 将 PHP 错误记入日志

PHP 的错误日志在进行问题追踪的时候非常有用。要使得 PHP 能够正常记录错误日志，用户需要正确配置 php.ini 文件中的 error_reporting 和 log_errors 等指令以及 php-fpm.conf 文件中的 error_log 指令。

1. error_reporting

error_reporting 指令用来控制 PHP 错误输出的级别，常用的错误级别有 E_ALL、E_NOTICE、E_STRICT 和 E_DEPRECATED 等。其中 E_ALL 表示输出所有的错误信息，包含其他的错误级别。E_NOTICE 表示警告信息，不影响程序的执行。E_STRICT 为编码标准化警告。E_DEPRECATED 为函数或者方法过时错误。

在开发环境中，用户可以将 error_reporting 设置为：

```
error_reporting = E_ALL
```

以保证能够快速定位错误。但是在生产环境中，建议将 error_reporting 设置为：

```
error_reporting = E_ALL & ~E_DEPRECATED & ~E_STRICT
```

其中 "~" 表示不输出。以上指令的含义是输出除 E_DEPRECATED 和 E_STRICT 之外的所有错误消息。

2. log_errors

该指令可以控制 PHP 是否记录错误日志，可以设置为 On 或者 Off。为了记录日志，用户可以将其设置为：

```
log_errors = On
```

3. error_log

该指令用来指定错误日志的文件命令。php.ini 和 php-fpm.conf 文件中都有该指令，但是 php-fpm.conf 文件中的 error_log 会覆盖 php.ini 中该指令的值。因此，用户只要在 php-fpm.conf 文件中进行设置即可，如下所示：

```
error_log = /var/log/php-fpm/error.log
```

> **注　意**
>
> 修改完 PHP 的配置文件，需要重新启动 php-fpm 服务。

7.4.4 禁用危险的 PHP 函数

PHP 函数的功能非常强大，在权限满足的情况下，几乎可以控制整个操作系统。而在互联网上，服务器面临的情况是非常复杂的，万一某些危险的函数被执行，就会导致严重的后果。下面列出了一些相对比较危险的函数。

1. phpinfo()

该函数可以非常详细地输出 PHP 的环境信息、启用的扩展模块以及服务器信息。

2. passthru()

该函数允许执行一个外部程序，并将外部程序的输出进行回显。

3. exec()

该函数允许执行一个外部程序，例如 pwd、ls 以及 rm 等。

4. system()

该函数允许执行一个外部程序，并回显输出。该函数与 passthru()函数的功能类似。

5. chroot()

该函数可以改变当前 PHP 进程的工作根目录。

6. scandir()

该函数可以列出指定路径中的文件和目录。

7. chgrp()

该函数可以改变文件或目录所属的用户组。

8. chown()

该函数可以改变文件或目录的所有者。

9. shell_exec()

该函数可以通过 Shell 执行命令，并将执行结果作为字符串返回。

10. proc_open()

该函数可以执行一个命令并打开文件指针用于读取以及写入。

11. dl()

该函数可以在 PHP 运行的过程中加载一个 PHP 外部模块。

用户可以在 PHP 的配置文件 php.ini 中通过 disable_functions 指令禁用某些危险函数，如下所示：

```
disable_functions =
phpinfo,eval,passthru,exec,system,chroot,scandir,chgrp,chown,shell_exec,proc_op
en,proc_get_status,ini_alter,ini_alter,ini_restore,dl,pfsockopen,openlog,syslog,
readlink,symlink,popepassthru,stream_socket_server,fsocket,fsockopen
```

修改完成之后，重新启动 php-fpm 服务即可。

第 8 章

计划任务和作业调度

自动化运维一直是系统管理员追求的目标。在 Linux 系统中,计划任务和作业调度可以在一定程度上实现系统运维的自动化。许多重复执行的任务以及非常耗时的任务都可以通过计划任务和作业来完成。充分利用计划任务和作业调度会收到事半功倍的效果。

本章将系统地介绍 Linux 系统中的计划任务和作业调度的使用方法。

本章主要涉及的知识点有:

- 计划任务:介绍 at、batch 以及 Cron 的使用方法,并结合实际实现日志切割。
- 作业调度:介绍通过 jobs、fg、bg 以及 kill 等命令实现作业调度。

8.1 计划任务

计划任务可以根据用户指定的时间按时执行某个任务。计划任务对于一些与时间有关的维护操作非常有用,可以在很大程度上减轻管理员的维护负担。

本节将对 Linux 系统中计划任务的使用方法进行系统介绍。

8.1.1 at 命令

at 命令可以用来执行一次性的定时任务。如果当前系统没有安装 at,则可以使用以下命令安装:

```
[root@localhost ~]# yum -y install at
```

at 的服务进程为 atd,安装完成之后,使用以下命令启动 atd 服务:

```
[root@localhost ~]# systemctl start atd
[root@localhost ~]# systemctl status atd
● atd.service - Job spooling tools
   Loaded: loaded (/usr/lib/systemd/system/atd.service; enabled; vendor preset:
```

```
enabled)
   Active: active (running) since Wed 2020-09-30 23:06:52 CST; 1s ago
 Main PID: 14907 (atd)
    Tasks: 1 (limit: 26213)
   Memory: 412.0K
   CGroup: /system.slice/atd.service
           └─14907 /usr/sbin/atd -f

Sep 30 23:06:52 localhost.localdomain systemd[1]: Started Job spooling tools.
```

at 命令的基本语法如下：

```
at [options] [time]
```

options 为选项，其中常用的有：

- -f: 从指定的文件读取要执行的命令。
- -l: 列出任务列表。
- -d: 删除指定的任务。
- -t: 以时间参数的形式提交要运行的任务。
- -m: 执行完任务之后，发送邮件到指定的邮箱。

time 为要执行该任务的时间，时间格式比较灵活，可以是以下几种形式：

1. 使用 HH:MM 指定时间

以上格式表示指定的任务在当天的 HH 时 MM 分执行，如果已经错过当前的时刻，就在明天的该时刻执行。

例如，用户想要在当前的 9:00 执行一个任务，可以在命令行中输入以下命令：

```
[root@localhost ~]# at 09:00
```

接下来会出现 at 的命令提示符 ">"，在命令提示符后面逐行输入要执行的任务，输入完成之后，按 Ctrl+D 组合键，保存任务并退出 at 命令，如下所示：

```
at> ls -l > files
at> <EOT>
job 4 at Thu Oct  1 09:00:00 2020
```

上面的任务是在当前时刻的 9:00 生成一个当前目录的文件列表。

当时间到了之后，用户可以验证 files 文件是否生成：

```
[root@localhost ~]# ll files
-rw-r--r--   1 root     root         114  Oct  1 09:00    files
[root@localhost ~]# cat files
total 4
-rw-------.  1 root     root        1196  Sep 27 21:43
    anaconda-ks.cfg
-rw-r--r--   1 root     root           0  Oct  1 09:00    files
```

2. 使用 midnight、noon、teatime 等比较模糊的词语来指定时间

midnight 表示午夜，noon 表示中午，teatime 表示饮茶时间，一般是下午 4 点。例如，下面的代码将在午夜时刻执行一个 backup.sh 的脚本文件：

```
[root@localhost ~]# at midnight
at> backup.sh
at> <EOT>
job 9 at Fri Oct  2 00:00:00 2020
```

3. 采用 12 小时计时制，即在时间后面加上 AM（上午）或 PM（下午）来说明是上午还是下午

例如，下面的代码将在当天下午 3 点执行 backup.sh：

```
[root@localhost ~]# at 03:00pm
at> backup.sh
at> <EOT>
job 13 at Thu Oct  1 15:00:00 2020
```

4. 指定任务执行的具体日期

日期格式可以为 month_name day 或 mm/dd/yy 或 dd.mm.yy，指定的日期必须跟在指定时间的后面。

例如，下面的任务将在 10 月 1 日下午 3 点执行：

```
[root@localhost ~]# at 03:00pm oct 01
at> backup.sh
at> <EOT>
job 14 at Thu Oct  1 15:00:00 2020
```

其中 oct 为月份名称。

下面的任务将在 2020 年的 10 月 1 日当前时刻执行：

```
[root@localhost ~]# at 10/01/20
at> backup.sh
at> <EOT>
job 18 at Thu Oct  1 09:34:00 2020
```

如果没有指定当前执行的具体时间，就以当前的时刻为准。

5. 使用相对计时法

指定格式为：

```
now + count time-units
```

now 为当前时间，time-units 是时间单位，可以为 minutes（分钟）、hours（小时）、days（天）、weeks（星期）。count 是时间的数量，如几天、几小时等。其中 now 可以省略。

例如，下面的任务将 3 天后的下午 3 点执行：

```
[root@localhost ~]# at 03:00pm + 3 day
at> backup.sh
at> <EOT>
job 19 at Sun Oct  4 15:00:00 2020
```

6. 使用 today（今天）、tomorrow（明天）来指定任务执行的时间

例如，下面的任务将在明天下午 6 点执行：

```
[root@localhost ~]# at 6:00pm tomorrow
at> backup.sh
at> <EOT>
job 21 at Fri Oct  2 18:00:00 2020
```

用户可以使用 at -l 或者 atq 命令来查看当前的任务列表，如下所示：

```
[root@localhost ~]# atq
9       Fri Oct  2 00:00:00 2020        a       root
12      Thu Oct  1 15:00:00 2020        a       root
13      Thu Oct  1 15:00:00 2020        a       root
14      Thu Oct  1 15:00:00 2020        a       root
19      Sun Oct  4 15:00:00 2020        a       root
21      Fri Oct  2 18:00:00 2020        a       root
```

上面的输出格式为任务编号、日期、小时、队列和用户名。

如果想要删除某个任务，可以使用 at -d 或者 atrm 命令，并且指定任务编号。

例如，下面的命令删除编号为 9 的任务：

```
[root@localhost ~]# at -d 9
[root@localhost ~]# at -l
12      Thu Oct  1 15:00:00 2020        a       root
13      Thu Oct  1 15:00:00 2020        a       root
14      Thu Oct  1 15:00:00 2020        a       root
19      Sun Oct  4 15:00:00 2020        a       root
21      Fri Oct  2 18:00:00 2020        a       root
```

下面的命令显示了某个任务的具体内容：

```
[root@localhost ~]# at -c 12
#!/bin/sh
# atrun uid=0 gid=0
# mail root 0
umask 22
...
backup.sh
marcinDELIMITER545b9d09
```

root 用户可以在任何情况下使用 at 命令，其他用户则需要授权才可以使用。at 的授权配置文件位于/etc 目录中，分别为 at.allow 和 at.deny。其中 at.allow 中保存了可以使用 at 命令的用户的用户名

列表，at.deny 文件则保存了拒绝使用 at 命令的用户的用户名。正因为有两个配置文件，所以 at 在使用这些配置文件的时候制定了详细的规则。

如果 at.allow 文件存在，无论 at.deny 文件是否存在，只有 at.allow 文件中的用户才可以使用 at 命令；如果 at.allow 文件不存在，但是 at.deny 文件存在，那么所有不在 at.deny 文件中的用户都可以使用 at 命令。at.allow 文件的优先级比 at.deny 文件要高，at 命令首先会检查用户是否在 at.allow 文件中存在，再检查 at.deny 文件。如果 at.allow 和 at.deny 都不存在，就只有 root 用户才可以使用 at 命令。默认情况下，在/etc 目录中会存在一个空的 at.deny 文件，表示任何用户都可以使用 at 命令。

一般情况下，这两个文件存在一个即可。如果只有少数几个用户需要使用计划任务，就保留 at.allow 文件；如果大部分用户都要使用计划任务，那么保留 at.deny 即可。

8.1.2　batch 命令

该命令的功能与 at 命令大致相同，实际上 batch 命令也是调用 at 命令来执行任务的。batch 命令与 at 命令的区别在于：at 命令会在指定的时刻准时执行，而 batch 命令则会在系统相对比较空闲的情况下才执行。

batch 的语法与 at 命令相同，例如：

```
[root@localhost ~]# batch
at> backup.sh
at> <EOT>
job 22 at Thu Oct  1 10:19:00 2020
```

batch 命令创建的任务也是通过 at -l 或者 atq 命令来查看的，使用 at -d 或者 atrm 命令来删除。

8.1.3　Cron

Cron 是 Linux 系统中使用最为频繁的计划任务系统。Cron 的服务守护进程为 crond。在使用 Cron 之前，用户需要确认该服务是否正在运行，如下所示：

```
[root@localhost ~]# systemctl status crond
● crond.service - Command Scheduler
   Loaded: loaded (/usr/lib/systemd/system/crond.service; enabled; vendor preset: enabled)
   Active: active (running) since Thu 2020-10-01 07:55:55 CST; 2h 32min ago
 Main PID: 876 (crond)
    Tasks: 1 (limit: 23956)
   Memory: 2.8M
   CGroup: /system.slice/crond.service
           └─876 /usr/sbin/crond -n

Oct 01 07:55:55 localhost.localdomain systemd[1]: Started Command Scheduler.
Oct 01 07:55:55 localhost.localdomain crond[876]: (CRON) STARTUP (1.5.2)
Oct 01 07:55:55 localhost.localdomain crond[876]: (CRON) INFO (Syslog will be used instead of sendmail.)
Oct 01 07:55:55 localhost.localdomain crond[876]: (CRON) INFO (RANDOM_DELAY will
```

```
be scaled with factor 77% if used.)
Oct 01 07:55:55 localhost.localdomain crond[876]: (CRON) INFO (running with inotify
support)
Oct 01 08:01:01 localhost.localdomain CROND[1757]: (root) CMD (run-parts
/etc/cron.hourly)
Oct 01 09:01:01 localhost.localdomain CROND[2105]: (root) CMD (run-parts
/etc/cron.hourly)
Oct 01 10:01:01 localhost.localdomain CROND[2565]: (root) CMD (run-parts
/etc/cron.hourly)
```

Cron 的配置文件主要有/etc/crontab、/etc/cron.d 和/var/spool/cron，其中/etc/crontab 和/etc/cron.d 为全局配置文件，主要执行一些系统相关的计划任务。/etc/crontab 基本上已经变成了一个空文件，如下所示：

```
[root@localhost ~]# cat /etc/crontab
SHELL=/bin/bash
PATH=/sbin:/bin:/usr/sbin:/usr/bin
MAILTO=root

# For details see man 4 crontabs

# Example of job definition:
# .---------------- minute (0 - 59)
# |  .------------- hour (0 - 23)
# |  |  .---------- day of month (1 - 31)
# |  |  |  .------- month (1 - 12) OR jan,feb,mar,apr ...
# |  |  |  |  .---- day of week (0 - 6) (Sunday=0 or 7) OR sun,mon,tue,wed,thu,fri,sat
# |  |  |  |  |
# *  *  *  *  * user-name  command to be executed
```

大部分与系统有关的计划任务都放在了/etc/cron.d 目录中。在 CentOS 8 中，该目录下默认只有一个配置文件，如下所示：

```
[root@localhost ~]# ll /etc/cron.d
total 4
-rw-r--r--.  1  root     root          128    Nov 9 2019      0hourly
```

从名称上可知，该配置文件会按小时执行任务。打开其内容，如下所示：

```
[root@localhost ~]# cat /etc/cron.d/0hourly
# Run the hourly jobs
SHELL=/bin/bash
PATH=/sbin:/bin:/usr/sbin:/usr/bin
MAILTO=root
01 *  *  *  *    root      run-parts /etc/cron.hourly
```

从该文件中的内容可知，其中包含一行规则，该规则使得 Cron 会在每个小时的第 1 分钟执行/etc/cron/hourly 目录中所有配置文件中定义的任务。实际上，Cron 的计划任务可以分钟、小时、天、月以及周等周期重复执行，除了小时为周期的任务之外，其余周期的任务已经交由另一个计划任务管理系统 Anacron 去执行了。关于 Anacron 的使用方法，将在随后介绍。

> **注 意**
>
> 尽管默认情况下，天以上为周期的计划任务由 Anacron 管理，但是 Cron 仍然会扫描 /etc/crontab、/etc/cron.d、/etc/anacron 以及/var/spool/cron 中的所有配置文件，因此用户将规则配置在这些文件或者目录中仍然有效。

/var/spool/cron 目录保存了每个用户的计划任务，以用户名为配置文件名，如下所示：

```
[root@localhost ~]# ll /var/spool/cron
total 4
-rw-------    1    root     root     13 Oct  1 10:48    root
```

在上面的输出中包含一个名为 root 的配置文件。打开该文件，可以看到里面的计划任务列表，如下所示：

```
[root@localhost ~]# cat /var/spool/cron/root
1 2 * * * ls
```

接下来，我们再详细地介绍 Cron 的计划任务的语法。在 Cron 的配置文件中，每一行描述了一项任务，一共由 7 列组成：

```
* * * * * user-name command to be executed
```

第 1 列表示分，其取值范围为 0~59。第 2 列为时，其取值范围为 0~23，按 24 小时制。第 3 列为日，其取值范围为 1~31。第 4 列为月，其取值范围为 1~12，也可以使用 jan、feb 以及 mar 等名称表示。第 5 列为周，其取值范围为 0~6，其中星期天可以使用 0 或者 7 来表示。星期也可以使用 sun、mon 以及 tue 等名称表示。第 6 列为用户名，表示使用该用户名来执行任务，该列通常被省略。第 7 列为要执行的任务，通常为一个 Shell 脚本或者命令。

第 1~5 列表示任务执行的时间和周期，对于其中的每列都可以使用星号"*"来表示所有的有效值。例如，如果月份为"*"，就表示当前的任务在满足其他的约束条件下，每月都会执行。如果在整数之间使用短横线"-"，就表示指定了一个范围，例如 1-4 表示 1、2、3 和 4 这 4 个数字。使用逗号","隔开的一系列值则表示一个列表，例如 3,4,5,6 表示这 4 个指定的数字。正斜线"/"可以用来指定间隔频率，例如在第 1 列中使用 0-59/10 表示的时间频率为每 10 分钟，在第 4 列中使用 */3 表示每 3 个月。

一般情况下，Cron 并不建议用户直接修改配置文件，而是建议通过 crontab 命令来管理计划任务。该命令的基本语法如下：

```
crontab [options]
```

该命令常用的选项有：

- -e: 编辑任务列表。
- -u: 指定计划任务所属的用户的用户名。

- -l：列出计划任务列表。
- -r：删除当前的计划任务列表。

例如，用户想实现每天执行 backup.sh 脚本，可以按照以下步骤操作：

01 在命令行中输入以下命令：

```
[root@localhost ~]# crontab -e
```

按回车键之后，crontab 会打开 vi 文本编辑工具，如图 8-1 所示。

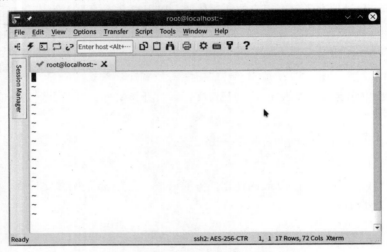

图 8-1　编辑 Cron 规则

02 如果 vi 当前处于命令模式，用户可以按 i 键进入插入模式，然后输入以下代码：

```
0    0    *    *    *       /root/backup.sh
```

以上代码表示每天的 0 时 0 分执行/root/backup.sh 脚本。

03 输出完成之后，连续按两次 Esc 键，退出插入模式，然后按冒号键，在 vi 文本编辑工具的命令提示符后面输入以下命令：

```
:wq
```

按回车键保存并退出 vi 文本编辑工具。此时 crontab 命令会给出以下提示：

```
crontab: installing new crontab
```

以上提示表示 Cron 计划任务配置成功。接下来用户可以到/var/spool/cron 目录中查看以自己的用户名命名的文件，其中包含着刚才输入的计划：

```
[root@localhost ~]# cat /var/spool/cron/root
0    0    *    *    *       /root/backup.sh
```

> **注　意**
>
> 在配置 Cron 计划任务的时候，需要指定要执行的命令的完整路径，许多用户在配置成功之后，仍然无法执行计划任务，经常是由于使用了相对路径。

用户可以使用含有-l 选项的 crontab 命令查看自己的任务列表，如下所示：

```
[root@localhost ~]# crontab -l
0       0       *       *       *       /root/backup.sh
```

root 用户可以使用-u 选项来查看指定的用户的任务列表：

```
[root@localhost ~]# crontab -u apache -l
no crontab for apache
```

所有用户都可以使用-r 选项来删除自己的任务：

```
[root@localhost ~]# crontab -r
[root@localhost ~]# crontab -l
no crontab for root
```

8.1.4　Anacron

　　Anacron 的功能与 Cron 有所区别。Anacron 假定运行计划任务的 Linux 主机并不是一直处于运行状态。在 Linux 主机重新启动之后，Anacron 会以 1 天、1 周以及 1 个月作为检测周期，判断是否有计划任务在关机之后没有执行。如果存在这样的任务，那么 Anacron 会在指定的时间内重新执行这些计划任务。而在其他的计划任务系统中，如果由于关机错过了执行时间，则被错过的计划任务就不会被重新执行。

　　那么 Anacron 是如何判断这些计划任务已经超过执行时间的呢？这需要借助于 Anacron 的执行时间记录文件。Anacron 会自动分析现在的时间与时间记录文件记载的上次执行的时间，并对两者进行比较，如果两个时间的差超过了 Anacron 指定的时间差，例如 1 天、1 周或者 1 个月，就说明有计划任务并执行，这时 Anacron 会介入并执行这个漏掉的计划任务，从而保证在关机时没有执行的计划任务不会被漏掉。

　　Anacron 的配置文件为/etc/anacrontab，这是一个普通的文本文件，如下所示：

```
[root@localhost ~]# cat /etc/anacrontab
# /etc/anacrontab: configuration file for anacron

# See anacron(8) and anacrontab(5) for details.

SHELL=/bin/sh
PATH=/sbin:/bin:/usr/sbin:/usr/bin
MAILTO=root
# the maximal random delay added to the base delay of the jobs
RANDOM_DELAY=45
# the jobs will be started during the following hours only
START_HOURS_RANGE=3-22
```

```
#period in days    delay    in minutes      job-identifier      command
1                  5        cron.daily      nice run-parts      /etc/cron.daily
7                  25       cron.weekly     nice run-parts      /etc/cron.weekly
@monthly           45       cron.monthly    nice run-parts      /etc/cron.monthly
```

在上面的代码中，倒数 3 行是计划任务。每 1 行有 4 列，第 1 列为周期，按天数计，也可以使用@daily、@weekly 或者@monthly 等分别表示 1 天、1 周和 1 个月。第 2 列为延时，即 Linux 主机启动多久后开始执行计划任务，以分钟计。第 3 列为计划任务的标识。第 4 列为要执行的命令，其中 nice 命令用来指定执行该计划任务的优先级，run-parts 命令用来执行后面的配置文件中的计划任务。

> **注意**
>
> 在 CentOS 6 之前，Cron 和 Anacron 会同时检查并执行/etc/cron.daily、/etc/cron.weekly 和/etc/cron.monthly 目录中的脚本文件。从 CentOS 6 开始，这些计划任务只由 Anacron 执行。

8.1.5 使用 Cron 实现网站备份

为了能够在网站故障后快速恢复，管理员通常需要对网站的内容进行定期备份。在某些特殊情况下，还需要实现实时备份。接下来主要介绍如何通过计划任务实现网站内容的定期完整备份和增量备份。

在 Linux 系统中，用户可以使用 tar 和 Rsync 等工具实现完整备份和增量备份，其中 Rsync 还可以使用远程备份。下面分别介绍如何使用这两个工具并结合 Cron 实现网站内容的完整备份和增量备份。

1. tar

tar 是一个古老的 Linux 命令，该命令最初的功能是将文件归档到磁带上。而现在随着版本的不断升级，现在的 tar 命令也支持将文件写入磁盘等随机存取设备上。tar 命令的基本语法如下：

```
tar [operation] [option]
```

其中 operation 为各个功能模块，options 为命令选项。

长期以来，tar 命令的使用方法形成了 3 种风格，分别为传统风格、UNIX 风格和 GNU 风格，这 3 种风格的区别主要在于功能和选项的语法形式不同，功能基本相同。目前使用较多的是 UNIX 和 GNU 这两种风格，因此本书介绍主要以这两种风格为主。

tar 命令常用的操作主要有：

- -c 或者--create：建立新的归档文件。
- -x 或者--extract：从归档文件中提取源文件。
- -t 或者--list：列出归档文件中包含的文件的信息。
- -r 或者--append：追加新的文件到归档文件中。
- -u 或者--update：用已打包的文件的较新版本更新归档文件。
- -A 或者--catenate：将一个归档文件作为一个整体追加到另一个归档文件中。

- --delete：删除归档文件中的文件，这个功能不能用于磁带设备。

常用的选项有：

- -k 或者--keep-old-files：不覆盖文件系统上已有的文件。
- -f 或者--file：指定要处理的文件名，可以用"-"代表标准输出或标准输入。
- -P 或者--absolute-names：使用绝对路径。
- -j 或者--bzip2：调用 bzip2 执行压缩或解压缩。
- -z 或者--gzip、--gunzip 和--ungzip：调用 gzip 执行压缩或解压缩。
- -Z 或者--compress、--uncompress：调用 compress 执行压缩或解压缩。

tar 命令常用的操作选项有：

- --check-device：当创建增量备份时检查设备号。
- -g 或者--listed-incremental：创建新 GNU 格式的增量备份。
- -G 或者--incremental：创建旧 GNU 格式的增量备份。
- --ignore-failed-read：忽略不可读文件。
- -k 或者--keep-old-files：在提取文件时保留已有文件。
- --keep-directory-symlink：在提取文件时保留符号链接。
- --keep-newer-files：在提取文件时，保留更新的文件。
- --overwrite：在提取文件时覆盖已有文件。
- --overwrite-dir：在提取文件时覆盖已有目录。
- -W 或者--verify：归档完成之后进行校验。

在上面的操作命令和操作选项中，前面有一个短横线的为 UNIX 风格的语法，有两个短横线的为 GNU 风格的语法。

在网站文件不太多的情况下，用户可以每天进行一次完整备份。对于数量较少的文件进行完整备份，在恢复的时候会非常方便。由于该功能需要多条语句才能完成，因此最好将所有的语句都写在一个 Shell 脚本文件中，这样更便于维护。在本例中，网站所有的内容都备份在/backup/full_backup 目录中，网站的内容位于/var/www 目录中。执行备份的 Shell 脚本名为 web_full_backup.sh，其内容如下：

```
01  #!/bin/bash
02  DATE=`date +%Y%m%d%H%M%S`
03  /bin/tar -zcf /backup/full_backup/backup_full_$DATE.tar.gz /var/www
```

其中第 01 行为 Shell 脚本的起始标识，用来指定该 Shell 脚本的解释器为/bin/bash。第 02 行定义一个名为 DATE 的 Shell 变量，该变量的值来自于当前的日期，后面百分号组成的为格式化字符串。DATE 变量的值将作为备份的文件名。第 03 行使用 tar 命令备份网站文件，为了节省磁盘空间，将文件归档后进行压缩。

> **注意**
>
> 目前在 Linux 系统中会有多种 Shell 同时存在，不同的 Shell 会有不同的语法，所以在编写 Shell 脚本时需要指定使用的 Shell。

假设 web_full_backup.sh 文件保存在/opt/backup 目录中，每天凌晨执行备份，用户可以在 Cron 中配置以下计划任务：

```
0    0    *    *    *    /opt/backup/web_full_backup.sh
```

当任务执行成功之后，会在/backup/full_backup 目录中生成以下归档文件：

```
-rw-r--r-- 1 root root 234 Oct  5 15:58 backup_full_20201005153555.tar.gz
```

用户可以通过 tar 命令查看文档内容：

```
[root@localhost ~]# tar -tf /backup/full_backup/backup_full_20201005153555.tar.gz
var/www/
var/www/cgi-bin/
var/www/html/
var/www/html/index.php
…
```

在网站内容非常多的情况下，每次都进行完整备份会导致大量的数据重复，会浪费磁盘存储空间。此时，用户应该将完整备份转为增量备份。

使用 tar 命令进行增量备份时，需要使用-g 选项指定时间戳文件，其余的语法与完整备份大致相同。在本例中，增量备份的脚本文件名为 backup_incremental.sh，其代码如下：

```
01  #!/bin/bash
02  DATE=`date +%Y%m%d%H%M%S`
03  /bin/tar -g /backup/snapshot -zcf
/backup/incremental_backup/backup_incremental_$DATE.tar.gz /var/www
```

在上面的代码中，通过-g 选项指定时间戳文件为/backup/snapshot，增量备份的目录为/backup/backup_incremental，备份的文件名为 backup_incremental 加上当前时间。每次在备份之前，tar 命令会读取该文件，然后对比时间戳，找出文件的变化后执行增量备份。

用户可以按照前面介绍的方法来配置 Cron，实现每天的增量备份。在任务刚执行的时候，/backup/snapshot 时间戳文件为空，此时 tar 命令会执行一次完整备份。用户可以通过以下命令查看归档的内容：

```
[root@localhost incremental_backup]# tar -tGvvf
backup_incremental_20201005160432.tar.gz
drwxr-xr-x  root/root            16       2020-09-29 16:25       var/www/
D    cgi-bin
D    html

drwxr-xr-x  root/root             1       2020-09-15 23:46       var/www/cgi-bin/
```

```
drwxr-xr-x    root/root         12        2020-09-30 11:38       var/www/html/
Y   index.php

-rw-r--r--    root/root         20        2020-09-30 11:37
    var/www/html/index.php
```

在上面的输出中，前面的字母 D 表示当前的项目为目录，字母 Y 表示该项目包含在当前的归档文件中，字母 N 表示该项目不包含在当前的归档文件中。

为了测试增量备份是否成功，在/var/www 目录中创建一个名为 upload 的目录，如下所示：

```
[root@localhost ~]# mkdir /var/www/html/upload
```

然后创建一个名为 test.txt 的文件，命令如下：

```
[root@localhost ~]# echo "hello,world" > /var/www/html/upload/test.txt
```

当增量备份执行一次之后，生成名为 backup_incremental_20201005161422.tar.gz 的文件，其内容如下：

```
[root@localhost ~]# tar -tGvvf
/backup/incremental_backup/backup_incremental_20201005161422.tar.gz
drwxr-xr-x    root/root         16        2020-09-29 16:25       var/www/
D   cgi-bin
D   html

drwxr-xr-x    root/root         1         2020-09-15 23:46       var/www/cgi-bin/

drwxr-xr-x    root/root         20        2020-10-05 16:10       var/www/html/
N   index.php
D   upload

drwxr-xr-x    root/root         11        2020-10-05 16:14       var/www/html/upload/
Y   test.txt

-rw-r--r--    root/root         12        2020-10-05 16:14
    var/www/html/upload/test.txt
```

从上面的输出可知，归档文件中已经出现了刚才创建的 upload 目录和 test.txt 文件，其中 test.txt 文件名前面的字母为 Y，表示该文件包含在当前的归档文件中，而原来的 index.php 文件名前面的字母为 N，表示该文件没有包含在当前的归档文件中，这也说明增量备份仅仅备份增加的部分。

2. rsync

rsync 是一个非常实用的 Linux 应用工具，它主要用来实现本地目录或者本地和远程文件之间的同步。与其他文件传输工具（如 FTP 或 SCP）不同，rsync 最大的特点是会检查发送方和接收方已有的文件，仅传输有变动的部分。

rsync 命令的基本语法如下：

```
rsync [option]... src [src]... dest
```

其中 option 为选项，src 为源目录，dest 为目标目录。

rsync 命令的选项非常多，其中常用的有：

- -r：递归调用 rsync 命令，即包含子目录，该选项必须使用，否则不会备份成功。
- -a：除了可以递归同步以外，还可以同步文件元信息，比如修改时间和权限等。由于 rsync 默认使用文件大小和修改时间决定文件是否需要更新，因此-a 比-r 更有用。
- --delete：默认情况下，rsync 只确保源目录的所有内容都复制到目标目录，它不会使两个目录保持相同，并且不会删除文件。如果要使得目标目录成为源目录的镜像副本，就必须使用--delete 参数，这将删除只存在于目标目录、不存在于源目录的文件。
- --exclude：指定需要排除的文件。
- --include：指定必须同步的文件。

将 Cron 和 rsync 命令结合起来可以实现网站文件的增量备份。在本例中，计划任务的脚本文件名为 backup_incremental_with_rsync.sh，其内容如下：

```
01  #/bin/bash
02  /usr/bin/rsync -az --delete /var/www/ /backup/rsync
```

除了支持本地目录之间的同步之外，rsync 还支持将本地目录直接同步到远程主机上。rsync 支持两种协议，分别为 SSH 和 rsync。在使用 SSH 协议的时候，建议用户使用密钥登录，以避免输入密码。rsync 协议是 rsync 本身的数据交换协议，需要远程主机上运行 rsync 的守护进程。

例如，如果用户想要将网站文件备份到 IP 地址 192.168.1.9 的主机上，就需要先在该远程主机上创建一个备份用户，在本例中，该用户名为 backup，然后为该用户配置密钥登录。在 192.168.1.9 上创建一个备份目录，在本例中为/backup/rsync。最后将备份脚本文件修改如下：

```
01  #/bin/bash
02  /usr/bin/rsync -az --delete /var/www/ backup@192.168.1.9:/backup/rsync
```

8.1.6 日志切割

前面我们详细介绍了各种日志，日志文件包含关于系统中发生的事件的有用信息。在排除故障的过程中或者系统性能分析时经常会用到。在生产环境中，由于记录的事件非常多，日志文件的增长速度也会变得非常快。对于用户来说，处理一个庞大的日志文件是非常困难的事情。

为了应对这种情况，通常的做法是将一个大的日志文件进行截断，分成一个个小的日志文件，有时还需要对日志文件进行压缩处理，以节省磁盘空间。

logrotate 是一个非常有用的日志处理工具，它可以自动对日志文件进行截断、压缩，并根据用户的设置删除旧的日志文件。例如，用户可以设置 logrotate，让 Apache 的访问日志文件每 3 天轮循，并删除超过 6 个月的日志文件。配置完成之后，logrotate 的运作会完全自动化，不需要人工干预。这无疑在很大程度上节约了人力成本，提高了管理的效率。

如果用户的 Linux 系统中没有安装 logrotate，那么可以通过以下命令安装：

```
[root@localhost ~]# yum install logrotate
```

logrotate 没有自己的守护进程，它依靠 Anacron 来实现每天的自动化处理。在安装完 logrotate 之后，会在/etc/cron.daily 目录中自动生成一个名为 logrotate 的 Shell 脚本文件，其内容如下：

```
01  #!/bin/sh
02
03  /usr/sbin/logrotate /etc/logrotate.conf
04  EXITVALUE=$?
05  if [ $EXITVALUE != 0 ]; then
06      /usr/bin/logger -t logrotate "ALERT exited abnormally with [$EXITVALUE]"
07  fi
08  exit $EXITVALUE
```

其中，第 03 行执行 logrotate 命令，并且指定其配置文件为/etc/logrotate.conf。logrotate 的主配置文件为/etc/logrotate.conf，不过通常情况下，不建议用户直接修改该文件。用户应该将每个应用系统的日志处理脚本做成一个单独的文件，放在/etc/logrotate.d 目录中。实际上，安装完 logrotate 之后，系统已经为一些应用系统预先配置了日志切割的脚本文件，如下所示：

```
[root@localhost ~]# ll /etc/logrotate.d/
total 28
-rw-r--r--    1  root      root      130   Feb 19  2018      btmp
-rw-r--r--.   1  root      root      212   Nov 25  2019      dnf
-rw-r--r--.   1  root      root      194   Sep 15 23:39      httpd
-rw-r--r--    1  root      root      1998  Sep 15 23:03      mysqld
-rw-r--r--    1  root      root      203   May  7 10:32      php-fpm
-rw-r--r--.   1  root      root      237   Apr 24 11:48      sssd
-rw-r--r--    1  root      root      145   Feb 19  2018      wtmp
```

接下来，我们以一个具体的例子来说明如何进行日志切割。首先需要准备一个比较大的文件，把它当成是不断增长的日志文件。在 Linux 系统中，快速创建一个大文件的方法是使用 dd 命令，如下所示：

```
[root@localhost ~]# dd if=/dev/zero of=/var/log/test_log bs=10M count=10
10+0 records in
10+0 records out
104857600 bytes (105 MB, 100 MiB) copied, 0.0480825 s, 2.2 GB/s
```

logrotate 是通过配置文件来对日志进行切割的，该文件的基本语法如下：

```
log_name {
    option
    ...
}
```

其中 log_name 为要切割的日志的完整路径，大括号中为一系列与日志切割有关的选项。表 8-1 列出了常用的选项。

表8-1 logrotate常用选项

选项	说明
compress	通过 gzip 命令压缩转储后的日志文件
nocompress	不对转储后的日志文件进行压缩
copytruncate	用于还在打开中的日志文件,把当前日志转储并截断。采用先复制再清空的方式,复制和清空之间有一个时间差,可能会丢失部分日志数据
nocopytruncate	转储日志但不截断
create	日志轮循时指定创建新日志文件的属性
nocreate	不创建新的日志文件
delaycompress	与 compress 选项一起使用,转储的日志文件将在下一次转储时才压缩
nodelaycompress	转储时同时压缩
missingok	在日志轮询期间,如果出现日志文件未找到等错误将被忽略,继续轮询下一个日志文件
errors	转储过程中的错误消息将被发送到该选项指定的邮箱地址
ifempty	即使日志文件为空文件也转储,该选项为默认选项
noifempty	当日志文件为空文件时,不转储该文件
mail	转储后的日志文件将发送到该选项指定的邮箱地址
nomail	转储时不发送日志文件
olddir	转储后的日志文件将被转移到该选项指定的目录,必须与日志文件在同一个文件系统
noolddir	转储后的日志文件和原日志文件保存在同一个目录中
prerotate/endscript	在转储日志之前需要执行的命令可以放在 prerotate 和 endscript 之间,例如修改文件的属性,这两个关键字必须单独成行
postrotate/endscript	在转储日志之后需要执行的命令可以放在 postrotate 和 endscript 之间,例如重新启动某个服务,这两个关键字必须单独成行
daily	转储周期为每天
weekly	转储周期为每周
monthly	转储周期为每月
rotate	指定保留的转储后的日志文件的个数,超过该数量之后,最早的一个文件将被删除。默认值为 0,表示只保留最新的一个转储文件
dateext	以当前的日期为转储后的文件名的后缀。默认情况下,logrotate 会以数字作为后缀
dateformat	指定日期格式,该选项配合 dateext 使用,且必须紧跟 dateext 选项之后,只支持%Y、%m、%d 和%s 这 4 个格式化字符串
size	当日志文件增长到 size 指定的大小时才转储,默认单位为字节,K 表示 KB,M 表示 MB

在/etc/logrotate.d 目录中新建一个名为 test_log 的普通文件,其内容如下:

```
01  /var/log/test_log {
02    daily
03    dateext
04    dateformat -%Y-%m-%d-%s
05    size 10M
06    rotate 5
07    copytruncate
```

```
08   compress
09   prerotate
10      /usr/bin/chattr -a /var/log/test_log
11   endscript
12   missingok
13   postrotate
14      /usr/bin/chattr +a /var/log/test_log
15   endscript
16 }
```

第 01 行指定要切割的日志文件为/var/log/test_log，紧跟在后面的大括号表示切割选项的开始。第 02 行表示切割周期为每日，第 03、04 行指定日志转储后的文件名包含当前日期，并且其格式为"年-月-日-秒"。第 05 行指定日志文件增长到 10MB 的时候执行转储，第 06 行指定保留 5 个转储后的日志文件副本。第 07 行指定转储之后截断原来的日志文件，第 08 行指定日志转储后调用 gzip 命令进行压缩。第 09~11 行表示转储前将日志文件的 a 属性去掉，使得日志文件可以被截断。第 12 行表示在出现日志文件缺失时，继续转储下一个日志文件。第 13~15 行表示转储后将日志文件的 a 属性加上。

配置完成之后，用户可以通过 logrotate 命令进行测试，如下所示：

```
[root@localhost log]# logrotate -d /etc/logrotate.d/test_log
WARNING: logrotate in debug mode does nothing except printing debug messages!
Consider using verbose mode (-v) instead if this is not what you want.

reading config file /etc/logrotate.d/test_log
Reading state from file: /var/lib/logrotate/logrotate.status
Allocating hash table for state file, size 64 entries
Creating new state
Creating new state
Creating new state
Creating new state
Creating new state
Creating new state
Creating new state
Creating new state
Creating new state
Creating new state
Creating new state
Creating new state
Creating new state
Creating new state
Creating new state
Creating new state
Creating new state

Handling 1 logs
```

```
rotating pattern: /var/log/test_log 10485760 bytes (5 rotations)
empty log files are rotated, old logs are removed
considering log /var/log/test_log
  Now: 2020-10-06 13:49
  Last rotated at 2020-10-06 10:34
  log needs rotating
rotating log /var/log/test_log, log->rotateCount is 5
Converted ' -%Y-%m-%d-%s' -> '-%Y-%m-%d-%s'
dateext suffix '-2020-10-06-1601963372'
glob pattern
'-[0-9][0-9][0-9][0-9]-[0-9][0-9]-[0-9][0-9]-[0-9][0-9][0-9][0-9][0-9][0-9]
][0-9][0-9][0-9]'
glob finding old rotated logs failed
running prerotate script
running script with arg /var/log/test_log: "
           /usr/bin/chattr -a /var/log/test_log
"
copying /var/log/test_log to /var/log/test_log-2020-10-06-1601963372
truncating /var/log/test_log
running postrotate script
running script with arg /var/log/test_log: "
           /usr/bin/chattr +a /var/log/test_log
"
compressing log with: /bin/gzip
```

其中-d 选项表示只进行测试，不执行实际的日志切割。从上面的输出可知，logrotate 命令会读取/etc/logrotate.d 目录中的配置文件，并从/var/lib/logrotate/logrotate.status 文件中读取各种日志的状态，接下来会模拟整个切割过程。如果没有出现错误信息，就表示配置成功。

前面已经介绍过，logrotate 命令的定期执行是由 Anacron 控制的。Anacron 会每天检查/etc/cron.daily/目录中的计划任务。该目录中的 logrotate 脚本会执行以下命令：

```
/usr/sbin/logrotate /etc/logrotate.conf
```

而在/etc/logrotate.conf 文件中含有以下指令：

```
include /etc/logrotate.d
```

该指令告诉 logrotate 命令，将/etc/logrotate.d 目录中的配置文件包含进来，而我们前面创建的配置文件 test_log 就位于该目录中。所以，如果用户想要增加自己的日期切割规则，只要把配置文件放在该目录中就可以了。

用户可以使用-f 选项来强制 logrotate 命令进行日志切割，不用等待时间到达，如下所示：

```
[root@localhost ~]# logrotate -vf /etc/logrotate.d/test_log
```

以上命令执行完成之后，查看/var/log 目录，可以发现原来的 test_log 日志文件已经变成 0 字节，新增加了一个名为 test_log-2020-10-06-1601965563.gz 的日志转储文件，如下所示：

```
[root@localhost ~]# ll /var/log/
total 5192
…
-rw-r--r--      1    root    root          0          Oct  6 14:26 test_log
-rw-r--r--      1    root    root    5088095          Oct  6 13:49
test_log-2020-10-06-1601965563.gz
…
```

再查看/var/log/test_log 日志文件的属性，可以发现其属性中增加了 a 属性：

```
[root@localhost ~]# lsattr /var/log/test_log
-----a--------------    /var/log/test_log
```

这个属性正是 postrotate 选项中的 chattr 命令增加的。

实际上，许多应用系统的日志文件在被截断之后，需要重新启动或者重新加载配置文件才会生效，这些操作都可以放在 postrotate 选项中。例如，Apache 的日志切割配置文件如下：

```
[root@localhost ~]# cat /etc/logrotate.d/httpd
/var/log/httpd/*log {
    missingok
    notifempty
    sharedscripts
    delaycompress
    postrotate
        /bin/systemctl reload httpd.service > /dev/null 2>/dev/null || true
    endscript
}
```

在 postrotate 选项中，通过 systemctl 命令重新加载 Apache 服务的配置文件。而在 MySQL 的日志切割配置文件中，则需要调用 mysqladmin 命令来刷新日志，如下所示：

```
[root@localhost ~]# cat /etc/logrotate.d/mysqld
...
/var/log/mysql/mysqld.log {
        # create 600 mysql mysql
        notifempty
        daily
        rotate 5
        missingok
        compress
    postrotate
        # just if mysqld is really running
        if test -x /usr/bin/mysqladmin && \
           /usr/bin/mysqladmin ping &>/dev/null
        then
           /usr/bin/mysqladmin flush-logs
        fi
    endscript
```

}

以上操作需要根据不同应用系统的要求来执行。

8.2 作业调度

作业调度和计划任务有所不同，计划任务主要用来定期重复地执行某项任务，而作业调度则是指某项工作需要花费大量的时间，用户可以将其放在后台执行，在前台继续处理其他的事情。本节将详细介绍 Linux 系统中作业调度的使用方法。

8.2.1 准备测试程序

为了学习作业调度，我们首先需要准备一个 C 程序，其代码如下：

```
01  #include <stdio.h>
02  #include <stdlib.h>
03
04  int main(int argc, char* argv[])
05  {
06      if (argc != 2){
07          printf("Usage : Input a number\n");
08          return -1;
09      }
10
11      while (1){
12          printf("Task [%d] Wait 2 seconds.\n", atoi(argv[1]));
13          sleep(2);
14      }
15  }
```

上面的代码非常简单，从命令行接收一个整数，然后循环输出一行文本。

将上面的代码保存为 job.c 之后，使用 gcc 命令进行编译，如下所示：

```
[root@localhost ~]# gcc job.c -o job
```

编译成功之后，会得到一个名为 job 的可执行文件。该程序的执行结果如下：

```
[root@localhost ~]# ./job 1
Task [1] Wait 2 seconds.
Task [1] Wait 2 seconds.
…
```

> **注 意**
>
> 以上程序中包含一个无限循环，用户可以使用 Ctrl+C 组合键终止程序的执行。

8.2.2 将作业暂停后放入后台

接下来介绍如何将一个作业放入后台，在命令行输入以下命令：

```
[root@localhost ~]# ./job 1
Task [1] Wait 2 seconds.
Task [1] Wait 2 seconds.
Task [1] Wait 2 seconds.
…
```

job 程序便开始执行，在执行的过程中，前台始终被其占据，用户无法输入其他的命令。按 Ctrl+Z 组合键，此时 job 程序便被暂停运行，并移入后台，如下所示：

```
^Z
[1]+  Stopped                 ./job 1
[root@localhost ~]#
```

可以发现，Shell 的命令提示符又重新出现了，用户可以在提示符后面输入并执行其他的作业。例如，我们再输入以下命令：

```
[root@localhost ~]# ./job 2
Task [2] Wait 2 seconds.
Task [2] Wait 2 seconds.
Task [2] Wait 2 seconds.
…
```

然后按 Ctrl+Z 组合键，使其暂停并进入后台，如下所示：

```
^Z
[2]+  Stopped                 ./job 2
[root@localhost ~]#
```

> **注 意**
> 按 Ctrl+Z 组合键只是将作业暂停并放入后台，并不是结束程序的执行。

8.2.3 查看后台作业

当作业被移入后台之后，用户可以通过 jobs 命令查看后台作业的相关信息。该命令的使用方法非常简单，用户可以直接在命令行输入该命令，如下所示：

```
[root@localhost ~]# jobs
[1]-  Stopped                 ./job 1
[2]+  Stopped                 ./job 2
```

在上面的输出中，第 1 列括号中的数字为 Linux 自动生成的作业编号。若中括号后面有加号"+"，则表示该作业为最后执行的作业；若中括号后面有减号"-"，则表示该作业为倒数第 2 执行的作业；若中括号后面没有任何符号，则表示该作业是相对较早执行的作业。第 2 列为状态，其中 Stopped 表示该作业为停止状态，如果是运行状态，那么该列的值为 Running。第 3 列为执行的命令。

在 Linux 系统中，作业是以进程的形式存在的，每个进程都会有一个进程号。如果用户想要显示作业的进程号，可以使用-l 选项，如下所示：

```
[root@localhost ~]# jobs -l
[1]-    2638    Stopped              ./job 1
[2]+    2640    Stopped              ./job 2
```

在上面的输出中，第 2 列的数字为该作业的进程号。

使用-r 选项，可以只显示运行状态的作业：

```
[root@localhost ~]# jobs -r
[1]-    Running                      ./job 1 &
```

使用-s 选项，可以只显示处于停止状态的作业，如下所示：

```
[root@localhost ~]# jobs -s
[1]+    Stopped              ./job 1
[2]-    Stopped              ./job 2
```

8.2.4　继续执行后台作业

在作业执行的过程中，用户按 Ctrl+Z 组合键可以使得作业暂停并移入后台。如果用户想要让被放入后台暂停的作业在后台继续执行，可以使用 bg 命令。该命令在使用的时候，主要传入作业号即可，如下所示：

```
[root@localhost ~]# bg 1
[1]+ ./job 1 &
[root@localhost ~]# Task [1] Wait 2 seconds.
Task [1] Wait 2 seconds.
Task [1] Wait 2 seconds.
```

当用户输入以上命令之后，作业号为 1 的作业便被继续执行，在控制台输出文本消息。由于该作业仍然处于后台，因此用户可以在前台命令行中输入其他的命令。

如果用户没有指定作业号，那么默认为最后一个作业。

8.2.5　将作业放在后台执行

如果用户想要某个作业在启动时便进入后台，并且一直在后台运行，可以在命令的后面加上一个&符号，如下所示：

```
[root@localhost ~]# ./job 3 &
[2] 2719
[root@localhost ~]# Task [3] Wait 2 seconds.
```

8.2.6　将作业移到前台

与 bg 命令相对应的是 fg 命令，该命令可以使得在后台的作业移到前台。如果是后台暂停的作业，那么该作业被移到前台后继续执行。

例如，下面的命令将作业号为 1 的后台作业移到前台：

```
[root@localhost ~]# fg 1
./job 1
Task [1] Wait 2 seconds.
Task [1] Wait 2 seconds.
…
```

> **注　意**
> 如果没有提供作业号，那么默认为最早的作业。

某个作业移到前台之后，用户可以再次使用 Ctrl+Z 组合键将其暂停并移入后台。

8.2.7　终止前台作业

终止前台作业比较简单，用户只要在作业执行的过程中按 Ctrl+C 组合键即可，如下所示：

```
[root@localhost ~]# ./job 5
Task [5] Wait 2 seconds.
Task [5] Wait 2 seconds.
Task [5] Wait 2 seconds.
^C
[root@localhost ~]#
```

从上面的输出可知，当用户按 Ctrl+C 组合键之后，job 程序便立即停止，并返回命令行。

8.2.8　终止后台作业

终止后台作业有两种方法，下面分别进行介绍。

首先，用户可以使用前面介绍的方法，将后台作业移到前台，然后使用 Ctrl+C 组合键将其终止。例如，用户想要终止后台作业号为 1 的作业，可以使用以下命令：

```
[root@localhost ~]# fg 1
./job 1
Task [1] Wait 2 seconds.
Task [1] Wait 2 seconds.
^C
[root@localhost ~]#
```

其次，用户可以使用 kill 命令向作业进程发送一个 SIGKILL 信号，使得该作业进程终止运行。用户首先需要使用以下命令获得作业的进程号：

```
[root@localhost ~]# jobs -l
[1]+   2758    Stopped                 ./job 1
```

然后使用 kill 命令发送信号：

```
[root@localhost ~]# kill -9 2758
[root@localhost ~]# jobs
```

```
[1]+  Killed                  ./job 1
```

在上面的命令中，-9 表示发送编号为 9 的 SIGKILL 信号，后面的数字为进程号。发送信号之后，用户再使用 jobs 命令查看作业状态，会发现该作业的状态为 Killed。

> **注　意**
>
> 如果不使用-9 选项，kill 命令就无法终止后台作业。

第 9 章

Nginx 入门

Nginx 是一个高性能的 HTTP 服务器和反向代理服务器。该软件由俄罗斯的伊戈尔·赛索耶夫开发，于 2004 年 10 月发布了第一个公开版本。Nginx 是免费的开源软件，依据类 BSD 许可协议发布。Nginx 的开发目标是超越 Apache Web 服务器的性能。在 Linux 系统上，Nginx 作为网页服务器、反向代理服务器和负载均衡服务器拥有绝对的优势。Nginx 具有高并发、低资源消耗、高度模块化设计、模块编写简单以及配置文件简洁等优点。

本章将系统介绍 Linux 系统中的计划任务和作业调度的使用方法。

本章主要涉及的知识点有：

- 安装 Nginx：介绍 Nginx 在 Linux 平台上的各种安装方式。
- 集成 PHP：介绍如何通过 PHP-FPM 模块使得 Nginx 支持 PHP。
- Nginx 目录与配置文件：介绍 Nginx 的目录结构以及配置文件的语法。
- 配置虚拟主机：介绍如何在 Nginx 中配置虚拟主机。
- 优化 Nginx 主配置文件：介绍如何优化和精简 Nginx 配置文件。

9.1 安装 Nginx

Nginx 的安装方式主要有两种，分别为源代码编译和预编译的软件包。对于普通用户来说，这两种方式都可以使用，而对于高级用户来说，可以通过编译源代码进行功能定制。本节将主要介绍如何通过编译源代码来安装 Nginx，并简略介绍如何安装预编译好的软件包。

9.1.1 准备安装环境

编译 Nginx 源代码需要 gcc、automake 以及 make 等编译工具，也需要 PCRE 和 OpenSSL 等第三方开发包的支持。因此，在正式编译 Nginx 之前，需要将这些编译所需的环境准备好。为了便于管理源代码，通常情况下，用户应该将所有软件的源代码集中在一个目录中。在本例中，我们将所有的源代码都保存在/usr/src 目录中。

01 安装 gcc、gcc-c++、automake、autoconf、make 以及 libtool。gcc 是 GNU 开发的编译器，支持 C、C++以及 Fortran 等语言。make 是构建工具，automake 和 autoconf 可以简化 make 的构建过程。libtool 是一个通用库支持脚本，可以在编译的过程中处理库的依赖关系。安装命令如下：

```
[root@localhost ~]# yum -y install gcc automake autoconf make libtool
```

02 安装 PCRE。PCRE 是一个轻量级的正则表达式函数库，主要用来支持 URL 重写。

```
[root@localhost ~]# yum -y install pcre pcre-devel
```

03 安装 zlib。zlib 为 Nginx 提供了 gzip 压缩的支持，其官方网站为：

https://zlib.net/

其新版本为 1.2.11，用户可以使用以下命令下载源代码：

```
[root@localhost src]# wget https://zlib.net/zlib-1.2.11.tar.gz
```

下载完成之后，提取源代码：

```
[root@localhost src]# tar -zxvf zlib-1.2.11.tar.gz
```

然后进入源代码目录，进行编译、安装：

```
[root@localhost src]# cd zlib-1.2.11
[root@localhost zlib-1.2.11]# ./configure
[root@localhost zlib-1.2.11]# make && make install
```

04 安装 OpenSSL。OpenSSL 为 Nginx 提供 SSL 支持。OpenSSL 的官方网站为：

https://www.openssl.org/

目前新版本为 1.1.1h。下载源代码的命令如下：

```
[root@localhost src]# wget https://www.openssl.org/source/openssl-1.1.1h.tar.gz
```

然后提取源代码，进入其目录后进行编译、安装：

```
[root@localhost src]# tar -zxvf openssl-1.1.1h.tar.gz
[root@localhost src]# cd openssl-1.1.1h/
[root@localhost openssl-1.1.1h]# ./config
[root@localhost openssl-1.1.1h]# make && make install
```

接下来，再为 Nginx 创建一个专门的用户和用户组，用来运行 Nginx 服务，该用户的用户名和组都为 nginx，命令如下：

```
[root@localhost ~]# groupadd nginx
[root@localhost ~]# useradd nginx -g nginx -m -s /sbin/nologin
```

9.1.2 编译和安装 Nginx

Nginx 为根据类 BSD 许可发布的开源软件,用户可以免费下载并修改其源代码。Nginx 的官方网站的网址为:

```
http://nginx.org/
```

用户可以从该网站下载源代码,如图 9-1 所示。

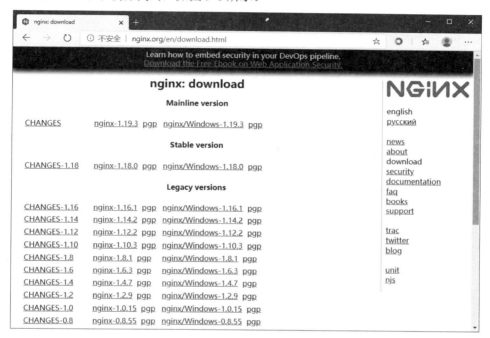

图 9-1 从 Nginx 官方网站下载源代码

目前新版本为 1.19.3,下载源代码的命令如下:

```
[root@localhost src]# wget http://nginx.org/download/nginx-1.19.3.tar.gz
```

下载之后,得到一个名为 nginx-1.19.3.tar.gz 的文件,这是一个经过 GZIP 压缩的 TAR 文件,用户可以使用以下命令将其解压:

```
[root@localhost src]# tar -xvf nginx-1.19.3.tar.gz
```

提取文件之后,得到一个名为 nginx-1.19.3 的目录,该目录包含 Nginx 的源代码。

进入 nginx-1.19.3 目录,执行该目录中的 configure 命令。configure 命令有非常多的选项,可以用来配置各种环境变量。用户可以使用以下命令查看 configure 命令提供的选项:

```
[root@localhost nginx-1.19.3]# ./configure --help

  --help                             print this message

  --prefix=PATH                      set installation prefix
```

```
--sbin-path=PATH                 set nginx binary pathname
--modules-path=PATH              set modules path
--conf-path=PATH                 set nginx.conf pathname
--error-log-path=PATH            set error log pathname
--pid-path=PATH                  set nginx.pid pathname
--lock-path=PATH                 set nginx.lock pathname
...
```

configure 命令的绝大部分选项都有默认值，因此除非有定制的必要，都可以采用默认值。在本例中，configure 命令的选项如下：

```
./configure --sbin-path=/usr/local/nginx/nginx \
--conf-path=/usr/local/nginx/nginx.conf \
--pid-path=/usr/local/nginx/nginx.pid \
--user=nginx \
--group=nginx \
--with-http_gzip_static_module \
--with-http_stub_status_module \
--with-file-aio \
--with-http_realip_module \
--with-http_ssl_module \
--with-pcre \
--with-zlib=/usr/src/zlib-1.2.11 \
--with-openssl=/usr/src/openssl-1.1.1h
```

在上面的选项中，--sbin-path 选项指定 Nginx 主程序的路径，--conf-path 选项指定 Nginx 主配置文件的路径，--pid-path 选项指定 Nginx 进程 ID 文件的路径，--with-zlib 选项指向 zlib 的源代码目录，--with-openssl 选项指向 OpenSSL 的源代码目录。

> **注 意**
> 以上命令中每行最后的反斜线表示命令还没有结束，只是中间换行。

当以上命令执行完成之后，再进行编译、安装，命令如下：

```
[root@localhost nginx-1.19.3]# make && make install
```

在上面的命令中，&& 为 Shell 的操作符，表示前面的命令执行成功之后才执行后面的命令。

执行完成之后，Nginx 便会被安装到 /usr/local/nginx 目录中，其内容如下：

```
[root@localhost nginx-1.19.3]# ll /usr/local/nginx/
total 9420
-rw-r--r--   1 nginx   nginx      1077  Oct  7 16:25   fastcgi.conf
-rw-r--r--   1 nginx   nginx      1077  Oct  7 16:25
    fastcgi.conf.default
...
-rwxr-xr-x  1 nginx   nginx   9574656   Oct  7 16:25   nginx
-rw-r--r--   1 nginx   nginx      2656  Oct  7 16:25   nginx.conf
```

```
-rw-r--r--     1   nginx    nginx       2656    Oct  7 16:25
    nginx.conf.default
...
```

到此为止，Nginx 已经安装完成。下面介绍如何管理 Nginx 服务。首先启动 Nginx 服务。用户需要先进入 Nginx 的安装目录：

```
[root@localhost ~]# cd /usr/local/nginx/
```

然后执行以下命令：

```
[root@localhost nginx]# ./nginx
```

如果没有出现错误消息，就表示 Nginx 已经启动成功。Nginx 默认的服务端口为 80，此时通过浏览器访问 Linux 服务器的 80 端口，出现如图 9-2 所示的界面。

图 9-2　Nginx 默认主页

图 9-2 所示为 Nginx 的默认主页，该页面能够正常显示，表示 Nginx 可以正常提供服务。

> **注　意**
> 不建议用户使用 root 身份运行 Nginx 服务，而应该为其指定专门的用户。

Nginx 主程序 nginx 提供了管理 Nginx 服务的命令，用户可以使用 -h 选项查看其帮助文档，如下所示：

```
[root@localhost nginx]# ./nginx -h
nginx version: nginx/1.19.3
Usage: nginx [-?hvVtTq] [-s signal] [-c filename] [-p prefix] [-g directives]

Options:
  -?,-h         : this help
  -v            : show version and exit
  -V            : show version and configure options then exit
  -t            : test configuration and exit
```

```
  -T            : test configuration, dump it and exit
  -q            : suppress non-error messages during configuration testing
  -s signal     : send signal to a master process: stop, quit, reopen, reload
  -p prefix     : set prefix path (default: /usr/local/nginx/)
  -c filename   : set configuration file (default: /usr/local/nginx/nginx.conf)
  -g directives : set global directives out of configuration file
```

从上面的输出可知，-s 选项可以向 Nginx 主进程发送 stop、quit、reopen 以及 reload 等信号。这几个信号分别表示停止、退出、重新打开以及重新加载配置文件。

例如，以下命令可以停止 Nginx 服务：

```
[root@localhost nginx]# ./nginx -s stop
```

用户修改完配置文件之后，可以使用以下命令重新读取配置文件，无须重新启动服务：

```
[root@localhost nginx]# ./nginx -s reload
```

9.1.3 通过软件包管理工具安装 Nginx

对于初学者来说，通过操作系统的软件包管理工具安装 Nginx 是一种非常便捷的方式。在 CentOS 中，用户可以使用以下命令安装 Nginx：

```
[root@localhost ~]# yum -y install nginx
```

安装完成之后，Nginx 主程序位于/usr/sbin 目录中，配置文件位于/etc/nginx 目录中，并且 Nginx 会按照系统服务的形式进行管理。

用户可以使用以下命令启动 Nginx 服务：

```
[root@localhost ~]# systemctl enable nginx
Created symlink /etc/systemd/system/multi-user.target.wants/nginx.service → /usr/lib/systemd/system/nginx.service.
[root@localhost ~]# systemctl start nginx
```

通过 systemctl status 命令查看服务状态：

```
[root@localhost ~]# systemctl status nginx
● nginx.service - The nginx HTTP and reverse proxy server
   Loaded: loaded (/usr/lib/systemd/system/nginx.service; enabled; vendor preset: disabled)
  Drop-In: /usr/lib/systemd/system/nginx.service.d
           └─php-fpm.conf
   Active: active (running) since Wed 2020-10-07 16:42:49 CST; 3s ago
  Process: 72381 ExecStart=/usr/sbin/nginx (code=exited, status=0/SUCCESS)
  Process: 72379 ExecStartPre=/usr/sbin/nginx -t (code=exited, status=0/SUCCESS)
  Process: 72377 ExecStartPre=/usr/bin/rm -f /run/nginx.pid (code=exited, status=0/SUCCESS)
 Main PID: 72382 (nginx)
    Tasks: 5 (limit: 49122)
   Memory: 8.3M
```

```
    CGroup: /system.slice/nginx.service
           ├─72382 nginx: master process /usr/sbin/nginx
           ├─72383 nginx: worker process
           ├─72384 nginx: worker process
           ├─72385 nginx: worker process
           └─72386 nginx: worker process

Oct 07 16:42:49 localhost.localdomain systemd[1]: Starting The nginx HTTP and reverse
proxy server...
Oct 07 16:42:49 localhost.localdomain nginx[72379]: nginx: the configuration file
/etc/nginx/nginx.conf syntax is ok
Oct 07 16:42:49 localhost.localdomain nginx[72379]: nginx: configuration file
/etc/nginx/nginx.conf test is successful
Oct 07 16:42:49 localhost.localdomain systemd[1]: Started The nginx HTTP and reverse
proxy server.
```

通过浏览器访问 Linux 服务器的 80 端口，如果出现图 9-3 所示的界面，就表示安装成功。

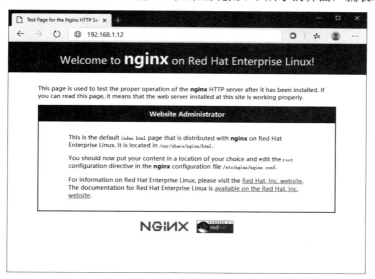

图 9-3　CentOS 上 Nginx 的默认主页

停止 Nginx 服务使用以下命令：

```
[root@localhost nginx]# systemctl stop nginx
```

9.2　Nginx 目录与配置文件

由于 Nginx 的功能非常多，因此用户通常会觉得 Nginx 难以配置，有许多地方不好理解。本节将详细介绍 Nginx 的基本功能的配置方法。

9.2.1 Nginx 目录结构及其说明

Nginx 的目录结构主要包括主程序和配置文件两大部分。如果用户是通过源代码安装 Nginx 的，那么其主程序的位置由--sbin-path 选项指定，配置文件的路径由--conf-path 选项指定，进程文件的路径由--pid-path 选项指定。如果用户是通过软件包管理工具安装的，那么其主程序位于/usr/sbin 目录中，配置文件位于/etc/nginx 目录中。除了保存的位置有所不同之外，目录中的内容基本相同。接下来以源代码安装的方式为例来说明 Nginx 的目录结构以及各文件的功能。

由于在前面的安装过程中，--sbin-path 和--conf-path 都指向了/usr/local/nginx，因此 Nginx 的所有文件都位于该目录中，如下所示：

```
[root@localhost local]# tree nginx/
nginx/
├── client_body_temp
├── fastcgi.conf
├── fastcgi.conf.default
├── fastcgi_params
├── fastcgi_params.default
├── fastcgi_temp
├── html
│   ├── 50x.html
│   └── index.html
├── koi-utf
├── koi-win
├── logs
│   ├── access.log
│   └── error.log
├── mime.types
├── mime.types.default
├── nginx
├── nginx.conf
├── nginx.conf.default
├── proxy_temp
├── scgi_params
├── scgi_params.default
├── scgi_temp
├── uwsgi_params
├── uwsgi_params.default
├── uwsgi_temp
└── win-utf

7 directories, 20 files
```

fastcgi.conf 和 fastcgi_params 这两个文件是 Nginx 的 FastCGI 模块的配置文件。FastCGI 是为了改进传统的 CGI 程序而提出的一种新的通用网关接口协议。FastCGI 采用 C/S 架构，将动态语言的解释、执行和 HTTP 服务器分离开来，具有高性能、可伸缩的优点。采用 FastCGI 协议，HTTP 服务器就专门处理静态网页，以及接收 FastCGI 发送过来的处理后的结果，并发送给浏览器。对于用户请求的动态内容部分，HTTP 只是简单地交给 FastCGI 即可。目前许多解释型的程序设计语言支持 FastCGI，其中流行的是 PHP。多数 HTTP 服务器都支持 FastCGI，包括 Apache、Nginx 以及 Lighttpd 等。

fastcgi.conf 和 fastcgi_params 这两个文件的内容除了以下一行之外，都是相同的：

```
fastcgi_param  SCRIPT_FILENAME      $document_root$fastcgi_script_name;
```

fastcgi_params 为 Nginx 早期的 FastCGI 配置文件。由于历史原因，SCRIPT_FILENAME 选项并没有被包含在 fastcgi_params 文件中，而该选项对于 PHP 的运行是必不可少的，其作用是告诉 FastCGI 服务程序去哪里寻找 PHP 脚本文件。为此，许多用户在 Nginx 的主配置文件中使用 include 指令将 fastcgi_params 文件包含进来之后，采用以下硬编码的方式指定该选项的值，如下所示：

```
location ~ \.php$ {
   include fastcgi_params;
   fastcgi_param SCRIPT_FILENAME /var/www/foo$fastcgi_script_name;
   fastcgi_pass backend;
}
```

为了提高兼容性，后来新增了 fastcgi.conf 配置文件。有了该文件之后，用户就可以在该文件中指定该选项的值，然后在 Nginx 的主配置文件中包含 fastcgi.conf 即可，如下所示：

```
location ~ \.php$ {
   include fastcgi.conf;
   fastcgi_pass backend;
}
```

> **注 意**
>
> 以上两种配置方式都是正确的，用户只要选择一种即可，不过还是建议使用 fastcgi.conf 文件。

html 目录是 Nginx 的 HTML 文件所在的目录。logs 目录是 Nginx 的访问日志和错误日志所在的目录。mime.types 文件定义了 Nginx 所支持的各种媒体类型。nginx 为 Nginx 的主程序。nginx.conf 为 Nginx 的主配置文件。scgi_params 和 uwsgi_params 这两个文件分别是 SCGI 和 uWSGI 协议的配置文件，这两种协议在本书中不会用到。koi-utf、win-utf 和 koi-win 等文件是 Nginx 在处理编码转换时的映射文件。

9.2.2　Nginx 的配置文件简介

Nginx 的配置文件主要有 nginx.conf、fastcgi.conf 和 fastcgi_params 等。实际上，我们主要关注 nginx.conf 这个配置文件就可以了。下面是一个基本的 nginx.conf 文件的代码：

```
01  user  nginx;
02  worker_processes  1;
03  error_log  logs/error.log;
04  pid        logs/nginx.pid;
```

```
05  events {
06      worker_connections  1024;
07  }
08  http {
09      include       mime.types;
10      default_type  application/octet-stream;
11      sendfile        on;
12      keepalive_timeout  65;
13      server {
14          listen       80;
15          server_name  localhost;
16          location / {
17              root   html;
18              index  index.html index.htm;
19          }
20          error_page   500 502 503 504  /50x.html;
21          location = /50x.html {
22              root   html;
23          }
24      }
25  }
```

从上面的代码可知，nginx.conf 文件由一系列的指令构成，Nginx 的指令可以分为简单指令和块指令两种。简单指令是由指令名称和参数组成的，最后以分号结束，例如 user、worker_processes 以及 error_log 等。块指令由指令名称和一对大括号组成的指令块组成，指令块中可以包含其他的指令，例如 http、server 以及 location 等。

下面分别对 nginx.conf 文件中常用的指令进行详细介绍。

1. user

该指令为全局指令，用来指定 Nginx 服务运行的账户。

2. worker_processes

该指令为全局指令。Nginx 采用多进程的工作模式，当 Nginx 服务启动之后，首先启动的是一个主进程，即 master 进程，然后由主进程创建出多个 worker 进程。master 进程主要负责管理 worker 进程，而 worker 进程负责响应用户请求。master 进程可以监控 worker 进程的运行状态，当 worker 进程异常退出后，会自动启动新的 worker 进程。worker 进程的数量由该指令指定，通常情况下，用户可以将其设置为与当前服务器的 CPU 内核的个数相同，以达到最大的性能。

3. error_log

该指令为全局指令，用来指定 Nginx 错误日志的路径。

4. pid

该指令为全局指令，用来指定 Nginx 进程 ID 文件的路径。

5. events

该指令为块指令，用来配置事件模块，主要包括工作模式和连接上限。

6. http

该指令为块指令，用来配置 http 模块。http 是重要的指令，该指令包含与 HTTP 服务有关的所有配置选项。典型的 http 模块的配置如下：

```
01  http {
02      include       mime.types;
03      default_type  application/octet-stream;
04      sendfile         on;
05      keepalive_timeout  65;
06      server {
07          listen       80;
08          server_name  localhost;
09          location / {
10              root   html;
11              index  index.html index.htm;
12          }
13          error_page   500 502 503 504  /50x.html;
14          location = /50x.html {
15              root   html;
16          }
17      }
18  }
```

第 02 行通过 include 指令引进 mime_types 文件，第 03 行通过 default_type 指令指定默认的媒体类型，第 04 行的 sendfile 指令用来指定 Nginx 是否用 sendfile 函数来输出文件，对于普通应用，该指令的参数必须为 on，对于磁盘 IO 负载较重的应用，可以设置为 off。第 05 行的 keepalive_timeout 指令用来设置连接超时时长，单位为秒。第 06 行的 server 指令用来配置虚拟主机，该指令为块指令，包含与虚拟主机有关的指令。第 07 行的 listen 指令用来设置当前虚拟主机监听的端口，默认为 80。第 08 行的 server_name 指令用来设置主机名，如果当前虚拟主机有域名，就可以将域名设置在此处。第 09 行的 location 指令用来设置 URI 的匹配规则，此处为 "/"，表示默认的地址。关于 location 指令的匹配规则，将在后面详细介绍。第 10 行的 root 指令用来指定根目录的位置。第 11 行的 index 指令指定默认的主页面。第 13 行的 error_page 指令指定错误处理页面，此处引用了第 14 行定义的 URI。

7. location

location 指令是 HTTP 模块中使用最多，也是问题最多的指令。该指令的功能是用来匹配不同的 URI 请求，进而对请求做不同的处理和响应。这其中较难理解的是多个 location 指令的匹配顺序，下面将对其重点介绍。

首先，用户必须明确一点，Nginx 是根据用户请求的 URI 来与 location 指令中配置的 URI 进行匹配的，若匹配成功，则该 location 中的指令对请求做出响应。

location 指令主要有两种，一种为匹配 URI 类型，另一种为命名 location 指令。因此，location 指令有以下两种语法：

```
location [ = | ~ | ~* | ^~ ] /uri { … }
location @name { … }
```

在第一种语法中，中括号中为可选的修饰符，其中"="表示精确匹配，后面的 uri 参数为普通的 URI，只有请求的 URI 与后面的 uri 参数完全相等时，才匹配成功。"~"表示该规则是使用正则表达式定义的，区分字母大小写。"~*"表示该规则是使用正则表达式定义的，不区分字母大小写。"^~"为前缀匹配，如果匹配成功，就立即停止其他类型的匹配。uri 参数为要匹配的 URI。后面的大括号中为响应请求的指令。在第二种语法中，@符号表示当前定义的是一个命名 location 块，name 为其名称，类似于变量名。命名 location 不是用来处理普通的 HTTP 请求的，是专门用来处理内部重定向的。

例如，下面定义了一个 location 块：

```
01  location ^~ /static/ {
02      root /webroot/static/;
03  }
```

在上面的代码中，修饰符使用了"^~"，表示前缀匹配，匹配的 URI 为"/static/"。当用户请求以下 URI 时，该 location 会匹配成功：

```
/static/images/logo.jpg
```

这是因为以上 URI 以"/static/"为前缀。

下面的代码定义了另一个 location：

```
01  location ~* \.(gif|jpg|jpeg|png|css|js|ico)$ {
02      root /webroot/res/;
03  }
```

此处使用了"~*"修饰符，表示这是一个不区分字母大小写的正则表达式匹配，其中正则表达式如下：

```
\.(gif|jpg|jpeg|png|css|js|ico)$
```

最开始的反斜线为正则表达式中的转义字符，该转义字符使得后面的圆点成为一个普通的字符。小括号中为不同的扩展名，扩展名之间的竖线表示并列关系。最后面的"$"符号为正则表达式中的运算符，表示以前面的字符结尾，所以以上规则的含义就是匹配以.gif、.jpg、.jpeg、.png、.css、.js 和.ico 这些字符串结尾的 URI，并且不区分字母大小写。

> **注 意**
>
> 关于正则表达式的使用方法，读者可以参考相关的图书，此处不再详细介绍。

通常情况下，location 指令会存在同时匹配多个的可能性，而对于 location 指令的匹配顺序，许多用户都存在着困惑，当某个请求同时匹配多个 location 指令时，到底使用哪个 location 指令来响应用户的请求呢？下面详细地阐述这个问题。

从前面的描述可以得知，匹配 URI 的 location 指令可以分为两种，一种是普通前缀 location 指令，另一种是正则表达式 location 指令。对于这两种 location 指令，Nginx 会首先检查普通前缀 location 指令，然后检查正则表达式 location 指令，并且在这两种 location 指令内部有不同的优先级。

当收到一个用户请求时，Nginx 会首先检查普通前缀 location 指令，看看是否有匹配成功的，并记下匹配度最高的那个 location 指令。在检查普通前缀 location 指令时，Nginx 遵循的是最大前缀匹配原则，即与用户请求的 URI 匹配的字符串长度最长的那个优先级最高。也就是说，在普通前缀 location 中，location 指令出现的顺序并不影响匹配的优先级，这一点是与正则表达式 location 指令不同的。

检查完普通前缀 location 指令之后，Nginx 并不会停止匹配，而是继续检查正则表达式 location 指令。此时，Nginx 是严格按照 location 指令在配置文件中出现的顺序进行的，从前到后依次匹配，一旦匹配成功，就结束检查，并使用匹配成功的正则表达式 location 指令来处理用户请求。如果任何正则表达式 location 指令都没有匹配成功，就会使用前面记住的那个普通前缀 location 中匹配程度最高的那个来响应用户请求。

以上是 Nginx 中 location 指令的完整匹配规则，即先检查普通前缀 location 指令，再检查正则表达式 location 指令。在普通前缀 location 指令中出现两种修饰符可以改变这个规则，一种是"="修饰符，如果用户请求的 URI 能够精确匹配含有"="修饰符的 location 指令，Nginx 就会立即停止后面的所有匹配，并使用该 location 指令响应用户请求。还有一种是"^~"修饰符，如果按照最大匹配原则匹配成功的 location 含有该修饰符，Nginx 就会立即停止检查后面的正则表达式 location 指令，并使用匹配成功的 location 来响应用户请求。

当然，还有一种情况是普通前缀 location 和正则表达式 location 中都没有匹配成功，在这种情况下，Nginx 会使用默认匹配，即：

```
location / {
…
}
```

> **注　意**
>
> 用斜线"/"表示的 location 指令是普通前缀 location 中的一种特殊情况，按照最大长度匹配原则，它的长度最短，所以匹配优先级最低，通常称为默认匹配。

图 9-4 描述了 Nginx 的 location 指令的匹配规则。默认匹配"/"作为普通前缀 location 指令的一种特例，没有专门指出来。这是因为根据最大长度匹配原则，用户请求的 URI 至少应该匹配到字符串"/"，所以在最坏的情况下，普通前缀匹配最后记住的 location 应该至少是"/"。

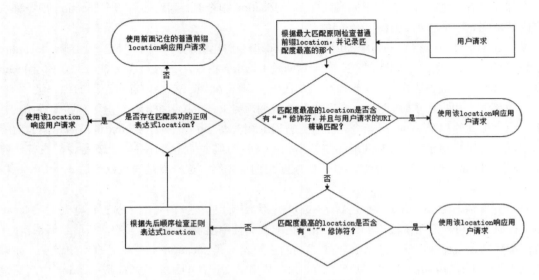

图 9-4　location 指令匹配规则

为了验证以上规则，我们定义了以下 5 个 location：

```
01  location / {
02    return 400;
03  }
04  location = / {
05    return 401;
06  }
07  location /files/ {
08    return 402;
09  }
10  location ^~ /images/ {
11    return 403;
12  }
13  location ~* \.(gif|jpg|jpeg|png)$ {
14    return 405;
15  }
```

（1）假设 Linux 服务器的 IP 地址为 192.168.1.12，当使用浏览器访问以下网址时：

http://192.168.1.12

会出现如图 9-5 所示的页面。

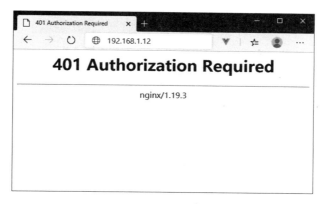

图 9-5　HTTP 401

通常情况下，如果用户在输入网址时没有在域名或者 IP 地址后面加上斜线"/"，浏览器会自动加上。以上 URI 首先进行普通前缀检查，匹配到第 01 行和第 04 行的 location，由于第 02 行的 location 含有等号"="修饰符，并且与用户请求的 URI 精确匹配，因此 Nginx 会使用第 04 行的 location 来响应用户请求，并返回 401 代码。

（2）当用户访问以下地址时：

```
http://192.168.1.12/files
```

由于用户请求的 URI 为"/files"，因此第 07 行的 location 指令并不匹配，最后使用第 01 行定义的默认匹配来响应用户请求，如图 9-6 所示。

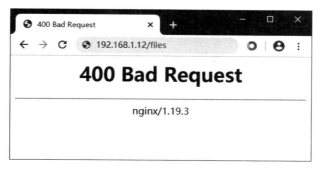

图 9-6　默认匹配

而如果用户访问以下地址：

```
http://192.168.1.12/files/
```

那么第 01 行的 location 和第 07 行的 location 都可满足，但是根据最大匹配原则，第 07 行的 location 指令匹配成功，并返回 420 代码，如图 9-7 所示。

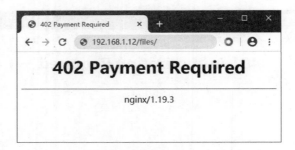

图 9-7　HTTP 402

（3）当用户访问以下地址时：

`http://192.168.1.12/files/logo.jpg`

在 Nginx 的配置文件中，普通前缀 location 中的第 01 行、第 07 行都可满足，但是第 13 行的正则表达式 location 也满足规则，根据前面阐述的匹配规则，由第 13 行的正则表达式 location 指令响应用户请求，返回 405 代码，如图 9-8 所示。

图 9-8　HTT 405

（4）当用户访问以下地址时：

`http://192.168.1.12/images/logo.jpg`

第 01 行、第 10 行以及第 13 行的 location 指令都可以满足，但是根据前面阐述的规则，在检查正则表达式 location 指令时，首先匹配到的是第 10 行的 location，所以 Nginx 会停止检查后面的正则表达式 location，由第 10 行的 location 指令响应请求，返回 403 代码，如图 9-9 所示。

图 9-9　HTTP 403

（5）当用户访问以下地址时：

`http://192.168.1.12/files/logo.jpg`

第 01 行、第 07 行以及第 13 行的 location 指令都可以满足，根据前面讲的匹配规则，由最先匹配到的正则表达式 location 指令响应用户请求，返回 405 代码，如图 9-10 所示。

图 9-10　HTTP 405

9.3　配置虚拟主机

虚拟主机是 Web 服务器的一项基本功能。当一个 Nginx 服务器中运行多个站点的时候，就可以通过虚拟主机功能将多个站点隔离开来，使得外界看起来就像一台独立的主机一样。通过虚拟主机可以充分利用现有的硬件资源，从而节约大量的硬件成本。本节将详细介绍如何在 Nginx 中配置虚拟主机。

9.3.1　配置基于域名的虚拟主机

尽管 IP 地址能够唯一地标记互联网上的一台主机，但是 IP 地址是一长串数字，不直观，对于普通用户来说，记忆起来十分困难，于是人们又发明了域名。域名是一套由字符组成的地址方案，其中的字符可以是含义非常明确的字符串，例如百度公司的域名为：

```
www.baidu.com
```

谷歌公司的域名为：

```
www.google.com
```

通过这些具有标志性的域名，普通用户就可以非常方便地记忆不同网站的地址。

域名与 IP 地址的转换由域名服务器完成，域名服务器上保存了域名和 IP 地址的映射表，用户在浏览器中输入域名之后，操作系统会查询本机配置的域名服务器，域名服务器将查询映射表之后得到的 IP 地址返回给用户，这个过程称为域名解析。

前面我们详细介绍了 Nginx 的配置文件。在 Nginx 中，虚拟主机使用 server 指令来配置，server 指令是 http 指令的子指令，每个 server 指令描述一个虚拟主机。

例如，下面的代码就配置了两个虚拟主机：

```
01  server {
02      listen          80;
03      server_name     book.abc.com;
04      access_log      logs/book.access.log  main;
```

```
05        location / {
06            root      book;
07            index     index.html index.htm;
08        }
09  }
10
11  server {
12        listen          80;
13        server_name     news.abc.com;
14        location / {
15            root      news;
16            index     index.html;
17        }
18  }
```

第 01~09 行为第 1 个虚拟主机的配置代码，第 02 行通过 listen 指令指定当前虚拟主机监听的端口为 80。第 03 行的 server_name 指令指定虚拟主机的主机名为 book.abc.com。在基于域名的虚拟主机中，server_name 指令非常关键，用户需要将该虚拟主机对应的域名配置在该指令中。第 06 行通过 root 指令设置当前虚拟主机的根目录为 book。第 11~18 行是第 2 个虚拟主机的配置代码，第 12 行同样通过 listen 指令指定当前虚拟主机的监听端口为 80。与第 1 个虚拟主机不同的是，第 2 个虚拟主机的 server_name 指令配置的域名为 news.abc.com，第 15 行指定根目录为 news。

配置完成之后，用户可以使用以下命令检查 Nginx 配置文件是否存在语法错误：

```
[root@localhost nginx]# ./nginx -t
nginx: the configuration file /usr/local/nginx/nginx.conf syntax is ok
nginx: configuration file /usr/local/nginx/nginx.conf test is successful
```

如果出现以上输出信息，就表明当前的配置文件没有语法错误。

然后在/usr/local/nginx/html 目录中创建两个目录，其名称分别为 book 和 news。在 book 目录中创建一个名为 index.html 的 HTML 文件，其代码如下：

```
01  <html>
02  <head>
03  <title>Welcome to Book Site!</title>
04  <style>
05      body {
06          width: 35em;
07          margin: 0 auto;
08          font-family: Tahoma, Verdana, Arial, sans-serif;
09      }
10  </style>
11  </head>
12  <body>
13  <h1>Welcome to Book Site!</h1>
14  </body>
15  </html>
```

在 /usr/local/nginx/html/news 目录中，同样创建一个名为 index.html 的 HTML 文件，其代码如下：

```
01  <html>
02  <head>
03  <title>Welcome to News Site!</title>
04  <style>
05      body {
06          width: 35em;
07          margin: 0 auto;
08          font-family: Tahoma, Verdana, Arial, sans-serif;
09      }
10  </style>
11  </head>
12  <body>
13  <h1>Welcome to News Site!</h1>
14  </body>
15  </html>
```

使用以下命令重新加载 nginx.conf 配置文件：

```
[root@localhost nginx]# ./nginx -s reload
```

在上面的配置文件中，我们定义了两个虚拟主机，其对应的域名分别为 book.abc.com 和 news.abc.com，当然这两个域名不一定真实存在。为了能够使用这两个域名，我们可以修改本机的 hosts 文件，添加以下两条域名解析记录：

```
192.168.2.122    news.abc.com
192.168.2.122    book.abc.com
```

以上代码表示，这两个域名都指向 IP 地址 192.168.2.122，这个 IP 地址是 Nginx 服务器的 IP 地址。

最后，打开浏览器，访问 news.abc.com 这个域名，会出现如图 9-11 所示的界面，而访问 book.abc.com 则会出现如图 9-12 所示的界面。

图 9-11　news.abc.com

图 9-12　book.abc.com

从上面的访问情况可知,我们在域名的配合下成功地配置了两个虚拟主机。同时,读者也应该注意到,上面的两个虚拟主机都监听了同一个 IP 地址的 80 端口,这说明在同一个 IP 地址和端口下,Nginx 通过 server_name 指令的域名区分开了两个虚拟主机。正因为基于域名的虚拟主机可以共享 80 端口,所以在生产环境中,该类型的虚拟主机使用最为广泛。

除了上面的例子之外,server_name 指令还支持更为灵活的语法,下面的 server_name 指令都是有效的:

```
01  server_name abc.com;
02  server_name abc.com www.abc.com;
03  server_name *.abc.com;
04  server_name .abc.com;
05  server_name nginx.*;
06  server_name abc.com abc.net abc.org;
07  server_name localhost hawk;
08  server_name "";
```

第 01 行的域名为 abc.com,因此所有访问 http://abc.com 的请求都会由该虚拟主机响应。第 02 行的 server_name 配置了两个域名,这说明该虚拟主机拥有多个域名,多个域名之间用空格隔开,因此访问 http://abc.com 和 http://www.abc.com 的请求都会由该虚拟主机响应。第 03 行中包含一个特殊的符号"*",该符号为通配符,可以匹配一个或者多个字符,因此对于所有 abc.com 的子域名的请求都会由该虚拟主机响应,例如 www.abc.com、mail.abc.com 以及 news.abc.com。第 04 行的 server_name 指令与第 03 行等价,可以响应所有的子域名。第 05 行的参数为 nginx.*,通配符在后面,因此可以响应所有以 nginx.开头的域名的请求。第 06 行的参数说明 server_name 指令可以配置来自不同域的域名。第 07 行的 server_name 指令中配置了两个主机名。第 08 行的 server_name 指令中以一对空的双引号为参数,它告诉 Nginx 捕捉所有没有主机名或者域名以及未知域名的请求。

> **注　意**
>
> 用户在学习虚拟主机时一定要理解域名到 Nginx 服务器的解析是由域名服务器来完成的,但是域名服务器只是负责将域名转换为 IP 地址,它不关心到底是由哪个虚拟主机来响应的。而决定由哪个虚拟主机来响应的是 Nginx,Nginx 会分析浏览器请求头中的域名,然后查找配置文件中的虚拟主机配置信息,从中找到匹配该域名的虚拟主机并由它响应用户请求。

9.3.2　配置基于 IP 的虚拟主机

要想实现基于 IP 地址的虚拟主机，需要 Nginx 所在的服务器拥有多个 IP 地址。这样的话，每个虚拟主机就可以分配到一个独立的 IP 地址。基于 IP 的虚拟主机的应用场景主要是没有域名，但是可以为 Linux 服务器分配多个静态 IP 地址。因此，该类型的虚拟主机多用于内部测试。

在 CentOS 中，每个网络接口都可以配置多个 IP 地址。当然，如果服务器拥有多个网络接口，可以将虚拟主机绑定到不同的网络接口上，可以得到更好的网络性能。

CentOS 的网络接口的配置文件位于以下目录中：

```
/etc/sysconfig/network-scripts/
```

例如某台 CentOS 主机的网络接口配置文件如下：

```
[root@localhost ~]# ll /etc/sysconfig/network-scripts/
total 4
-rw-r--r--  1   root          root           385      Oct 10 10:35         ifcfg-enp0s3
```

网络接口配置文件的文件名通常包含两部分，第 1 部分为通用的前缀 ifcfg，表明这是一个网络接口配置文件，第 2 部分为网络接口的名称。从上面的输出可知，当前主机拥有 1 个网络接口，其名称为 enp0s3。

下面的配置文件为该主机分配了两个 IP 地址：

```
01 TYPE=Ethernet
02 PROXY_METHOD=none
03 BROWSER_ONLY=no
04 BOOTPROTO=STATIC
05 IPADDR=192.168.2.122
06 IPADDR1=192.168.2.123
07 GATEWAY=192.168.2.1
08 DNS1=192.168.2.1
09 DEFROUTE=yes
10 IPV4_FAILURE_FATAL=no
11 IPV6INIT=yes
12 IPV6_AUTOCONF=yes
13 IPV6_DEFROUTE=yes
14 IPV6_FAILURE_FATAL=no
15 IPV6_ADDR_GEN_MODE=stable-privacy
16 NAME=enp0s3
17 UUID=6056bee9-7824-4fc9-b0c3-90126f342c11
18 DEVICE=enp0s3
19 ONBOOT=yes
```

配置成功之后，在 Nginx 配置文件中增加两个虚拟主机，其代码如下：

```
01 server {
02         listen              192.168.2.122:80;
03         access_log    logs/122.access.log  main;
```

```
04              location / {
05                      root     html/122;
06                      index    index.html index.htm;
07              }
08      }
09
10      server {
11              listen          192.168.2.123:80;
12              access_log      logs/123.access.log  main;
13              location / {
14                      root          html/123;
15                      index         index.html;
16              }
17      }
```

对比前面的基于域名的虚拟主机的配置文件，可知第 02 行和第 11 行的 listen 指令中不仅指定了端口，同时还指定了 IP 地址。此外，server_name 指令也可以省略。为了测试以上虚拟主机，用户需要在/usr/local/nginx/html 目录中创建名为 122 和 123 的目录，并在这两个目录中分别创建各自的 index.html 文件。

最后用户可以分别使用 http://192.168.2.122 和 http://192.168.2.123 访问这两个虚拟主机，如图 9-13 和图 9-14 所示。

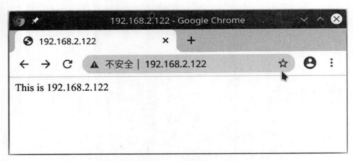

图 9-13　访问 IP 地址为 192.168.2.122 的虚拟主机

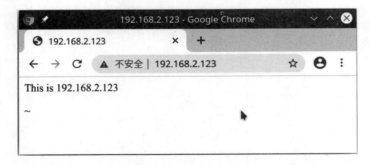

图 9-14　访问 IP 地址为 192.168.2.123 的虚拟主机

> **注　意**
>
> 在使用基于 IP 地址的虚拟主机时，首先要在 Nginx 所在的服务器上配置多个 IP 地址，然后在 Nginx 中进行配置。

9.3.3 配置基于端口的虚拟主机

基于端口的虚拟主机的使用场合比较少，主要用于既没有域名又没有多个 IP 地址的测试环境中。因为访问这种类型的虚拟主机要在 IP 地址后面加上端口号，所以使用起来不太方便。

配置基于端口的虚拟主机需要在虚拟主机的 listen 指令中配置不同的端口，如下所示：

```
01 server {
02       listen          80;
03       access_log      logs/80.access.log  main;
04        location / {
05              root     html/80;
06              index    index.html index.htm;
07        }
08 }
09
10 server {
11       listen          8080;
12       access_log      logs/8080.access.log   main;
13        location / {
14              root           html/8080;
15              index          index.html;
16        }
17 }
```

配置完成之后，用户可以通过 http://192.168.2.122 来访问 80 端口的虚拟主机，通过 http://192.168.2.122:8080 来访问 8080 端口的虚拟主机。

9.4　Nginx 性能优化

在生产环境中，用户通常会根据自己的实际情况对 Nginx 进行性能优化，以满足自己的业务需求。Nginx 提供的选项非常多，面对众多的选项，初学者通常会觉得无所适从，不知道从哪里下手。本节将对 Nginx 的优化方法进行系统介绍。

9.4.1　隐藏 Nginx 版本

默认情况下，Nginx 会将自己的版本号作为响应头的一部分发送给客户端，如图 9-15 所示。

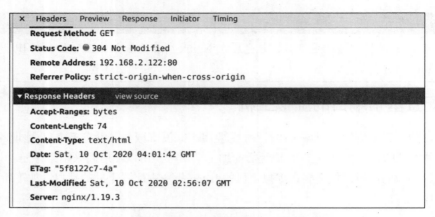

图 9-15　HTTP 响应头中的 Nginx 版本号

从图 9-13 可知，当前 Nginx 的版本为 1.19.3。当 Nginx 版本号被人得知之后，攻击者就会搜集该版本的 Nginx 的漏洞以及性能缺陷，对服务器进行攻击。因此，为了提高安全性，用户应该将 Nginx 版本号隐藏起来。

Nginx 的 http 模块提供了一个名为 server_tokens 的指令用来控制版本是否发送给客户端，该指令的值可以取 on 或者 off，默认值为 on，表示发送版本号。为了隐藏版本号，用户可以将其值设置为 off，如下所示：

```
server_tokens off;
```

设置完成之后，重新启动 Nginx 服务或者重新加载 Nginx 配置文件，然后重新访问 Nginx 服务器，就会发现版本号不再显示，如图 9-16 所示。

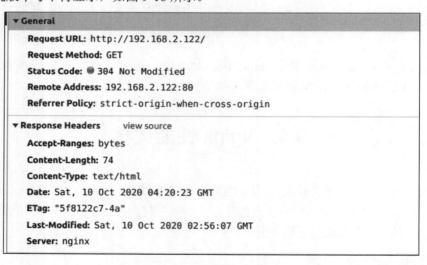

图 9-16　隐藏 Nginx 版本号

> **注　意**
>
> server_tokens 是 http 模块的一个指令，因此应该配置在 http 指令内部。

9.4.2 优化 CPU 支持

目前服务器的硬件发展非常迅速，在生产环境中，许多服务器都配置了几个甚至几十个 CPU，并且每个 CPU 拥有多个内核。在计算密集型的应用中，用户应该将负载均匀地分配给各个 CPU，以达到最大的性能。

Nginx 提供了 worker_processes 和 worker_cpu_affinity 这两个指令来优化 CPU 的支持。worker_processes 指令用来设置 worker 进程的数量。一般情况下，Nginx 会有一个 master 进程和多个 worker 进程，如下所示：

```
[root@localhost nginx]# ps -ef|grep nginx
root        1568     1  0 10:53 ?        00:00:00 nginx: master process ./nginx
nobody      2277  1568  0 12:48 ?        00:00:00 nginx: worker process
nobody      2278  1568  0 12:48 ?        00:00:00 nginx: worker process
nobody      2279  1568  0 12:48 ?        00:00:00 nginx: worker process
nobody      2280  1568  0 12:48 ?        00:00:00 nginx: worker process
nobody      2281  1568  0 12:48 ?        00:00:00 nginx: worker process
nobody      2282  1568  0 12:48 ?        00:00:00 nginx: worker process
nobody      2283  1568  0 12:48 ?        00:00:00 nginx: worker process
nobody      2284  1568  0 12:48 ?        00:00:00 nginx: worker process
```

Nginx 建议将该指令的参数设置为与 CPU 的内核数量相等。例如，用户的 Linux 服务器拥有 4 个 CPU，每个 CPU 有 4 个内核，一共有 16 个 CPU 内核，因此 worker_processes 指令的参数可以设置为 16，这样就可以使得每个 CPU 内核负责一个 worker 进程。

用户也可以将 worker_processes 指令的参数设置为 auto，这样 Nginx 会自动检测当前服务器的 CPU 的核数，并自动调整该指令的参数。

worker_cpu_affinity 指令用来将 worker 进程绑定到特定的 CPU 内核。该指令需要与 worker_processes 配合使用。在配置 worker_cpu_affinity 指令的时候，用户需要将 CPU 集合使用位掩码的形式表示出来，例如：

```
worker_processes         4;
worker_cpu_affinity      0001 0010 0100 1000;
```

若 worker_processes 设置为 4，则通常表示服务器拥有 4 个 CPU 内核，在 woker_cpu_affinity 指令中，这 4 个 CPU 内核分别使用 0001、0010、0100 和 1000 表示。

9.4.3 事件处理模型

Nginx 的 events 指令中包含所有处理客户端连接的方式。下面是一个典型的 events 指令的配置代码：

```
01  events{
02      use epoll;
03      worker_connections 20000;
04  }
```

第 02 行的 use 指令中，epoll 是多路复用 IO 的一种方式，适用于 Linux 2.6 以上的内核，可以大大提高 Nginx 的性能。第 03 行的 worker_connections 指令用来设置单个 worker 进程的最大并发连接数。

9.4.4 开启高效传输模式

Nginx 的 http 模块提供了一些有利于网络数据传输的指令，主要有 sendfile 和 tcp_nopush。

用户可将 sendfile 指令的参数设置为 on，以提高文件的传输速率。这是因为 sendfile 配置开启后，Nginx 在进行数据传输时会调用 sendfile() 系统函数，这是 Linux 2.0 以后推出的一个系统调用。对比一般的数据网络传输，sendfile 会有更少的切换和更少的数据副本。所以，在通常情况下，用户应该将 sendfile 指令的参数设置为 on。

当 tcp_nopush 指令的参数设置为 on 时，Nginx 在发送数据包时不会马上传送出去，而要等到数据包最大时，一次性传输出去，这样有助于解决网络堵塞。

> **注　意**
>
> 只有 sendfile 的值为 on 时，tcp_nopush 指令才生效。

一般情况下，这两个指令的配置如下：

```
01  sendfile            on;
02  tcp_nopush          on;
```

9.4.5 连接超时时间

在 Nginx 配置文件中，有一些与时间有关的指令，例如 keepalived_timeout、client_header_timeout 以及 client_body_timeout 等，合理地设置这些指令的参数可以节约服务器资源，提高并发性。

通常情况下，HTTP 是一种无状态的协议，也就是说，当用户访问某个网页的时候，浏览器会与服务器建立一个 TCP 的连接，服务器响应完成之后立即断开连接，不保持连接状态。如果客户端向服务器发送多个请求，每个请求都要建立各自独立的连接以传输数据，这样会浪费一定的时间来建立 TCP 连接。

为此，HTTP 提供了一个 KeepAlive 模式，可以使得服务器在处理完一个请求之后，保持这个 TCP 连接的打开状态。如果收到来自这个客户端的其他请求，服务器会继续利用这个保持的 TCP 连接响应用户请求，不必再建立一个连接。通过以上机制可以减少等待连接的时间，提高服务器的数据吞吐率。

但是，KeepAlive 并非免费的午餐，长时间保持连接容易导致服务器资源被无效占用，从而影响服务器响应新的客户端请求。如果 KeepAlive 配置不当，有时会比每次都建立新的 TCP 连接带来的损失还要大。

Nginx 的 keepalived_timeout 指令用来设置服务器响应完客户端请求之后保持连接的时间限制，正确地设置该指令的值非常重要。

Nginx 的默认值为 75s，有些浏览器最多只保持 60s，所以可以设定为 60s 左右。如果将它设置为 0，就会禁止 KeepAlive 模式。

```
01  keepalive_timeout  65;
```

> **注意**
>
> keepalived_timeout 指令可以位于 server、http 和 location 等指令内部。

client_header_timeout 和 client_body_timeout 指令分别用来设置 HTTP 连接建立之后，客户端发送请求头和请求体的超时时间。在该指令指定的时间内，客户端没有发送任何内容，Nginx 会返回代码为 408 的 HTTP 响应。

> **注意**
>
> client_header_timeout 和 client_body_timeout 这两个指令都可以位于 http、server 和 location 等指令内部。

正确地设置以上超时时间可以节约服务器的资源，尤其是在高并发的环境中，能够大幅提高服务器的性能。

```
01  client_body_timeout 20s;
02  client_header_timeout 10s;
```

9.4.6 配置 GZIP 压缩

通过 GZIP 压缩，可以对网页、JavaScript 以及 CSS 等文件进行压缩处理，提高网站响应速度，来达到网站优化、提升网站加载速度、减少宽带流量消耗的目的。

与 GZIP 有关的指令主要有 gzip、gzip_min_length、gzip_comp_level、gzip_types 以及 gzip_vary 等。这些指令都可以位于 http 或者 server 模块中。

gzip 指令用来设置是否启用 GZIP 压缩，该指令的参数可以为 on 或者 off。例如，下面的代码表示启用 GZIP 压缩：

```
gzip on;
```

gzip_min_length 指令用来设置被压缩的文件的最小大小，小于该值的文件将不会被压缩。例如，下面的代码设置小于 1KB 的文件将被 GZIP 忽略：

```
gzip_min_length 1k;
```

gzip_comp_level 指令用来设置压缩的级别，其值为 1~10，数值越大，压缩比越高，但是消耗的 CPU 资源越多，用户可以根据自己的实际情况来设置，如下所示：

```
gzip_comp_level 6;
```

gzip_types 指令用来设置可以被压缩处理的媒体类型，关于媒体类型的定义，可以参考 mime.types 文件。例如，下面的代码指定文本文件、JavaScript、样式表以及 XML 等媒体类型的文件可以被压缩：

```
gzip_types text/plain application/javascript application/x-javascript text/css
application/xml text/javascript application/x-httpd-php image/jpeg image/gif
image/png;
```

例如，在设置 GZIP 支持之前，我们访问一个名称为 logo.png 的文件，Nginx 服务器的响应头如图 9-17 所示。

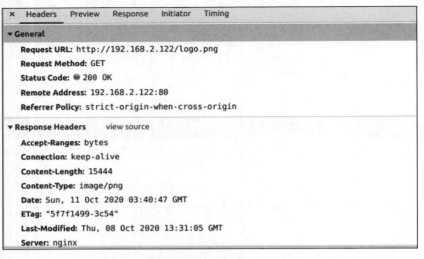

图 9-17　未被压缩的 HTTP 响应头

在 Nginx 的配置文件的 server 模块中增加以下代码：

```
01  gzip  on;
02  gzip_min_length 1k;
03  gzip_comp_level 6;
04  gzip_types text/plain application/javascript application/x-javascript text/css application/xml text/javascript application/x-httpd-php image/jpeg image/gif image/png;
05  gzip_vary on;
06  gzip_static on;
```

重新加载配置文件或者重新启动 Nginx 服务之后，再次访问该文件，会发现响应头如图 9-18 所示。

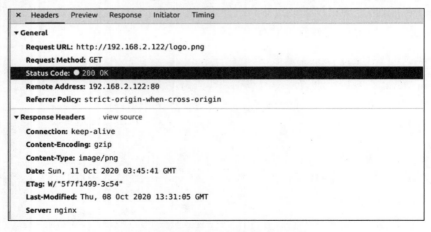

图 9-18　启用 GZIP 压缩后的 HTTP 响应头

从图 9-16 可知,响应头中增加了一个 Content-Encoding 属性,并且其值为 gzip,表示该图片文件已经被压缩处理。

> **注　意**
>
> 如果想要对所有的虚拟主机启用 gzip 压缩,那么可以将 gzip 的相关指令配置在 http 模块中;如果只想对某个特定的虚拟主机启用 gzip 支持,那么可以将 gzip 的指令放在该虚拟主机的 server 指令中。

9.4.7　优化缓存配置

对于站点中不经常修改的静态内容,例如图片、JavaScript 以及 CSS 等,可以通过控制浏览器缓存的机制来避免每次访问都要从服务器请求,从而降低服务器的压力。为此,Nginx 提供了 expires、etag 以及 if_modified_since 等指令。

1. expires 指令

expires 指令可以设置指定资源缓存的过期时间,超过指定时间之后,浏览器就需要重新从服务器下载这些资源。该指令可以修改 HTTP 响应头中的 Expires 和 Cache-Control 这两个属性。

expires 指令可以用于 http、server 或者 location 等指令中。用户可以通过多种语法来设置 expires 指令的参数。

首先,expires 指令可以通过相对时间来表示,在这种情况下,响应头属性 Expires 的值为当前时间与指令值的时间之和,响应头属性 Cache-Control 的值为指令值的时间。

例如:

```
expires 24h;
```

以上代码表示缓存过期时间为从当前时间开始 24 小时之后。

重新加载 Nginx 配置文件之后,再次访问 Nginx 服务器,HTTP 响应头如图 9-19 所示。

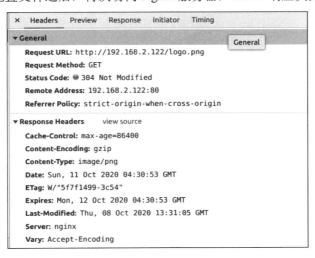

图 9-19　通过 expires 指令控制浏览器缓存

从图 9-17 可知，HTTP 响应头中的 Cache-Control 属性中增加了 max-age 属性，其值为 86400 秒，正好为 24 小时。而 Expires 属性的值为一个 24 小时之后的时间。

如果在 expires 指令的参数前面增加一个@符号，就表示绝对时间，其含义为在当天指定的时间内有效。例如，下面的代码表示当前缓存在当天的 18 点之前有效：

```
expires @18h;
```

如果用户想要禁用缓存，那么可以将 expires 指令的参数设置为-1 或者 epoch，如下所示：

```
expires -1;
```

或者

```
expires epoch;
```

通过将 expires 指令的参数设置为 max，可以将缓存的过期时间设置为 10 年，如下所示：

```
expires max;
```

2. etag 指令

Nginx 在响应 HTTP 请求的时候，会对各种静态资源自动在响应头中添加 Etag 属性，如图 9-20 所示。

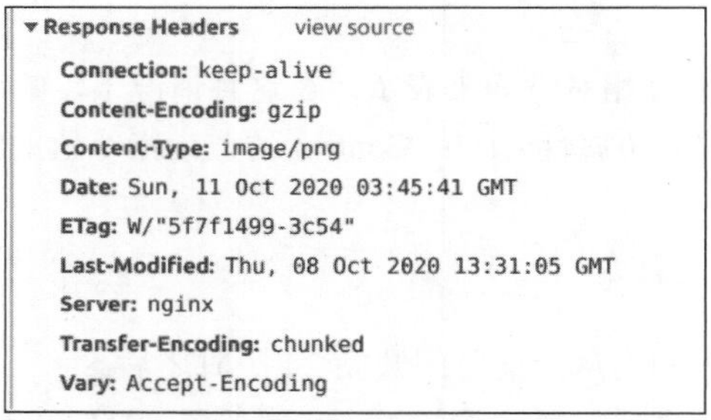

```
▼ Response Headers    view source
    Connection: keep-alive
    Content-Encoding: gzip
    Content-Type: image/png
    Date: Sun, 11 Oct 2020 03:45:41 GMT
    ETag: W/"5f7f1499-3c54"
    Last-Modified: Thu, 08 Oct 2020 13:31:05 GMT
    Server: nginx
    Transfer-Encoding: chunked
    Vary: Accept-Encoding
```

图 9-20　HTTP 响应头中的 Etag 属性

Etag 属性的值为静态资源文件的最后修改时间和文件大小的十六进制组合。通过该属性的值，浏览器可以判断资源文件的修改时间，并在适当的时候更新缓存。用户可以通过以下指令禁止自动生成 Etag：

```
etag off;
```

> **注 意**
>
> 代理的响应内容则由被代理的服务器进行控制，Nginx 不会自动添加 Etag 属性，只有 Nginx 直接读取的文件才会自动添加 Etag 属性。

3. if_modified_since 指令

Nginx 会对静态资源自动添加响应头属性 Last-Modified，属性值为静态资源文件的最后修改时间。Nginx 提供了 if_modified_since 指令，对文件修改时间的服务器校验提供了不同的比对方式。当

if_modified_since 指令的参数为 exact 时，Nginx 会将请求头中的 if_modified_since 的时间与响应数据中的时间进行精确匹配，两者完全相同时才认为客户端缓存有效；当 if_modified_since 的参数为 before，请求头中的 if_modified_since 的时间大于响应数据中的时间时，Nginx 也认为客户端缓存是有效的；当 if_modified_since 的参数为 off 时，表示关闭客户端缓存文件修改时间的服务器校验。

9.5 集成 PHP

Nginx 本身并不支持执行 PHP 程序，它通过 FastCGI 提供了对于 PHP 的支持。由于 FastCGI 框架的存在，使得 Nginx 与 PHP 的集成变得更加灵活。本节将详细介绍如何配置 Nginx，使其能够与 PHP 的 FastCGI 实现模块 PHP-FPM 无缝对接。

9.5.1 安装 PHP-FPM

PHP-FPM 是 PHP 为支持 FastCGI 框架而提供的一个模块。在 PHP 5.3.3 之前，PHP-FPM 并没有被包含在 PHP 的核心代码中，如果用户想要使用该功能，需要单独为源代码打相应的补丁。而在这之后的版本中，PHP-FPM 已经被包含在 PHP 源代码中，用户只需要在编译代码时加上 --enable-fpm 选项即可。

用户可以通过软件包管理工具来安装 PHP-FPM，如下所示：

```
[root@localhost ~]# yum -y install php-fpm
```

安装完成之后，会在/etc 目录中生成 php-fpm.conf 配置文件和 php-fpm.d 目录，用来配置 PHP-FPM。并且，PHP-FPM 会以系统服务的形式运行，如下所示：

```
[root@localhost ~]# systemctl start php-fpm
[root@localhost ~]# systemctl status php-fpm
● php-fpm.service - The PHP FastCGI Process Manager
   Loaded: loaded (/usr/lib/systemd/system/php-fpm.service; disabled; vendor preset: disabled)
   Active: active (running) since Sun 2020-10-11 13:43:44 CST; 2s ago
 Main PID: 3032 (php-fpm)
   Status: "Ready to handle connections"
    Tasks: 6 (limit: 23956)
   Memory: 29.7M
   CGroup: /system.slice/php-fpm.service
           ├─3032 php-fpm: master process (/etc/php-fpm.conf)
           ├─3033 php-fpm: pool www
           ├─3034 php-fpm: pool www
           ├─3035 php-fpm: pool www
           ├─3036 php-fpm: pool www
           └─3037 php-fpm: pool www

Oct 11 13:43:44 localhost.localdomain systemd[1]: Starting The PHP FastCGI Process
```

```
Manager...
Oct 11 13:43:44 localhost.localdomain systemd[1]: Started The PHP FastCGI Process
Manager.
```

如果是通过源代码安装，用户需要在编译 PHP 源代码时加上--enable-fpm，如下所示：

```
[root@localhost src]# cd php-7.4.6/
./configure --prefix=/usr/local/php74 \
--with-config-file-path=/etc/php74 \
--with-fpm-user=apache \
--with-fpm-group=www \
--enable-fpm \
-enable-mysqlnd \
--with-mysqli=mysqlnd \
--with-pdo-mysql=mysqlnd \
--enable-mysqlnd-compression-support
```

上面的--enable-fpm 选项表示启用 PHP-FPM 模块。

然后执行以下命令编译和安装：

```
[root@localhost php-7.4.11]# make && make install
```

安装完成之后，所有的文件都位于/usr/local/php74 目录中。其中 PHP-FPM 的主程序位于其中的 sbin 目录中，其配置文件位于 etc 目录中。

9.5.2 集成 Nginx 和 PHP

接下来我们介绍如何实现 Nginx 和 PHP 的集成，这个过程涉及 Nginx 和 PHP-FPM 两方面的配置。Nginx 与 PHP-FPM 的数据通信有两种方式，一种为套接字，另一种为 TCP 协议。下面分别进行介绍。

1. 通过本地套接字集成

如果通过套接字实现两者通信，用户需要在 Nginx 的配置文件中进行以下配置：

```
upstream php-fpm {
    server unix:/run/php-fpm/www.sock;
}
```

其中 upstream 为 Nginx 的一个扩展模块，其功能是定义一组上游服务器，其中 php-fpm 为上游服务器组的名称，这个名称可以自定义，在后面的指令中会通过该名称引用这个服务器组。server 指令用来定义一个上游服务器，该指令的参数为服务器地址，最前面的 unix 表示使用 UNIX 本地套接字，冒号后面的是套接字文件的路径。

在 PHP-FPM 的主配置文件 php-fpm.conf 中进行以下配置：

```
01  [www]
02  user = apache
03  group = apache
```

```
04  listen = /run/php-fpm/www.sock
05  listen.acl_users = apache,nginx
06  listen.allowed_clients = 127.0.0.1
07  pm = dynamic
08  pm.max_children = 50
09  pm.start_servers = 5
10  pm.min_spare_servers = 5
11  pm.max_spare_servers = 35
```

第 01 行的中括号表示定义一个名为 www 的进程池，PHP-FPM 通过进程池的机制将进程分组，不同进程池之间互相隔离。从第 02 行开始，都是 www 进程池的配置代码。第 02 行和第 03 行分别指定 PHP-FPM 的服务账号和组。第 04 行指定 PHP-FPM 监听的地址为本地套接字，后面为套接字文件的路径，这个路径要与前面的 Nginx 配置文件中的上游服务器的地址完全相同。第 05 行指定可以访问该服务的用户名，第 06 行指定可以访问该服务的客户端地址。从第 07 行开始，以 pm 开头的指令都用来设置进程管理器的参数，第 07 行指定该进程池的进程数量是动态的，第 08 行指定最大进程数量为 50，第 09 行指定初始进程数量为 5 个，第 10 行和第 11 行分别指定最小空闲进程数和最大空闲进程数。

> **注　意**
>
> 只有当 Nginx 和 PHP-FPM 位于同一台主机上时，才可以使用本地套接字实现两者的通信；如果两者位于不同的主机上，只能通过 TCP 协议集成。

2．通过 TCP 协议集成

在生产环境中，为了提高性能，用户通常将 Nginx 和 PHP-FPM 分别安装在不同的主机上面，此时使用本地套接字就无法实现了，两者只能使用 TCP 协议来进行通信。

如果通过 TCP 协议通信，那么 Nginx 的配置如下：

```
01  location ~ \.php$ {
02      root            html;
03      fastcgi_pass    127.0.0.1:9000;
04      fastcgi_index   index.php;
05      include         fastcgi_conf;
06  }
```

第 01 行的 location 为正则表达式类型的 location 指令，其正则表达式的含义为以 ".php" 结尾的 URI，并且区分字母大小写。第 03 行的 fastcgi_pass 指令的功能是指定 FastCGI 的服务地址，在本例中，PHP-FPM 位于本机上，并且其监听的端口为 9000。第 04 行的 fastcgi_index 指令指定 FastCGI 默认的首页。第 05 行通过 include 指令将 fastcgi_conf 文件包含进来，一般情况下，用户不需要修改 fastcgi_conf 文件。前面介绍过，此处用户也可以包含 fastcgi_param 文件，但是需要增加以下代码：

```
fastcgi_param  SCRIPT_FILENAME  $document_root$fastcgi_script_name;
```

其中 $document_root 表示 Nginx 的 HTML 文档的主目录。如果用户将 PHP 文件放在了其他的位置，就可以根据自己的实际情况进行修改。$fastcgi_script_name 表示用户请求的 PHP 文件的文件名。

通过以上配置，所有的以".php"结尾的 URI 请求都将转发给监听在本机 9000 端口的 PHP-FPM。对于 PHP-FPM，用户需要将监听的地址修改为 IP 地址和端口的组合，如下所示：

```
01  [www]
02  user = apache
03  group = apache
04  listen = 127.0.0.1:9000
05  listen.acl_users = apache,nginx
06  listen.allowed_clients = 127.0.0.1
07  pm = dynamic
08  pm.max_children = 50
09  pm.start_servers = 5
10  pm.min_spare_servers = 5
11  pm.max_spare_servers = 35
```

第 04 行指定当前 PHP-FPM 监听的地址为 127.0.0.1，端口为 9000。这个配置参数与 Nginx 配置文件中 fastcgi_pass 指令的参数一致。

> **注　意**
>
> Nginx 和 PHP 的集成除了通过 PHP-FPM 之外，还可以通过 Apache。因为 Apache 本身可以支持 PHP 语言的解释和执行，所以 Nginx 可以使用 Apache 作为 PHP 的解释器，将 PHP 脚本发送给 Apache 来处理，代码如下：
> ```
> 01  location ~ \.php$ {
> 02      proxy_pass   http://127.0.0.1;
> 03  }
> ```

9.5.3　集成测试

无论用户采用哪种方式实现 Nginx 和 PHP 的集成，都可以达到预期的效果。为了测试是否集成成功，我们可以在 Nginx 的主目录中新建一个 PHP 文件，在本例中，其文件名为 index.php，代码如下：

```
01  <?php
02    phpinfo();
03  ?>
```

上面的代码非常简单，实际上真正有用的只有第 02 行，该行通过 PHP 的 phpinfo()函数输出当前 PHP 的运行环境信息。如果出现如图 9-21 所示的界面，就表示集成成功。

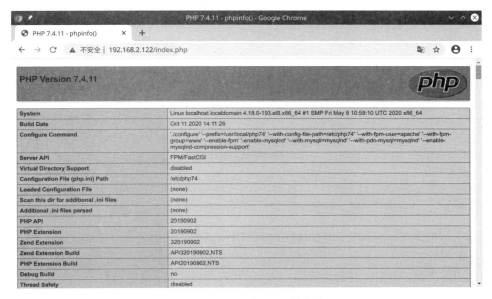

图 9-21 Nginx 和 PHP 的集成

如果出现问题，那么应该首先查看 Nginx 的错误日志，从中了解问题所在。例如，用户在刚配置时经常会遇到 PHP 文件找不到的错误信息，如图 9-22 所示。

图 9-22 文件未找到错误

检查 Nginx 错误日志，发现以下错误消息：

```
2020/10/11 17:56:57 [error] 98898#0: *10 FastCGI sent in stderr: "Primary script unknown" while reading response header from upstream, client: 192.168.2.113, server: localhost, request: "GET /index.php HTTP/1.1", upstream: "fastcgi://127.0.0.1:9000", host: "192.168.2.122"
```

这表明 PHP-FPM 在读取 PHP 文件的时候找不到请求的文件，这通常是 Nginx 配置文件中的 SCRIPT_FILENAME 参数设置错误。检查该参数的值，发现其代码如下：

```
fastcgi_param  SCRIPT_FILENAME  /scripts$fastcgi_script_name;
```

而我们的 PHP 文件位于 Nginx 的主目录中，并没有名为 scripts 的目录，所以应该将其修改为：

```
fastcgi_param  SCRIPT_FILENAME  $document_root$fastcgi_script_name;
```

当然，也可以不使用 Nginx 变量，直接使用磁盘路径，如下所示：

```
fastcgi_param  SCRIPT_FILENAME  /usr/local/nginx/html$fastcgi_script_name;
```

第 10 章

深入 Nginx

通过第 9 章的学习，读者对于 Nginx 作为 HTTP 服务器的使用方法有了比较深入的了解。Nginx 作为一个非常流行的服务器软件，其功能远远不止作为 HTTP 服务器，它还可以作为负载均衡服务器和反向代理服务器，并且在这两个方面，Nginx 都表现出了极其优秀的性能。

本章将系统介绍 Nginx 的高级应用，主要包括负载均衡和反向代理两方面。

本章主要涉及的知识点有：

- Nginx 负载均衡：介绍 Nginx 在负载均衡方面的配置方法，主要包括负载均衡的算法以及负载均衡模块的主要参数。
- Nginx 反向代理：介绍 Nginx 反向代理的实现原理和配置方法。

10.1 Nginx 负载均衡

负载均衡是扩展应用程序，提高性能和高可用性常用的方法。Nginx 除了是一款流行的 HTTP 服务器软件之外，还是配置简单且功能强大的负载均衡服务器。本节将详细介绍 Nginx 负载均衡方面的原理和配置方法。

10.1.1 Nginx 负载均衡简介

对于访问量非常大的应用系统而言，例如电商平台，随着业务的不断发展壮大，网站访问量和数据量也随之急剧增长，这必然会给服务器带来一定的负担。从用户体验层面来看，由于服务器端数据处理带来的时延，往往导致页面的响应速度过慢、操作流畅性受阻等问题。这在某种程度上甚至会影响用户网购的体验。提供高效率、高质量的服务成为亟待解决的问题。负载均衡策略的出现和发展成为缓解上述问题的有效途径。

对于 Nginx 而言，既可以做七层负载均衡，也可以做四层负载均衡。在 OSI 的七层网络模型中，第四层为传输层，TCP 和 UDP 协议就位于该层，Nginx 可以转发 TCP 和 UDP 包，而不用关心其中的内容，Nginx 的四层负载均衡是通过 stream 模块实现的。第七层为应用层，HTTP 或者 HTTPS 就工作在该层，Nginx 需要处理消息中的内容，七层负载均衡是通过 upstream 模块实现的。由于本章主要介绍 HTTP 转发，所以只讨论七层负载均衡。

传统的网站架构如图 10-1 所示,用户通过互联网访问 Web 服务器,Web 服务器再查询数据库,然后将结果返回给用户。

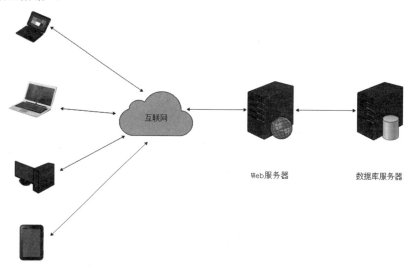

图 10-1　传统的网站架构

随着请求量的爆发式增长,一个 Web 服务器很难处理这么多的用户请求,Web 服务器成为整个系统性能的瓶颈,于是人们想出了增加多台 Web 服务器的方法,并且使用反向代理服务器对用户的请求进行分配,如图 10-2 所示。

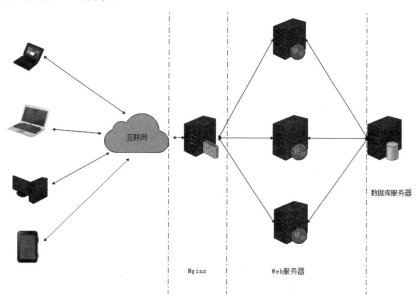

图 10-2　负载均衡

在如图 10-2 所示的架构中,用户请求的实际上是 Nginx,Nginx 专门负责接收用户请求,并根据一定的算法将请求分配给各个 Web 服务器,Web 服务器具体负责处理用户的请求,并将处理结果返回给 Nginx，由 Nginx 返回给客户端。如果某台 Web 服务器的压力过大，Nginx 就会自动将任务分配给其他的 Web 服务器，以实现每个服务器的负载达到基本均衡。

实际上，在生产环境中，不仅 Web 服务器可以做负载均衡，其他类型的服务器也可以做负载均衡，包括数据库服务器、文件服务器以及流媒体服务器等。但是这些类型的服务器的负载均衡实现起来比较复杂，会涉及存储共享以及数据库事务处理等，而 Web 服务器的负载均衡则相对比较简单。因此，本书将以 Web 服务器为例来说明如何使用 Nginx 实现负载均衡。

Nginx 的负载均衡由 upstream 模块实现，该模块目前支持 6 种算法，下面分别进行介绍。

10.1.2　轮询模式负载均衡

轮询是基本的负载均衡算法，也是 upstream 模块默认的负载均衡策略。假设用户一共有 n 台 Web 服务器，该算法会遍历所有的 Web 服务器列表，并按照次序每轮选择一台服务器来处理请求。当所有的服务器都被调用过一次之后，将从头开始重新一轮的遍历，如图 10-3 所示。

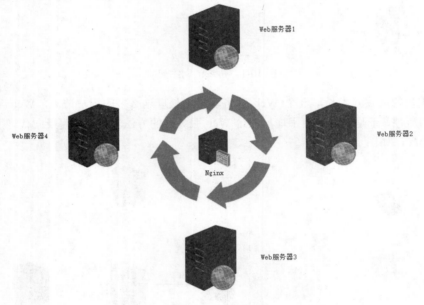

图 10-3　轮询模式

由于在轮询模式下每个请求按时间顺序依次分配到不同的服务器处理，因此适用于服务器性能相近的情况，每个服务器的负载基本相同。表 10-1 列出了轮询模式下 Nginx 的常用参数。

表 10-1　轮询模式参数

选项	说明
fail_timeout	设置服务器请求失败的尝试时间
max_fails	设置服务器重试的次数
fail_time	服务器会被认为停机的时间长度，默认为 10s
backup	标识该服务器为备用服务器
down	标识该服务器为永久关机

假设我们有 3 台 Apache 服务器，其 IP 地址分别为 192.168.2.123~192.168.2.125，则用户可以在 Nginx 的配置文件的 http 模块中进行以下配置：

```
01  upstream backend {
02      server 192.168.2.123;
03      server 192.168.2.124;
04      server 192.168.2.125;
05  }
06  server {
07      listen       80;
08      location / {
09          proxy_pass http://backend;
10      }
11  }
```

第 01 行通过 upstream 指令定义一个名为 backend 的服务器组。第 02~04 行分别通过 server 指令配置各个服务器的 IP 地址。第 09 行在虚拟机的 location 指令中通过 proxy_pass 指令将用户的请求转发给 backend 服务器组。

假设 3 个 Apache 服务器的首页内容分别为 This is server1、This is server2 和 This is server3，则使用 curl 命令尝试访问 Nginx 服务器的 IP 地址，输出结果如下：

```
chunxiao@hawk:~$ curl http://192.168.2.122
This is server3
chunxiao@hawk:~$ curl http://192.168.2.122
This is server1
chunxiao@hawk:~$ curl http://192.168.2.122
This is server2
```

从上面的输出可知，3 台 Apache 服务器的首页内容依次被输出，这说明在轮询模式下，Nginx 会按照顺序将请求依次分配给 3 台 Apache 服务器。

如果我们给第 2 台 Apache 服务器加上 down 参数，如下所示：

```
01  upstream backend {
02      server 192.168.2.123;
03      server 192.168.2.124 down;
04      server 192.168.2.125;
05  }
06  server {
07      listen       80;
08      location / {
09          proxy_pass http://backend;
10      }
11  }
```

再次访问 Nginx 服务器，则输出结果如下：

```
chunxiao@hawk:~$ curl http://192.168.2.122
```

```
This is server1
chunxiao@hawk:~$ curl http://192.168.2.122
This is server3
```

从上面的输出可知,当第 2 台服务器被标识为 down 之后,Nginx 便不再将请求转发给该服务器。

10.1.3 权重模式负载均衡

前面介绍的轮询模式在服务器性能基本相同的情况下非常适用,但是如果用户的 Web 服务器的性能差别较大,例如有几台服务器为主服务器,其各种硬件配置远远超过其他的备用服务器,此时使用轮询模式就会使得各服务器的负载过于平均,浪费主服务器的性能。

为了充分利用性能好的服务器的资源,用户可以使用权重模式。在该模式下,每台 Web 服务器被赋予了一定的权重,权值越高,被访问的概率越大,如图 10-4 所示。

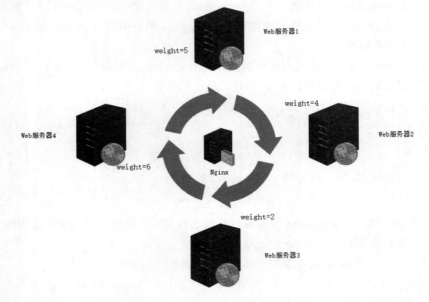

图 10-4 权重模式

权重模式的配置方法就是在服务器的后面使用 weight 参数,其默认值为 1,如下所示:

```
01  upstream backend {
02      server 192.168.2.123 weight=5;
03      server 192.168.2.124 weight=1;
04      server 192.168.2.125;
05  }
06  server {
07      listen       80;
08      location / {
09          proxy_pass http://backend;
10      }
```

```
11  }
```

然后再次访问 Nginx 服务器，会发现 IP 地址为 192.168.2.123 的第 1 台 Apache 服务器被访问的概率远远超过了其余两台，如下所示：

```
chunxiao@hawk:~$ curl http://192.168.2.122
This is server1
chunxiao@hawk:~$ curl http://192.168.2.122
This is server1
chunxiao@hawk:~$ curl http://192.168.2.122
This is server1
chunxiao@hawk:~$ curl http://192.168.2.122
This is server2
chunxiao@hawk:~$ curl http://192.168.2.122
This is server1
chunxiao@hawk:~$ curl http://192.168.2.122
This is server3
```

10.1.4 IP 地址哈希模式负载均衡

该模式指定 Nginx 对客户端的 IP 地址计算哈希值，然后根据哈希值进行分配，这个方法确保了同一个客户端的请求会一直发送到同一台服务器，以保证会话。这样每个访客都固定访问一个后端服务器，可以解决会话不能跨服务器的问题。

IP 地址哈希模式需要使用 ip_hash 指令，如下所示：

```
01  upstream backend {
02      ip_hash;
03      server 192.168.2.123;
04      server 192.168.2.124;
05      server 192.168.2.125;
06  }
07  server {
08      listen       80;
09      location / {
10          proxy_pass http://backend;
11      }
12  }
```

配置完成之后，再访问 Nginx，输出如下：

```
chunxiao@hawk:~$ curl http://192.168.2.122
This is server3
chunxiao@hawk:~$ curl http://192.168.2.122
This is server3
chunxiao@hawk:~$ curl http://192.168.2.122
This is server3
chunxiao@hawk:~$ curl http://192.168.2.122
This is server3
```

从上面的输出可知,只有第 3 台服务器被访问到,而其余的两台服务器都未被访问。

10.1.5 least_conn 模式负载均衡

在该模式下,Nginx 会把请求转发给连接数较少的 Web 服务器。前面介绍的轮询算法是把请求平均地转发给各个后端服务器,使它们的负载大致相同,但是有些请求占用的时间很长,会导致其所在的后端服务器负载较高。这种情况下,least_conn 方式就可以达到更好的负载均衡效果。

least_conn 模式的配置需要使用 least_conn 指令,如下所示:

```
01  upstream backend {
02      least_conn;
03      server 192.168.2.123;
04      server 192.168.2.124;
05      server 192.168.2.125;
06  }
07  server {
08      listen       80;
09      location / {
10          proxy_pass http://backend;
11      }
12  }
```

对于该模式的转发效果不再演示,读者可以自己按照前面的方法测试。

> **注 意**
>
> 除了前面介绍的 4 种模式之外,还有一些第三方的算法,例如 fair 算法会按照服务器的响应时间长短来转发,响应时间短的优先分配。url_hash 算法根据被请求的 URL 的哈希值进行转发,使每个 URL 的请求被转发到同一个后端服务器,要配合缓存命中来使用。这些模块非 Nginx 内置,需要单独安装。

10.2 Nginx 反向代理

尽管在 Nginx 中,反向代理和负载均衡的配置方法有些类似,但是这两者的目的有着很大的不同。反向代理在生产环境中可以通过缓存加快网站的访问速度,并且可以对外隐藏真实服务器的地址,因此反向代理有着非常广泛的应用。本节将详细介绍如何在 Nginx 中实现反向代理。

10.2.1 反向代理的原理

既然有反向代理,就必然有正向代理。所谓正向代理,指的是代理的是客户机,如图 10-5 所示。

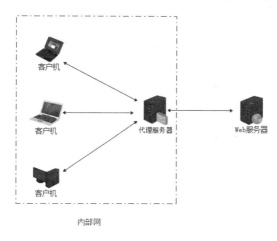

图 10-5　正向代理

正向代理的应用场景为客户机位于内部网络中，无法直接访问外部的服务器，但是可以访问同样位于内部网络的代理服务器，而代理服务器可以访问外部服务器。此时，客户机便可以向代理服务器发起请求，由代理服务器代替客户机请求外部服务器上的资源，并将外部服务器的响应返回给客户机。

> **注　意**
>
> 在本节中讨论的正向代理服务器都是指 HTTP 代理服务器。

从图 10-5 可以看出，代理服务器的功能类似于网关。实际上，代理服务器可以看作一种网关，只不过它通常运行在 OSI 网络模型中的应用层，并且代理两边只能是相同的网络协议，而网关通常运行在网络层，网关两边可以是不同的网络协议。

反向代理服务器的应用场景与正向代理服务器不同。恰恰相反，在反向代理服务器的应用场景中，服务器通常位于内部网络中，无法被外部客户机直接访问到，而反向代理服务器可以被外部客户机直接访问到，并且反向代理服务器和 Web 服务器之间是互通的，如图 10-6 所示。

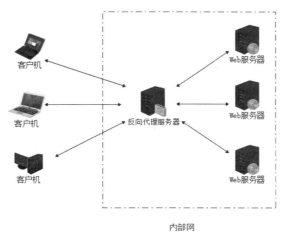

图 10-6　反向代理

在这种情况下，客户机可以向反向代理服务器发起请求，由反向代理服务器代替客户机向 Web 服务器请求所需要的资源，并且将服务器的响应返回给客户机。

看了图 10-5 和图 10-6 之后，有的读者会认为正向代理和反向代理的区别在于 Web 服务器的数量不同，这种理解是错误的，只看到了问题的表面，没有真正理解它们之间的区别。虽然正向代理和反向代理都是客户机向代理服务器发起请求，并由代理服务器代替向 Web 服务器请求资源。但是它们要解决的问题是不同的，正向代理场景中客户机无法直接访问外部网络，而反向代理场景中服务器无法被外部网络直接访问到。

另外，反向代理和负载均衡也有着必然的联系。负载均衡都是通过反向代理实现的，但是并不是所有的反向代理都是负载均衡，当被代理的服务器只有一台时，很难说这是一种负载均衡。

10.2.2 反向代理模块

在 Nginx 中，与反向代理有关的模块主要有 ngx_http_proxy_module、ngx_http_upstream_module 以及 ngx_stream_core_module，前两者都工作于应用层，而 ngx_stream_core_module 则是 Nginx 1.9.0 之后增加的，工作于传输层。

在配置反向代理时，每个模块都有相应的配置指令，用户需要真正理解和掌握这些指令的功能，才可以达到预期的效果。

由于 ngx_http_upstream_module 和 ngx_stream_core_module 这两个模块的配置相对比较简单，我们将在后面介绍，此处重点介绍 ngx_http_proxy_module 的配置指令。

1. proxy_pass

该指令可以位于 location 指令中，其功能是设置被代理的 URL，其基本语法如下：

```
proxy_pass url
```

例如，下面的代码都是合法的指令：

```
01  proxy_pass http://192.168.2.122;
02  proxy_pass http://192.168.2.122:8080;
03  proxy_pass http://192.168.2.122:8080/images/;
04  proxy_pass http://192.168.2.122:8080/index.php?id=1;
05  proxy_pass http://backend;
```

从上面的例子可以看出，proxy_pass 的参数可以任何 URL，其中第 05 行的 backend 为前面定义的 upstream 服务器组。

2. proxy_set_header

该指令用来设置反向代理时的请求头，设置了请求头之后，上游服务器就可以获取到这些参数值，例如：

```
01  location / {
02      proxy_set_header    X-Real-IP           $remote_addr;
03      proxy_set_header    X-Forwarded-For     $proxy_add_x_forwarded_for;
04      proxy_set_header    Host                $http_host;
05      proxy_set_header    Connection "";
```

```
06          proxy_http_version   1.1;
07          add_header           Access-Control-Allow-Origin *;
08          proxy_pass           http://192.168.2.122:8080/;
09      }
```

第 02 行设置的字段为 X-Real-IP，指的是客户端的真实 IP 地址，$remote_addr 为 Nginx 的系统变量，代表客户端的 IP 地址。如果不设置 X-Real-IP 字段，上游服务器获取到的就是反向代理服务器的 IP 地址，而不是客户端的 IP 地址。

第 03 行的 X-Forwarded-For 表示该条请求是由谁发起的，如果反向代理服务器不重写该请求头，那么上游服务器在处理时会认为所有的请求都来自反向代理服务器。如果上游服务器有防攻击策略，那么反向代理服务器对应的 IP 地址就会被封掉。上述配置的意思是追加一个 $proxy_add_x_forwarded_for 变量的值到 X-Forwarded-For 字段中，注意是追加，而不是覆盖。当然，由于默认的 X-Forwarded-For 字段的值是空的，因此用户总感觉 X-Forwarded-For 的值就等于 $proxy_add_x_forwarded_for 的值。

X-Forwarded-For 的格式为：

```
X-Forwarded-For:real_client_ip, proxy1_ip, proxy2_ip
```

每经过一个反向代理，就在请求头 X-Forwarded-For 后追加反向代理 IP 地址。因此，上游服务器可以通过获取 X-Forwarded-For 的第 1 个 IP 地址作为客户端的真实 IP 地址，与 X-Real-IP 字段的值一致。

第 04 行的 Host 含义为所请求的目的主机名。当 Nginx 作为反向代理使用，而上游服务器设置有类似防盗链功能，或者根据 HTTP 请求头中的 Host 字段来进行路由、过滤时，若 Nginx 不重写请求头中的 Host 字段，则将会导致请求失败。

第 05 行的 Connection 字段表示当前的事务完成之后，是否关闭 HTTP 连接。该字段的值可以设置为 keep-alive 或者 close。前者表示 HTTP 连接是持久的，不会关闭，使得对同一个服务器的请求可以继续在该连接上完成。此处设置为空字符串是为了防止被覆盖。

第 06 行的 proxy_http_version 指令用于设置 HTTP 的版本，从 1.1 开始，HTTP 才开始支持长连接。

第 07 行的 add_header 指令用来增加一个允许跨域访问的指令。

第 08 行的 proxy_pass 指令用来设置转发的上游服务器的地址。

3. client_body_buffer_size

该指令用来设置客户端的请求体缓冲区的大小，如果用户请求的数据小于该指令的值，Nginx 就会直接将数据保存在内存中；如果用户的请求体的大小超过了该值，Nginx 就会将数据写入临时文件中。该指令主要是针对 POST 请求的上传文件等，如果系统经常上传文件，那么可以将该指令的值设置得大一些，以避免频繁写入磁盘，导致性能下降。

4. client_max_body_size

该指令可以设置客户端请求体的最大值，如果 POST 请求的数据大于该指令设置的值，服务器就会报 413 Request Entity Too Large 错误。如果需要上传大文件，那么一定要修改该值。

5. proxy_buffers

该指令设置反向代理服务器内存缓冲区的大小和数量，从被代理的上游服务器取得的响应内容会放置到这里。默认情况下，一个缓冲区的大小等于内存页面大小，可能是 4KB，也可能是 8KB，这取决于平台。该指令所设置的缓冲区是针对每个请求而言的，每个请求都会根据该指令的参数配置自己的缓冲区。

6. proxy_buffer_size

该指令设置反向代理服务器缓冲区的大小，从上游服务器取得的第一部分的响应内容会保存在该缓冲区中。默认情况下，该缓冲区的大小等于指令 proxy_buffers 所设置的缓冲区的大小，但是用户可以把它设置得更小。

7. proxy_hide_header

该指令设置发送给客户端的 HTTP 响应头中需要隐藏的字段。

8. proxy_redirect

该指令重写 location 指令的 URL，并更新从上游服务器收到的响应头。

9. proxy_send_timeout

该指令设置发送请求给上游服务器的超时时间。这个超时不是指整个发送期间，而是在两次发送操作的期间，如果超时后，上游服务器没有收到新的数据，就关闭连接。

10. proxy_read_timeout

该指令设置代理服务器从上游服务器接收数据的超时时间。它决定了 Nginx 会等待多长时间来获得请求的响应。与 proxy_send_timeout 指令一样，这个时间不是获得整个响应的时间，而是两次读取操作的时间。

10.2.3 常规反向代理

所谓常规反向代理，是指在 Nginx 中为每个反向代理分配一个单独的虚拟主机，并且将 proxy_pass 指令配置在虚拟机的默认匹配 location 指令中，这是一种最容易配置的反向代理，通常情况下，该类型的反向代理不会出现任何使用上的问题。例如下面的代码用于配置一个典型的常规反向代理：

```
01 server {
02     listen 80;
03     server_name www.example.com;
04
05     location / {
06         proxy_pass http://192.168.2.128;
07         proxy_buffers 256 4k;
08         proxy_max_temp_file_size 0;
09         proxy_connect_timeout 30;
```

```
10              proxy_cache_valid 200 302 10m;
11              proxy_cache_valid 301 1h;
12              proxy_cache_valid any 1m;
13          }
14      }
```

第 07 行的 proxy_buffers 指令用来为每个请求指定缓冲区的数量和大小。在本例中，每个请求可以最多申请 256 个缓冲区，每个缓冲区大小为 4KB。当然，并不是请求一开始就会分配 256 个缓冲区，而是当前缓冲区不够用的时候才会新申请一个。

第 08 行的 proxy_max_temp_file_size 指令用来设置 Nginx 反向代理临时文件的最大尺寸。在反向代理服务接收上游服务器的响应时，数据会首先存储在 proxy_buffers 指令配置的内存缓冲区中。如果数据太大，超出了该指令设置的缓冲区的限制，Nginx 就会将数据写入磁盘临时文件中，临时文件的最大尺寸由 proxy_max_temp_file_size 指令指定。

第 09 行的 proxy_connect_timeout 指令设置反向带来了服务器连接上游服务器的超时时间，单位为秒。

第 10~12 行为每种状态的响应设置缓存有效时间。proxy_cache_valid 指令的第一组参数为 HTTP 的状态码，最后一组参数为缓存的有效时间。例如第 10 行的 proxy_cache_valid 指令为状态码为 200 和 302 的响应设置缓存的有效时间为 10 分钟。第 12 行的 any 参数表示针对所有状态码的响应，如果某个状态码的请求没有专门设置，就使用该规则。

通过以上配置，当客户端访问 www.example.com 这个域名时，所有的请求都会转发给上游服务器 192.168.2.128。

10.2.4　基于虚拟目录的反向代理

上面的常规反向代理是将 proxy_pass 指令配置在虚拟机默认匹配的 location 中，并且每个反向代理独占一个虚拟机。在某些情况下，用户可能会考虑在一个虚拟机中配置多个反向代理。此时，除了默认匹配的 location 指令之外，还会在其他的 location 指令中配置反向代理。按照惯例，我们称非默认匹配的 location 指令为虚拟目录。

对于初学者而言，基于虚拟目录的反向代理是最令人困惑的一种反向代理。实际上，我们可以将这种类型的反向代理分为两种情况，一种是 proxy_pass 指令设置的上游服务器的 URL 中不含 URI，另一种是含有 URI。下面分别进行介绍。

1. 不含 URI 的 proxy_pass 指令

该类型的 proxy_pass 指令的参数仅仅是一个域名或者 IP 地址表示的 URL，后面没有任何路径，包含反斜线 "/"，但是可以含有端口，例如下面的 proxy_pass 指令中的 URL 参数都是不含 URI 的：

```
proxy_pass http://192.168.2.118;
proxy_pass https://www.abc.com;
proxy_pass https://192.168.2.119:8090;
```

在这种情况下，Nginx 会将当前 location 指令中的 URI 参数追加到 proxy_pass 指令的 URL 参数的后面，作为一个完整的 URL 向上游服务器发起请求。

例如，下面的代码定义了一个不含 URI 的反向代理：

```
01  server {
02          listen       80 default_server;
03          listen       [::]:80 default_server;
04          server_name _;
05          location / {
06          }
07          location /user/ {
08              proxy_set_header Host $host:$server_port;
09              proxy_set_header X-Real-IP $remote_addr;
10              proxy_set_header X-Real-PORT $remote_port;
11              proxy_set_header X-Forwarded-For $proxy_add_x_forwarded_for;
12              client_body_buffer_size  50M;
13              proxy_pass http://192.168.2.118:8080;
14          }
15
16  }
```

第 07 行的 location 指令的 URI 参数为/user/，第 13 行的 proxy_pass 指令的 URL 参数为 http://192.168.2.118:8080，假设 Nginx 服务器的 IP 地址为 192.168.2.112，当用户请求以下地址时：

`http://192.168.2.112/user/`

反向代理向上游服务器 192.168.2.118 请求的 URL 为：

`http://192.168.2.118:8080/user/`

也就是将第 07 行的 location 指令的 URI 参数/user/追加在了后面。如果上游服务器 192.168.2.118 上没有这个路径，不存在/user/虚拟目录，就会出现 404 错误。

许多用户以为只要在第 13 行通过 proxy_pass 指令指向 http://192.168.2.118:8080 就可以访问 192.168.2.118 上的所有资源，这种想法是错误的。如果 proxy_pass 指令的 URL 参数最后不含 URI，就只能访问上游服务器中以 location 指令的 URI 参数为名称的虚拟目录。

> **注 意**
>
> 在 location 指令中，其 URI 参数通常以斜线"/"结束，表示这是一个虚拟目录，而非文件。

2. 包含 URI 的 proxy_pass 指令

如果 proxy_pass 指令的 URL 参数包含 URI，即一个具体的路径，Nginx 就会表现出完全不同的一种行为。

例如，下面的代码在第 07 行的 proxy_pass 指令的 URL 参数最后追加一个斜线"/"：

```
01  server {
02          listen       80 default_server;
03          listen       [::]:80 default_server;
04          server_name _;
```

```
05        location / {
06            }
07        location /user/ {
08            proxy_set_header Host $host:$server_port;
09            proxy_set_header X-Real-IP $remote_addr;
10            proxy_set_header X-Real-PORT $remote_port;
11            proxy_set_header X-Forwarded-For $proxy_add_x_forwarded_for;
12            client_body_buffer_size   50M;
13            proxy_pass http://192.168.2.118:8080/;
14        }
15
16    }
```

当用户再次访问：

`http://192.168.2.112:8080/user/`

时，就会发现此时出现的是上游服务器 192.168.2.118 的根目录中的内容，而不是虚拟目录/user 的内容。即 Nginx 向上游服务器请求的 URL 为：

`http://192.168.2.118:8080/`

这意味着 Nginx 在请求转发的时候丢弃了 location 指令中的 URI 参数，将用户请求的 URL 的其余部分转发给上游服务器。为了使读者加深理解这个规则，下面再给出一些具体的例子。例如，在 IP 地址为 192.168.10.2 的 Nginx 服务器中存在着以下配置代码：

```
location /api/ {
   proxy_pass http://192.168.10.199:8080/;
}
```

当用户请求：

`http://192.168.10.2/api`

或者

`http://192.168.10.2/api/`

时，实际上 Nginx 请求的上游服务器的 URL 为：

`http://192.168.10.199:8080/`

当用户请求：

`http://192.168.10.2/api/user/q?id=1`

时，实际上 Nginx 请求的上游服务器的 URL 为：

`http://192.168.10.199:8080/user/q?id=1`

如果 location 的配置如下：

`location /api/ {`

```
        proxy_pass http://192.168.10.199:8080/v1;
}
```

那么则当用户请求：

```
http://192.168.10.2/api/
```

时，实际上 Nginx 请求的上游服务器的 URL 为：

```
http://192.168.10.199:8080/v1
```

当用户请求：

```
http://192.168.10.2/api/user/q?id=1
```

时，实际上 Nginx 请求的上游服务器的 URL 为：

```
http://192.168.10.199:8080/v1/user/q?id=1
```

因此，如果用户想要将某个网站代理到 Nginx 的某个子路径下，就必须在 proxy_pass 指令的 URL 参数中追加 URI。如果代理的是整个网站，那么可以直接在 URL 后面加上一个斜线"/"；如果是具体的虚拟目录路径，那么直接将路径加在后面即可。

> **注 意**
>
> 当 location 指令为正则表达式类型时，proxy_pass 指令的 URL 参数不能包含 URI。

在使用包含 URI 的 proxy_pass 指令时，被代理的网页能否正常显示还与网页的内容有关。在许多情况下，用户配置完成之后，会发现网页的 HTML 代码本身是可以正常显示的，但是网页中的许多静态资源，例如样式表文件、脚本文件以及图片文件却无法正常显示。之所以会出现以上问题，是因为某些网页在引入这些静态资源时使用了绝对路径。

我们先看一个网页的 head 标签代码：

```
01  <head>
02    <title>CentOS 提供的 Apache HTTP 服务器测试页</title>
03      <meta charset="utf-8"/>
04      <meta name="viewport" content="width=device-width, initial-scale=1, shrink-to-fit=no"/>
05      <link rel="shortcut icon" href="/favicon.ico"/>
06      <link rel="stylesheet" media="all" href="/noindex/common/css/bootstrap.min.css"/>
07      <link rel="stylesheet" media="all" href="/noindex/common/css/styles.css"/>
08  </head>
```

在上面的第 05 行的 link 标签的 href 属性中，使用绝对路径引用了 favicon.ico 文件，第 06 行使用绝对路径引用了外部样式表文件/noindex/common/css/bootstrap.min.css，第 07 行使用绝对路径引用了外部样式表文件/noindex/common/css/styles.css。浏览器在请求网页资源时，对于 HTML 代码中引用的外部文件是单独请求、异步加载的，也就是说浏览器在请求该网页时，首先获取到的是 HTML 代码，然后分析 head 标签中的 link 标签，发现引用了外部资源文件，然后依次向服务器请求这些外部文件。

假设以上网页在 Nginx 的配置代码如下：

```
01  location /www/ {
02      proxy_pass http://192.168.10.199/;
03  }
```

网页的文件名为 index.html，位于 Web 服务器 192.168.10.199 的根目录中，Nginx 服务器的 IP 地址为 192.168.10.2，则当用户请求：

`http://192.168.10.2/www/index.html`

时，Nginx 向上游服务器 192.168.10.199 请求的真实 URL 为：

`http://192.168.10.199/index.html`

该网页文件能够被正常访问到。然而在浏览器解析 HTML 代码时，发现了使用绝对路径引用的外部文件，对浏览器而言，这 3 个外部文件的 URL 就变成了以下地址：

```
http://192.168.10.2/favicon.ico
http://192.168.10.2/noindex/common/css/bootstrap.min.css
http://192.168.10.2/noindex/common/css/styles.css
```

丢失了/www/这个前缀，正确的 URL 应该是：

```
http://192.168.10.2/www/favicon.ico
http://192.168.10.2/www/noindex/common/css/bootstrap.min.css
http://192.168.10.2/www/noindex/common/css/styles.css
```

由于外部文件的 URL 出现错误，导致浏览器在请求这些文件时无法正确地匹配到 URI 为/www/的 location 指令，自然也就无法找到这些资源文件，网页也就无法正常显示了。

以上问题的出现仅仅是在 HTML 代码中使用绝对路径引用了外部文件的情况，如果用户的 HTML 使用相对路径引用外部文件，如下所示：

```
01  <head>
02  <title>CentOS 提供的 Apache HTTP 服务器测试页</title>
03      <meta charset="utf-8"/>
04      <meta name="viewport" content="width=device-width, initial-scale=1, shrink-to-fit=no"/>
05      <link rel="shortcut icon" href="favicon.ico"/>
06      <link rel="stylesheet" media="all" href="noindex/common/css/bootstrap.min.css"/>
07      <link rel="stylesheet" media="all" href="noindex/common/css/styles.css"/>
08  </head>
```

浏览器就会自动在 link 标签的 href 属性的值前面加上/www/前缀，从而不会出现错误。所以在开发网页时，应该尽量使用相对路径来引用外部资源文件。

还有一种情况是脚本代码和样式表代码都直接写在 HTML 代码中，不是外部引用的，此时网页都可以正常显示。但是这种情况会导致 HTML 代码非常臃肿，难以维护。

当出现以上问题时,用户可以使用以下几种措施。首先,如果用户可以修改 HTML 代码,将外部文件的绝对路径改为相对路径,问题自然就解决了。其次,如果用户不能修改 HTML 代码,那么可以在 location 指令中使用 sub_filter 指令对 HTML 代码进行自动替换。

```
01  location /www/ {
02          proxy_pass http://192.168.10.199/;
03          sub_filter_once off;
04          sub_filter 'href="/' 'href="/www/';
05          sub_filter "href='/" "href='/www/";
06  }
```

第 03 行的 sub_filter_once 指令的参数设置为 off,表示替换 HTML 中所有匹配到的字符串,而非只匹配一次。sub_filter 指令接收两个参数,第 1 个参数为要查找的字符串,第 2 个参数是用来替换的字符串。通过以上指令自动在原来的绝对路径中加上前缀/www/。

最后还有一种措施是使用 rewrite 指令对 URL 进行重写,如下所示:

```
01  location / {
02      if ($http_referer ~ "^http?://[^/]+/www/") {
03          rewrite ^/(.*) http://$http_host/www/$1 redirect;
04      }
05  }
```

当浏览器请求的外部文件无法匹配到 location 指令时,会自动以默认匹配来响应用户的请求。因此,用户可以在该指令中进行 URL 重写。第 02 行是判断用户请求的 HTTP 头的 Referer 字段的值是否以 http://www 或者 https://www 开头,如果条件表达式的值为真,就执行第 03 行的 rewrite 指令,在用户请求的 URL 前面加上/www/前缀,并且重定向。

> **注意**
> HTTP 请求头中的 Refer 字段代表当前请求的来源。

10.2.5　基于媒体类型的反向代理

该类型的反向代理是通过判断用户请求的资源媒体类型来进行反向代理的。实际上,在集成 PHP 的时候,我们已经使用了该类型的反向代理,如下所示:

```
01  location ~ \.php$ {
02      root            html;
03      fastcgi_pass    127.0.0.1:9000;
04      fastcgi_index   index.php;
05      include         fastcgi_conf;
06  }
```

第 01 行表示媒体类型为.php 的请求将由该 location 指令来处理。第 03 行通过 fastcgi_pass 指令将用户请求转发给上游服务器 127.0.0.1:9000。

该类型的反向代理配置方法比较简单，不再详细说明。

10.2.6　基于 upstream 的反向代理

upstream 指令可以定义一组上游服务器，在介绍负载均衡时已经使用过这个指令。负载均衡和反向代理并没有明确地区分，在存在多台上游服务器时，我们可以认为这是负载均衡；当上游服务器只有 1 台时，我们就可以认为这是反向代理。

例如：

```
01  upstream web {
02      server 192.168.10.9;
03  }
04  server {
05      listen       80 default_server;
06      server_name  _;
07      location /web/ {
08          proxy_pass http://web;
09      }
10  }
```

第 01~03 行定义了一个名称为 web 的上游服务器组，第 08 行通过 proxy_pass 指令将匹配/web/的请求转发给该服务器组。

10.2.7　基于 stream 的反向代理

stream 模块是 Nginx 1.9 以后新增的一个扩展模块，可以实现四层负载均衡，即转发 TCP 和 UDP 数据包。利用 stream 也可以实现反向代理。例如，下面的代码定义了一个反向代理服务器：

```
01  stream {
02      server {
03          listen 80;
04          proxy_pass 192.168.2.188:8080;
05          proxy_connect_timeout 1s;
06          proxy_timeout 3s;
07      }
08  }
```

在上面的代码中，并没有结合 location 指令，而是直接定义了一个虚拟机。在这种情况下，不仅可以实现 HTTP 协议的反向代理，还可以实现 MySQL 等其他协议的反向代理。

第 11 章

LAMP 和 LNMP 性能监控

无论是 LAMP 还是 LNMP，在系统运维的过程中，性能的监控都非常重要。以上各个系统本身都提供了许多监控命令或者功能模块，充分利用这些命令和模块可以使得用户快速了解和掌握应用系统的运行状态，以便于及时发现问题，解决问题。

本章将系统介绍 LAMP 和 LNMP 的各种监控命令和扩展模块。

本章主要涉及的知识点有：

- Linux 常用监控命令：介绍 Linux 本身提供的各种监控命令的使用方法，包括 top、vmstat、tcpdump、netstat、Htop、iotop、iostat、iptraf、nethogs、iftop 以及 lsof 等。
- Apache 常用监控方法：介绍 Apache 的状态模块 mod_status 以及 apachetop 工具的使用方法。
- MySQL 常用监控方法：介绍 MySQL 的事务和锁、运行状态、常用监控脚本、MyTop、mtop 以及 innotop 的使用方法。
- Nginx 常用监控方法：介绍通过 Nginx 状态模块、ngxtop、netstat 以及 ps 等命令监控 Nginx 的运行状态。
- PHP-FPM 常用监控方法：介绍通过 PHP-FPM 状态页和监控脚本来监控 PHP-FPM 的运行状态。

11.1 Linux 常用监控命令

Linux 系统本身提供了许多功能非常强大的系统监控命令，例如常用的有 top、vmstat 以及 netstat 等，通过这些命令可以有效地帮助用户诊断系统问题。本节将详细介绍这些常用的监控命令的使用方法。

11.1.1 top 命令

top 命令是 Linux 管理员常用的命令之一，其功能是实时显示当前 Linux 系统中的进程信息。该命令的语法比较简单，通常情况下，用户不需要使用任何选项，如下所示：

[root@localhost ~]# top

top 命令的输出结果如下：

```
01  top - 15:38:59 up 33 min, 1 user, load average: 0.01, 0.05, 0.00
02  Tasks: 132 total,  1 running, 131 sleeping,  0 stopped,  0 zombie
03  %Cpu(s):  0.1 us,  0.0 sy,  0.0 ni, 99.8 id,  0.0 wa,  0.1 hi,  0.0 si,  0.0 st
04  MiB Mem :   7709.8 total,   7209.8 free,    229.4 used,    270.7 buff/cache
05  MiB Swap:   2048.0 total,   2048.0 free,      0.0 used.   7243.1 avail Mem
06
07    PID USER      PR  NI    VIRT    RES   SHR S  %CPU %MEM    TIME+  COMMAND
08    585 root      20   0       0      0     0 I   0.3  0.0   0:01.38  kworker/2:3-events
09    796 root     -51   0       0      0     0 S   0.3  0.0   0:00.06  irq/18-vmwgfx
10   1629 root      20   0  274300   4544  3860 R   0.3  0.1   0:00.16  top
11      1 root      20   0  242204  10664  8144 S   0.0  0.1   0:02.21  systemd
12      2 root      20   0       0      0     0 S   0.0  0.0   0:00.00  kthreadd
...
```

第 01 行是任务队列信息，该行输出信息与 uptime 命令的执行结果完全相同，第 1 列的 15:38:59 为当前的系统时间；第 2 列的 up 33 min 为当前系统已经持续运行的时间；第 3 列的 1 user 为当前系统在线的用户数；第 4 列的 load average 为当前系统的负载均衡，后面的三个数分别是 1 分钟、5 分钟、15 分钟的系统负载情况。负载均衡数据是每隔 5 秒钟检查一次活跃的进程数，然后按特定算法计算出的数值。如果这个数除以逻辑 CPU 的数量结果高于 5，就表明系统在超负荷运转了。

第 02 行是当前系统的进程总体情况，其数值分别为总进程数、处于运行状态的进程数、处于休眠状态的进程数、处于停止状态的进程数以及僵尸进程数。

第 03 行是 CPU 的状态，共 8 组数据，0.1 us 为用户 CPU 时间占用的百分比；0.0 sy 为系统 CPU 时间占用的百分比；0.0 ni 为改变过优先级的进程占用的 CPU 时间百分比；99.8 id 为空闲 CPU 占用百分比；0.0 wa 为 IO 等待占用 CPU 的百分比；0.1 hi 为硬中断占用 CPU 时间的百分比；0.0 si 为软中断占用 CPU 时间的百分比；0.0 st 只有 Linux 在作为虚拟机运行时才有意义，它表示虚拟机等待 CPU 资源的时间。

第 04 行是内存信息，最前面的 MiB 为单位，共分为 4 列，分别为总内存、空闲内存、已用内存以及缓存。用户可以使用的内存为空闲内存与缓存的总和。

> **注 意**
>
> used 所代表的已用内存指的是当前 Linux 系统内核控制的内存数，free 代表的空闲内存总量是 Linux 内核还未纳入其管控范围的数量。纳入内核管理的内存不见得都在使用中，还包括过去使用过的，现在可以被重复利用的内存，内核并不把这些可被重新使用的内存交还到 free 所代表的空闲内存中，因此在 Linux 系统上 free 所代表的空闲内存会越来越少，但用户不用因为这个担心内存不够。

第 05 行是交换分区信息，共 4 列，分别为交换分区总量、空闲交换分区、已用交换分区以及应用程序可用内存量。应用程序可用内存量（avail Mem）是指空闲内存（free）加上可回收内存量，数量大约等于空闲内存（free）与缓存（buff）的总和。在监控系统的时候，用户需要时刻关注交换分区信息中的已用交换分区（used）的数值，如果这个数值在不断地变化，代表内存和交换分区在不断地进行数据交换，即内存已经不够用了。

第 06 行是一个空行。从第 07 行开始，top 命令实时显示当前系统的进程列表，每一行代表一个进程的相关信息，共分为 12 列。PID 为进程 ID。USER 为进程所有者，在上面的代码中，所有的进程都是由 root 用户启动的。PR 为进程优先级，该优先级是从 Linux 系统内核的角度看到的进程执行的优先级，该数值越大，优先级就越高。NI 为 nice 值，即从用户角度看到的进程执行的优先级，负值表示优先级高，正值表示优先级低。VIRT 表示进程使用的虚拟内存的大小，虚拟内存的数量等于该进程使用的交换分区量加上所使用的物理内存量。RES 为进程使用的物理内存量。SHR 为进程使用的共享内存的数量。

S 为当前进程的状态，表 11-1 列出了 Linux 系统中常见的进程状态。

表 11-1 进程状态

状 态	说 明
D	不可中断的睡眠状态，一般表示进程正在跟硬件交互
R	运行状态
S	可中断的睡眠状态，进程因为等待某个事件而被系统挂起，当进程等待的事件发生时，它会被唤醒并进入 R 状态
T	进程处于暂停或者跟踪状态
Z	僵尸状态
I	空闲状态，用在不可中断睡眠的内核线程上。D 表示与硬件交互导致的不可中断状态，但对某些内核线程来说，它们有可能实际上并没有任何负载，用 I 正是为了区分这种情况。处于 D 状态的进程会导致平均负载升高，处于 I 状态的进程却不会

%CPU 表示进程使用 CPU 时间的百分比，%MEM 表示进程使用内存的百分比，TIME+表示进程累计使用的 CPU 时间，COMMAND 表示运行进程对应的程序。

top 命令还支持一定的交互功能，按 h 键会显示 top 命令的帮助信息，如图 11-1 所示。

```
Help for Interactive Commands - procps-ng 3.3.15
Window 1:Def: Cumulative mode Off.  System: Delay 3.0 secs; Secure mode Off.

  Z,B,E,e   Global: 'Z' colors; 'B' bold; 'E'/'e' summary/task memory scale
  l,t,m     Toggle Summary: 'l' load avg; 't' task/cpu stats; 'm' memory info
  0,1,2,3,I Toggle: '0' zeros; '1/2/3' cpus or numa node views; 'I' Irix mode
  f,F,X     Fields: 'f'/'F' add/remove/order/sort; 'X' increase fixed-width

  L,&,<,> . Locate: 'L'/'&' find/again; Move sort column: '<'/'>' left/right
  R,H,V,J . Toggle: 'R' Sort; 'H' Threads; 'V' Forest view; 'J' Num justify
  c,i,S,j . Toggle: 'c' Cmd name/line; 'i' Idle; 'S' Time; 'j' Str justify
  x,y     . Toggle highlights: 'x' sort field; 'y' running tasks
  z,b     . Toggle: 'z' color/mono; 'b' bold/reverse (only if 'x' or 'y')
  u,U,o,O . Filter by: 'u'/'U' effective/any user; 'o'/'O' other criteria
  n,#,^O  . Set: 'n'/'#' max tasks displayed; Show: Ctrl+'O' other filter(s)
  C,...   . Toggle scroll coordinates msg for: up,down,left,right,home,end

  k,r       Manipulate tasks: 'k' kill; 'r' renice
  d or s    Set update interval
  W,Y       Write configuration file 'W'; Inspect other output 'Y'
  q         Quit
          ( commands shown with '.' require a visible task display window )
Press 'h' or '?' for help with Windows,
Type 'q' or <Esc> to continue
```

图 11-1 top 命令帮助界面

按空格键或者回车键可以立即刷新屏幕。按 A 键可以切换显示模式，如图 11-2 所示。

```
4:Usr - 23:04:34 up 14 min,  1 user,  load average: 0.17, 0.15, 0.11
Tasks: 179 total,   1 running, 178 sleeping,   0 stopped,   0 zombie
%Cpu(s):  0.3 us,  0.4 sy,  0.0 ni, 98.5 id,  0.1 wa,  0.6 hi,  0.1 si,  0.0 st
MiB Mem :   7709.8 total,   6474.0 free,    749.2 used,    486.6 buff/cache
MiB Swap:   3280.0 total,   3280.0 free,      0.0 used.   6719.2 avail Mem

1   PID USER      PR  NI    VIRT    RES    SHR S  %CPU  %MEM     TIME+ COMMAND
   1586 mysql     20   0 2839572 436188  31664 S   1.3   5.5   0:20.58 mysqld
    896 zabbix    20   0 1153188  29776  15592 S   1.0   0.4   0:02.75 zabbix_agent2
   1971 root      20   0   64668   4992   4056 R   0.7   0.1   0:04.44 top
     10 root      20   0       0      0      0 I   0.3   0.0   0:00.41 rcu_sched
    295 root      20   0       0      0      0 I   0.3   0.0   0:00.83 kworker/2:4-kdmflush
    516 root       0 -20       0      0      0 I   0.3   0.0   0:00.53 kworker/2:1H-xfs-log/dm-0
      1 root      20   0  179272  13796   9224 S   0.0   0.2   0:03.08 systemd
      2 root      20   0       0      0      0 S   0.0   0.0   0:00.00 kthreadd
      3 root       0 -20       0      0      0 I   0.0   0.0   0:00.00 rcu_gp
      4 root       0 -20       0      0      0 I   0.0   0.0   0:00.00 rcu_par_gp
      5 root      20   0       0      0      0 I   0.0   0.0   0:00.77 kworker/0:0-cgroup_destroy
      6 root       0 -20       0      0      0 I   0.0   0.0   0:00.00 kworker/0:0H-kblockd
2   PID    PPID      TIME+  %CPU  %MEM  PR  NI S    VIRT    RES   UID COMMAND
   2010       2    0:00.00   0.0   0.0  20   0 I       0      0     0 kworker/2:1
   2009       2    0:00.44   0.0   0.0  20   0 I       0      0     0 kworker/0:1-events_power_efficient
   1978       2    0:00.01   0.0   0.0  20   0 I       0      0     0 kworker/2:0-ata_sff
   1971    1930    0:04.44   0.7   0.1  20   0 R   64668   4992     0 top
   1930    1907    0:00.02   0.0   0.1  20   0 S   25508   4304     0 bash
   1911    1910    0:00.02   0.0   0.1  20   0 S   45848   4976     0 sftp-server
   1910    1894    0:00.00   0.0   0.1  20   0 S  152904   5288     0 sshd
   1907    1890    0:00.33   0.0   0.1  20   0 S  153248   6424     0 sshd
   1901    1896    0:00.00   0.0   0.1  20   0 S  233736   4840     0 (sd-pam)
   1896       1    0:00.14   0.0   0.1  20   0 S   93740   9556     0 systemd
   1894     890    0:00.09   0.0   0.1  20   0 S  152904  11088     0 sshd
   1890     890    0:00.16   0.0   0.1  20   0 S  152904  11004     0 sshd
   1864    1763    0:00.39   0.0   0.1  20   0 S  185780   4072   993 zabbix_server
3   PID %MEM    VIRT    RES   CODE    DATA    SHR nMaj nDRT  %CPU COMMAND
   1586  5.5 2839572 436188  50872  804192  31664   20    0   1.3 mysqld
    912  0.5  221232  38036    264    1216  36420   10    0   0.0 sssd_nss
    891  0.4  425288  31340      8   39448  16536   61    0   0.0 tuned
    896  0.4 1153188  29776  14840  212924  15592  104    0   1.0 zabbix_agent2
    873  0.3 1761128  24356    104   59100  17416   86    0   0.0 polkitd
    900  0.3  347748  24208   4028    5600  18036   84    0   0.0 php-fpm
    899  0.3  249704  22872   4268    5724  16572  121    0   0.0 php-fpm
    931  0.3 2721464  20240    536  669636   6940    0    0   0.0 httpd
    872  0.2  468908  18524   3080   35240  16032   59    0   0.0 NetworkManager
    926  0.2 2524792  16144    536  538416   6940    0    0   0.0 httpd
    905  0.2  218952  14668    220    2072  12172    8    0   0.0 sssd_be
    869  0.2  212416  13952     80    1488  11980   29    0   0.0 sssd
      1  0.2  179272  13796   1260   20504   9224  107    0   0.0 systemd
4   PID    PPID   UID USER     RUSER    TTY            TIME+  %CPU  %MEM S COMMAND
    896       1   993 zabbix   zabbix   ?            0:02.75   1.0   0.4 S zabbix_agent2
   1763       1   993 zabbix   zabbix   ?            0:00.29   0.0   0.1 S zabbix_server
   1819    1763   993 zabbix   zabbix   ?            0:00.38   0.0   0.1 S zabbix_server
   1820    1763   993 zabbix   zabbix   ?            0:00.02   0.0   0.1 S zabbix_server
   1821    1763   993 zabbix   zabbix   ?            0:00.08   0.0   0.1 S zabbix_server
   1822    1763   993 zabbix   zabbix   ?            0:00.10   0.0   0.1 S zabbix_server
   1824    1763   993 zabbix   zabbix   ?            0:00.13   0.0   0.1 S zabbix_server
   1825    1763   993 zabbix   zabbix   ?            0:00.31   0.0   0.1 S zabbix_server
   1826    1763   993 zabbix   zabbix   ?            0:00.31   0.0   0.1 S zabbix_server
   1828    1763   993 zabbix   zabbix   ?            0:00.28   0.0   0.1 S zabbix_server
   1829    1763   993 zabbix   zabbix   ?            0:00.33   0.0   0.1 S zabbix_server
```

图 11-2　分组模式

从图 11-2 可知，整个屏幕一共有 4 个组，分别为 Def、Job、Mem 以及 Usr，这 4 个组显示的字段是不一样的。用户可以使用 a 或者 w 键切换当前组，当前组的信息会显示在屏幕顶部。

按 d 键，屏幕顶部会出现输入框，用户可以设置屏幕刷新间隔，默认为 3 秒，如图 11-3 所示。

```
3:Mem - 23:08:05 up 17 min,  1 user,  load average: 0.08, 0.14, 0.11
Tasks: 178 total,   1 running, 177 sleeping,   0 stopped,   0 zombie
%Cpu(s):  0.2 us,  0.4 sy,  0.0 ni, 98.6 id,  0.1 wa,  0.7 hi,  0.0 si,  0.0 st
MiB Mem :   7709.8 total,   6389.3 free,    753.9 used,    566.6 buff/cache
MiB Swap:   3280.0 total,   3280.0 free,      0.0 used.   6714.3 avail Mem
Change delay from 3.0 to 2
1   PID USER      PR  NI    VIRT    RES    SHR S  %CPU  %MEM     TIME+ COMMAND
   1586 mysql     20   0 2839572 439588  31664 S   1.3   5.6   0:23.66 mysqld
   1971 root      20   0   64668   4992   4056 R   1.3   0.1   0:06.45 top
    870 dbus      20   0   82876   5700   5032 S   0.3   0.1   0:00.61 dbus-daemon
    896 zabbix    20   0 1153188  30092  15760 S   0.3   0.4   0:03.11 zabbix_agent2
   1821 zabbix    20   0  185780   4072   2100 S   0.3   0.1   0:00.09 zabbix_server
   1852 zabbix    20   0  185780   4072   2100 S   0.3   0.1   0:00.19 zabbix_server
      1 root      20   0  179272  13796   9224 S   0.0   0.2   0:03.14 systemd
      2 root      20   0       0      0      0 S   0.0   0.0   0:00.00 kthreadd
      3 root       0 -20       0      0      0 I   0.0   0.0   0:00.00 rcu_gp
      4 root       0 -20       0      0      0 I   0.0   0.0   0:00.00 rcu_par_gp
      5 root      20   0       0      0      0 I   0.0   0.0   0:00.77 kworker/0:0-cgroup
      6 root       0 -20       0      0      0 I   0.0   0.0   0:00.00 kworker/0:0H-kbloc
```

图 11-3　设置刷新时间间隔

按 q 键，可以退出 top 命令界面。

11.1.2 vmstat 命令

vmstat 命令可以显示虚拟内存的统计数据，该命令的语法如下：

```
vmstat [options] [delay [count]]
```

常用的选项有-a、-s 以及-d 等。delay 为刷新屏幕的时间间隔，count 为采样的数量。

最简单的使用方法是不使用任何参数，如下所示：

```
[root@localhost ~]# vmstat
procs -----------------memory---------------- ---swap---- -----io----- --system-- --------cpu----------
 r  b   swpd   free    buff   cache    si   so    bi    bo   in   cs us sy id wa st
 0  0      0 6527748   3268  580528     0    0    89    59  187  236  1  2 97  0  0
```

从上面的输出可以看出，vmstat 的输出可以分为 procs、memory、swap、io、system 和 cpu，分别为进程、内存、交换分区、IO、系统和 CPU。其中进程包括 r 和 b，r 表示运行队列中的进程，b 表示等待 IO 的进程数。内存包括 swpd、free、buff 和 cache，分别为使用虚拟内存大小、空闲内存大小、用作缓冲区的内存大小和用作缓存的内存大小；交换分区包括 si 和 so，分别为每秒从交换分区写入内存的大小和每秒从内存写入交换分区的大小。IO 包括 bi 和 bo，分别表示每秒读入的块数和每秒写入的块数。系统包括 in、cs，分别表示每秒中断数，包括时钟中断和每秒上下文切换数。CPU 则包括 us、sy、id、wa 和 st，分别表示用户进程执行时间、系统进程执行时间、空闲时间和等待 IO 的时间。

对于上面的报表，如果 r 的值经常大于 4，id 经常小于 40，就表示 CPU 的负荷很重。如果 bi 和 bo 长期不等于 0，就表示内存不足。

用户可以使用-a 选项显示活动内存和非活动内存，如下所示：

```
[root@localhost ~]# vmstat -a
procs -----------memory---------- ---swap-- -----io---- -system-- ------cpu-----
 r  b   swpd   free  inact  active   si   so    bi    bo   in   cs us sy id wa st
 1  0      0 6527312 461736 690212    0    0    77    57  183  234  1  2 97  0  0
```

所谓活动内存，是指正在使用中的内存，非活动内存则是指可以被回收的内存。

-s 选项可以显示内存的统计信息，如下所示：

```
[root@localhost ~]# vmstat -s
      7894876 K total memory
       783512 K used memory
       690284 K active memory
       461740 K inactive memory
      6527340 K free memory
         3268 K buffer memory
       580756 K swap cache
      3358716 K total swap
```

```
            0 K used swap
      3358716 K free swap
         7300 non-nice user cpu ticks
          951 nice user cpu ticks
         3889 system cpu ticks
       641795 idle cpu ticks
         1021 IO-wait cpu ticks
         5991 IRQ cpu ticks
          568 softirq cpu ticks
            0 stolen cpu ticks
       506460 pages paged in
       376665 pages paged out
            0 pages swapped in
            0 pages swapped out
      1211043 interrupts
      1545673 CPU context switches
   1603205430 boot time
         2173 forks
```

-d 选项可以显示磁盘的读写信息，如下所示：

```
[root@localhost ~]# vmstat -d
disk- -------------------reads------------------
------------------writes----------------- -----------------IO--------------
       total merged sectors    ms   total merged sectors    ms   cur   sec
sda     7817     50 1013880 12112  98320    282 1467715 125446    0    92
sr0        0      0       0     0      0      0       0      0    0     0
dm-0    7385      0  933198 10887  98557      0 1524752 126412    0    92
dm-1      98      0    4440    34      0      0       0      0    0     0
```

以上命令的输出分为读、写和 IO 三部分，关于每个指标的具体含义不再详细说明，读者可以参考相关手册。

以下命令使得 vmstat 在 5 秒内采样 5 次：

```
[root@localhost ~]# vmstat 5 5
procs ---------------memory------------------ ---swap-- -------io------ ----system---- --------cpu----------
 r  b   swpd    free   buff   cache   si   so    bi   bo    in   cs us sy id wa st
 0  0      0 6513248   3268  585960    0    0    30   50   168  226  1  1 98  0  0
 0  0      0 6512944   3268  585964    0    0     0   48   474  556  0  1 98  0  0
 0  0      0 6512964   3268  585996    0    0     0  370   780 1138  0  2 97  0  0
 0  0      0 6512964   3268  586000    0    0     0  266   640  948  0  2 98  0  0
 2  0      0 6512964   3268  586004    0    0     0  158   544  757  0  1 98  0  0
```

从上面的输出可知，vmstat 命令一共输出了 5 次。

11.1.3 tcpdump 命令

该命令可以对网络通信进行监控，它可以捕获指定网络接口上所有经过的数据包。如果不使用任何选项，tcpdump 命令会捕获所有经过第 1 个网络接口的数据包，如下所示：

```
[root@localhost ~]# tcpdump
tcpdump: verbose output suppressed, use -v or -vv for full protocol decode
listening on enp0s3, link-type EN10MB (Ethernet), capture size 262144 bytes
07:54:21.390956 IP 202.116.13.63.63925 > localhost.localdomain.ssh: Flags [.], ack 1389365449, win 4105, length 0
07:54:21.399696 IP localhost.localdomain.ssh > 202.116.13.63.63925: Flags [P.], seq 1:241, ack 0, win 278, length 240
07:54:21.400120 IP localhost.localdomain.59259 > maina.jnu.edu.cn.domain: 53669+ PTR? 4.13.116.202.in-addr.arpa. (43)
07:54:21.402455 IP maina.jnu.edu.cn.domain > localhost.localdomain.59259: 53669 ServFail 0/0/0 (43)
```

1. 监控指定网络接口的数据包

如果用户想要捕获其他网络接口的数据，可以使用 -i 选项来指定网络接口，首先使用 ip 命令查看当前主机网络接口及其名称：

```
[root@localhost ~]# ip l
1: lo: <LOOPBACK,UP,LOWER_UP> mtu 65536 qdisc noqueue state UNKNOWN mode DEFAULT group default qlen 1000
    link/loopback 00:00:00:00:00:00 brd 00:00:00:00:00:00
2: enp0s3: <BROADCAST,MULTICAST,UP,LOWER_UP> mtu 1500 qdisc fq_codel state UP mode DEFAULT group default qlen 1000
    link/ether 08:00:27:40:07:4f brd ff:ff:ff:ff:ff:ff
```

从上面的输出可知，当前的主机有两个网络接口，第 1 个网络接口名为 lo，为内部环路接口，第 2 个网络接口名为 enp0s3，即本机与外部网络通信的接口。然后使用以下命令捕获第 2 个网络接口的所有数据，如下所示：

```
[root@localhost ~]# tcpdump -i enp0s3
tcpdump: verbose output suppressed, use -v or -vv for full protocol decode
listening on enp0s3, link-type EN10MB (Ethernet), capture size 262144 bytes
07:58:44.396112 IP localhost.localdomain.ssh > 202.116.13.63.63925: Flags [P.], seq 1392341865:1392342105, ack 3919259498, win 278, length 240
07:58:44.396497 IP localhost.localdomain.47383 > maina.jnu.edu.cn.domain: 13565+ PTR? 63.13.116.202.in-addr.arpa. (44)
07:58:44.398657 IP maina.jnu.edu.cn.domain > localhost.localdomain.47383: 13565 ServFail 0/0/0 (44)
07:58:44.398785 IP localhost.localdomain.50900 > maina.jnu.edu.cn.domain: 13565+ PTR? 63.13.116.202.in-addr.arpa. (44)
07:58:44.403943 IP maina.jnu.edu.cn.domain > localhost.localdomain.50900: 13565 ServFail 0/0/0 (44)
07:58:44.404346 IP localhost.localdomain.49928 > maina.jnu.edu.cn.domain: 12987+
```

```
PTR? 4.13.116.202.in-addr.arpa. (43)
07:58:44.437106 IP 202.116.13.63.63925 > localhost.localdomain.ssh: Flags [.], ack
240, win 4104, length 0
^C07:58:44.479384 ARP, Request who-has _gateway tell 202.116.13.32, length 46

8 packets captured
26 packets received by filter
0 packets dropped by kernel
```

2. 监控指定主机的数据包

用户可以通过 tcpdump 命令的 host 子命令对数据包进行过滤，使得 tcpdump 命令只捕获进入或者离开指定主机的数据包。例如，下面的命令捕获所有发往或者来自 www.baidu.com 这个主机名的数据包：

```
[root@localhost ~]# tcpdump host www.baidu.com
tcpdump: verbose output suppressed, use -v or -vv for full protocol decode
listening on enp0s3, link-type EN10MB (Ethernet), capture size 262144 bytes
```

从上面的输出可知，当输入完以上命令之后，tcpdump 命令会处于监听状态。然后我们新建一个 SSH 连接，在命令行中输入以下命令：

```
[root@localhost ~]# curl http://www.baidu.com
```

此时，在 tcpdump 监控界面会输出一系列的数据，如下所示：

```
[root@localhost ~]# tcpdump host www.baidu.com
tcpdump: verbose output suppressed, use -v or -vv for full protocol decode
listening on enp0s3, link-type EN10MB (Ethernet), capture size 262144 bytes
08:11:53.086845 IP localhost.localdomain.40674 > 182.61.200.7.http: Flags [S], seq
1968675263, win 29200, options [mss 1460,sackOK,TS val 4262562182 ecr 0,nop,wscale
7], length 0
08:11:53.123674 IP 182.61.200.7.http > localhost.localdomain.40674: Flags [S.], seq
3070300122, ack 1968675264, win 8192, options [mss
1452,sackOK,nop,nop,nop,nop,nop,nop,nop,nop,nop,nop,wscale 5], length 0
08:11:53.123701 IP localhost.localdomain.40674 > 182.61.200.7.http: Flags [.], ack
1, win 229, length 0
08:11:53.123791 IP localhost.localdomain.40674 > 182.61.200.7.http: Flags [P.], seq
1:78, ack 1, win 229, length 77: HTTP: GET / HTTP/1.1
08:11:53.160781 IP 182.61.200.7.http > localhost.localdomain.40674: Flags [.], ack
78, win 916, length 0
08:11:53.162163 IP 182.61.200.7.http > localhost.localdomain.40674: Flags [P.], seq
1:2782, ack 78, win 916, length 2781: HTTP: HTTP/1.1 200 OK
08:11:53.162169 IP localhost.localdomain.40674 > 182.61.200.7.http: Flags [.], ack
2782, win 272, length 0
08:11:53.162478 IP localhost.localdomain.40674 > 182.61.200.7.http: Flags [F.], seq
78, ack 2782, win 272, length 0
08:11:53.171265 IP 182.61.200.7.http > localhost.localdomain.40674: Flags [P.], seq
```

```
1461:2782, ack 78, win 916, length 1321: HTTP
08:11:53.171278 IP localhost.localdomain.40674 > 182.61.200.7.http: Flags [.], ack
2782, win 272, options [nop,nop,sack 1 {1461:2782}], length 0
08:11:53.199198 IP 182.61.200.7.http > localhost.localdomain.40674: Flags [.], ack
79, win 916, length 0
08:11:53.199221 IP 182.61.200.7.http > localhost.localdomain.40674: Flags [F.], seq
2782, ack 79, win 916, length 0
08:11:53.199233 IP localhost.localdomain.40674 > 182.61.200.7.http: Flags [.], ack
2783, win 272, length 0
08:11:56.235683 IP 182.61.200.7.http > localhost.localdomain.40674: Flags [R], seq
3070302905, win 0, length 0
```

从上面的输出可知，有 HTTP 的 GET 指令，并且其状态码为 200，以上捕获的是当前主机向 http://www.baidu.com 发起请求的整个过程。

tcpdump 的 host 命令还支持逻辑运算符 and、or 以及 not，例如：

```
[root@localhost ~]# tcpdump host www.baidu.com and 192.168.1.199
tcpdump: verbose output suppressed, use -v or -vv for full protocol decode
listening on enp0s3, link-type EN10MB (Ethernet), capture size 262144 bytes
```

上面命令的功能是只捕获主机 www.baidu.com 和 192.168.1.199 之间通信的数据包。

tcpdump 命令还支持通过 src 和 dst 这两个关键字来分别指定来源主机和目标主机，例如下面的命令只捕获来自 192.168.1.118 的数据包：

```
[root@localhost ~]# tcpdump src host 192.168.1.118
```

此外，tcpdump 命令还通过 port 关键字支持端口过滤，例如：

```
[root@localhost ~]# tcpdump tcp port 22 and host 192.168.1.118
```

由于 22 端口为 SSH 协议的默认端口，因此以上命令的功能是捕获主机 192.168.1.118 接收 SSH 协议的数据包，其中的 tcp 表示 TCP 协议。

3. 监控指定网络的数据包

net 子命令可以帮助用户捕获某个网络的数据包，如下所示：

```
[root@localhost ~]# tcpdump net 192.168.1.0/24 and host www.baidu.com
```

其中 192.168.1.0 为网络地址，24 为子网掩码。

4. 监控指定协议的数据包

tcp 和 udp 关键字可以用来指定捕获的数据包的通信协议，例如：

```
[root@localhost ~]# tcpdump 'tcp[tcpflags] & (tcp-syn|tcp-fin) != 0 and not src and
dst net 192.168.1.0/24'
```

以上命令捕获 TCP 会话的开始和结束数据包，并且其来源和目标都不是 192.168.1.0/24 这个网络。

11.1.4 netstat 命令

netstat 命令的功能是显示与 IP、TCP、UDP 和 ICMP 等协议相关的统计数据，通常情况下，用户使用该命令来检查本机各网络接口的网络连接及监听情况。下面通过具体的例子来说明 netstat 命令的使用方法。

1. 显示网络接口列表

通过-i 或者-I 选项，netstat 命令可以显示当前主机的网络接口，如下所示：

```
[root@localhost ~]# netstat -i
Kernel Interface table
Iface      MTU   RX-OK   RX-ERR  RX-DRP  RX-OVR  TX-OK   TX-ERR  TX-DRP  TX-OVR Flg
enp0s3     1500  162870  0       0       0       255383  0       0       0      BMRU
lo         65536 1428    0       0       0       1428    0       0       0      LRU
```

在上面的输出中，Iface 为网络接口的名称，其余的列为对应网络接口的数据包统计数据，不再详细介绍。

2. 显示网络统计信息

通过-s 选项可以显示当前主机各种网络协议通信的总体情况，如下所示：

```
[root@localhost ~]# netstat -s
Ip:
    Forwarding: 2
    152094 total packets received
    28 with invalid addresses
    0 forwarded
    0 incoming packets discarded
    149650 incoming packets delivered
    256784 requests sent out
Icmp:
    77 ICMP messages received
    0 input ICMP message failed
    ICMP input histogram:
        destination unreachable: 3
        echo requests: 4
        echo replies: 70
    83 ICMP messages sent
    0 ICMP messages failed
    ICMP output histogram:
        destination unreachable: 9
        echo requests: 70
        echo replies: 4
...
```

从上面的输出可知，nestat 命令按照 Ip、Icmp、Tcp 以及 Udp 等类型分别给出了总体的网络通信数据。

3. 显示网络连接信息

netstat 提供了多个选项来显示网络连接信息，表 11-2 列出了常用的选项。

表 11-2　网络连接常用选项

选项	功能
-a	显示所有状态的网络连接，默认情况下 netstat 仅显示已建立的连接
-l	显示处于监听状态的服务器套接字
-n	显示数字形式的 IP 地址
-t	显示 TCP 协议的网络连接或者监听的套接字
-u	显示 UDP 协议监听的套接字
-p	显示进程 ID 和程序名称

如果不使用任何选项，netstat 命令就会显示所有状态的网络连接以及监听的套接字，如下所示：

```
[root@localhost ~]# netstat | more
Active Internet connections (servers and established)
Proto   Recv-Q  Send-Q  Local Address           Foreign Address          State
tcp       0       0     0.0.0.0:ssh             0.0.0.0:*                LISTEN
tcp       0       0     localhost.localdoma:ssh 202.116.13.63:64057      ESTABLISHED
tcp       0       96    localhost.localdoma:ssh 202.116.13.63:63925      ESTABLISHED
tcp6      0       0     [::]:zabbix-agent       [::]:*                   LISTEN
tcp6      0       0     [::]:http               [::]:*                   LISTEN
tcp6      0       0     [::]:ssh                [::]:*                   LISTEN
raw6      0       0     [::]:ipv6-icmp          [::]:*                   7
Active UNIX domain sockets (servers and established)
Proto RefCnt     Flags       Type     State        I-Node   Path
unix  2         [ ACC ]     STREAM    LISTENING    20951    @irqbalance847.sock
unix  3         [ ]         DGRAM                  276      /run/systemd/notify
unix  2         [ ]         DGRAM                  78       /run/systemd/cgroups-agent
unix  9         [ ]         DGRAM                  290      /run/systemd/journal/dev-log
…
Active Bluetooth connections (servers and established)
Proto Destination        Source    State    PSM DCID   SCID IMTU   OMTU Security
Proto Destination        Source    State    Channel
```

第 1 组为当前处于活动状态的网络连接，其中 Proto 为网络协议，例如 tcp 表示当前连接为 TCP 协议，tcp6 表示当前连接为 IPv6 的 TCP 协议。Local Address 为本地地址和端口号，如果监听的端口为标准服务端口或者已知服务的端口，netstat 命令就会显示字符类型的服务名称，例如 ssh 表示 SSH 协议的 22 端口，http 表示 HTTP 协议的 80 端口，如果自定义的端口，就会直接显示数字。Foreign

Address 为远程主机的地址和端口，State 为当前连接的状态，LISTEN 表示监听状态，ESTABLISHED 为网络连接已经建立。

第 2 组为当前处于活动状态的 UNIX 套接字，其中 Proto 为协议，Type 为数据包类型，State 为连接状态，I-Node 为套接字文件的 i 节点号，Path 为套接字文件的路径。

第 3 组为蓝牙连接。

netstat 命令常用的选项组合为-lntup，用于显示当前处于监听状态的 TCP 和 UDP 协议的网络连接，并且显示数字 IP 地址、进程 ID 和程序名称，如下所示：

```
[root@localhost ~]# netstat -lntup
Active Internet connections (only servers)
Proto   Recv-Q  Send-Q  Local Address       Foreign Address     State       PID/Program name
tcp     0       0       0.0.0.0:22          0.0.0.0:*           LISTEN      878/sshd
tcp6    0       0       :::10050            :::*                LISTEN      882/zabbix_agent2
tcp6    0       0       :::80               :::*                LISTEN      880/httpd
tcp6    0       0       :::22               :::*                LISTEN      878/sshd
```

> **注 意**
>
> netstat 命令在新版本的 CentOS 中已经不是默认的软件包，用户可以使用以下命令安装：
> ```
> [root@localhost ~]# dnf install -y net-tools
> ```

4．显示路由信息

-r 选项可以打印当前主机的路由表信息，如下所示：

```
[root@localhost ~]# netstat -r
Kernel IP routing table
Destination     Gateway         Genmask             Flags   MSS Window  irtt    Iface
default         _gateway        0.0.0.0             UG      0   0       0       enp0s3
202.116.13.0    0.0.0.0         255.255.255.128     U       0   0       0       enp0
```

其中第 1 条为默认路由，表示默认情况下数据将由 enp0s3 发送。

11.1.5 htop 命令

htop 命令可以看作是 top 命令的一个扩展版，默认情况下 CentOS 没有安装该软件包，用户可以使用以下命令安装：

```
[root@localhost ~]# dnf -y install htop
```

安装完成之后，直接输入 htop 命令即可。htop 命令的主界面如图 11-4 所示。

```
root@localhost:~   root@localhost:~
  1  [                                           0.0%]   Tasks: 48, 236 thr; 1 running
  2  [||||||||||||||||||||||||||||||||||||||||||100.0%]   Load average: 0.03 0.08 0.03
  3  [                                           0.0%]   Uptime: 04:10:43
  4  [                                           0.0%]
  Mem[||||||                               276M/7.53G]
  Swp[                                        0K/2.00G]

    PID USER      PRI  NI  VIRT   RES   SHR S CPU% MEM%   TIME+  Command
    898 root       24   4  421M 38196 36564 S  0.0  0.5  0:00.41 /usr/libexec/sssd/sssd_nss --uid 0 --gid 0 --logger=
   1259 root       23   3  620M 33304 16460 S  0.0  0.4  0:01.36 /usr/libexec/platform-python -Es /usr/sbin/tuned -l
   1261 root       20   0  620M 33304 16460 S  0.0  0.4  0:00.00 /usr/libexec/platform-python -Es /usr/sbin/tuned -l
   1262 root       20   0  620M 33304 16460 S  0.0  0.4  0:00.00 /usr/libexec/platform-python -Es /usr/sbin/tuned -l
    879 root       20   0  620M 33304 16460 S  0.0  0.4  0:01.90 /usr/libexec/platform-python -Es /usr/sbin/tuned -l
    889 zabbix     20   0  908M 24748 15276 S  0.0  0.3  0:01.63 /usr/sbin/zabbix_agent2 -c /etc/zabbix/zabbix_agent2
    890 zabbix     20   0  908M 24748 15276 S  0.0  0.3  0:00.36 /usr/sbin/zabbix_agent2 -c /etc/zabbix/zabbix_agent2
    891 zabbix     20   0  908M 24748 15276 S  0.0  0.3  0:00.00 /usr/sbin/zabbix_agent2 -c /etc/zabbix/zabbix_agent2
    892 zabbix     20   0  908M 24748 15276 S  0.0  0.3  0:00.87 /usr/sbin/zabbix_agent2 -c /etc/zabbix/zabbix_agent2
    894 zabbix     20   0  908M 24748 15276 S  0.0  0.3  0:00.00 /usr/sbin/zabbix_agent2 -c /etc/zabbix/zabbix_agent2
    899 zabbix     20   0  908M 24748 15276 S  0.0  0.3  0:00.16 /usr/sbin/zabbix_agent2 -c /etc/zabbix/zabbix_agent2
    900 zabbix     20   0  908M 24748 15276 S  0.0  0.3  0:00.08 /usr/sbin/zabbix_agent2 -c /etc/zabbix/zabbix_agent2
    901 zabbix     20   0  908M 24748 15276 S  0.0  0.3  0:00.22 /usr/sbin/zabbix_agent2 -c /etc/zabbix/zabbix_agent2
   1714 zabbix     20   0  908M 24748 15276 S  0.0  0.3  0:00.60 /usr/sbin/zabbix_agent2 -c /etc/zabbix/zabbix_agent2
   1862 zabbix     20   0  908M 24748 15276 S  0.0  0.3  0:00.36 /usr/sbin/zabbix_agent2 -c /etc/zabbix/zabbix_agent2
    882 zabbix     20   0  908M 24748 15276 S  0.0  0.3  0:04.41 /usr/sbin/zabbix_agent2 -c /etc/zabbix/zabbix_agent2
    868 polkitd    20   0 1719M 24320 17384 S  0.0  0.3  0:00.00 /usr/lib/polkit-1/polkitd --no-debug
    869 polkitd    20   0 1719M 24320 17384 S  0.0  0.3  0:00.02 /usr/lib/polkit-1/polkitd --no-debug
    872 polkitd    20   0 1719M 24320 17384 S  0.0  0.3  0:00.00 /usr/lib/polkit-1/polkitd --no-debug
    873 polkitd    20   0 1719M 24320 17384 S  0.0  0.3  0:00.00 /usr/lib/polkit-1/polkitd --no-debug
    874 polkitd    20   0 1719M 24320 17384 S  0.0  0.3  0:00.00 /usr/lib/polkit-1/polkitd --no-debug
    875 polkitd    20   0 1719M 24320 17384 S  0.0  0.3  0:00.00 /usr/lib/polkit-1/polkitd --no-debug
    896 polkitd    20   0 1719M 24320 17384 S  0.0  0.3  0:00.00 /usr/lib/polkit-1/polkitd --no-debug
    858 polkitd    20   0 1719M 24320 17384 S  0.0  0.3  0:00.13 /usr/lib/polkit-1/polkitd --no-debug
    877 root       20   0  451M 22924 16624 S  0.0  0.3  0:00.56 php-fpm: master process (/etc/php-fpm.conf)
F1Help  F2Setup F3SearchF4FilterF5Tree  F6SortByF7Nice -F8Nice +F9Kill  F10Quit
```

图 11-4　htop 命令的主界面

htop 命令的主界面分为 4 个区域，左上角为 CPU、物理内存以及交换分区的使用情况，右上角为当前任务、系统负载以及运行时间。中间最大的区域为当前系统的进程列表，这个区域显示的内容与 top 命令基本相同。底部为功能区，显示 htop 的功能键。

11.1.6　iotop 命令

该命令主要统计磁盘 IO 的信息，其主界面如图 11-5 所示。

```
root@localhost:~   root@localhost:~
Total DISK READ :       0.00 B/s | Total DISK WRITE :       0.00 B/s
Actual DISK READ:       0.00 B/s | Actual DISK WRITE:       0.00 B/s
    TID  PRIO  USER     DISK READ  DISK WRITE  SWAPIN     IO>    COMMAND
      1 be/4 root        0.00 B/s    0.00 B/s  0.00 %  0.00 % systemd --switched-root --system --deserialize 16
      2 be/4 root        0.00 B/s    0.00 B/s  0.00 %  0.00 % [kthreadd]
      3 be/0 root        0.00 B/s    0.00 B/s  0.00 %  0.00 % [rcu_gp]
      4 be/0 root        0.00 B/s    0.00 B/s  0.00 %  0.00 % [rcu_par_gp]
      6 be/0 root        0.00 B/s    0.00 B/s  0.00 %  0.00 % [kworker/0:0H-kblockd]
      8 be/0 root        0.00 B/s    0.00 B/s  0.00 %  0.00 % [mm_percpu_wq]
      9 be/4 root        0.00 B/s    0.00 B/s  0.00 %  0.00 % [ksoftirqd/0]
     10 be/4 root        0.00 B/s    0.00 B/s  0.00 %  0.00 % [rcu_sched]
     11 rt/4 root        0.00 B/s    0.00 B/s  0.00 %  0.00 % [migration/0]
     12 rt/4 root        0.00 B/s    0.00 B/s  0.00 %  0.00 % [watchdog/0]
     13 be/4 root        0.00 B/s    0.00 B/s  0.00 %  0.00 % [cpuhp/0]
     14 be/4 root        0.00 B/s    0.00 B/s  0.00 %  0.00 % [cpuhp/1]
     15 rt/4 root        0.00 B/s    0.00 B/s  0.00 %  0.00 % [watchdog/1]
     16 rt/4 root        0.00 B/s    0.00 B/s  0.00 %  0.00 % [migration/1]
     17 be/4 root        0.00 B/s    0.00 B/s  0.00 %  0.00 % [ksoftirqd/1]
     19 be/0 root        0.00 B/s    0.00 B/s  0.00 %  0.00 % [kworker/1:0H-kblockd]
     20 be/4 root        0.00 B/s    0.00 B/s  0.00 %  0.00 % [cpuhp/2]
     21 rt/4 root        0.00 B/s    0.00 B/s  0.00 %  0.00 % [watchdog/2]
     22 rt/4 root        0.00 B/s    0.00 B/s  0.00 %  0.00 % [migration/2]
     23 be/4 root        0.00 B/s    0.00 B/s  0.00 %  0.00 % [ksoftirqd/2]
     25 be/0 root        0.00 B/s    0.00 B/s  0.00 %  0.00 % [kworker/2:0H-kblockd]
     26 be/4 root        0.00 B/s    0.00 B/s  0.00 %  0.00 % [cpuhp/3]
     27 rt/4 root        0.00 B/s    0.00 B/s  0.00 %  0.00 % [watchdog/3]
     28 rt/4 root        0.00 B/s    0.00 B/s  0.00 %  0.00 % [migration/3]
     29 be/4 root        0.00 B/s    0.00 B/s  0.00 %  0.00 % [ksoftirqd/3]
     31 be/0 root        0.00 B/s    0.00 B/s  0.00 %  0.00 % [kworker/3:0H-kblockd]
     33 be/4 root        0.00 B/s    0.00 B/s  0.00 %  0.00 % [kdevtmpfs]
     34 be/0 root        0.00 B/s    0.00 B/s  0.00 %  0.00 % [netns]
     35 be/4 root        0.00 B/s    0.00 B/s  0.00 %  0.00 % [kauditd]
     37 be/4 root        0.00 B/s    0.00 B/s  0.00 %  0.00 % [khungtaskd]
     38 be/4 root        0.00 B/s    0.00 B/s  0.00 %  0.00 % [oom_reaper]
```

图 11-5　iotop 命令的主界面

用户可以通过顶部的 Total DISK READ、Total Disk WRITE、Actual DISK READ 和 Actual DISK WRITE 等指标来了解整体的磁盘 IO 情况。同时，对于每个单独的进程 IO 情况，可以通过图 11-5 中的列表了解。如果用户的磁盘 IO 出现问题，那么可以通过 COMMAND 找到相关的进程。

11.1.7　iptraf 命令

iptraf 是一个交互式的局域网监控工具，它可以实时地监视网卡流量，可以生成各种网络统计数据，包括 TCP 信息、UDP 统计、ICMP 和 OSPF 信息、以太网负载信息、节点统计、IP 校验和错误以及其他一些信息。

iptraf 采用非常友好的界面，用户在命令行中输入以下命令：

```
[root@localhost ~]# iptraf-ng
```

接下来会出现一个字符形式的菜单，如图 11-6 所示。

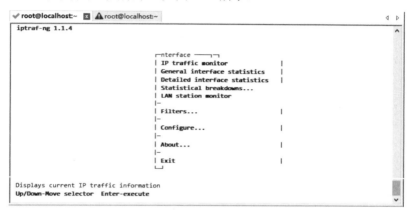

图 11-6　iptraf 主菜单

其中 IP traffic monitor 可以显示当前 IP 地址的网络通信信息，如图 11-7 所示。

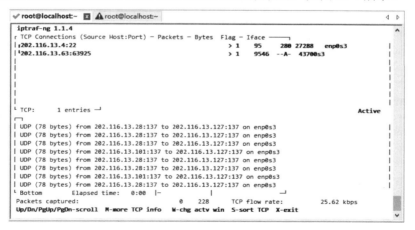

图 11-7　当前 IP 地址的网络通信统计

General interface statistics 可以显示网络接口的流量统计信息，如图 11-8 所示。

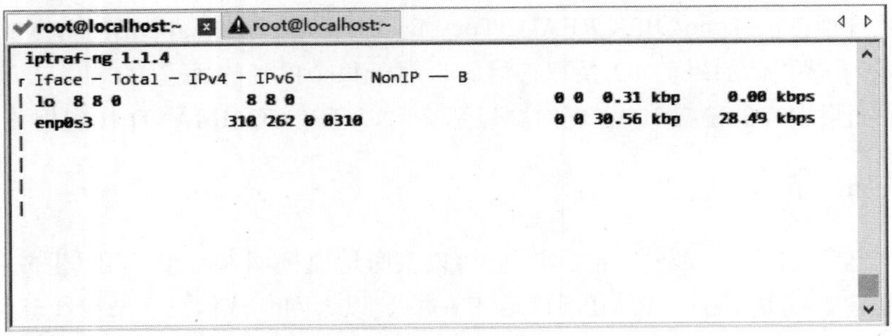

图 11-8　网络接口的流量统计信息

Detailed interface statistics 可以显示某个特定的网络接口更加详细的数据统计，如图 11-9 所示。

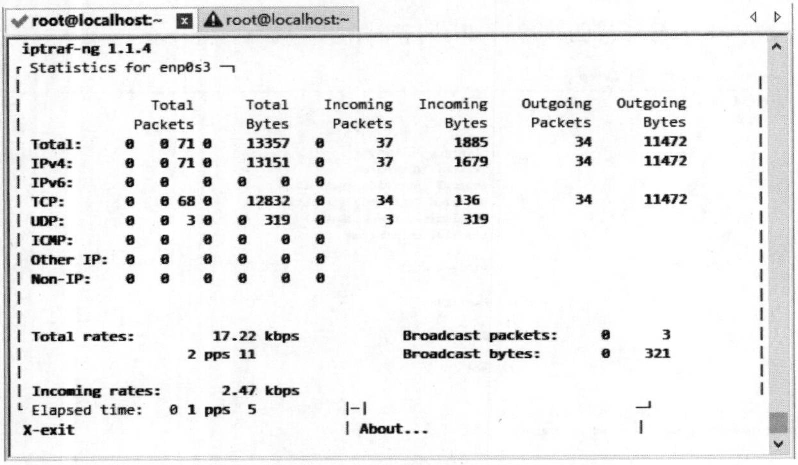

图 11-9　网络接口 enp0s3 的详细网络通信数据统计

11.1.8　iftop 命令

与 htop、iotop 等命令类似，iftop 命令可以用来监控网卡的实时流量、反向解析 IP、显示端口信息等，如图 11-10 所示。

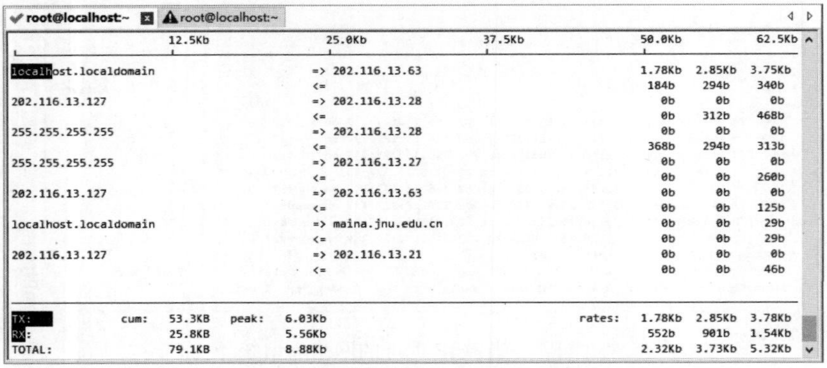

图 11-10　iftop 命令的主界面

图 11-10 所示的界面类似刻度尺的刻度范围，为显示流量图形的长条作标尺用的。中间的"<="和"=>"这两个左右箭头表示的是流量的方向。在界面底部有一个总的统计数据，其中 TX 为发送流量，RX 为接收流量，TOTAL 为总流量，cum 为运行 iftop 到目前时间的总流量，peak 为流量峰值，rates 分别表示过去 2 秒、10 秒以及 40 秒的平均流量。

11.1.9　lsof 命令

lsof 命令是经常使用的一个问题跟踪工具，它可以列出当前系统打开文件的清单。由于在 Linux 系统中，一切都是以文件的形式存在的，因此通过 lsof 命令不仅可以访问常规的文件，还可以访问网络连接和硬件。下面通过具体的例子来说明 lsof 命令的使用方法。

1. 查看某个命令打开的文件

-c 选项可以显示某个命令目前打开的文件列表，这个功能在排查某些故障的时候非常有用。例如，下面的命令列出了 Apache 服务器打开的文件列表：

```
[root@localhost ~]# lsof -c httpd | more
COMMAND  PID  USER      FD      TYPE     DEVICE   SIZE/OFF    NODE  NAME
httpd    880  root      cwd     DIR      253,0    258          128  /
httpd    880  root      rtd     DIR      253,0    258          128  /
httpd    880  root      txt     REG      253,0    580056   51051977 /usr/sbin/httpd
httpd    880  root      DEL     REG      253,0                  34  /var/lib/sss/mc/group
...
```

在上面的输出中，COMMAND 为命令名称，PID 为进程 ID，USER 为当前进程的所有者，FD 为文件描述符，应用程序通过文件描述符识别该文件。表 11-3 列出了常见的文件描述符。

表 11-3　文件描述符

文件描述符	说　　明
cwd	当前工作目录
txt	可执行程序，如应用程序二进制文件本身或共享库
mem	内存映射文件
rtd	根目录
DEL	该文件在打开后被删除了
0	标准输出，后面的字符 u 表示该文件处于读写模式，r 表示只读模式，w 表示只写模式
1	标准输入
2	标准错误

TYPE 列为文件类型，常见的有 REG 表示普通文件，DIR 表示目录，FIFO 表示管道，CHR 表示块设备。

DEVICE 为磁盘名称，SIZE 为文件大小，NODE 为 i 节点号，NAME 为文件名。

除了使用命令名称之外，还可以使用进程 ID。例如，下面通过 ps 命令查看 httpd 进程的 ID：

```
[root@localhost ~]# ps -ef|grep httpd
```

```
root         880      1    0  07:47 ?         00:00:01    /usr/sbin/httpd -DFOREGROUND
apache       902    880    0  07:47 ?         00:00:00    /usr/sbin/httpd
-DFOREGROUND
apache       903    880    0  07:47 ?         00:00:06    /usr/sbin/httpd
-DFOREGROUND
…
```

在上面的输出中,第 1 行的 httpd 进程的 ID 为 880。下面通过 lsof 命令查看这个进程打开的文件:

```
[root@localhost ~]# lsof -p 880
COMMAND     PID USER    FD   TYPE   DEVICE  SIZE/OFF    NODE NAME
httpd       880 root   cwd   DIR    253,0   258         128  /
httpd       880 root   rtd   DIR    253,0   258         128  /
httpd       880 root   txt   REG    253,0   580056   51051977 /usr/sbin/httpd
…
```

上面命令的 -p 选项表示后面的参数为进程 ID。

2. 查看某个文件被哪个进程打开

通过 lsof 命令,用户还可以知道某个动态库文件正在被哪些进程使用,或者被哪些用户使用。例如,下面的命令显示了动态库 /usr/lib64/ld-2.28.so 的使用情况:

```
[root@localhost ~]# lsof /usr/lib64/ld-2.28.so
COMMAND    PID USER    FD     TYPE   DEVICE SIZE/OFF NODE NAME
systemd      1 root           mem    REG    253,0    302552   1368 /usr/lib64/ld-2.28.so
systemd-j  709 root           mem    REG    253,0    302552   1368 /usr/lib64/ld-2.28.so
systemd-u  741 root    mem    REG    253,0  302552   1368 /usr/lib64/ld-2.28.so
auditd     846 root    mem    REG    253,0  302552   1368 /usr/lib64/ld-2.28.so
irqbalanc  868 root    mem    REG    253,0  302552   1368 /usr/lib64/ld-2.28.so
dbus-daem  870 dbus    mem    REG    253,0  302552   1368 /usr/lib64/ld-2.28.so
…
```

从上面的输出可知,当前系统中有非常多的进程都使用了该动态库文件,其进程 ID 和所有者也都显示了出来。

3. 查看某个用户打开哪些文件

lsof 的 -u 选项可以用来指定进程的所有者,例如下面的命令显示了 apache 用户打开的文件列表:

```
[root@localhost ~]# lsof -u mysql
COMMAND  PID USER    FD   TYPE  DEVICE  SIZE/OFF   NODE  NAME
mysqld  1586 mysql  cwd   DIR   253,0   4096       4736789
```

```
/usr/local/mysql/data
mysqld       1586     mysql     rtd DIR     253,0        224       128 /
…
```

从上面的输出可知，mysql 用户使用/usr/local/mysql/data 目录，这正是 MySQL 的数据存储目录。

4. 获取网络信息

通常情况下，人们使用 netstat 或者 iftop 等命令来获取网络方面的信息。实际上，lsof 不仅可以显示文件信息，还可以显示网络方面的信息。

例如，下面的命令显示当前主机中处于活动状态的网络连接：

```
[root@localhost ~]# lsof -i
COMMAND PID USER       FD    TYPE    DEVICE   SIZE/OFF    NODE    NAME
…
httpd       890 root    4u    IPv6    23438    0t0         TCP *:http (LISTEN)
sshd        898 root    4u    IPv4    23381    0t0         TCP *:ssh (LISTEN)
sshd        898 root    6u    IPv6    23390    0t0         TCP *:ssh (LISTEN)
httpd       928 apache  4u    IPv6    23438    0t0         TCP *:http (LISTEN)
httpd       929 apache  4u    IPv6    23438    0t0         TCP *:http (LISTEN)
httpd       930 apache  4u    IPv6    23438    0t0         TCP *:http (LISTEN)
…
```

在上面的输出结果中，包含 IPv4 和 IPv6 的网络连接，如果只想显示 IPv6 的网络连接，可以在 -i 选项后面使用参数 6，如下所示：

```
[root@localhost ~]# lsof -i 6
COMMAND PID USER       FD    TYPE    DEVICE   SIZE/OFF    NODE NAME
httpd       890 root    4u    IPv6    23438    0t0         TCP *:http (LISTEN)
sshd        898 root    6u    IPv6    23390    0t0         TCP *:ssh (LISTEN)
httpd       928 apache  4u    IPv6    23438    0t0         TCP *:http (LISTEN)
httpd       929 apache  4u    IPv6    23438    0t0         TCP *:http (LISTEN)
httpd       930 apache  4u    IPv6    23438    0t0         TCP *:http (LISTEN)
…
```

同理，如果想要只显示 IPv4 的网络连接，可以使用以下命令：

```
[root@localhost ~]# lsof -i 4
```

-i 选项还可以使用 TCP 和 UDP 等协议名称作为参数来显示某种协议的网络连接。例如，下面的命令只显示 TCP 协议的网络连接：

```
[root@localhost ~]# lsof -i TCP
COMMAND PID USER      FD   TYPE DEVICE SIZE/OFF NODE NAME
httpd       890 root   4u   IPv6 23438        0t0 TCP *:http (LISTEN)
```

```
sshd           898 root     4u  IPv4  23381       0t0  TCP *:ssh (LISTEN)
sshd           898 root     6u  IPv6  23390       0t0  TCP *:ssh (LISTEN)
```

lsof 还支持通过端口来查询网络连接，这在某个端口被占用的情况下排除故障非常有用。例如，下面的命令查看本地端口 80 的网络连接：

```
[root@localhost ~]# lsof -i :80
COMMAND PID USER     FD   TYPE  DEVICE  SIZE/OFF   NODE NAME
httpd       890 root     4u   IPv6  23438   0t0        TCP *:http (LISTEN)
httpd       928 apache   4u   IPv6  23438   0t0        TCP *:http (LISTEN)
httpd       929 apache   4u   IPv6  23438   0t0        TCP *:http (LISTEN)
httpd       930 apache   4u   IPv6  23438   0t0        TCP *:http (LISTEN)
```

在上面的命令中，端口使用冒号加上端口号作为参数。

如果用户想要通过 lsof 命令查看与某个主机的网络连接，那么可以使用@host 作为-i 选项的参数的语法，如下所示：

```
[root@localhost ~]# lsof -i@192.168.2.106
COMMAND PID      USER   FD    TYPE   DEVICE  SIZE/OFF NODE NAME
sshd       1878     root       5u   IPv4    24165      0t0      TCP
localhost.localdomain:ssh->192.168.2.106:61870 (ESTABLISHED)
sshd       1884     root       5u   IPv4    24194      0t0      TCP
localhost.localdomain:ssh->192.168.2.106:61877 (ESTABLISHED)
sshd       1897     root       5u   IPv4    24165      0t0      TCP
localhost.localdomain:ssh->192.168.2.106:61870 (ESTABLISHED)
sshd       1900     root       5u   IPv4    24194      0t0      TCP
localhost.localdomain:ssh->192.168.2.106:61877 (ESTABLISHED)
```

上面的命令显示与主机 192.168.2106 的网络连接。

11.2　Apache 常用监控方法

在 Apache 充当一个 Web 服务器的角色时，用户必须时刻关注其运行状态，以便及时发现问题和解决问题，避免由于 Apache 服务终止而引起的损失。

本节将详细介绍 Apache 的两种常用的监控方法。

11.2.1　mod_status 模块

mod_status 是 Apache 提供的扩展模块，通过该模块，用户可以连接 Apache 的实时运行状态。用户可以使用以下命令查看当前 Apache 是否已经加载该模块：

```
[root@localhost ~]# httpd -M | grep status
 status_module (shared)
```

如果输出以上结果，就表示 mod_status 已经被加载。如果以上命令没有任何输出，就表示 mod_status 没有加载，此时用户可以在 /etc/httpd/conf.modules.d/00-base.conf 配置文件中通过 LoadModule 指令加载该模块，如下所示：

```
LoadModule status_module modules/mod_status.so
```

当 mod_status 模块被正常加载之后，用户需要在 httpd.conf 文件中配置一个 location 指令，如下所示：

```
01  <Location "/server-status">
02     SetHandler server-status
03  </Location>
```

以上指令表示当用户请求/server/-status 这个 URI 时，交由 server-status 处理。

设置完成之后，重新启动 Apache 服务。然后通过浏览器访问以下地址：

```
http://192.168.2.118/server-status
```

其中的 IP 地址为 Apache 服务器的 IP 地址，用户可以根据自己的实际情况进行替换。打开 Apache 服务器状态界面，如图 11-11 所示。

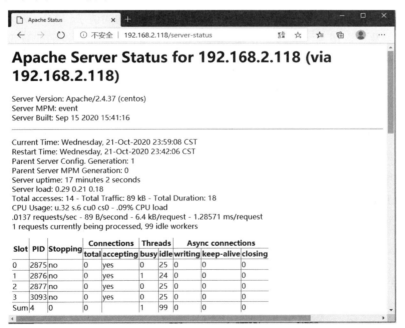

图 11-11　Apache 服务器状态页

mod_statu 模块还支持一个 refresh 参数，用户可以通过该参数指定状态页面自动刷新的时间间隔，以秒为单位。例如，以下地址表示状态页每隔 5 秒自动刷新一次：

```
http://192.168.2.118/server-status?refresh=5
```

从图 11-11 可以看出，mod_status 模块非常详细地显示了 Apache 的各种运行状态，包括服务器的负载、总的访问次数、CPU 的利用情况以及当前的 HTTP 连接列表。

11.2.2 apachetop

apachetop 的功能与 top、htop、iotop 以及 iftop 的功能非常相似，只不过 apachetop 是用来监控 Apache 的访问状态的。如果当前 Linux 系统中没有安装该命令，用户可以使用以下命令进行安装：

```
[root@localhost ~]# dnf -y install apachetop
```

apachetop 命令的使用方法非常简单，直接在命令行输入即可。apachetop 的主界面如图 11-12 所示。

```
last hit: 16:14:18        atop runtime:  0 days, 00:03:30           16:14:21
All: 0 reqs (  41.0/sec) 0.0.2(     0.0B/se1164.2K ( 5787.0B      28.4K
2xx:      41 ( 100%) 3xx:          0 ( 0.0%) 4xx:       0 ( 0.0%) 5xx:      0 ( 0.0%)
R ( 30s):  0 reqs6(   0.0/sec)20.0B (   0.0179.0K ( 6110.9        29.8K
2xx:       6 ( 100%) 3xx:          0 ( 0.0%) 4xx:       0 ( 0.0%) 5xx:      0 ( 0.0%)

    REQS REQ/S    KB KB/S URL
       6  0.21 179.0  6.4*/server-status
```

图 11-12 apachetop 的主界面（含 URL 视图）

第 01 行左侧为最近一次点击的时间，中间为 apachetop 运行的总时间，右侧为当前的系统时间。第 02 行显示的是 apachetop 运行以来所有的请求次数、每秒平均的请求次数、接收到的字节数、每秒接收的字节数以及每次请求平均的字节数。第 03 行显示 Apache 服务器发送的 HTTP 响应的情况，其中 2xx、3xx、4xx 以及 5xx 表示 HTTP 响应的状态码。

第 04 行和第 05 行各个列的含义分别与第 02 行和第 03 行是一样的，唯一不同的是它们跨越的时段不一样，前两行是统计从 apachetop 启动以来所有的请求，而这两行默认统计的是 30 秒之内的请求。

下面就是每一个具体的 URL 的请求状况了，这里面列出的是指定时间段内对每一个 URL 分别的请求数量、每秒的请求次数、这些请求的字节数以及每秒平均的字节数。

apachetop 支持 3 种视图，分别为 URL、HOST 和 REFERRER，用户可以通过 d 键在这 3 个视图之间切换。图 11-13 显示的是 HOST 视图，图 11-14 显示的是 REFERRER 视图。

```
last hit: 16:34:33        atop runtime:  0 days, 00:23:43           16:34:34
All: 280 reqs (   0.2/sec) 8637.2K ( 6232.9B/sec)          30.8K/req
2xx:     280 ( 100%) 3xx:          0 ( 0.0%) 4xx:       0 ( 0.0%) 5xx:      0 ( 0.0%)
R ( 29s): 6 reqs (   0.2/sec) 189.1K ( 6678.5B/sec)          31.5K/req
2xx:       6 ( 100%) 3xx:          0 ( 0.0%) 4xx:       0 ( 0.0%) 5xx:      0 ( 0.0%)

    REQS REQ/S    KB KB/S HOST
       6  0.23 189.1  7.3*192.168.2.106 [192.168.2.106]
```

图 11-13 apachetop 的 HOST 视图

```
last hit: 16:35:14        atop runtime:  0 days, 00:24:27             16:35:18
All: 288 reqs (    0.2/sec) 8889.3K ( 6221.9B/sec)        30.9K/req
2xx:       288 ( 100%) 3xx:          0 ( 0.0%) 4xx:       0 ( 0.0%) 5xx:     0 ( 0.0%)
R ( 30s): 6 reqs (    0.2/sec) 189.1K ( 6455.2B/sec)      31.5K/req
2xx:         6 ( 100%) 3xx:          0 ( 0.0%) 4xx:       0 ( 0.0%) 5xx:     0 ( 0.0%)
|
 REQS REQ/S    KB KB/S REFERRER
     6  0.20 189.1  6.3*192.168.2.118/server-status?refresh=5
```

图 11-14 apachetop 的 REFERRER 视图

11.3 MySQL 常用监控方法

对于数据库管理系统而言，实时性能状态数据尤为重要，特别是在出现性能抖动的时候，这些实时的性能数据可以快速帮助用户定位数据库系统的性能瓶颈，从而发现和解决问题。本节将详细介绍 MySQL 的常用监控方法。

11.3.1 mytop 命令

mytop 命令与其他的 top 命令一脉相承，同样是通过简洁的字符界面为用户提供丰富的 MySQL 运行状态的各种性能指标。

如果用户的 Linux 系统中没有安装 mytop，就可以使用以下命令安装：

```
[root@localhost ~]# dnf -y install mytop
```

mytop 命令的语法与 MySQL 的客户端工具 mysql 基本相同，如下所示：

```
mytop [options]
```

其中常用的选项有-u，用来指定连接 MySQL 服务器的用户名；-p 用来指定连接 MySQL 服务器的用户对应的密码；-h 选项用来指定 MySQL 服务器的地址；-d 选项指定要连接的数据库名称；-p 选项可以指定 MySQL 服务器的端口；如果使用套接字连接 MySQL 服务器，那么可以通过-S 选项来指定套接字文件的路径；-s 选项可以指定 mytop 数据刷新的时间间隔。

例如，下面的命令连接到本机的 MySQL 服务器：

```
[root@localhost ~]# mytop -u root -p 123456 -d mysql
```

mytop 命令的主界面如图 11-15 所示。

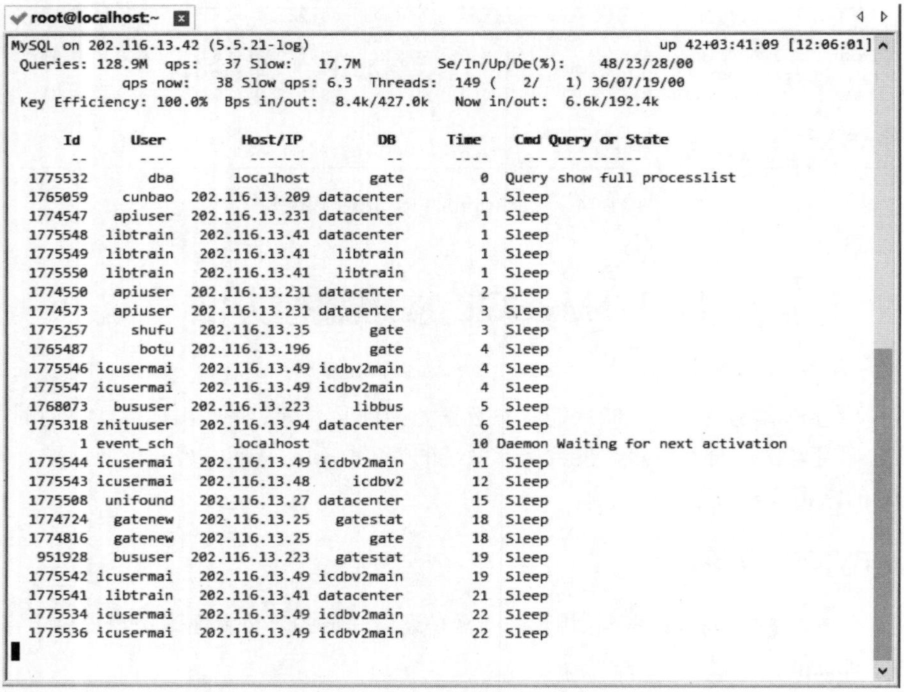

```
✓ root@localhost:~
MySQL on 202.116.13.42 (5.5.21-log)                              up 42+03:41:09 [12:06:01]
Queries: 128.9M  qps:       37 Slow:    17.7M    Se/In/Up/De(%):    48/23/28/00
                 qps now:   38 Slow qps: 6.3   Threads: 149 (   2/   1) 36/07/19/00
Key Efficiency: 100.0%  Bps in/out:  8.4k/427.0k   Now in/out:  6.6k/192.4k

       Id      User       Host/IP            DB      Time  Cmd Query or State
       --      ----       -------            --      ----  --- --------------
  1775532       dba       localhost        gate         0  Query show full processlist
  1765059    cunbao   202.116.13.209  datacenter        1  Sleep
  1774547    apiuser   202.116.13.231  datacenter       1  Sleep
  1775548    libtrain  202.116.13.41   datacenter       1  Sleep
  1775549    libtrain  202.116.13.41     libtrain       1  Sleep
  1775550    libtrain  202.116.13.41     libtrain       1  Sleep
  1774550    apiuser   202.116.13.231  datacenter       2  Sleep
  1774573    apiuser   202.116.13.231  datacenter       3  Sleep
  1775257     shufu    202.116.13.35         gate       3  Sleep
  1765487      botu    202.116.13.196        gate       4  Sleep
  1775546   icusermai  202.116.13.49    icdbv2main      4  Sleep
  1775547   icusermai  202.116.13.49    icdbv2main      4  Sleep
  1768073    bususer   202.116.13.223      libbus       5  Sleep
  1775318   zhituuser  202.116.13.94   datacenter       6  Sleep
        1   event_sch   localhost                      10  Daemon Waiting for next activation
  1775544   icusermai  202.116.13.49    icdbv2main     11  Sleep
  1775543   icusermai  202.116.13.48        icdbv2     12  Sleep
  1775508   unifound   202.116.13.27   datacenter      15  Sleep
  1774724   gatenew    202.116.13.25      gatestat     18  Sleep
  1774816   gatenew    202.116.13.25          gate     18  Sleep
   951928   bususer   202.116.13.223      gatestat     19  Sleep
  1775542   icusermai  202.116.13.49    icdbv2main     19  Sleep
  1775541   libtrain   202.116.13.41   datacenter      21  Sleep
  1775534   icusermai  202.116.13.49    icdbv2main     22  Sleep
  1775536   icusermai  202.116.13.49    icdbv2main     22  Sleep
```

图 11-15　mytop 的主界面

在图 11-15 中，顶部首先显示的是 MySQL 服务器的基本信息，其中 202.116.13.42 为 MySQL 服务器的 IP 地址，此处也可以是主机名，5.5.21-log 为 MySQL 服务器的版本号，紧跟在后面的是当前 MySQL 服务器运行的时间（格式为天数+小时:分钟:秒）以及当前的系统时间。

接下来的第 02 行和第 03 行是 MySQL 服务器执行的查询的总数量，平均每秒执行的查询数量，慢查询的数量以及查询、插入、更新和删除各占的百分比。然后是实时数据，分别与上面的各个指标对应。第 04 行主键缓冲区的效率、总体每秒发送和接收的数据以及实时每秒发送和接收的数据。

最后占据整个界面最大部分的列表显示了当前 MySQL 服务器的会话列表，默认按空闲时间升序排列。

11.3.2　innotop 命令

innotop 是一个字符界面的 MySQL 服务器以及 InnoDB 事务监控工具。其语法与 mytop 基本相同，如下所示：

```
innotop [options]
```

innotop 命令的常用选项与 mytop 命令基本相同，例如：

```
[root@localhost ~]# innotop -u dba -p abc123 -h 192.168.1.109
```

在上面的命令中，-h 选项用来指定数据库用户名，-p 选项用来指定数据库用户的密码，-h 选项用来指定要连接的 MySQL 服务器地址。

innotop 命令的主界面为 Dashboard，如图 11-16 所示。

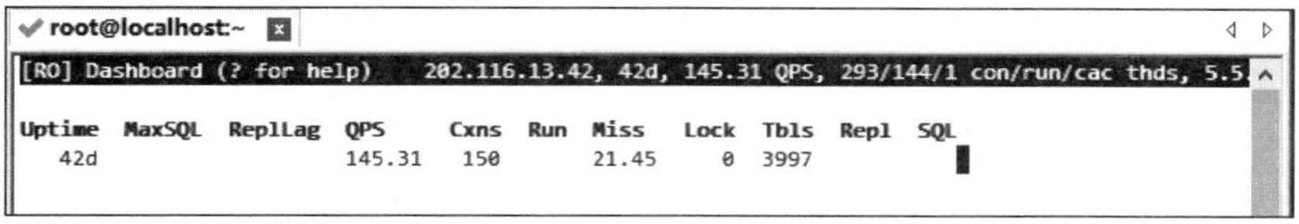

图 11-16　Dashboard

按?键，可以显示 innotop 命令的帮助界面，如图 11-17 所示。

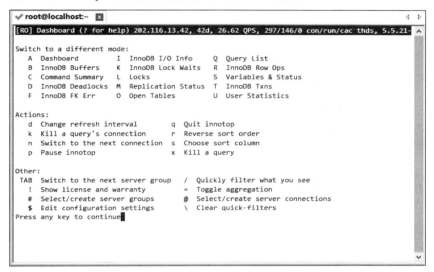

图 11-17　innotop 的帮助界面

如图 11-17 所示，innotop 命令包含 15 种视图模式，分别为 Dashboard、InnoDB I/O Info、Query List、InnoDB Buffers、InnoDB Lock Waits 等，用户可以使用每种模式前面的大写字母键切换到对应的模式。

除此之外，innotop 命令还提供了一些 Action，例如 d 键可以修改刷新频率，k 键可以终止一个数据库连接等。

11.3.3　通过 information_schema 数据库查询 MySQL 的状态

information_schema 数据库是 MySQL 的一个重要的系统数据库，保存着关于 MySQL 服务器所维护的所有其他数据库的信息。下面分别介绍这个数据库中经常用到的一些表。

1. INNODB_TRX

用户可以通过查询 INNODB_TRX 表来了解当前 MySQL 服务器中有哪些事务正在执行，如下所示：

```
mysql> SELECT * FROM INFORMATION_SCHEMA.INNODB_TRX limit 5\G;
*************************** 1. row ***************************
            trx_id: 37989AB2E
         trx_state: LOCK WAIT
```

```
            trx_started: 2020-10-22 16:27:40
    trx_requested_lock_id: 37989AB2E:0:328757:2
         trx_wait_started: 2020-10-22 16:27:40
               trx_weight: 2
      trx_mysql_thread_id: 1783613
                trx_query: update visituser set visittime=
NAME_CONST('_visittime',_latin1'2020-10-22 14:38:01' COLLATE
'latin1_swedish_ci'),visit_state = 1,gateno = NAME_CONST('_gateno',2)
            where cardno = NAME_CONST('_cardno',_utf8'21502' COLLATE
'utf8_general_ci') and TO_DAYS( NAME_CONST('_visittime',_latin1'2020-10-22
14:38:01' COLLATE 'latin1_swedish_ci'))=TO_DAYS(statdate) and (visit_state=0 or
UNIX_TIMESTAMP(visittime) >
UNIX_TIMESTAMP( NAME_CONST('_visittime',_latin1'2020-10-22 14:38:01' COLLATE
'latin1_swedish_ci')))
      trx_operation_state: starting index read
        trx_tables_in_use: 1
        trx_tables_locked: 1
         trx_lock_structs: 2
    trx_lock_memory_bytes: 376
          trx_rows_locked: 1
        trx_rows_modified: 0
  trx_concurrency_tickets: 0
      trx_isolation_level: REPEATABLE READ
        trx_unique_checks: 1
   trx_foreign_key_checks: 1
trx_last_foreign_key_error: NULL
 trx_adaptive_hash_latched: 0
 trx_adaptive_hash_timeout: 10000
*************************** 2. row ***************************
                   trx_id: 37989AB2D
                trx_state: LOCK WAIT
              trx_started: 2020-10-22 16:27:39
    trx_requested_lock_id: 37989AB2D:0:328757:2
         trx_wait_started: 2020-10-22 16:27:39
               trx_weight: 2
      trx_mysql_thread_id: 1783556
                trx_query: update visituser set visittime=
NAME_CONST('_visittime',_latin1'2020-10-22 14:53:28' COLLATE
'latin1_swedish_ci'),visit_state = 1,gateno = NAME_CONST('_gateno',3)
            where cardno = NAME_CONST('_cardno',_utf8'22715' COLLATE
```

```
'utf8_general_ci') and TO_DAYS( NAME_CONST('_visittime',_latin1'2020-10-22
14:53:28' COLLATE 'latin1_swedish_ci'))=TO_DAYS(statdate) and (visit_state=0 or
UNIX_TIMESTAMP(visittime) >
UNIX_TIMESTAMP( NAME_CONST('_visittime',_latin1'2020-10-22 14:53:28' COLLATE
'latin1_swedish_ci')))
      trx_operation_state: starting index read
        trx_tables_in_use: 1
       trx_tables_locked: 1
        trx_lock_structs: 2
   trx_lock_memory_bytes: 376
         trx_rows_locked: 1
       trx_rows_modified: 0
 trx_concurrency_tickets: 0
     trx_isolation_level: REPEATABLE READ
       trx_unique_checks: 1
   trx_foreign_key_checks: 1
trx_last_foreign_key_error: NULL
 trx_adaptive_hash_latched: 0
 trx_adaptive_hash_timeout: 10000
...
```

在上面的输出中，包含许多非常有用的信息，例如 trx_state 表示当前事务的执行状态，如果其值为 LOCK WAIT，就表示该事务正在等待锁，如果其值为 RUNNING，就表示当前事务正在执行，如果某个事务的状态一直是 RUNNING，就很有可能被阻塞了。

2. INNODB_LOCKS

该表存储了当前 MySQL 服务器中的所有锁及其状态，用户可以通过查询该表了解当前锁的各种指标，如下所示：

```
mysql> SELECT * FROM INFORMATION_SCHEMA.INNODB_LOCKS limit 5\G;
*************************** 1. row ***************************
    lock_id : 37989BFE1:0:328757:2
lock_trx_id : 37989BFE1
 lock_mode : X
 lock_type : RECORD
 lock_table : `stat`.`visituser`
 lock_index : `PRIMARY`
 lock_space : 0
 lock_page : 328757
  lock_rec : 2
 lock_data : 775
```

```
*************************** 2. row ***************************
    lock_id : 37989BFE0:0:328757:2
lock_trx_id : 37989BFE0
  lock_mode : X
  lock_type : RECORD
 lock_table : `stat`.`visituser`
 lock_index : `PRIMARY`
 lock_space : 0
  lock_page : 328757
   lock_rec : 2
  lock_data : 775
...
```

在上面的输出中，lock_id 为当前锁的 ID。lock_trx_id 为与当前锁关联的事务的 ID。lock_mode 为锁的模式，其中 X 为排他锁，S 为共享锁，IS 为意向共享锁，IX 为意向排他锁。lock_type 为锁的类型，RECORD 为行锁，TABLE 为表锁。lock_table 为要加锁的表，lock_index 为要锁住的索引，lock_space 为 innodb 存储引擎表空间的 ID 号码。lock_page 为被锁住的页的数量，如果是表锁，那么该值为 null。lock_rec 为被锁定的行的数量，如果是表锁，那么该值为 null。lock_data 为被锁定的主键值，如果是表锁，那么该值为 null。

3. INNODB_LOCK_WAITS

该表存储了当前正在等待的锁的信息，如下所示：

```
mysql> SELECT * FROM INFORMATION_SCHEMA.INNODB_LOCK_WAITS limit 5\G
*************************** 1. row ***************************
requesting_trx_id: 37989DEFA
requested_lock_id: 37989DEFA:0:328757:2
  blocking_trx_id: 37989DEF9
  blocking_lock_id: 37989DEF9:0:328757:2
*************************** 2. row ***************************
requesting_trx_id: 37989DEFA
requested_lock_id: 37989DEFA:0:328757:2
  blocking_trx_id: 37989DEF8
  blocking_lock_id: 37989DEF8:0:328757:2
*************************** 3. row ***************************
requesting_trx_id: 37989DEFA
requested_lock_id: 37989DEFA:0:328757:2
  blocking_trx_id: 37989DEF7
  blocking_lock_id: 37989DEF7:0:328757:2
*************************** 4. row ***************************
requesting_trx_id: 37989DEFA
requested_lock_id: 37989DEFA:0:328757:2
  blocking_trx_id: 37989DEF6
  blocking_lock_id: 37989DEF6:0:328757:2
```

```
*************************** 5. row ***************************
requesting_trx_id: 37989DEFA
requested_lock_id: 37989DEFA:0:328757:2
  blocking_trx_id: 37989DEF5
 blocking_lock_id: 37989DEF5:0:328757:2
5 rows in set (0.21 sec)
…
```

该表一共有 3 列，requesting_trx_id 为正在请求锁的事务的 ID，即申请资源的事务的 ID。requested_lock_id 为被申请的锁的 ID。blocking_trx_id 为阻塞的事务的 ID，即当前拥有锁的事务的 ID。blocking_lock_id 为阻塞的锁的 ID，当前正在锁定的锁的 ID。

11.3.4 通过 SHOW 命令查询 MySQL 的状态

MySQL 提供了一个功能非常强大的 SHOW 命令，可以查询各种服务器的状态。

1. 查询数据库连接数量

在 MySQL 服务器中，每个数据库连接分配一个线程，所以用户可以通过查询线程数量来了解数据库连接的数量，如下所示：

```
mysql> SHOW STATUS LIKE 'Thread_%';
+-----------------------------------+------------+
| Variable_name                     | Value      |
+-----------------------------------+------------+
| Threads_cached                    | 2          |
| Threads_connected                 | 152        |
| Threads_created                   | 61839      |
| Threads_running                   | 286        |
+-----------------------------------+------------+
4 rows in set (0.00 sec)
```

其中 Threads_cached、Threads_connected、Threads_created 以及 Threads_running 分别为被缓存的线程、当前连接的线程、一共被创建的线程以及当前处于激活状态的线程的数量。

2. 查询缓存命中次数

Qcache_hits 变量为 MySQL 服务器的查询缓存命中率，表示在缓存中直接得到结果，不需要再去解析 SQL 语句。

```
mysql> SHOW GLOBAL STATUS LIKE 'Qcache_hits';
+-------------------------+-------------+
| Variable_name           | Value       |
+-------------------------+-------------+
| Qcache_hits             | 0           |
+-------------------------+-------------+
1 row in set (0.00 sec)
```

3. 统计查询语句

Com_select、Com_insert、Com_update 以及 Com_delete 这 4 个变量保存了总的查询语句、插入语句、更新语句以及删除语句的数量,如下所示:

```
mysql> SHOW GLOBAL STATUS LIKE 'Com_select';
+---------------------------+---------------+
| Variable_name             | Value         |
+---------------------------+---------------+
| Com_select                | 64791491      |
+---------------------------+---------------+
1 row in set (0.00 sec)

mysql> SHOW GLOBAL STATUS LIKE 'Com_insert';
+---------------------------+---------------+
| Variable_name             | Value         |
+---------------------------+---------------+
| Com_insert                | 31700465      |
+---------------------------+---------------+
1 row in set (0.00 sec)

mysql> SHOW GLOBAL STATUS LIKE 'Com_update';
+---------------------------+---------------+
| Variable_name             | Value         |
+---------------------------+---------------+
| Com_update                | 38577892      |
+---------------------------+---------------+
1 row in set (0.00 sec)

mysql> SHOW GLOBAL STATUS LIKE 'Com_delete';
+---------------------------+------------+
| Variable_name             | Value      |
+---------------------------+------------+
| Com_delete                | 205258     |
+---------------------------+------------+
1 row in set (0.00 sec)
```

11.4　Nginx 常用监控方法

通过监控 Nginx,用户可以及时掌握 Nginx 是否正常运转。Nginx 的监控方法主要有 stub_status_module、ngxtop、netstat 以及 ps 命令等。本节将详细介绍这些监控方式的使用方法。

11.4.1 stub_status_module 模块

stub_status 模块是 Nginx 提供的用于查看其运行状态的扩展模块。如果没有安装该模块，用户可以参考前面介绍的方法进行安装。

安装完成之后，用户需要在 Nginx 的配置文件中默认虚拟主机中通过 location 指令来配置一个 URI，如下所示：

```
01  location /nginx-status {
02    stub_status on;
03    access_log off;
04  }
```

第 02 行的 stub_status 指令设置为 on，表示启用 stub_status 模块。第 03 行的 access_log 指令设置为 off，表示针对该 location 的请求不记录访问日志。这是因为用户通常通过不断刷新的方式来请求该 URI，如果记录访问日志，日志文件的增长速度就会非常快，并且都是重复的无意义的数据。

设置完成之后，重新启动 Nginx 或者重新加载 Nginx 配置文件，然后通过浏览器访问刚才定义的 location，结果如图 11-18 所示。

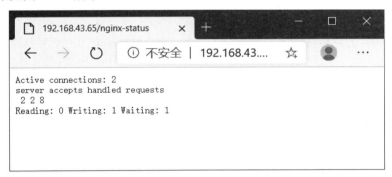

图 11-18　Nginx 状态页

其中 Active connections 表示当前活动的连接数量，第 02、03 行的数据分别为 Nginx 接受了两个客户端连接，成功创建了两次握手，一共处理了 8 个请求。第 04 行的 Reading 表示读取到的客户端的请求头数量，Writing 表示发送给客户的响应头数量，Waiting 为 Nginx 已经处理完，正在等候下一次请求指令的驻留连接。

如果 Reading 的值加上 Writing 的值比较高，表示当前并发很大；如果 Waiting 的值较大，表示处理得很快，已经在等待之后的请求了。

11.4.2 netstat 命令

用户可以通过 netstat 结合其他的命令查看 Nginx 的服务运行以及连接情况，例如：

```
[root@localhost ~]# netstat -lanp | grep nginx
tcp  0   0  0.0.0.0:80            0.0.0.0:*              LISTEN       24058/nginx: master
tcp  0   0  192.168.2.128:80      192.168.2.127:55490    ESTABLISHED  24059/nginx: worker
```

```
tcp    0    0  192.168.2.128:80      192.168.2.127:55489  ESTABLISHED 24059/nginx:
worker
tcp6   0    0  :::80                 :::*                 LISTEN      24058/nginx:
master
unix   3    [ ]     STREAM      CONNECTED      47730       24058/nginx: master
unix   3    [ ]     STREAM      CONNECTED      47734       24059/nginx: worker
unix   3    [ ]     STREAM      CONNECTED      47729       24058/nginx: master
…
```

通过上面的输出，用户可以得知 Nginx 正在监听本机的 IPv4 和 IPv6 的 80 端口，并且客户端 192.168.2.127 已经建立了两个连接。

通常情况下，如果发现不能访问 Nginx，就可以使用以上命令检查 Nginx 是否正在监听 80 端口。如果没有监听，用户就需要启动 Nginx 服务；如果已经处于监听状态，但是仍然不能访问，用户就可以排查其他的原因，例如防火墙或者端口冲突等。

11.5 PHP-FPM 常用监控方法

PHP-FPM 的监控方法包括状态页和 netstat 命令，本节将详细介绍这两种监控方式。

11.5.1 PHP-FPM 状态页

PHP-FPM 内置了状态页，开启后可查看 PHP-FPM 的详细运行状态，给 PHP-FPM 优化带来帮助。

为了能够使用 PHP-FPM 的状态页，用户需要在 PHP-FPM 的配置文件中进行相关配置。打开 /etc/php-fpm.d/www.conf 文件，将以下代码行前面的注释符号去掉：

```
pm.status_path = /status
```

配置完成之后，使用以下命令重新启动 PHP-FPM 服务：

```
[root@localhost ~]# systemctl restart php-fpm
```

接下来，还需要在 Nginx 的配置文件中相应地配置一个 location 指令，代码如下：

```
01 location /status {
02     fastcgi_pass unix:/run/php-fpm/www.sock;
03     include fastcgi_params;
04     fastcgi_param SCRIPT_FILENAME $fastcgi_script_name;
05 }
06 }
```

重新启动 Nginx 之后，通过浏览器访问上面定义的 location 指令，界面如图 11-19 所示。

图 11-19　PHP-FPM 状态页

其中 pool 为 PHP-FPM 进程池的名称，在本例中为 www。第 02 行是进程管理器管理进程的模式，可以为动态（dynamic）、静态（static）或者按需（on-demand），其中动态的意思为进程池中的进程数量是不固定的，静态的含义为进程池中的进程数量是固定的，按需则表示进程在有需求时才产生。在本例中，进程管理模式为动态。

start time 为启动日期；start since 为运行时长；accepted conn 为当前进程池接受的请求数；listen queue 为请求等待队列，如果这个值不为 0，那么要增加 PHP-FPM 的进程数量；max listen queue 为请求等待队列最高的数量。

listen queue len 为 socket 等待队列长度；idle processes 表示空闲进程数量；active processes 为活跃进程数量；total processes 为总进程数量；max active processes 为最大的活跃进程数量；max children reached 为达到进程最大数量限制的次数，如果这个数量不为 0，就说明最大进程数量太小了，需要增加；slow requests 表示启用了 PHP-FPM 慢日志，其值为缓慢请求的数量。

Nginx 的状态页还支持多个参数，例如以下参数表示返回 JSON 格式的数据（见图 11-20）：

```
http://192.168.2.128/status?json
```

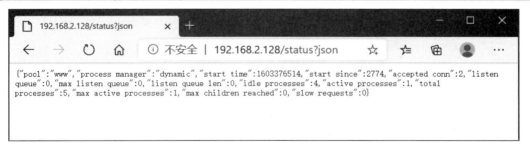

图 11-20　返回 JSON 格式的数据

以下参数可以返回 HTML 格式的数据（见图 11-21）：

```
http://192.168.2.128/status?html
```

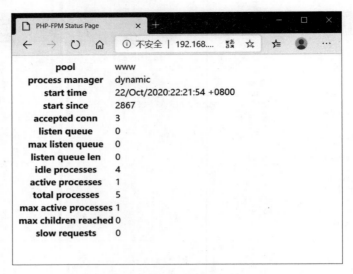

图 11-21　返回 HTML 格式的数据

以下参数返回 XML 格式的数据（见图 11-22）：

```
http://192.168.2.128/status?xml
```

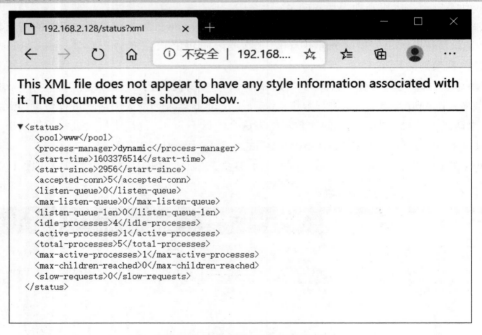

图 11-22　返回 XML 格式的数据

以下参数返回详细格式的文本数据（见图 11-23）：

```
http://192.168.2.128/status?full
```

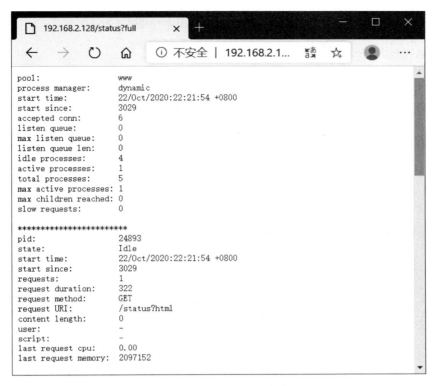

图 11-23　详细格式的文本数据

以下参数返回详细格式的 JSON 数据（见图 11-24）：

```
http://192.168.2.128/status?full&json
```

图 11-24　详细格式的 JSON 数据

除此之外，XML 和 HTML 也可以配置参数 full 返回详细格式的数据。

11.5.2　netstat 命令监控 PHP-FPM

在排除 PHP-FPM 的故障时，用户也可以借助 netstat 命令。例如，以下命令可以显示 PHP-FPM 是否处于监听状态：

```
[root@localhost ~]# netstat -lanp|grep php
unix  2      [ ACC ]     STREAM     LISTENING     51987  24892/php-fpm:   mast
/run/php-fpm/www.sock
unix  2      [ ]         STREAM     CONNECTED     52006  24897/php-fpm: pool
unix  3      [ ]         STREAM     CONNECTED     51985  24892/php-fpm: mast
unix  3      [ ]         STREAM     CONNECTED     51986  24892/php-fpm: mast
…
```

第 12 章

Zabbix 全方位监控服务

Zabbix 是一个功能非常强大的监控系统平台。Zabbix 实现了 IT 基础架构、服务、应用程序和资源的全面监控。通过 Zabbix，用户可以实现对网络设备、服务器软硬件、云平台、应用系统以及各种服务的监控。Zabbix 本身是一套开源系统，基于 GPLv2 协议发布。

本章将系统介绍 Zabbix 系统的使用方法。

本章主要涉及的知识点有：

- Zabbix 简介：介绍什么是 Zabbix、Zabbix 的功能以及组件等。
- 安装 Zabbix：介绍 Zabbix 的安装方法以及如何配置中文界面。
- 配置 Zabbix 监控服务：介绍如何通过 Zabbix 监控 Linux、Apache、MySQL、Nginx 等。

12.1 Zabbix 简介

Zabbix 是一套功能完善的 IT 基础设施和应用服务监控系统。了解和掌握 Zabbix 的基本情况对于用户来说是非常有必要的。它可以帮助用户理解 Zabbix 的体系架构，快速搞清楚各个组成部分的功能。本节将对 Zabbix 的基本情况进行简要介绍。

12.1.1 什么是 Zabbix

Zabbix 是由美国 Zabbix 公司开发的一套软硬件监控系统。该系统为开源软件，用户可以免费使用，并且可以进行定制。Zabbix 于 2001 年发布了 01.版，到目前为止已经发布到了 5.2 版。

Zabbix 的官方网站为：

https://www.zabbix.com/

其中文版网站如图 12-1 所示。

图 12-1　Zabbix 官方中文网站

用户可以从官方网站下载 Zabbix 的各种安装包。

12.1.2　Zabbix 的组件

Zabbix 基本上是一个客户端/服务器架构，下面介绍其主要组成部分。

1. Zabbix 服务器

服务器负责接收 Agent 发送的报告信息，所有配置、统计数据及操作数据都由它组织进行。

2. 前端界面

这是一个基于 Web 的界面，用户可以通过该界面对 Zabbix 进行配置，或者查看各种数据、图表以及事件。

3. Agent

Agent 部署在被监控的主机上，负责收集主机的本地数据，例如 CPU、内存、数据库等数据发送给服务器或 Proxy。Agent 以守护进程的形式运行在被监控的主机上。它有两种工作模式，分别为主动模式和被动模式。在主动模式下，Agent 会主动将被监控的项目的数据推送给服务器或者 Proxy；在被动模式下，服务器会向 Agent 发起请求，Agent 再根据请求将收集到的数据发送给服务器。

4. Proxy

Proxy 的功能类似于服务器，唯一不同的是它只是一个中转站，需要把收集到的数据主动或者被动地提交给服务器。Proxy 是一个可选组件。

12.2 安装 Zabbix

根据不同的应用场景，Zabbix 提供了多种非常完善的安装方式，例如软件包、云镜像、容器、虚拟机应用以及源代码。对于初学者来说，使用软件包管理工具安装 Zabbix 是最为便捷的一种方式。本节将以软件包为例介绍 Zabbix 的安装方法。

12.2.1 准备环境

Zabbix 的前端使用 PHP 语言开发，需要 Apache 或者 Nginx 作为 Web 服务器，并且能够运行 PHP 程序。Zabbix 使用 MySQL 或者 PostgreSQL 作为后端数据库服务器，用来存储各种数据。

如果用户的服务器上没有安装 Apache 或者 Nginx，或者还不支持 PHP 脚本的执行，请参考第 1 章和第 9 章进行安装。如果用户的服务器还没有安装 MySQL，请参考第 1 章进行安装。

有了 MySQL 之后，用户需要首先为 Zabbix 创建一个数据库，以及连接数据库的用户名和密码，在本例中数据库名称和用户名都为 zabbix，命令如下：

```
mysql> CREATE DATABASE zabbix;
Query OK, 1 row affected (0.01 sec)

mysql> CREATE USER zabbix@'localhost' IDENTIFIED WITH MYSQL_NATIVE_PASSWORD BY
'Zabbix@2020';
Query OK, 0 rows affected (0.01 sec)

MYSQL> GRANT ALL PRIVILEGES ON ZABBIX.* TO ZABBIX@'LOCALHOST';
Query OK, 0 rows affected (0.01 sec)
```

12.2.2 安装 Zabbix

下面我们以在 CentOS 8 上通过软件包管理工具为例介绍 Zabbix 的安装方法。

01 选择服务器平台，打开以下网址：

```
https://www.zabbix.com/cn/download
```

出现如图 12-2 所示的界面。

图 12-2 选择服务器平台

选择第 1 个 Zabbix Packages，然后在 Zabbix 版本中选择 5.0 LTS，在 OS 分布中选择 CentOS，在 OS 版本中选择 8，数据库选择 MySQL，Web 服务器选择 Apache。

02 安装软件源。接下来在服务器中通过 rpm 命令安装软件源，命令如下：

```
[root@localhost ~]# rpm -Uvh https://repo.zabbix.com/zabbix/5.0/rhel/8/x86_64/zabbix-release-5.0-1.el8.noarch.rpm
```

03 安装 Zabbix 组件，包括服务器、前端以及 Agent，命令如下：

```
[root@localhost ~]# dnf clean all
51 files removed
[root@localhost ~]# dnf install zabbix-server-mysql zabbix-web-mysql zabbix-apache-conf zabbix-agent2
```

04 导入初始数据。安装完成之后，Zabbix 会在 /usr/share/doc/zabbix-server-mysql 目录下生成一个名为 create.sql.gz 的文件，该文件可以用来生成 Zabbix 的 MySQL 数据库中的表。用户可以使用以下命令调用该 SQL 脚本：

```
[root@localhost ~]# zcat /usr/share/doc/zabbix-server-mysql*/create.sql.gz | mysql -uzabbix -pZabbix@2020 --database=zabbix
```

05 配置 Zabbix 服务器。Zabbix 服务器的配置文件为/etc/zabbix/zabbix_server.conf。此处主要修改 Zabbix 服务器访问 MySQL 服务器的用户名和密码。打开该文件，检查里面的 DBName、DBUser 以及 DBPassword 是否与前面设置的一致，如果不一致，就需要进行相应的修改。

06 修改 Zabbix 前端的 PHP 配置文件，该文件位于/etc/php-fpm.d/zabbix.conf。打开该文件，主要修改时区设置，如下所示：

```
php_value[date.timezone] = Asia/Shanghai
```

07 启动 Zabbix 服务器和 Agent 进程，命令如下：

```
[root@localhost ~]# systemctl restart zabbix-server zabbix-agent2 httpd php-fpm
```

08 配置前端。打开浏览器，访问 Zabbix 服务器：

```
http://192.168.2.118/zabbix/
```

出现如图 12-3 所示的界面。

图 12-3　配置 Zabbix 前端

单击 Next step 按钮，进入下一步。

09 检查安装环境。如果所有的条件都显示 ok，就表示当前环境下可以正常安装前端，如图 12-4 所示。单击 Next step 按钮，继续安装。

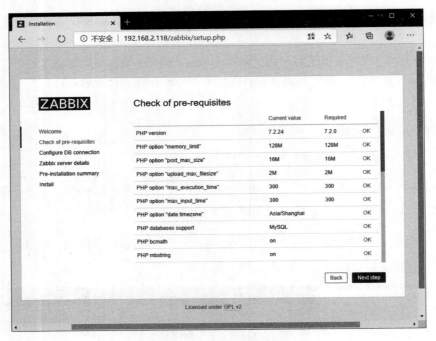

图 12-4　检查安装环境

⑩ 设置数据连接。Database Type 设置为 MySQL，Database host 为 127.0.0.1，Database port 可以保留为 0，Database name 设置为 zabbix，User 和 Password 分别为前面创建的 MySQL 用户和密码，如图 12-5 所示。单击 Next step 按钮，继续安装。

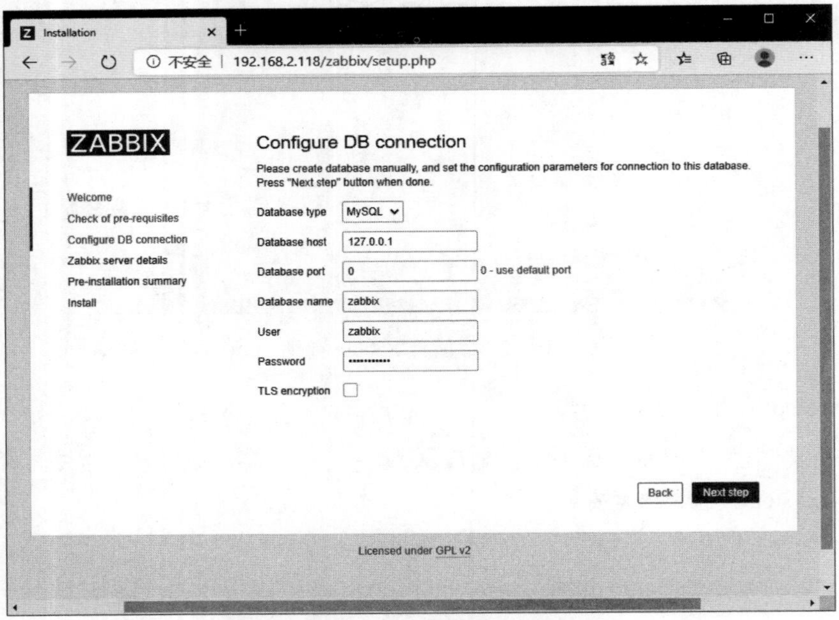

图 12-5　设置数据库连接

11 设置 Zabbix 服务器信息。在 Host 文本框中输入 Zabbix 服务器的主机名或者 IP 地址，在 Name 文本框中输入当前 Zabbix 的系统名称，如图 12-6 所示。单击 Next step 按钮，继续安装。

图 12-6　设置 Zabbix 服务器信息

12 安装概要。Zabbix 安装程序显示当前安装过程的概要信息，如图 12-7 所示。用户确认正确无误，则单击 Next step 按钮，进入下一步。

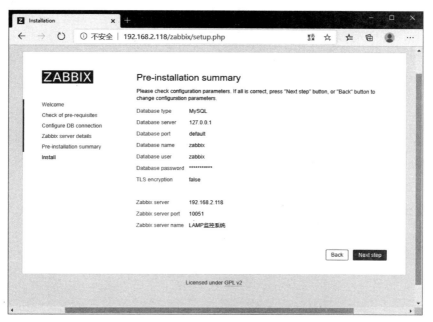

图 12-7　Zabbix 安装概要

13 完成安装。如图 12-8 所示，单击 Finish 按钮，完成安装操作。

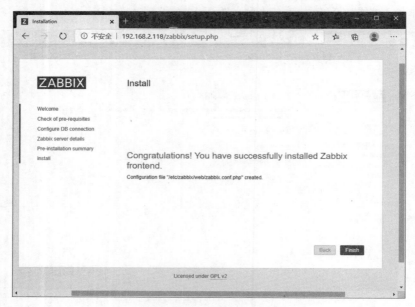

图 12-8　完成安装

12.3　配置 Zabbix 监控服务

Zabbix 不仅可以监控软件，还可以监控硬件设备。对于每类软件或者硬件，Zabbix 都提供了非常多的监控指标，用户还可以自己定义监控模板。这些都表现出了 Zabbix 在监控方面极大的灵活性。本节将详细介绍如何通过 Zabbix 监控 Linux 系统、Apache 服务器、MySQL 服务器、Nginx 以及 PHP-FPM 等。

12.3.1　监控 Linux 系统

监控 Linux 时要在被监控的主机上安装 Agent，通过 Agent 来收集 Linux 系统的各项监控指标，通过主动或者被动的方式发送给服务器。然后在 Zabbix 前端界面中将被监控的主机添加到 Zabbix 服务器中。

1．安装 Agent

Zabbix 已经为非常多的软硬件平台提供了预编译好的 Agent，用户只要选择自己需要的版本即可，如图 12-9 所示。

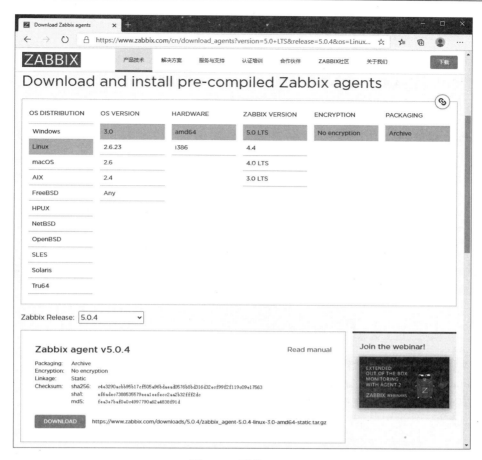

图 12-9　下载 Agent

当然，用户也可以使用软件包管理工具来安装 Agent，命令如下：

```
[root@localhost ~]# dnf install zabbix-agent2 -y
```

安装完成之后，修改 Agent 的配置文件/etc/zabbix/zabbix_agent2.conf。前面已经讲过，Zabbix 与 Agent 的通信有主动和被动两种方式，因此在 Agent 的配置文件中需要分开设置。

所谓被动模式，是指 Agent 不会主动将各项指标数据上报给服务器，而是由服务器向各个 Agent 查询。与被动模式有关的配置指令主要有以下 3 个：

```
Server=0.0.0.0/0
ListenPort=10050
ListenIP=202.116.13.87
```

Server 指令用来配置一组逗号隔开的 Zabbix 服务器或者 Zabbix Proxy 的 IP 地址或者主机名，出现在该列表中的 Zabbix 服务器或者 Zabbix Proxy 将允许查询该 Agent，列表中不出现的 Zabbix 服务器或者 Zabbix Proxy 将被拒绝连接。

以下参数将允许所有的 IPv4 和 IPv6 地址：

```
::/0
```

以下参数将允许所有的 IPv4 地址：

```
0.0.0.0/0
```

以下参数允许 IPv4 地址 127.0.0.1、192.168.1.0/24 和 IPv6 地址::1、2001:db8::/32 连接：

```
Server=127.0.0.1,192.168.1.0/24,::1,2001:db8::/32
```

ListenPort 为 Agent 监听的端口，服务器或者 Proxy 会通过该端口访问 Agent，默认为 10050。

ListenIP 为 Agent 监听的 IP 地址。

所谓主动模式，是指 Agent 会主动向 Zabbix 服务器或者 Proxy 上报监控数据，与主动模式有关的指令主要有以下两个：

```
ServerActive=202.116.13.4:10051
Hostname=WebServer
```

ServerActive 指令用来设置一组 Zabbix 服务器或者 Proxy 的地址，可以使用 IP 地址或者主机名，采用 IP 地址或者主机名和端口组合的形式，多个地址之间通过逗号隔开。

例如：

```
ServerActive=192.168.2.122:10051
```

Zabbix 服务器默认的服务端口为 10051，如果省略了端口，就默认使用该值。

Hostname 指令用来配置 Agent 所在的主机的主机名，这个值必须与 Zabbix 前端中配置的主机名一致，否则 Zabbix 服务器会拒绝接收数据。

配置完成之后，使用以下命令重新启动 Agent 服务：

```
[root@localhost ~]# systemctl restart zabbix-agent2
```

2. 前端配置

前端界面提供了 Zabbix 服务器的绝大部分管理和报表功能，用户可以通过浏览器来访问。下面介绍如何在前端界面中配置 Linux 系统主机监控。

01 登录。用户在浏览器中访问以下网址：

```
http://192.168.2.118/zabbix/index.php
```

前面的 IP 地址为 Zabbix 服务器的 IP 地址，用户可以根据自己的实际情况修改。

出现 Zabbix 管理平台登录界面，如图 12-10 所示。

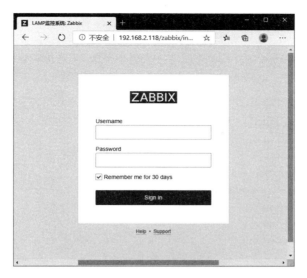

图 12-10　Zabbix 管理平台登录

Zabbix 默认的用户名为 Admin，密码为 zabbix。登录进去之后，在左侧的菜单中选择 Configuration → Hosts 选项，打开主机管理界面，如图 12-11 所示。

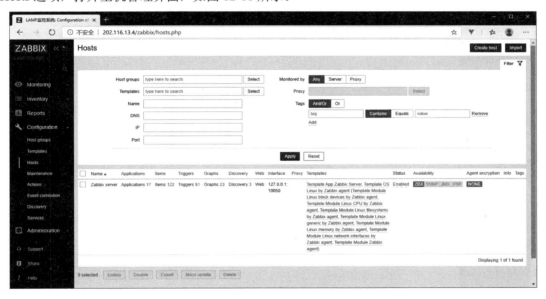

图 12-11　主机管理

02 添加主机。单击右上角的 Create host 按钮，打开创建主机界面。在 Host name 文本框中输入主机名称，例如 WebServer。该主机名称要与 Agent 的配置文件中的 Hostname 指令的参数一致。在 Visible name 文本框中输入主机的显示名称。单击 Groups 文本框右边的 Select 按钮，打开主机组对话框，从列表中选择该主机所在的组别，例如 Linux servers，如图 12-12 所示。

图 12-12　选择主机组

在 Interfaces 文本框中输入被监控主机的 IP 地址，保持 Connect to 的选项为 IP，Port 文本框保留默认值 10050，如图 12-13 所示。

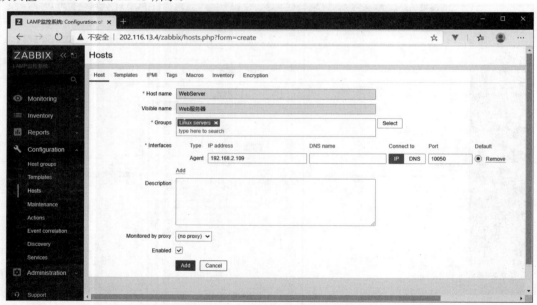

图 12-13　添加主机

选择 Templates 选项卡，单击 Link new templates 文本框右边的 Select 按钮，打开监控模板对话框，如图 12-14 所示。

第 12 章　Zabbix 全方位监控服务 | 455

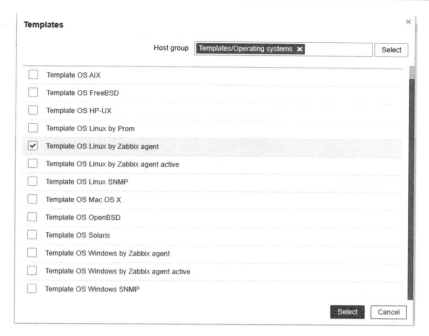

图 12-14　选择监控模板

在图 12-14 中根据自己的操作系统和协议类型选择合适的监控模板，监控模板中包含一些预定义好的监控项。在本例中选择 Template OS Linux by Zabbix agent。单击 Select 按钮，关闭对话框。

最后单击网页下的 Add 按钮，完成主机添加。

03 查看监控信息。选择左侧菜单中的 Monitoring→Hosts 菜单项，打开主机监控界面，如图 12-15 所示。

图 12-15　主机监控

在下面的主机表格中可以看到刚刚添加的主机，并且其 Availability 列中的 ZBX 变成绿色，表示 Zabbix 服务器与被监控主机的 Agent 通信成功。

单击当前主机中的 Graphs 链接，可以查看当前主机的监控指标图表，如图 12-16 所示。

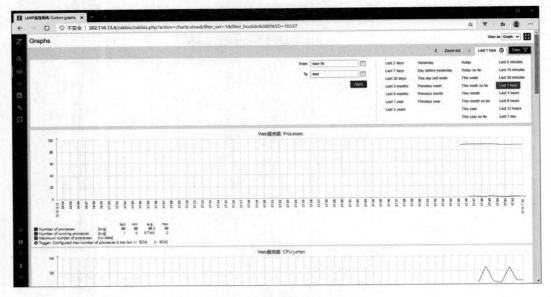

图 12-16　监控指标图表

图表中显示了被监控主机的进程数、网络通信、CPU 使用、系统负载、交换分区以及磁盘利用等指标。

12.3.2　监控 Apache 服务器

Zabbix 为 Apache 服务器提供了两种监控方式，一种是通过 Agent，另一种是通过 HTTP。下面分别进行介绍。

1. 通过 Agent 监控 Apache 服务器

在这种方式下，Zabbix 会单纯依靠运行在 Apache 所在的 Linux 上的 Agent 收集与 Apache 服务器有关的数据，用户不需要单独配置 Apache。Zabbix 已经为这两种监控方式都预先定义好了模板，用户只要将相应的模板关联到主机即可。

下面首先介绍如何使用 Agent 来监控 Apache。选择左侧的 Configuration→Hosts 菜单，打开主机管理界面，单击右上角的 Create host 按钮。主机信息部分与前面介绍的 Linux 监控基本相同，输入主机名，选择主机组以及输入 Apache 所在的主机的 IP 地址。

然后选择 Templates 选项卡，单击 Link new templates 文本框右边的 Select 按钮，打开模板对话框，在出现的模板列表中选择 Template App Apache by Zabbix agent 选项，如图 12-17 所示。然后单击 Select 按钮，关闭对话框。

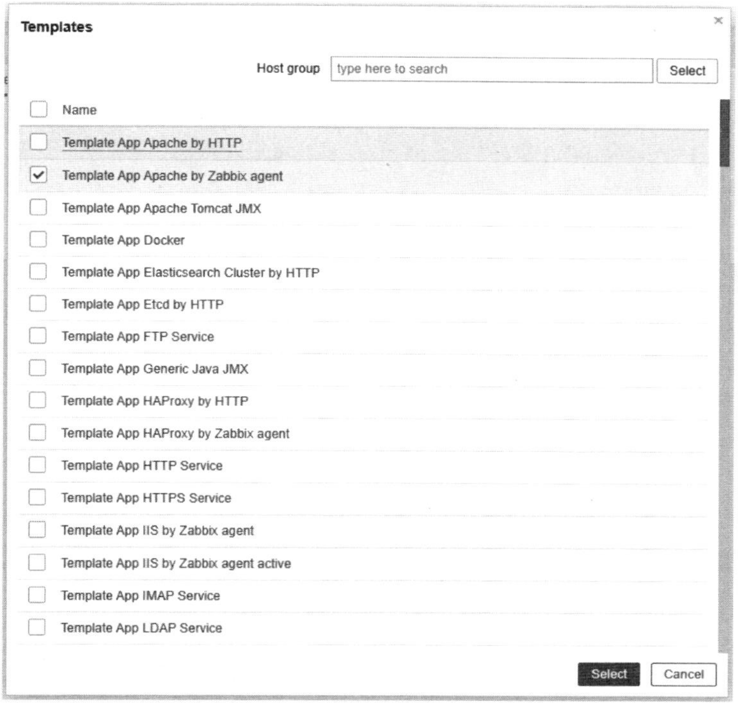

第 12 章 Zabbix 全方位监控服务

图 12-17 关联监控模板

配置完成之后，选择 Monitoring→Hosts 菜单项，在主机列表中找到刚才添加的主机。单击 Graphs 中的链接，可以查看该主机的监控图表，如图 12-18 所示。

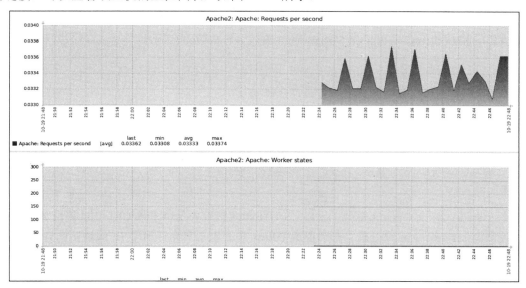

图 12-18 Apache 监控图表

单击图 12-14 中主机列表的 Screens 列中的链接，可以在一个屏幕上显示多个图表，如图 12-19 所示。

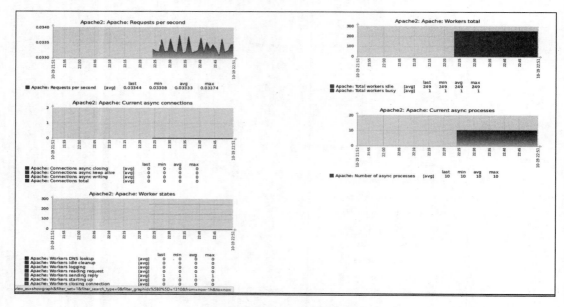

图 12-19　Screen 图表

2. 通过 HTTP 监控 Apache 服务器

如果想通过 HTTP 监控 Apache 服务器，就需要安装、配置 Apache 的 mod_status 扩展模块。用户可以使用以下命令查看当前的 Apache 是否已经加载该模块：

```
[root@localhost ~]# httpd -M 2>/dev/null | grep status_module
 status_module (shared)
```

如果以上命令的输出结果为 status_module (shared)，就表示 Apache 已经加载该模块。否则，用户需要编辑 /etc/httpd/conf.modules.d/00-base.conf 文件，添加以下代码：

```
LoadModule status_module modules/mod_status.so
```

然后在 httpd.conf 文件中配置虚拟目录，代码如下：

```
<Location /server-status>
      SetHandler server-status
      Order Deny,Allow
      Deny from all
      Allow from 192.168.2.118 192.168.2.106
</Location>
```

/server-status 为 mod_status 默认的 URI，SetHandler 指令表示请求该 URL 时，将由 Apache 的内部事件处理器 server-status 来处理。最后面的 Allow 指令表示只允许两个 IP 地址访问该 Location，以避免敏感信息泄漏。

配置完成之后，重新启动 Apache 服务，然后通过浏览器访问以下地址：

```
http://192.168.2.129/server-status
```

其中的 IP 地址为 Apache 所在的主机的 IP 地址，如果出现如图 12-20 所示的界面，就表示配置成功。

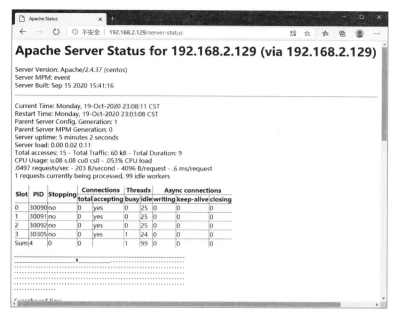

图 12-20 通过浏览器查看 Apache 状态信息

最后添加一个主机，操作步骤与通过 Agent 监控 Apache 基本相同，唯一不同之处在于选择监控模板的时候，选择 Template App Apache by HTTP 选项，如图 12-21 所示。

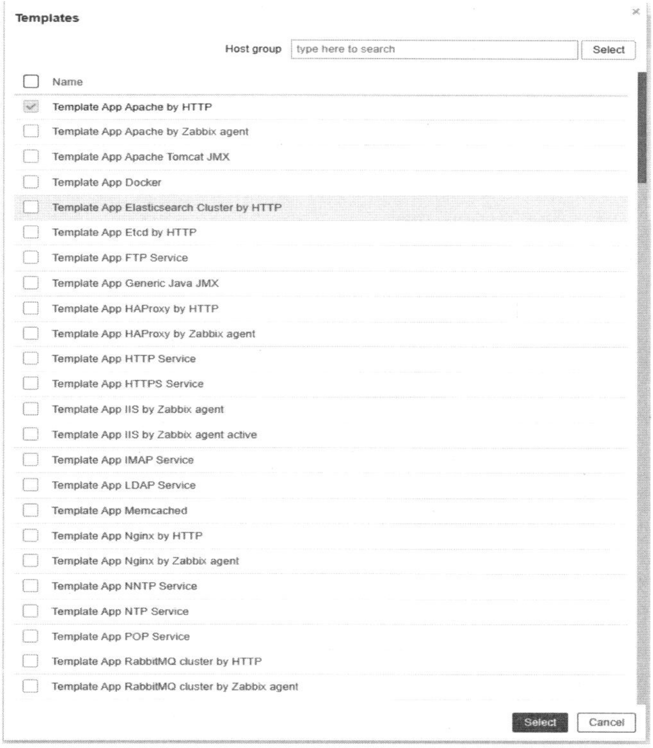

图 12-21 选择 Apache HTTP 监控模板

最后在 Monitoring 的主机列表中查看该主机，其监控指标与前面介绍的 Agent 方式基本相同。

12.3.3 监控 MySQL 服务器

Zabbix 为 MySQL 提供了多种监控实现方式，包括 MySQL 命令、ODBC 以及 Agent，这几种方式的配置方法基本相同，只是在选择模板的时候需要分别选择不同的模板。例如，如果需要通过 Agent 来监控 MySQL，就需要选择 Template DB MySQL by Zabbix agent 2 模板，如图 12-22 所示。

图 12-22　选择 MySQL 监控模板

配置完成之后，用户就可以在 Monitoring 菜单中查看监控图表，如图 12-23 所示。

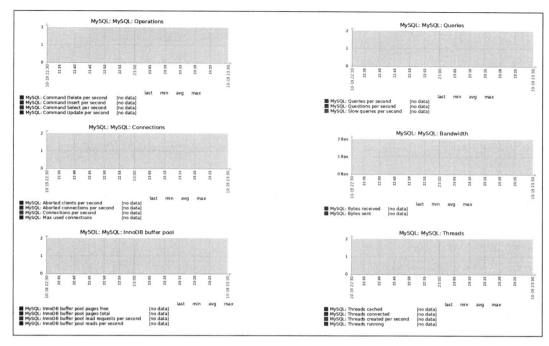

图 12-23　监控 MySQL 服务器

12.3.4　监控 Nginx 服务器

Zabbix 同样为 Nginx 提供了两种监控实现方式，一种是利用 Nginx 的状态模块，另一种是通过 Agent。

如果使用 Nginx 的状态模块，就需要首先确认该模块是否已经安装，命令如下：

```
[root@localhost ~]# nginx -V 2>&1 | grep -o with-http_stub_status_module
with-http_stub_status_module
```

如果输出以上命令，就表示当前 Nginx 已经安装了状态模块。如果以上命令没有任何输出，就表示状态模块没有安装，用户可以按照前面介绍的方法进行安装。

安装完成之后，再在 Nginx 的主配置文件的默认虚拟主机中添加一个 location 指令，如下所示：

```
location = /basic_status {
    stub_status;
    allow 192.168.2.106;
    deny all;
}
```

其中 allow 指令用来设置允许访问该 location 的客户端 IP 地址。

配置完成之后，重新加载配置文件或者重新启动 Nginx，然后通过浏览器访问上面配置的 location，如果出现如图 12-24 所示的界面，就表示配置成功。

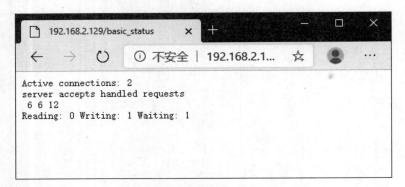

图 12-24　查看 Nginx 状态

接下来在 Zabbix 中添加一个主机，模板选择 Template App Nginx by HTTP。配置完成之后，在 Monitoring 菜单中查看 Nginx 的监控状态，如图 12-25 所示。

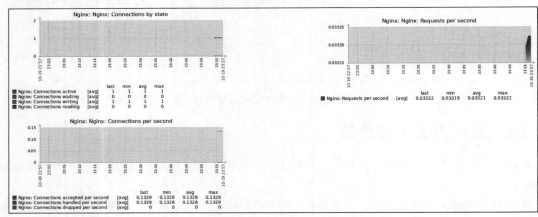

图 12-25　Nginx 监控图表

如果想使用 Agent 来监控 Nginx，那么在添加主机的时候选择 Template App Nginx by Zabbix agent 模板。